中南大学
地球科学
学术文库

丙申 何继善

中南大学地球科学学术文库

中南大学地球科学与信息物理学院　组织编撰

广域电磁法信噪分离技术与实践

Signal-to-Noise Separation Technology and
Practice of Wide Field Electromagnetic Methods

李帝铨　胡艳芳　张贤　朱云起　刘子杰　著

有色金属成矿预测与地质环境监测教育部重点实验室
有色资源与地质灾害探查湖南省重点实验室 　　联合资助

中南大学出版社
www.csupress.com.cn
·长沙·

内容简介 / Introduction

随着我国现代化工业与科技的发展及人类活动范围的不断扩大，电磁干扰日益严重，噪声干扰一直困扰着广大电磁工作者，也在一定程度上制约了电磁技术方法的发展。广域电磁法在城区和矿集区进行勘探时，电磁干扰尤为严重，如何进行有效的信噪分离，提高数据信噪比是广域电磁法数据处理的关键，本书从广域电磁法与伪随机信号研究现状、意义及理论方法出发，详细讨论了广域电磁法信号及噪声的时间域、频率域和时频域特征，数据质量评价方法，以及提升数据质量的采集措施和数据处理方法，提出一系列新的广域电磁法信号处理方法及一套完整的数据处理流程，形成城区与矿集区的广域电磁法勘探技术体系，以期满足"深地"战略需求，为保障国家资源和能源安全提供技术保障。本书可作为地球物理专业相关科教从业人员的参考书，也可供研究生、工程技术人员参考。

作者简介 / About the Author

李帝铨 男，博士，中南大学教授，博士研究生导师，"长江学者奖励计划"青年学者、湖南省科技创新领军人才、长沙市科技创新创业领军人才。主要从事电磁勘探方法理论与探测技术研究，主持和参与国家重点研发计划、国家自然科学基金（国家重大科研仪器设备研制专项、面上基金、青年基金）等20余项，发表学术论文60余篇，申请发明专利20余项，登记软件著作权4项，出版学术专著1部，获国家技术发明一等奖1项（R2）、省部级一等奖2项，获第十七届中国青年科技奖。

胡艳芳 女，博士，中南大学实验师，主要从事人工源电磁信号处理、算法优化以及应用技术研究。在 *Transactions of Nonferrous Metals Society of China*、*Earth Planets and Space*、《地球物理学报》、《石油地球物理勘探》等国内外学术刊物发表论文20篇，申请发明专利7项，参与国家重大科研专项、国家重点研发计划、国家自然科学基金项目以及中国地调局战略选区等多项科研项目，主持湖南省教育厅科学研究重点项目、湖南省自然科学基金青年项目、教育部重点实验室开放基金等科研项目3项。

张贤 男，博士，湖南财政经济学院讲师，湖南省"小荷"科技人才。主要从事电磁法信号处理、智能算法及应用技术研究，以第一作者或通信作者在 *EPS*、*JAG*、*GP*、*AGPH*、《地球物理学报》、《石油地球物理勘探》、《地球物理学进展》等期刊发表论文10余篇，授权发明专利6项，登记软件著作权5项。主持湖南省教育厅科学研究项目、教育部重点实验室开放基金，参与国家重点研发计划、湖南省重点研发计划、国家自然科学基金及湖南省自然科学基金等多项科研项目。

朱云起 男，中南大学博士，主要从事人工源电磁法理论、数据处理、城市地下空间探测和地热资源探测等方面的研究。主持湖南省重点研发计划项目课题和中南大学有色金属成矿预测与地质环境监测教育部重点实验室开放基金项目各1项，参与国家重点研发计划、国家自然科学基金、固体矿产和地热资源探测等项目十余项。在国内外期刊发表学术论文10篇，申请发明专利10项，登记软件著作权2项。

刘子杰　男，中南大学博士。2015—2021年就职于核工业二三〇研究所，从事铀矿勘查生产与科研工作，工程师，获中核集团科学技术奖三等奖1项，中国铀业"青年地矿英才"。2021年9月进入中南大学攻读博士学位，主要从事电磁法信号处理及应用研究。发表学术论文10余篇，申请发明专利6项，授权4项。主持中国核工业地质局科研项目1项、中南大学研究生自由探索项目1项；参与国家重点研发计划、科技部重大专项、国家自然科学基金、国防预研、中核集团菁英计划等项目10余项。

总序

中南大学地球科学与信息物理学院具有辉煌的历史、优良的传统与鲜明的特色，在有色金属资源勘查领域享誉海内外。陈国达院士提出的地洼学说(陆内活化)成矿学理论，影响了半个多世纪的大地构造与成矿学研究及找矿勘探实践。何继善院士发明的电磁法系统探测方法与装备，获得了巨大的找矿勘探效益。所倡导与践行的地质学与地球物理学、地质方法与物探技术、大比例尺找矿预测与高精度深部探测的密切结合，形成了品牌效应的"中南找矿模式"。

有色金属属于国家重要的战略资源。有色金属成矿地质作用最为复杂，找矿勘查难度最大。正是有色金属资源的宝贵性、成矿特殊性与找矿挑战性，铸就了中南大学地球科学发展的辉煌历史，赋予了找矿勘查工作的鲜明特色。六十多年来，中南大学地球科学研究在地质、物探、测绘、探矿工程、地质灾害和地理信息等领域，在陆内活化成矿作用与找矿勘查、地球物理探测技术与装备制造、深部成矿过程模拟与三维预测、复杂地质工程理论与新技术，以及地质灾害监测等研究方向，取得了丰硕的研究成果，做出了巨大的科技贡献，产生了广泛的社会影响。当前，中南大学地球科学研究，瞄准国际发展方向和国家重大需求，立足于我国复杂地质背景下资源勘查与环境地质的理论与方法创新研究，致力于多学科联合开展有色金属资源前沿探索与应用研究，保持与提升在中南大学"地、采、选、冶、材"特色与优势学科链中的地位和作用，已发展成为基础坚实、实力雄厚、特色鲜明、国际知名、国内一流的以有色金属资源为主兼顾油气、岩土、地灾、环境领域的人才培养基地和科学研究中心。

中南大学有色金属成矿预测与地质环境监测教育部重点实验室、有色资源与地质灾害探查湖南省重点实验室，联合资助出版"中南大学地球科学学术文库"，旨在集中反映中南大学地球科学与信息物理学院近年来取得的系列研究成果。所依托的主要研究机构包括：中南大学地质调查研究院、中南大学资源勘查与环境地质研究院和中南大学长沙大地构造研究所。

本书库内容主要涵盖：继承和发展地洼学说与陆内活化成矿学理论所取得的重要研究进展，开发和应用双频激电仪、伪随机和广域电磁法系统所取得的重要研究成果，开拓和利用多元信息找矿预测与隐伏矿大比例尺定位预测所取得的重要找矿成果，探明和研发深部"第二勘查空间"成矿过程模拟与三维定量预测方法所取得的重要研究成果，预警和防治复杂地质工程与矿山地质灾害所取得的重要技术成果。本书库中提出了有色金属资源勘查理论、方法、技术和装备一体化的系统研究成果，展示了多项突破性、范例式、可推广的找矿勘查实例。本书库对于有色金属资源预测、地质矿产勘探、地质环境监测、地质灾害探查及地质工程预防，特别对于有色金属深部资源从形成规律到分布规律理论与应用研究，具有重要的借鉴作用和参考价值。

感谢中南大学出版社为策划和出版该文库给予的大力支持。感谢何继善先生热情指导和题词。希望广大读者对本书库专著中存在的不足和错误提出宝贵的意见，使"中南大学地球科学学术文库"更加完善。

是为序。

2016 年 10 月

前言 / Foreword

　　电磁法是地球物理勘探的重要分支，根据场源的不同，分为天然源电磁法与人工源电磁法。天然源电磁法以大地电磁法（Magnetotellurics，MT）为代表，主要是利用太阳活动、雷暴、磁暴以及地磁扰动等引起的周期变化的地球天然电磁场作为场源，在地表观测相互正交的电磁场切向分量，即可获得地下介质的视电阻率（Tikhonov，1950；Cagniard，1953）。MT 具有勘探深度大、仪器轻便、不受高阻层屏蔽的优点，但同时由于其激励源为天然电磁场，因此具有信号微弱、极化方向随机、抗干扰能力差等缺点。为了克服上述问题，相关学者提出了人工源电磁法，又称可控源电磁法（controlled-source electromagnetic method，CSEM）。顾名思义，这类方法其激励源是人为可控的，发射信号的频率与波形是已知的，且具有信号强度大、抗干扰能力强等特点（何继善，2010；底青云等，2020；He et al.，2010；薛国强等，2013），可以在一定程度上提高数据的信噪比，如风靡全球的可控源音频大地电磁法（controlled source audio-frequency magnetotellurics，CSAMT）（Goldtein，1971，1975），在能源、矿产资源、地质调查以及灾害防控等领域得到了广泛应用（赵国泽等，2003；何继善等，2014；汤井田等，2015；薛国强等，2017；柳建新等，2019）。目前应用较多的可控源电磁法有可控源音频大地电磁法（CSAMT）、瞬变电磁法（transient electromagnetic method，TEM）、广域电磁法（wide field electromagnetic method，WFEM）及时频电磁法（time-frequency electromagnetic method，TFEM）等。

　　强电磁干扰是电磁法勘探领域所面临的主要技术问题之一，因此信噪分离始终是该领域的研究前沿。随着社会经济与科学技术的发展，人类活动日渐频繁，在时空中逐渐充斥着各类电磁噪声，诸如信号基站、发电站、高压线、各种电子设备、矿山设备等噪声源逐步增多。此类电磁噪声形态十分复杂，有脉冲、三角波、方波、阶跃波、衰减波等干扰波形，具有频带范围宽、能量大、分布范围广等特点。MT 等天然源电磁法极易受到各类电磁噪声的影响，尤其在矿集区以及人类活动频繁的城区及周边，各种大尺度的非周期噪声、工频及其谐波干扰明显，几乎无法获得高信噪比的有效信号，因此也就无法获得更为真实的地电响应（Wei et al.，1991；Junge，1996；李桐林，2000；汤井田等，2012）。人工源电磁法虽然信号相对较强，但在干扰较大的矿集区亦不能获得高信噪比的观测数据，进而影响勘探效果（Streich et al.，2013；Yang et al.，2016，2018；Li et al.，2021）。

由于在野外工作中无法有效地避免此类干扰源，因此如何降低噪声干扰、提高信噪比一直是电磁勘探领域研究的热点及难点。野外电磁噪声类型复杂且未知，并往往是多种形态噪声与有效信号的重复叠加，致使信噪分离异常困难。对于非相关噪声，在仪器结构与信号处理算法上都已经比较成熟，此类噪声相对比较容易去除，而对于相关噪声（如矿集区存在的强电磁干扰），传统方法处理效果不佳。如何有效压制相关噪声，提高信噪比是目前重要的研究课题。

（一）大地电磁法去噪

由于 MT 法观测信号微弱且极化方向随机，极易受到干扰，因此信噪分离应用于 MT 法相对较早，国内外研究学者针对天然场信号的特点提出了许多行之有效的数据处理方法，如小波变换（Trad et al.，2000；Escalas et al.，2013；范翠松等，2008；曹小玲等，2018）、Hilbert-Huang 变换（汤井田等，2008；Cai et al.，2009，2013，2014）、S 变换（陈海燕等，2012；景建恩等，2013）、经验模态分解（EMD）（蔡剑华，2010，2011）、变分模态分解（VMD）（Dragomiretskiy et al.，2014；李晋等，2019；Li et al.，2020）、数学形态滤波（汤井田等，2012a，2012b；Li et al.，2017）等方法及其变种。信噪分离一般根据信号与噪声在时间域、频率域以及时频域所表现出来的不同特征，进行特征提取，进而达到噪声压制的目的，上述方法在处理某些噪声方面取得了较好的应用效果。近年来，随着人工智能技术的发展，诸多学者将其引入电磁数据信噪分离中，例如稀疏表示、字典学习（汤井田等，2018；Xue et al.，2020；Li et al.，2021）、匹配追踪（李晋等，2018；Zhang et al.，2019）、神经网络算法（韩盈等，2021；许滔滔等，2020）等，均取得一定的效果。

由于最小二乘估计的不稳定性，稳健估计方法逐渐成为 MT 阻抗估计的主流方法。稳健估计主要通过自适应加权降低"飞点"数据在处理结果中的贡献,从而削弱强噪声对有效信号的影响,但其稳定性同样依赖于干扰信号在整个时段的占比(Egbert et al.,1996;Chave et al.,2003;Smirnov et al.,2003;柳建新等,2003;Rita et al.,2013;汤井田等,2013;Imamura et al.,2018)。

此外,参考道方法也是进行 MT 信噪分离的有效手段。远参考法(Gamble et al.,1979)利用参考道与观测信号及噪声之间的相关性,达到压制噪声的效果。远参考法提出以来得到了长足发展并衍生出多种新的去噪方法,如利用阵列数据进行信噪分离的阻抗估计方法(Egbert et al.,1989),利用参考道与观测道之间的转换函数判别含噪信号的方法(Ritter et al.,1998),基于多道远参考点联合使用的方法(Varentsov et al.,2003),利用远参考磁场控制阻抗估计的方法(Sokolova et al.,2005),基于磁场关联性的伪远参考数据处理方法(Munoz et al.,2013),利用所有观测道的远参考技术(Epishkin et al.,2016),基于多参考站阵列数据处理方法(周聪等,2020),基于电磁时间序列依赖关系、站间传递函数的时间域去噪方法(王辉等,2014;Wang et al.,2017;王辉等,2019),等等。

(二)人工源电磁法去噪

人工源电磁法相较于天然源电磁法,因其发射信号已知,可分为周期与非周期两类信号,其中周期信号经过傅里叶变换后在频率域表现为一系列尖脉冲,噪声与有效信号的频谱高度相似,这种周期性的电磁干扰很难剔除(杨洋,2017)。通常情况下,野外观测数据会受到非周期性电磁干扰(或称为随机干扰),这些干扰在时间域和频率域对有效信号影响巨大,同时具备很大的不确定性和随机性。噪声在频谱上的分布错综复杂,甚至出现同频干扰,往往无规律可循,为信噪分离带来了巨大的困难。如果我们能够有效地压制非周期性干扰,进而保留更丰富的有效信号,就可以为获取我们所需的有效勘探目标信号、提高电磁法数据的信噪比和反演解释水平提供技术支持与可靠保障。

自人工源电磁法提出以来,国内外学者针对信噪分离进行了深入的研究,提出了多种去噪方法,对压制强干扰和提升数据质量作出了重要贡献。MacGregor 等(1998,2001)研究了海洋可控源电磁法(MCSEM)数据缩减和噪声估计方法。Myer 等(2011)提出了基于稳健估计的 MCSEM 数据处理方法。李予国和段双敏(2014)研究了基于慢速傅里叶变换、一阶差分预白以及多次叠加等数据处理技术,综合对比与讨论了 MCSEM 数据的预处理效果。刘宁和刘财等(2015)研究了基于时变双边滤波的 MCSEM 信号去噪方法，结合 MCSEM 信号收发距与信噪比成反比例关系，有效提升了 MCSEM 数据的信噪比。刘卫强等（2016）提出一套基于统计分析的时间序列抗干扰数据处理方法，有效识别和压制了激电数据中的强噪声干扰。Naoto 等（2018）研究了基于独立分量分析的稳健估计方法，使相关噪声与环境噪声得到了有效的削弱，中高频段的信噪比明显提升，并能有效提取 MCSEM 可解释的数据集。上述方法主要利用滤波、功率谱挑选、多次叠加或时频变换等方式，从多组观测数据中挑选出最有可能接近真实值的数据，从而给出一个估计值，并融合多种方法且有针对性地压制噪声，达到改善数据质量的目的。

张必明等（2015）提出了一种自适应双向均方差阈值的粗大误差处理方法，该方法是一种统计类的方法，相比于中值滤波法，在剔除干扰的同时不损失有效信号样本值。Yang 等（2016，2018）提出了基于最小二乘法以及 IDFT 和 CWT 的方法对 CSEM 周期信号进行去噪，对干扰噪声中非周期部分的处理有明显的效果。Mo 等（2017）提出基于灰色建模系统结合阈值法对异常数据进行剔除，然后利用稳健 M 估计对剩余样本数据进行估计，得到对应频域的测量值。陈超健等（2019）提出了一种 CSEM 分步处理方法，首先基于灰色判别理论对数据中明显的离群点进行处理，恢复曲线的基本形态；再通过有理函数滤波剔除数据中的残余噪声。Zhang 等（2019）针对 TFEM 信号中高低频段存在的不同干扰类型提出了不同的处理方法，如采用分段拓展中值滤波方法去除高频随机干扰脉冲；利用拟合固定极值点的经验模态分解方法剔除低频干扰信号。基于经验模态分解的处理方法，实质上是将复杂信号进行稀疏表示，然后通过筛选将噪声剔除；但该方法处理有源信号时，对叠加的噪声和信号辨识度降低，处理效果欠佳。

除此之外，随着机器学习和人工智能方法的迅速发展，同样有诸多学者将其应用到人工源信号处理方面。李晋等（2017）采用 k-means 和模糊 C 均值聚类的方法进行信噪辨识，并结合数学形态滤波对强干扰的时间序列进行噪声压制，取得了比较好的效果。Li 等（2021）提出了一种基于字典学习和移不变稀疏编码与互补集合经验模态分解结合的 CSEM 去噪方法，该方法利用周期信号可以进行稀疏表示的特性，引入 SISC 字典学习方法进行稀疏分解去噪，在不损失有效信号的情况下，对 CSEM 信号中存在的大尺度的工频干扰以及基线漂移的处理具有很好的效果。Zhang 等（2021）根据信号时间域特征，提出了一种基于精细复合多尺度散布熵结合正交匹配追踪的模糊 C 均值聚类方法，通过聚类识别噪声,再将其去除,对于在时间域特征比较明显的噪声信号,该方法识别噪声的效果明显,但是对于全时段均受到大尺度噪声干扰的数据处理效果欠佳。

除此之外,一些统计类的去噪方法也被应用到 CSEM 信噪分离中,最常用的有 Robust 估计方法。Rita 等(2013)采用一种稳健加权最小二乘统计方法,有效地改善了数据的质量。张必明等(2015)提出的自适应双向阈值法以及 Mo 等(2017)提出的基于 M 估计的方法,本质上都是一种统计类方法。基于频谱以及功率谱筛选的方法实际上也是一种统计类方法,该方法将实测数据进行分段处理,对于非周期噪声而言,其影响是阶段性的,分段处理可以有效地降低其对整段数据的影响,然后通过人工筛选剔除受噪声影响较大的数据,从而改善整体数据的质量,这也是目前常用的方法之一。统计类方法的基础是有大量样本存在,理论上来说,样本越多,其结果越稳健。胡艳芳(2022,2024)充分利用实测人工源电磁信号的分布特征,提出了一种基于加权自适应带宽估计的均值漂移聚类方法(WAB-MSC),对 CSEM 数据在复平面内进行信噪分离,该方法在传统的均值漂移聚类(mean shift clustering,MSC)算法基础上,引入了权重函数,降低了 MSC 处理结果对带宽选择的敏感度,提高了算法稳健性;此外针对人工源电磁法实测数据分布特征,提出了一种基于局部密度梯度的带宽估计方法,使带宽选取自适应化,在一定程度上改善了数据质量。

自广域电磁法提出以来,笔者与研究团队在强干扰地区开展了大量的研究工作,诸如矿山(冬瓜山矿区、新元煤矿、云南铅锌矿区等)、城镇及其周边(济南城区等),积累了大量的具有科学研究价值的实测数据与野外勘探经验,同时利用机器学习等方法对 CSEM 信噪分离进行了深入的研究,取得了一系列较为有效的应用成果。

(三)本书章节安排

本书主要内容来自笔者及团队多年积累的广域电磁法数据处理成果,针对广域电磁法信号在时间域及频率域的分布特征,较为详细地总结了团队成员开展并提出的一系列信噪分离技术,主要包括广域电磁法理论基础介绍、伪随机信号及不同类型噪声信号特征研究、时间域信噪分离技术、统计类信噪分离技术以及无监督学习的信噪分离技术等。本书各章节段的主要内容如下:

第1章:详细介绍了广域电磁法 $E-E_x$ 观测方式、$E-E_{MN}$ 观测方式的基本原理、数值模拟、观测范围等,详细论述了 $E-E_{MN}$

观测方式的必要性，同时对广域电磁法仪器装备系统进行了较为详细的介绍。

第 2 章：介绍了伪随机信号的基本标准，包括平衡标准、游程标准以及相关性标准等。着重阐述了基于三元素自封闭加法的 $2n$ 序列伪随机编码的基本原理、能量分布及信号特征。

第 3 章：介绍了信号处理基础理论，包括傅里叶变换、傅里叶级数、短时傅里叶变换和希尔伯特-黄变换等；归纳总结了电磁噪声源以及噪声在时域、频域及时频域噪声的特点；综合分析了不同的噪声源及噪声类型对有效信号（2^n 伪随机序列和周期信号）的影响规律；提出了部分电磁数据处理评价参数与指标。

第 4 章：针对广域电磁法时间域信号特征，利用多域多特征参数、聚类算法、智能优化算法、机器学习方法、去趋势分析法及神经网络等技术开展数据处理，实现了数据的高精准信噪辨识与分离。

第 5 章：讨论了几种常见的统计类信噪分离方法，包括 Robust 估计、自适应双向均方差阈值法、基于 M 估计与灰色建模的数据处理方法、基于聚类的频率域信噪分离方法等。介绍了各种方法的去噪原理、处理流程以及参数优化等，并通过模拟及实测数据对方法的有效性进行了论证分析。

第 6 章：提出并讨论了基于优化聚类的频率域信噪分离方法，结合 WFEM 信号频率域分布特征，讨论了算法优化、参数选择以及带宽估计等过程，提出了一种基于数据局部密度梯度的自适应带宽估计方法，实现了带宽选择自适应。通过模拟和实测数据对方法的有效性进行了论证分析。

第 7 章：以云南会泽铅锌矿区为例，开展了 WFEM 应用示范，详细阐述了矿集区广域电磁法数据采集、处理、反演及解释等流程，为会泽矿区深部找矿提供了重要支撑。

本书的实测数据及相关文字材料主要来源于笔者及团队成员的研究成果，包括何继善、李帝铨、蒋奇云、胡艳芳、张贤、朱云起、刘子杰、张必明、索光运、莫丹等。本书研究成果主要由深地国家科技重大专项（2024ZD1002901）、国家重点研发计划（2018YFC0807802）、国家自然科学基金（42474170）、湖南省自然科学基金（2023JJ40222）、湖南省教育厅科学研究项目（22A0457、24B0927）等项目资助；裴靖、李柳德、刘中元、王中乐、唐红非、丁小林等参与了仪器装备研发野外施工与数据处理等工作，特此一并致谢。

目录 /
Contents

第 1 章　广域电磁法

电磁法(或电磁感应法)是地球物理电法勘探的重要分支。该方法主要利用地下介质的导电性、导磁性和介电性的差异,应用电磁感应原理观测和研究人工或天然形成的电磁场的分布规律(频率特性和时间特性),进而解决有关的各类地质问题。

广域电磁法是相对于传统的可控源音频大地电磁法(CSAMT)(Goldstein 和 Strangway,1975)和 MELOS 方法(刘振铎和石维熊,1980)提出的。CSAMT 采用人工场源,克服了 MT 法场源的随机性强和信号微弱的缺点,但是其沿用了在远区测量一对正交电、磁分量,按远区近似公式计算卡尼亚视电阻率的做法,限制了它的适用范围。远区测量的信号微弱,背离了采用人工源使信号强大的初衷;如果在近区测量,确实能增大信号强度,但在远区测量时近似公式难以成立(略去了不可略去的高次项,牺牲了精度),因此出现了新的矛盾。

MELOS 方法突破了远区限制,大大拓展了频率域电磁法的观测范围。与 CSAMT 相比,它本来具有一定的优势,但是它把非远区的测量结果"校正"到远区去的做法,付出了增加野外和室内工作量的代价,又回到了远区的"老路"。有点得不偿失。

何继善院士提出的广域电磁法,继承了 CSAMT 使用人工场源克服 MT 场源随机性强的优点,以及 MELOS 方法在非远区测量的优势;摒弃了 CSAMT 在远区信号微弱的劣势,扩展了观测适用的范围;摒弃了 MELOS 方法的校正办法,保留了计算公式中的高次项,既不是沿用卡尼亚公式,也不是把非远区校正到远区,而是用适合于全域的公式计算视电阻率,大大拓展了人工源电磁法的观测范围,提高了观测速度、精度和野外效率。广域电磁法和伪随机信号电磁法相结合,形成了一种独具特色的新的电法勘探方法(何继善,2010a,2010b)。

通过研究和分析电磁场的表达式不难发现,电磁场的任何一个分量的解析表达式中,都含有介质的电阻率因素。在场的任何地方测量场的任何一个分量都可以提取这些介质的视电阻率,并不一定要测量两个相互正交的电、磁分量,只是不同分量采用的公式互不相同,对电阻率变化的敏感程度也不一样(何继善,

2010a，2010b）。经过比较，何继善院士认为测量水平电偶极源产生的电场 E_x 较为实用。

脱离远区之后，卡尼亚公式不再适用，必须采用适合非远区的精确公式。精确公式比卡尼亚公式复杂，含有超越函数甚至特殊函数，用一般的代数方法无法解出其中未知的视电阻率。对此，何继善院士采用计算机迭代的方法提取视电阻率。

广域电磁法的要点：①破除了国际上将电磁波近似地划分为近区、过渡区和远区的理论禁锢，首次严格从电磁波方程表达式出发，定义了适用于广大区域（全区）的视电阻率参数；②在相同或者更高分辨率的前提下，只测量电磁场的单个分量，改写了过去 CSAMT 法必须测量两个相互正交的电、磁分量的历史；③可以在广大的、不局限远区的区域进行观测，在同等条件下，广域电磁法目前最大探测深度已经达到 7 km，比 CSAMT 探测深度增加了 3～5 倍，形成了一整套与 CSAMT 及 MELOS 方法不同的、我国自主研发的、新的频率域电磁勘探方法。

1.1　$E\text{-}E_x$ 广域电磁法

1.1.1　$E\text{-}E_x$ 广域电磁法基本理论

广域电磁法根据场源形式或观测方式可以进行详细的分类。考虑野外实际情况，目前采用水平电流源发射信号测量电场的 x 分量的 $E\text{-}E_x$ 广域电磁法应用最为广泛。这里以电场水平分量 E_x 来说明 $E\text{-}E_x$ 广域电磁法和广域视电阻率的概念。

均匀大地表面水平电流源的电场 x 分量的计算公式为：

$$E_x = \frac{IdL}{2\pi\sigma r^3}\left[1-3\sin^2\varphi+\mathrm{e}^{-\mathrm{i}kr}(1+\mathrm{i}kr)\right] \tag{1-1}$$

式中，I 为供电电流；dL 为电偶极源的长度；i 表示纯虚数；k 为均匀半空间的波数；r 为收发距，即观测点与偶极子中心的距离；σ 为电导率；φ 为电偶极源方向和源的中点到接收点矢径之间的夹角。

视电阻率是地下电性不均匀体和地形起伏的综合反映，它能够反映介质电性的空间变化，或者说视电阻率是空间上介质真电阻率的复杂加权平均。从均匀大地表面水平电流源的电场 x 分量表达式可知，其包含了地下电阻率参数，可通过反算求得电阻率参数。

将电场水平分量 E_x 的表达式改写为：

$$E_x = \frac{IdL}{2\pi\sigma r^3}F_{E\text{-}E_x}(\mathrm{i}kr) \tag{1-2}$$

式中，

$$F_{E\text{-}E_x}(\mathrm{i}kr) = 1 - 3\sin^2\varphi + \mathrm{e}^{-\mathrm{i}kr}(1 + \mathrm{i}kr) \tag{1-3}$$

式（1-3）是一个与地下电阻率、工作频率，以及发送-接收距离有关的函数。实际勘探中，E_x 的测量通过测量两点（MN）之间的电位差实现，即

$$\Delta V_{MN} = E_x \cdot MN = \frac{I\mathrm{d}L\rho}{2\pi r^3} F_{E\text{-}E_x}(\mathrm{i}kr) \cdot MN \tag{1-4}$$

令

$$K_{E\text{-}E_x} = \frac{2\pi r^3}{\mathrm{d}L \cdot MN} \tag{1-5}$$

式中，MN 为测量电极距。$K_{E\text{-}E_x}$ 是一个只与极距有关的系数，称为广域电磁测深提取视电阻率的装置系数。式（1-4）可以提取视电阻率如下：

$$\rho_a = K_{E\text{-}E_x} \frac{\Delta V_{MN}}{I} \frac{1}{F_{E\text{-}E_x}(\mathrm{i}kr)} \tag{1-6}$$

式（1-6）定义了广域视电阻率。只要测量出电位差、发送电流，以及有关的极距参数，采用迭代法计算，便可提取视电阻率信息。

广域视电阻率是一个严格的定义，没有经过任何近似和舍弃。CSAMT 采用 Cagniard 视电阻率计算式（1-7），其定义为：满足远区条件时，舍弃一些高次项后得到的 Cagniard 视电阻率近似计算公式；不满足远区条件时，CSAMT 的 Cagniard 视电阻率公式不成立，因此 CSAMT 只能在远区应用。广域视电阻率定义是一个严格的表达式，不必限制在远区，可以在广大非远区工作。

$$\rho_a = \frac{1}{\omega\mu} \left| \frac{E_x}{H_y} \right|^2 \tag{1-7}$$

广域电磁法是一种人工源频率域电磁勘探方法，通过发送与接收不同频率的信号来探测不同深度的地电信息。广域电磁法发送的是伪随机电流信号，而不是 CSAMT 的变频信号。一次发送的伪随机电流信号中包含多个主频成分，它们的幅值大小相近。

1.1.2　$E\text{-}E_x$ 广域电磁法数值模拟

$E\text{-}E_x$ 广域电磁法的特点与 E_x 传播、分布规律密切相关。电磁波在传播过程中，依据接收点与发射源的距离可划分为 3 个区域：近区、过渡区和远区。远区的物理含义是地面波占主导地位的场区；近区的物理含义是地层波占主导地位的场区；过渡区是电磁波中的地面波和地层波成分相当的场区（Cagniard，1953；Goldstein 和 Strangway，1975；底青云和王若，2008）。

如图 1-1 所示，为了了解 E_x 的分布规律，绘制了其在均匀半空间条件下的辐射花样，并分远区和近区展开讨论。电偶极子 AB 中点为坐标原点，x 轴沿偶极

子方向, 图中纵、横坐标均为"感应数"或"电距离"。

图 1-1(a)中成图感应数范围为 0~100, 电磁波大部分处于远区。电场水平分量 E_x 在远区的表达式为:

$$E_x \approx \frac{IdL\rho}{2\pi r^3}(3\cos^2\varphi - 2) \tag{1-8}$$

当方位角为±35.26°和±215.26°时, $E_x = 0$。因此电场水平分量 E_x 的零值带出现在与 x 轴正方向成±35.26°夹角的直线上, E_x 被零值带划分为 4 个部分。

图 1-1(b)中成图感应数范围为 0~0.1, 电磁波大部分处于近区。电场水平分量 E_x 在近区的表达式为:

$$E_x \approx \frac{IdL\rho}{2\pi r^3}(3\cos^2\varphi - 1) \tag{1-9}$$

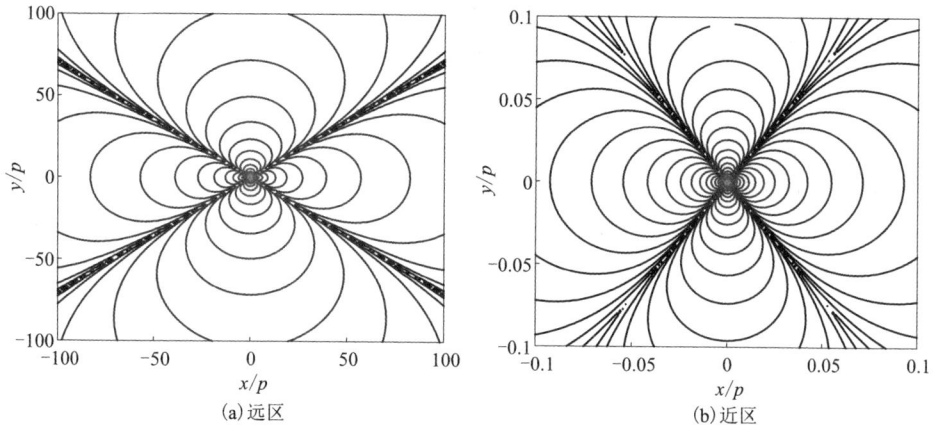

(a)远区   (b)近区

图 1-1   水平电偶极源的 E_x 辐射花样

E_x 在近区的场强分布与远区具有非常大的区别, 主要表现在零值带的分布。当方位角为±54.74°和±234.74°时, $E_x = 0$。因此电场水平分量 E_x 的零值带出现在与 x 轴正方向成±54.74°夹角的直线上, E_x 被零值带划分为 4 个部分。E_x 的近区辐射花样形状就像远区的辐射花样旋转了 90°一样。

辐射花样提供了很多信息, 但如果要定量分析水平电偶极源电场水平分量 E_x 的区别, 可以参考物理学中"天线方向性"和"方向性因子"来分析场源的方向性, 并可以由此分析最佳测量装置(杨儒贵, 2003)。

图 1-2 所示是 E_x 天线方向, 分为近区($p=0.1$)、过渡区($p=1$)和远区($p=10$)。

第一, E_x 近区的天线方向共有 4 瓣, 包括 2 个主瓣和 2 个副瓣。主瓣和副瓣

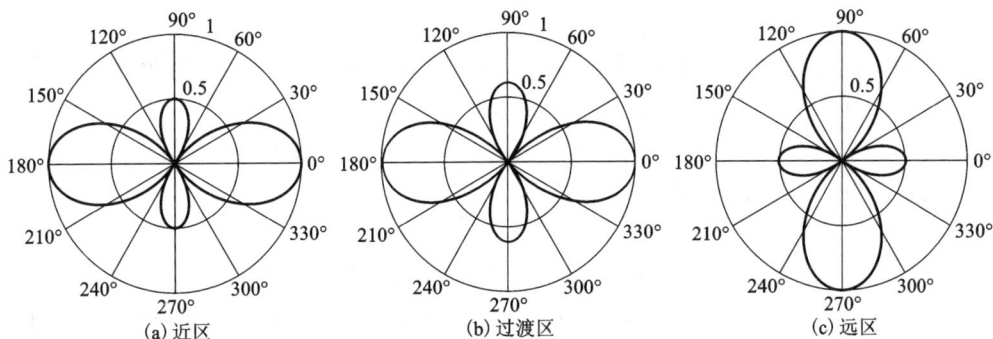

(a) 近区　　　　　　　(b) 过渡区　　　　　　(c) 远区

图 1-2　水平电偶极源 E_x 天线方向

均表现为长轴状,主瓣宽度(半功率角)为 52.48°,副瓣电平为 -6.02 dB。说明 E_x 远区的辐射相对集中,但往两边的衰减率比较高。E_x 近区的主射方向为 0°和 180°,说明 E_x 的辐射能量大部分集中在 0°和 180°方向,在 90°和 270°方向的能量非常小;主射方向最大场强幅值是非主射方向最大场强幅值的 2 倍。这个特征可由式(1-9)验证,当方位角为 90°和 270°时,等号右侧括弧内的值($3\cos^2\varphi-1$)为 1;当方位角为 0°和 180°时,等号右侧括弧内的值($3\cos^2\varphi-1$)为 2,是方位角为 90°和 270°时的 2 倍。

第二,E_x 过渡区的天线方向共有 4 瓣,没有固定的主瓣和副瓣,且主瓣和副瓣位置不确定,它们随着感应数的变化而变化。过渡区也没有明显的零值位置,与近区和远区不同。

第三,近区和远区的方向图相差 90°。E_x 远区的天线方向共有 4 瓣,包括 2 个主瓣和 2 个副瓣。主瓣和副瓣均表现为长轴状,主瓣宽度(半功率角)为 52.48°,副瓣电平为 -6.02 dB。这说明 E_x 远区的辐射相对集中,但往两边的衰减率比较高。E_x 远区的主射方向为 90°和 270°,说明 E_x 的辐射能量大部分集中在 90°和 270°方向,在 0°和 180°方向的能量非常小;主射方向最大场强幅值是非主射方向最大场强幅值的 2 倍,这也是 CSAMT 测量主要采用旁侧装置的原因。这个特征可由式(1-8)验证,当方位角为 0°和 180°时,等号右侧括弧内的值($3\cos^2\varphi-2$)为 1;当方位角为 90°和 270°时,等号右侧括弧内的值($3\cos^2\varphi-2$)为 -2,是方位角为 0°和 180°时的 2 倍。因此,采用赤道偶极装置的测量信号差不多是采用轴向偶极装置的 2 倍。如果采用水平电流源,应当首选赤道偶极装置。

第四,E_x 近区半功率角为 52.48°(-26.24°~26.24°),半幅值角为 70.54°(-35.27°~35.27°),零功率角为 109.5°(-54.75°~54.75°)。也就是说,在 -54.75°~54.75°时,场强可以达到最大值的一半以上。如果用半幅值角来定义最佳测量装置,则测量 E_x 的最佳范围为 -35.27°~35.27°,夹角为 70.54°。实际上，半功率角、半幅值角、零功率角等参数均可由式(1-9)算得。

第五，E_x 远区半功率角为 52.48°(63.76°~116.24°)，半幅值角为 70.54° (54.73°~125.27°)，零功率角为 109.48°(35.26°~144.74°)。也就是说，在 54.73°~125.27°时，场强可以达到最大值的一半以上。如果用半幅值角来定义最佳测量装置，则测量 E_x 的最佳范围为 54.73°~125.27°和 234.73°~305.27°，夹角为 70.54°。

第六，实际上，E_x 的半功率角和半幅值角在近区会发生改变，与远区相差 90°。如果测量频率已经进入过渡区或近区，则最佳测量角度比远区缩小(图1-2)。这也是 E_x 测量角度一般规定为发射接地电缆源中垂线两侧30°范围内的原因。

图 1-3 所示为 E-E_x 广域视电阻率拟断面。模型参数如下：$\rho_1 = 1000\ \Omega \cdot m$，$\rho_2 = 10\ \Omega \cdot m$，$\rho_3 = 1000\ \Omega \cdot m$；$h_1 = 200\ m$，$h_2 = 500\ m$；收发距为 15 km；频率为 0.01~10 kHz。

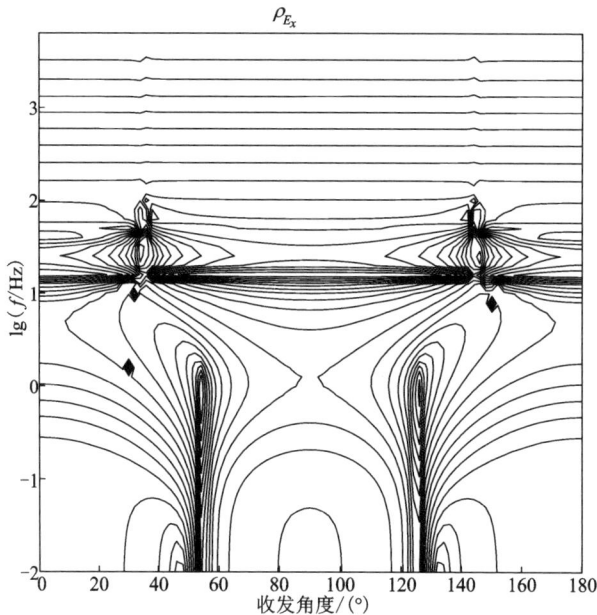

图1-3 E_x 广域视电阻率拟断面

第一，E-E_x 广域视电阻率受收发角度的影响大，在测深曲线处于远区时，视电阻率在 35°和 145°附近出现畸变，测深曲线影响范围为±10°，与 E_x 远区天线方向图的零功率角对应。

第二，E-E_x 广域视电阻率在 0°~30°、60°~120°、150°~180°方位角区段内，显示为层状特征，与 E_x 场强分布特征对应。E_x 在这些方位角区段内信号强度大，不受零值带的影响,因此视电阻率没有出现畸变。

第三,随着频率的降低,测深曲线进入过渡区和近区,畸变越来越严重,但测深曲线在过渡区和近区的畸变位置有所不同。过渡区的畸变位置与远区基本一致,测深曲线进入近区后,畸变位置主要集中在 55° 和 125° 方位角附近。视电阻率等值畸变更为严重,测深曲线影响范围为 ±10°,与 E_x 近区天线方向图的零功率角对应。E-E_x 广域视电阻率拟断面也清晰地反映出最佳测量夹角在近区变小。

为了对比 E-E_x 广域视电阻率及由阻抗 Z_{xy} 定义的 Cagniard 视电阻率的单条测深曲线在不同测量方位条件下对地下地质体的响应,设置两层 D 型与 G 型、三层 H 型与 K 型的一维层状模型。$\lambda_1 = 2\pi\delta_1$ 是电磁波在第一层介质中的波长,分别在观测方位角为 10°、25°、45°、75° 处测量 E-E_x 广域视电阻率及由阻抗 Z_{xy} 定义的 Cagniard 视电阻率,如图 1-4~图 1-7 所示。图中 ρ_c 为由阻抗 Z_{xy} 定义的 Cagniard 视电阻率;ρ_{E_x} 为 E-E_x 广域视电阻率。

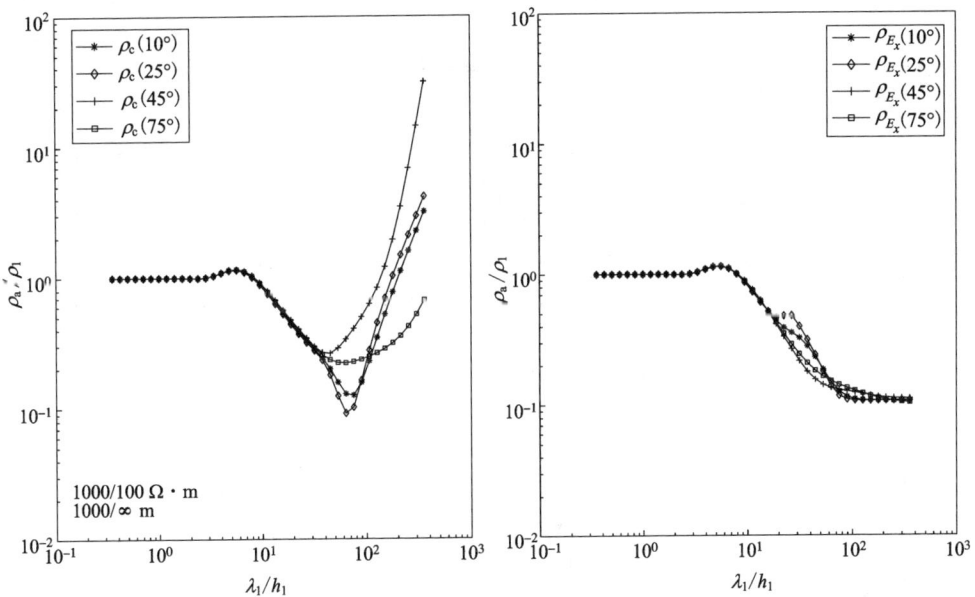

图 1-4　D 型地电断面视电阻率曲线对比

从图 1-4~图 1-7 可以看出以下几点。

第一,两种视电阻率均能较好地反映第一层地层的电性特征,对于第二层及以下地层,随着测点方位的变化,Gagniard 曲线形态变化很大,出现明显的假极小值。当测深曲线接近过渡带和近区时,曲线出现严重畸变,表现为曲线在低频端不能真实地反映地层电阻率,均呈 45° 角上升。

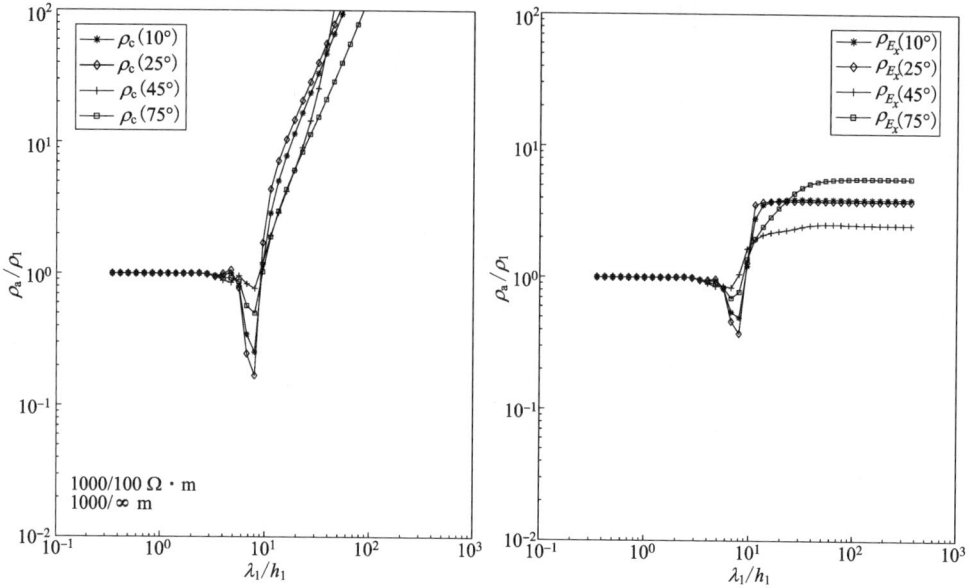

图 1-5　*G* 型地电断面视电阻率曲线对比

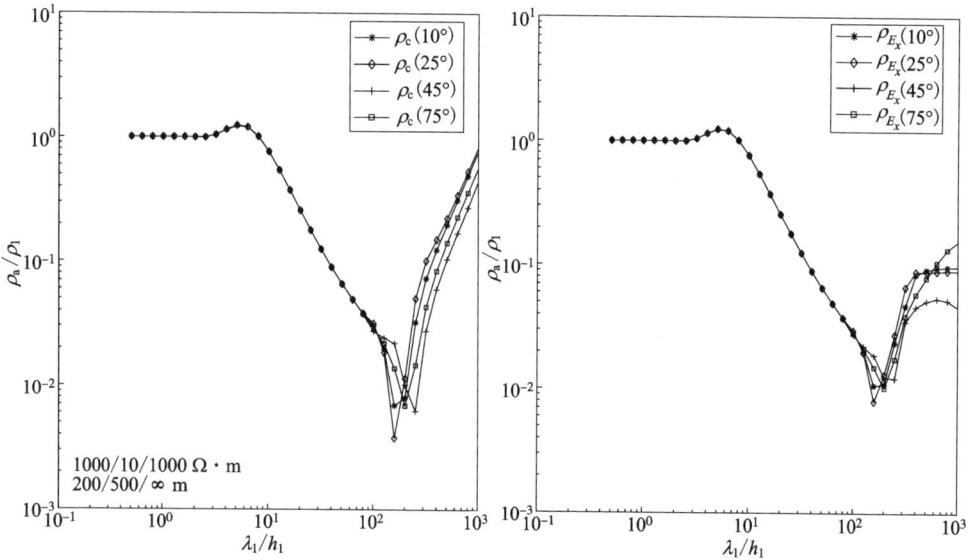

图 1-6　*H* 型地电断面视电阻率曲线对比

　　第二，随着测点方位的变化，E-E_x 广域视电阻率曲线形态变化也很大。测点在 75°方位角时曲线能很好地反映地层情况。当下部存在高阻地层时，45°、25°、10°方位角的曲线均有不同程度的畸变。

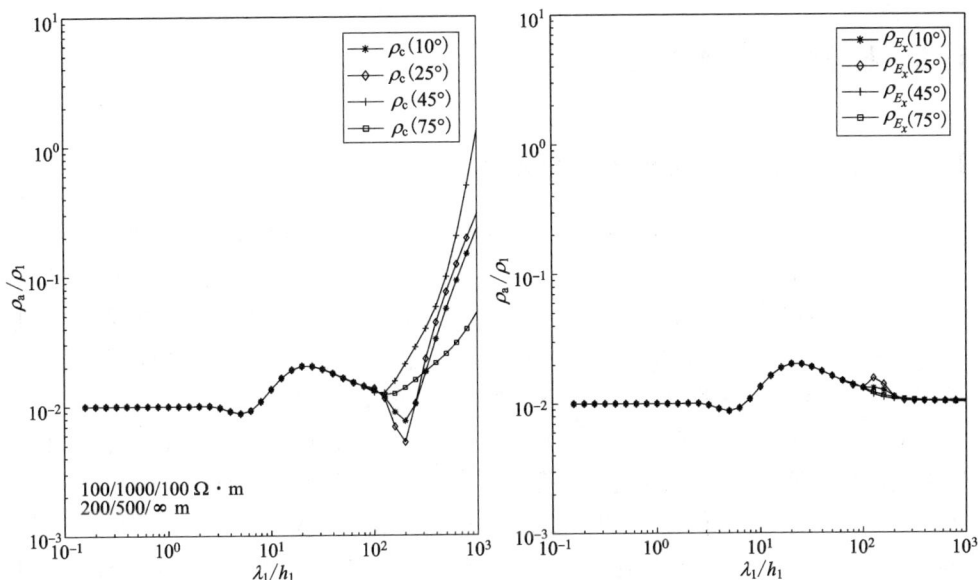

图 1-7　K 型地电断面视电阻率曲线对比

　　第三, 任意角度测量 Cagniard 视电阻率均出现严重畸变, 反映不出地层的真实情况; $E\text{-}E_x$ 广域视电阻率在观测方位角为 10° 时视电阻率曲线出现畸变, 观测方位角为 45°、25° 时 E_x 能反映底层低阻地层的存在, 但不明显。

1.1.3　$E\text{-}E_x$ 广域电磁法测量范围

　　实际测量时还需要考虑视电阻率的畸变, 旁侧装置的测量夹角建议为 60°~120°, 轴向装置的测量夹角建议为 -20°~20°。

　　E_x 的场强分布特征决定了在野外观测它们时的装置有所不同。$E\text{-}E_x$ 有两种观测装置, 即旁侧装置和轴向偶极装置。

　　旁侧装置: 测量范围一般在发射偶极中垂线两侧各 30° 张角且 $r \geqslant \delta$ 的两个扇形区域, 如图 1-8 所示。低频测量时张角应适当减小。

　　轴向偶极装置: 测量范围一般在发射偶极轴向线两侧各 20° 张角且 $r \geqslant \delta$ 的两个扇形区域, 如图 1-8 所示。低频测量时张角应适当减小。

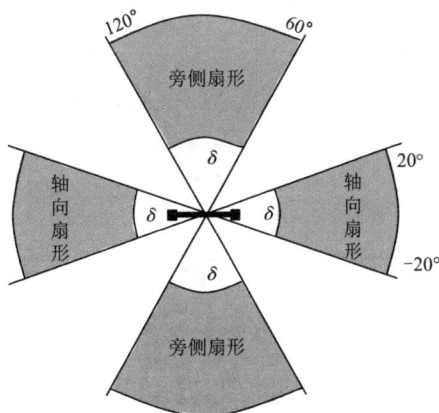

图 1-8　$E\text{-}E_x$ 装置的测量范围

1.2　E-E_{MN} 广域电磁法

1.2.1　E-E_{MN} 广域电磁法的必要性

由于 E-E_x 广域电磁法严格要求电磁接收设备的两个测量电极之间的连线平行于两个供电电极连线和垂直于记录点与两个供电电极中点的连线, 很小的角度偏差就会对数据质量造成较大的误差。角度偏差带来的电场测量值偏差和视电阻率计算值偏差并没有得到校正, 而是直接被当作该测点的正常值处理, 从而降低了数据质量, 给后期的数据解释带来诸多问题(索光运, 2018)。

下面以一个三层 H 模型为例, 说明 E-E_x 测量方式在测线角度发生变化时的广域视电阻率变化情况。模型的电阻率由浅入深分别为 100 Ω·m、10 Ω·m、100 Ω·m, 第一层和第二层厚度分别为 500 m、30 m, 第三层为均匀半空间。电偶极子长度为 1000 m, 供电电流为 20 A, 收发距为 20 km。频率从 0.0156 Hz 到 8192 Hz, 按 2 的指数幂变化, 间隔为 0.5, 共 39 个频点。

E-E_x 测量方式下, 接收点相对于发射偶极所在的水平方向的角度为 80°, 测线与发射偶极所在的水平方向之间的夹角从 -15° 到 15° 变化, 间隔为 7.5°。不同夹角的广域视电阻率曲线和误差曲线如图 1-9 所示。

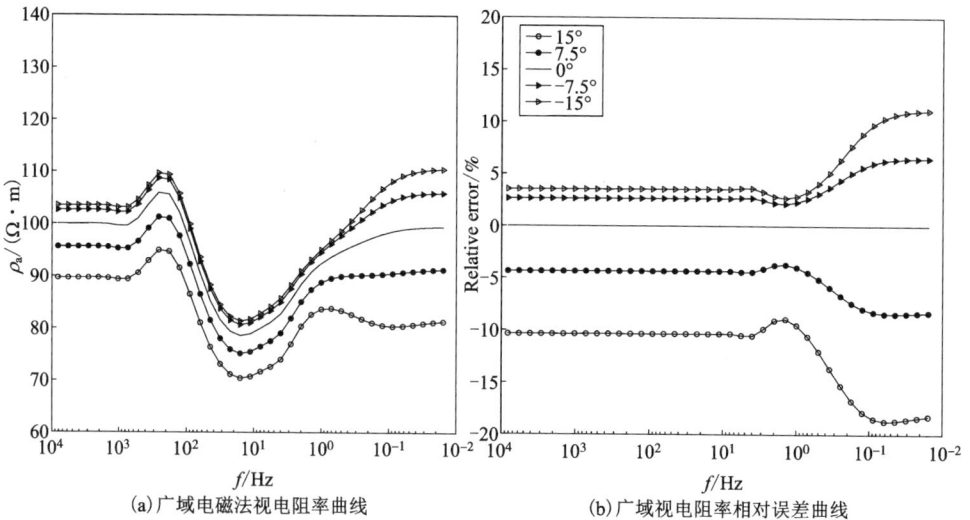

(a)广域电磁法视电阻率曲线　　　　(b)广域视电阻率相对误差曲线

图 1-9　E-E_x 测量方式下, 测线角度偏差的误差分析

从图 1-9(b) 中可以看到，当测线角度偏差为 15° 时，由测量电极角度偏差引起的广域视电阻率相对误差最大为 19%，严重影响了观测数据的准确度。另外，从图 1-9(a) 中可以看到，在测线角度偏差仍为 15° 时，三层 H 模型的广域视电阻率曲线变成了四层 HK 视电阻率曲线，曲线形态发生了严重畸变，这将会影响对地层电阻率分布的定性分析。

由上述分析可知，测线在实际布设时的角度偏差会对测量结果产生非常大的影响。为了减小测线角度偏差带来的数据质量问题，在野外施工时必须严格控制实测测线的角度，而在地形复杂地区想要满足这样的要求往往非常困难，并且会增加工作量，降低数据采集效率。

数据误差是由测线角度偏差产生的，之所以会存在角度偏差，是因为传统的 $E-E_x$ 测量方式人为地固定了测量电极连线的方向。能否无须人为事先规定测量方向，而以野外实际布设的测线方向为准，来计算相应方向的广域视电阻率呢？如果这种设想能够实现，那由角度偏差带来的视电阻率计算误差将会得到彻底消除，地形复杂地区的野外数据采集效率和质量也都会得到提升。$E-E_{MN}$ 测量方式可以很好地满足这一条件，其几何示意如图 1-10 所示。

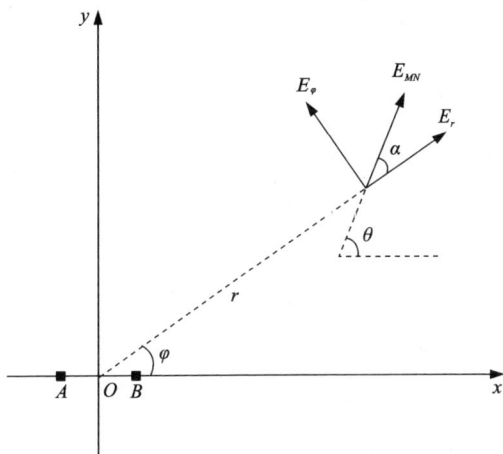

图 1-10　$E-E_{MN}$ 测量方式几何示意图

在图 1-10 中，测量点与场源的距离为 r，夹角为 φ，测量电极 MN 与 x 轴的夹角为 θ，与 r 方向的夹角为 α，则任意水平方向电场 E_{MN} 的表达式可以由 E_r 和 E_φ 经过坐标转换得到。

$E-E_x$ 测量方式下，测线方向为图 1-10 中的 x 轴方向。理论上 E_{MN} 方向可以是整个平面 360° 内的任意方向，E_x 和 E_φ 只是它的两个特例情况。下一节将推导层状介质中任意水平方向电场 E_{MN} 的计算公式及其广域视电阻率的计算方法。

1.2.2 E-E_{MN} 一维层状模型正演

关于层状介质表面电偶极子的电场响应公式及其推导过程,经典文献中均有详细介绍(何继善,1990;朴化荣,1990;纳比吉安,1992;汤井田和何继善,2005;何继善,2010a,2010b),这里不再赘述。不过,有一点需要说明:当采用不同的电流源(正谐或负谐)时,其表达式会有所不同。这也是相关文献中的同一公式,其表达形式会有所不同的原因(朴化荣,1990)。本书统一采用负谐的表达式(朴化荣,1990),则 E_r 和 E_φ 的表达式为:

$$E_r = \frac{IdL}{2\pi}\cos\varphi \cdot \left[\frac{i\omega\mu}{r}\int_0^\infty \frac{1}{m+n_1/R^*}J_1(mr)\,dm - \rho_1\int_0^\infty \frac{mn_1}{R}J_0(mr)\,dm + \frac{\rho_1}{r}\int_0^\infty \frac{n_1}{R}J_1(mr)\,dm \right] \tag{1-10}$$

$$E_\varphi = \frac{IdL}{2\pi}\sin\varphi \left[\frac{\rho_1}{r}\int_0^\infty \frac{n_1}{R}J_1(mr)\,dm - i\omega\mu\int_0^\infty \frac{m}{m+n_1/R^*}J_0(mr)\,dm + \frac{i\omega\mu}{r}\int_0^\infty \frac{1}{m+n_1/R^*}J_1(mr)\,dm \right] \tag{1-11}$$

$$n_l = \sqrt{m^2+k_l^2}, \quad k_l^2 = -\frac{i\omega\mu}{\rho_l}, \quad \text{cth}\,x = \frac{e^x+e^{-x}}{e^x-e^{-x}}, \quad l=1,2,\cdots,N \tag{1-12}$$

空间频率特性函数 R^* 和 R 的迭代格式可写成:

$$R_l^* = \frac{1+\text{cth}(n_lh_l)\cdot n_l/n_{l+1}\cdot R_{l+1}^*}{\text{cth}(n_lh_l)+n_l/n_{l+1}\cdot R_{l+1}^*} \tag{1-13}$$

$$R_l = \frac{1+\text{cth}(n_lh_l)\cdot \dfrac{n_l\rho_l}{n_{l+1}\rho_{l+1}}\cdot R_{l+1}}{\text{cth}(n_lh_l)+\dfrac{n_l\rho_l}{n_{l+1}\rho_{l+1}}\cdot R_{l+1}} \tag{1-14}$$

式(1-10)~式(1-14)中:I 为谐变电流的幅值;ω 为谐变电流的圆频率;μ 为磁导率;φ 为电偶极源中点到接收点的连线和电偶极源的夹角;r 为收发距;k 为波数;m 为空间频率;R_l 为 l 层的空间频率函数;n_l 为 l 层的电磁系数;dL 为电偶极子的长度;J_0 为 0 阶第一类贝塞尔函数;J_1 为 1 阶第一类贝塞尔函数;ρ_l 为电阻率;h_l 为厚度;$l=1,2,\cdots,N$。

通过图 1-10 中简单的几何关系,可得:

$$E_{MN} = E_r\cos\alpha + E_\varphi\sin\alpha \tag{1-15}$$

这样,便得到了层状介质中任意水平方向电场 E_{MN} 的计算公式。接下来计算相应的广域视电阻率。广域视电阻率是将测得的场值响应等效为均匀半空间中,在相同装置和几何参数条件下产生相同场值响应时的模型电阻率。要计算任意水平方向电场 E_{MN} 对应的广域视电阻率，首先需要得到均匀半空间中 E_{MN} 的计算公式。为了与前文保持一致，这里采用与层状模型相同的表达式（朴化荣，1990），有：

$$E_r = \frac{IdL\rho}{2\pi r^3}\cos\varphi\left[1 + e^{-kr}(1+kr)\right] \qquad (1-16)$$

$$E_\varphi = \frac{IdL\rho}{2\pi r^3}\sin\varphi\left[2 - e^{-kr}(1+kr)\right] \qquad (1-17)$$

$$E_{MN} = E_r\cos\alpha + E_\varphi\sin\alpha = E_r\cos(\theta-\varphi) + E_\varphi\sin(\theta-\varphi)$$
$$= \frac{\rho IdL}{2\pi r^3}\left\{\left[3\cos^2\varphi - 2 + (1+kr)e^{-kr}\right]\cos\theta + 3\cos\varphi\sin\varphi\sin\theta\right\} \qquad (1-18)$$

式(1-16)~式(1-18)中各符号的含义与式(1-10)~式(1-14)基本相同，只是式(1-16)~式(1-18)中的 ρ 代表均匀半空间的电阻率。另外，野外实际测量时，往往通过测量电位差来间接得到测点处的电场幅值 $|E_{MN}|$。所以需要对式(1-18)两边取绝对值，有：

$$|E_{MN}| = \frac{\rho IdL}{2\pi r^3} \cdot \left|\left[3\cos^2\varphi - 2 + (1+kr)e^{-kr}\right]\cos\theta + 3\cos\varphi\sin\varphi\sin\theta\right| \quad (1-19)$$

计算广域视电阻率的方法有迭代法和逆样条插值法两种（王顺国和熊彬，2012）。迭代法是通过对式(1-19)进行变形，得到均匀半空间电阻率的隐函数关系式，再通过逐次迭代得到电阻率的最佳值；逆样条插值法将均匀半空间的电阻率看成相同条件下场值的函数，通过计算出理论模型中某些电阻率值所对应的电场值，再反过来插值，求出待计算场值所对应的均匀半空间电阻率值，也就是所要求的广域视电阻率。迭代法受所设置的初始参数的影响较大；逆样条插值法计算速度较快，但要求插值目标函数必须是单调的，即均匀半空间中的 $|E_{MN}|$ 与电阻率 ρ 必须是一一对应的。

使用迭代法或逆样条插值法来计算 $E\text{-}E_{MN}$ 的广域视电阻率之前，往往会忽略这样一个非常关键的问题：如果一个 $|E_{MN}|$ 对应不止一个均匀半空间的电阻率 ρ，则不同测点、频点条件下计算出的广域视电阻率之间是否还有可比性？

考虑这样一个普通函数 $y=f(x)$，假设其函数关系已知，其函数图像如

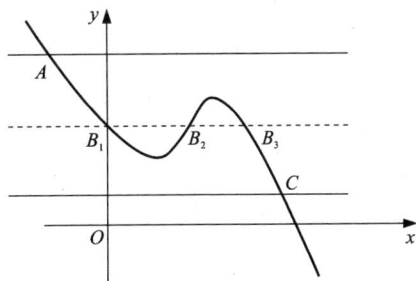

图 1-11　一个 y 对应多个 x 的函数曲线

图 1-11 所示。对于点 A，给定 A_y，总能算出与之对应的 A_x。如果给定 B_y，会有三个 B_x 与之对应。如果 $|E_{MN}|$-ρ 曲线与图 1-11 中的函数曲线类似，即一个 $|E_{MN}|$ 值可能对应多个 ρ 值，则不同测点或频点条件下计算得到的广域视电阻率之间可能失去可比性；或者说选择哪一个 ρ 值作为最终的广域视电阻率值也将成为问题。所以，验证 $|E_{MN}|$ 与 ρ 的关系是否单调至关重要，是此方法是否可行的关键。

图 1-12 所示是 $f=1$ Hz、$r=20$ km 时不同 φ、θ 角的 $|E_{MN}|$-ρ 曲线，各个符号的含义与图 1-10 相同。整体上 $|E_{MN}|$ 随着 ρ 的增大而增大，但在中低阻区域(50~110 Ω·m)却出现了先下降后上升的现象，即存在非单调区域。由图 1-12 可知，$|E_{MN}|$ 与 ρ 并不是一一对应的。满足什么条件时，$|E_{MN}|$ 与 ρ 曲线才会存在非单调区域呢？下一节将从数学公式上进行推导来得出最终的结论。

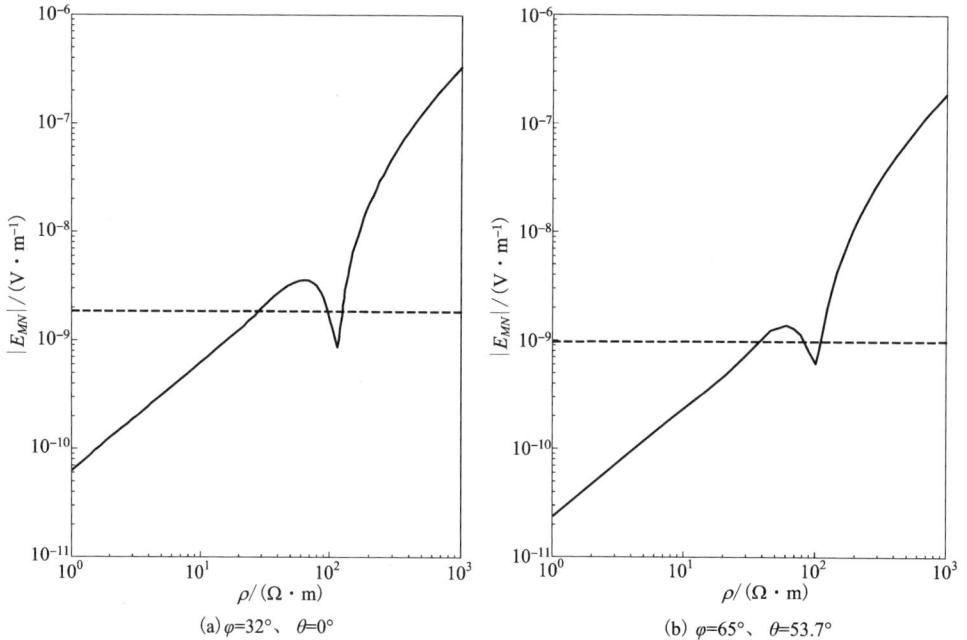

(a) $\varphi=32°$、$\theta=0°$

(b) $\varphi=65°$、$\theta=53.7°$

图 1-12　均匀半空间中特定几何参数条件下的 $|E_{MN}|$-ρ 曲线

1.2.3　$|E_{MN}|$ 单调性分析

首先，考虑一种特殊的情况，$\theta=90°$，即 $\cos\theta=0$ 的情况。有：

$$|E_{MN}| = \frac{3\rho IdL}{2\pi r^3} \cdot |\sin\varphi\cos\varphi| \tag{1-20}$$

此时，$|E_{MN}| = |E_y|$。很明显，$|E_{MN}|$ 与 ρ 的关系是单调的。下面考虑 $\cos\theta \neq 0$ 时的情况，有：

$$
\begin{aligned}
|E_{MN}| &= \frac{\rho IdL}{2\pi r^3} \cdot |\cos\theta| \cdot |3\cos^2\varphi - 2 + (1+kr)e^{-kr} + 3\cos\varphi\sin\varphi\tan\theta| \\
&= \frac{\rho IdL}{2\pi r^3} \cdot |\cos\theta| \cdot \left|\frac{3}{2}\cos 2\varphi + \frac{3}{2}\sin 2\varphi\tan\theta - \frac{1}{2} + (1+kr)e^{-kr}\right| \\
&= \frac{\rho IdL}{2\pi r^3} \cdot |\cos\theta| \cdot |c+y|
\end{aligned}
$$

(1-21)

在证明 $|E_{MN}|$ 与 ρ 的单调性时，无关变量都可以看作是常数，故略去。有：

$$|E_{MN}| = \rho \cdot |c+y| \tag{1-22}$$

而

$$-kr = -r \cdot \sqrt{\frac{\omega\mu}{\rho}} \cdot \sqrt{-i} = -r \cdot \sqrt{\frac{\omega\mu}{2\rho}} \cdot (1-i) = (-1+i) \cdot p \tag{1-23}$$

式中，$p = \sqrt{\omega\mu/2\rho} \cdot r$，即常说的电距离，可用来划分远区、近区。注意，这里的 $\sqrt{-i} \neq (-1+i)/\sqrt{2}$。否则，计算出的电磁场将会随着电距离 p 的增大而增大，这显然与实际情况不符。所以有：

$$
\begin{aligned}
y &= e^{-p} \cdot e^{-ip} \cdot (1+p-ip) \\
&= e^{-p} \cdot (\cos p + i\sin p) \cdot (1+p-ip) \\
&= e^{-p} \cdot \{\cos p \cdot (1+p) + p\sin p + i \cdot [\sin p \cdot (1+p) - p\cos p]\} \\
&= e^{-p} \cdot (a+ib)
\end{aligned}
\tag{1-24}
$$

由 $p = \sqrt{\omega\mu/2\rho} \cdot r$，可得 $p = C/\sqrt{\rho}$，则要讨论单调性的函数变为

$$|E_{MN}| = p^{-2} \cdot |c + e^{-p} \cdot (a+ib)| \tag{1-25}$$

$|E_{MN}|$ 与 $|E_{MN}|^2$ 的单调性一致，问题变为讨论 $|E_{MN}|^2$ 是否单调。

$$
\begin{aligned}
|E_{MN}|^2 &= p^{-4} \cdot [(c + e^{-p}a)^2 + (e^{-p}b)^2] \\
&= p^{-4} \cdot [e^{-2p} \cdot (a^2+b^2) + 2ace^{-p} + c^2]
\end{aligned}
\tag{1-26}
$$

对于 a^2+b^2，有：

$$
\begin{aligned}
a^2+b^2 &= [\cos p \cdot (1+p) + p\sin p]^2 + [\sin p \cdot (1+p) - p\cos p]^2 \\
&= 2p^2 + 2p + 1
\end{aligned}
\tag{1-27}
$$

所以：

$$
\begin{aligned}
Y = |E_{MN}|^2 &= p^{-4} \cdot [e^{-2p} \cdot (2p^2+2p+1) + 2ace^{-p} + c^2] \\
&= c^2 p^{-4} + 2ace^{-p}p^{-4} + 2e^{-2p} \cdot (p^{-2} + p^{-3} + \frac{1}{2}p^{-4})
\end{aligned}
\tag{1-28}
$$

讨论 Y 和 p 是否一一对应，即看 Y 的导数 Y' 是否恒大于等于 0 或恒小于等

于 0。关于 Y' 是否恒大于等于 0 或恒小于等于 0 的证明过程较为繁琐，这里不再具体展开，而是直接给出最终的结论，Y' 基本上是大于 0 的，只有在参数 $c\left(c=\dfrac{3}{2}\cos 2\varphi+\dfrac{3}{2}\sin 2\varphi\tan\theta-\dfrac{1}{2}\right)$ 满足一定条件时，才会出现 Y' 小于 0 的情况。也就是说，当观测装置的几何布置满足式(1-29)时，$|E_{MN}|$ 与 ρ 并不是一一对应的，即存在非单调区域。

$$c\in(-1.01,\ -0.99)\cup(-0.05,\ 0.36) \qquad (1-29)$$

注意，因为在得到式(1-29)的过程中使用了数值计算方法，所以并不是上述范围内的所有 c 值都会引起 $|E_{MN}|$ 非单调。实际上，引起 $|E_{MN}|$ 非单调的 c 值是不连续的，式(1-29)只是在尽可能小的范围内包括了所有会使 $|E_{MN}|$ 非单调的 c 值。图 1-13 是 c 分别取 -1.01、-1、-0.99、-0.05、0.1 和 0.36 时的 $|E_{MN}|-p$ 曲线。

图 1-13 中横坐标为电距离；纵坐标是由式(1-26)确定的值，显而易见，图中的曲线都不是单调递减的。除 $c=0.1$ 以外的其他曲线中间都有一个接近水平的部分。这部分曲线在实际测量时对误差特别敏感，场值大小改变会使最终计算出的广域视电阻率有很大变化。因此，实际测量时不仅要保证在具有单调性的区域内测量，场值的导数也不能接近于 0。$c=0.1$ 时的曲线图很明显地说明了多个电阻率会对应同一个电场幅值。

还有一种较为直观的方式理解 $|E_{MN}|$ 与电阻率 ρ 并不是单调递增的关系。利用与上述证明类似的方式，可以在数学上严格证明 $|E_r|$ 和 $|E_\varphi|$ 随着电阻率 ρ 单调递增。当 φ 角不在 E_r 方向角和 E_φ 方向角之间时，E_r 和 E_φ 在 E_{MN} 方向上的投影方向相反。

既然当 c 和 p 的值满足某一条件时，存在 $|E_{MN}|$ 与电阻率 ρ 并不是一一对应的情况，那么实际数据采集时，测量 $|E_{MN}|$ 的方法还是否可行？回答这个问题前，先要确定野外采集实际数据时的测量方式。E_{MN} 是任意水平方向的电场，但在采集实际数据时信号不宜太小，所以还是将 $E-E_{MN}$ 测量方式作为传统观测方式的补充，因而允许实测方向与预先设定的标准方向有一定的偏差。传统观测方式的理论依据由李帝铨给出(李帝铨，2017)，当 $|\varphi-90°|\leqslant 23°$ 时，采用 $E-E_x$ 方式测量；当 $23°<|\varphi-90°|\leqslant 60°$ 时，采用 $E-E_\varphi$ 方式测量。假设在实际测量时，允许实测方向与预先设定的标准方向有 30° 的角度偏差。其测量区域如图 1-14 所示。

由于 c 是 φ 和 θ 的函数，在图 1-14 中添加 $|E_{MN}|$ 与电阻率 ρ 并不是一一对应或变化很慢时的角度范围，如图 1-15 中的黑色区域所示。

注意，图 1-15 中的黑色区域只是包含所有非单调区域集合的一个尽可能小的范围，并不代表黑色区域内的所有角度组合都会导致电场与电阻率非单调，可以认为其是可能导致电场与电阻率非单调的"危险区域"，实际测量时应尽量避

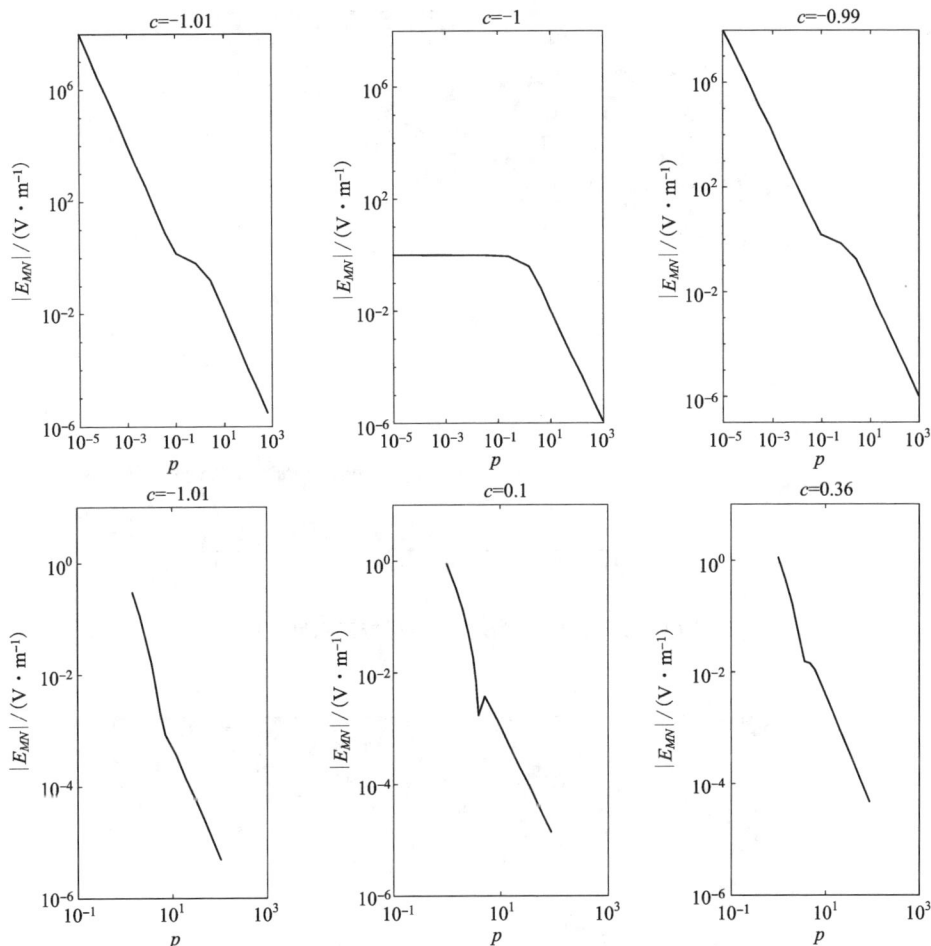

图 1-13 不同 c 值时的 $|E_{MN}|$-p 曲线

开。图 1-15 中较窄的黑色区域对应 $c \in (-1.01, -0.99)$，较宽的黑色区域则对应 $c \in (-0.05, 0.36)$。可以看到，在给定 30°的角度偏差时，非单调区域和 E-E_{MN} 测量方式的实际施工角度范围略有重合。因此，对于 E-E_x 测量方式，在 $\varphi = 67$°左右时，θ 角应尽量避开 26°左右。对于 E-E_φ 测量方式，随着收发角度的变小，其所需要避开的 θ 角范围的中心值也在逐渐减小；在 $\varphi = 30$°左右时，θ 角应尽量避开 135°左右。总体来说，广域电磁法 E-E_{MN} 测量方式是可行的，不会存在电场与电阻率非单调或变化很慢时的现象。只是在不同的收发角度组合时，可允许的角度偏差范围会有所不同，测量电极 MN 的方向也并不是任意方向。

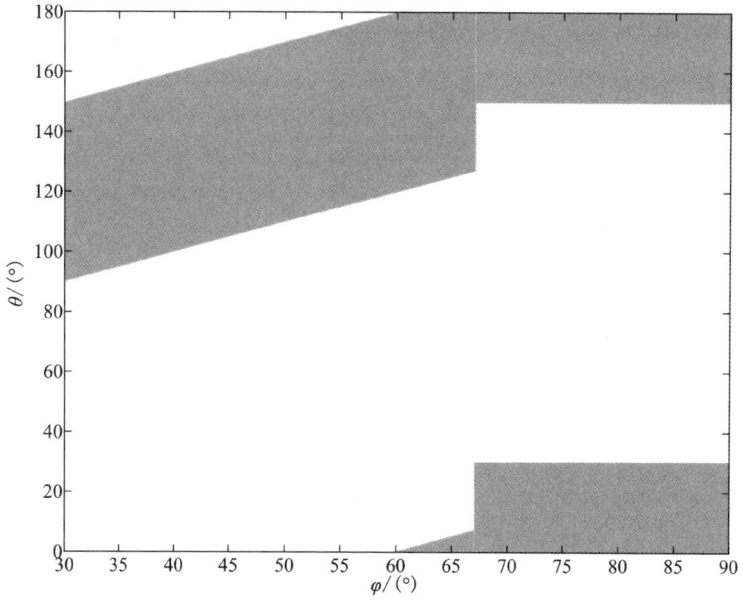

图 1-14 E-E_{MN} 测量方式实际施工角度范围

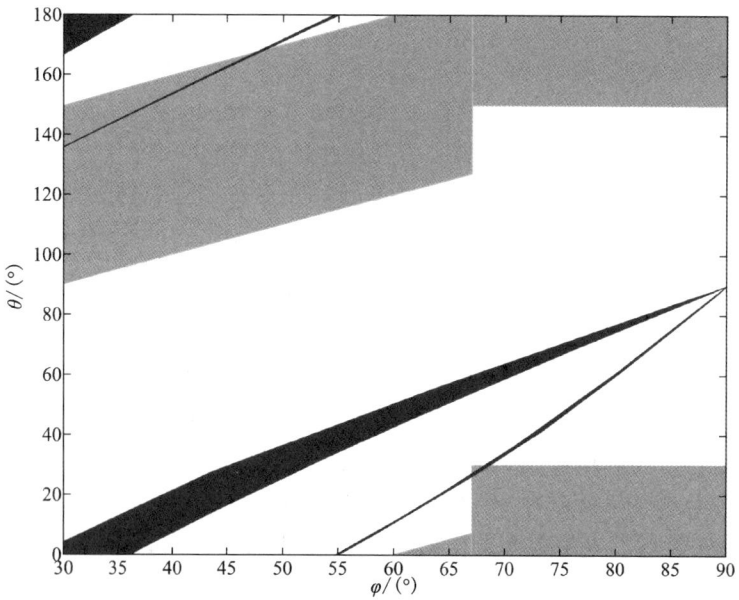

图 1-15 E_{MN} 实际测量角度范围和非单调区域叠加

1.2.4　实际数据采集方案的零值带分析

在野外进行实际数据采集时，还要考虑测量信号幅值的大小。信号幅值过小时，数据的信噪比较低，影响数据采集质量。在分析实际可行的数据采集方案时，李帝铨提出观测角度组合应该尽量避开零值带，从而获得较大的电场测量值（李帝铨，2017）。通过式（1-26），可以从理论上推导出零值带的分布情况，再结合上一节的内容，可以得出零值带分布范围与非单调区域观测角度组合的关系。

零值带是指其电场值相较于其他观测角度组合来说相对较小，总是分布在最小值线的两侧，而不是电场值真的为零。图 1-16 所示是固定收发距和发射频率，在所有观测角度组合下的电场值辐射花样。图 1-16 中，蓝紫色区域是零值带的分布范围，黑色粗线对应此时的最小值线。固定 MN 夹角等于 150°，即图中的红线就可以得到图 1-17 所示 $E\text{-}E_x$ 测量方式下电场值随收发角度的变化情况。图 1-17 中两个黑色圆圈区域即为零值带，场值的最小值也并不为零，只是相对于其他的收发角而言，其电场值较小。

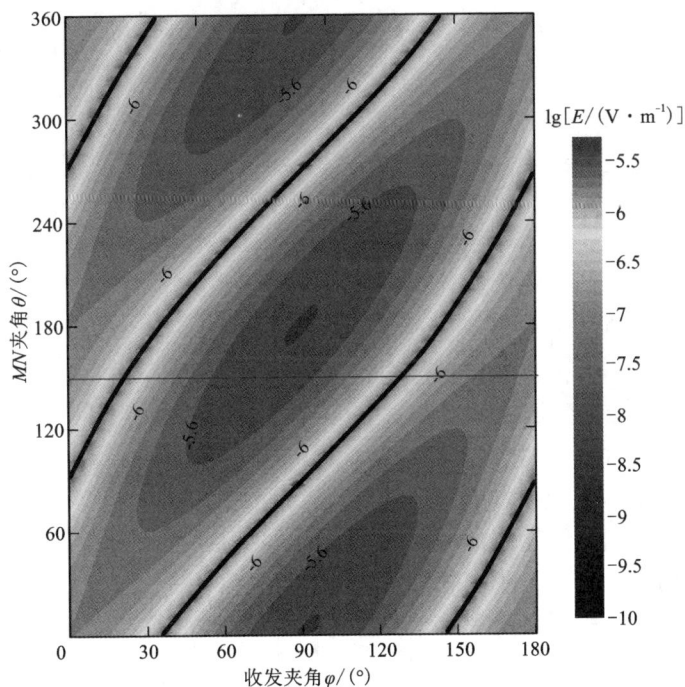

图 1-16　电场值辐射花样
（扫本章二维码查看彩图）

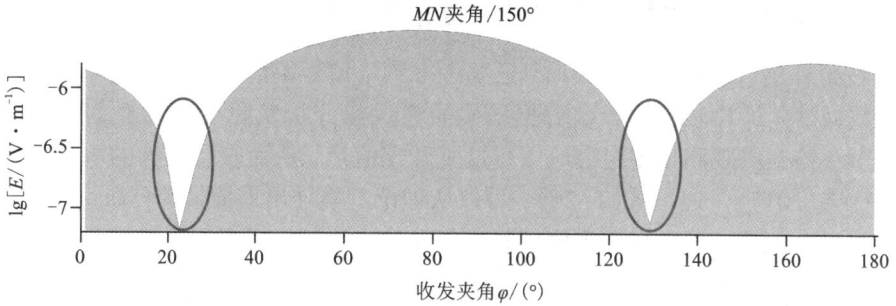

图1-17 $|E_x|$ 随收发角的变化

零值带总是分布在最小值线的两侧。讨论零值带的分布范围就是确定何种观测角度组合下 $|E_{MN}|$ 取最小值。对于式(1-26)，其形式较为复杂。为简单起见，在讨论最小值分布时，可以将除了收发夹角 φ 以外的其他变量都看作常量。这样就可以与前一小节进行相同的处理，从而得到式(1-30)。若该式取极值，则必有：

$$c = -\mathrm{e}^{-p} \cdot a = -\mathrm{e}^{-p} \cdot [\cos p \cdot (1+p) + p\sin p]$$
$$= -\mathrm{e}^{-p} \cdot \sqrt{2p^2+2p+1} \cdot \sin (p+\alpha) \tag{1-30}$$

式中，$\alpha = \arctan(1+1/p)$。该式近似为一个幅值逐渐减小为 0 的三角函数，其绝对值曲线如图 1-18 所示。

从图 1-18 中能够看出，$|c|$ 的最大值小于 1。随着 p 的增大，零值带逐渐向满足 $c=0$ 的观测区域推移，但总在 $|c| \leqslant 1$ 的区域内。当 $p>1.52$ 时，$|c|<0.36$，零值带与非单调区域重合。总体来说，非单调区域总是在零值带内，但零值带内并不都是非单调的。因此，在实际测量时，避开零值带就不会出现非单调问题。图 1-19 所示是 p 分别取 0.01、1、30 时 E_{MN} 场值辐射花样和现行的 E-E_{MN} 广域电磁法观测角度范围。

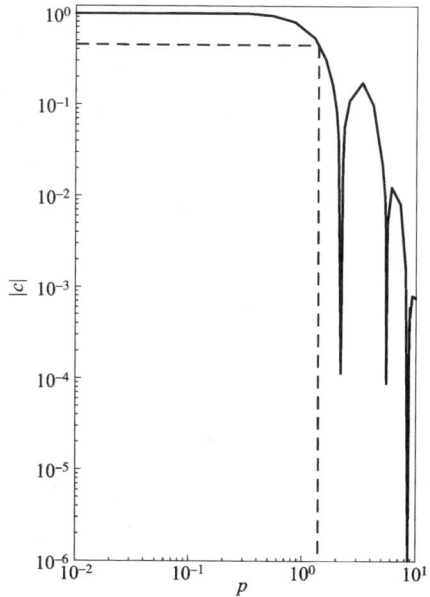

图1-18 场值取极小值时的 $|c|$-p 曲线

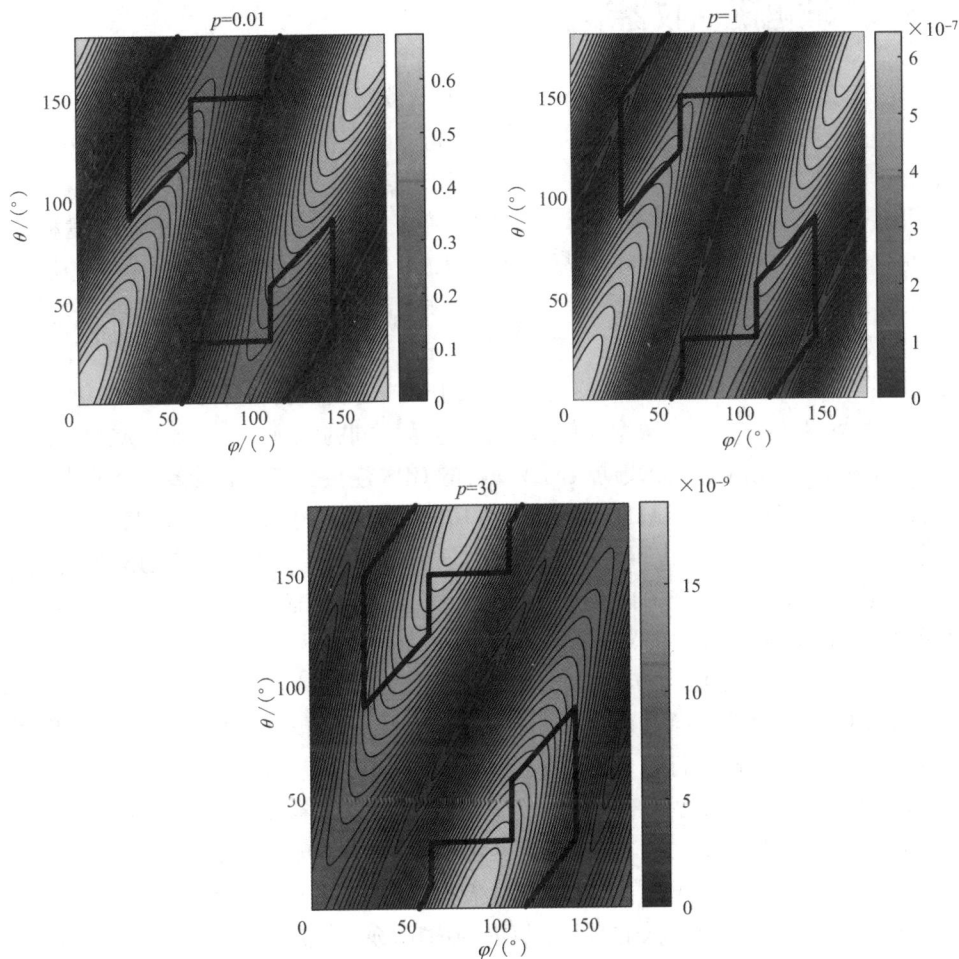

图 1-19　不同 p 值时的场值辐射花样和观测角度范围

(扫本章二维码查看彩图)

　　可以看到，随着 p 的增加，零值带似乎是在以 $(90°,90°)$ 为中心按顺时针方向旋转。当 p 值小于 1 时，现行的测量方案会进入零值带，但这并不代表信号难以测量。当 p 值较小时，整体的电场值较大，一个较小 p 值的零值带内的电场值可能比 p 值较大时的非零值带内的场值还要大。至于多大的信号才会"容易"测量，这取决于测量所用的仪器。

1.3 广域电磁法仪器装备

进入 21 世纪，电磁法仪器逐渐向两个方向发展：一个方向是多功能融合形成多功能电法工作站，如将直流电法仪器、时间域电磁法仪器和频率域电磁法仪器组合在一起形成大型电法勘探仪器系统，其代表有凤凰公司的 V8 和 Zonge 公司的 GDP-32，它们能进行各种装置的时间域激发极化（TDIP）、频率域激发极化（FDIP）、瞬变电磁测深(TEM)、复电阻率（CR）、大地电磁测深（MT）和可控源音频大地电磁测深（CSAMT）测量；另一个方向是沿着专业化道路向更高层次发展，功能相对单一但性能更优异，其代表有 Metronix 公司的 GMS-07 频率域综合电磁法仪，它由磁场和电场传感器直接与主机 ADU-07 连接组成完整的 GMS-07 观测系统，单台 ADU-07 有 10 个数据采集道，可以组成不同的观测系统；多个 ADU-07 或多个 GMS-07 可用网线、无线局域网或内置的 GPS 连接一起，组成多道，同时采集电磁场信号，能完成 MT、AMT、CSAMT 等功能。当今两个发展方向的最新仪器都采用了 GPS 同步，并且向着网络化发展，力争组建成大型电磁法网络勘探系统，但目前大部分只是少数几台仪器相连，还不能组成像三维地震勘探一样的三维电磁勘探系统(林品荣等，2001；魏文博等，2001；Liu，2003；Hördt 和 Scholl，2004；程德福等，2005；何继善，2007；耿启立等，2016；柳建新等，2017；郑采君，2019)。

相比国外电磁仪器蓬勃而快速的发展，国内电磁法仪器发展相对滞后。我国多个科研单位和高校进行了电磁法仪器的研制，20 世纪 90 年代，中国地质科学院物化探研究所在国土资源部的资助下研制成功分布式被动源电磁法系统；吉林大学研制了混场源电磁法仪器，综合了 MT 和 CSAMT 的特点；此外，在 863 计划项目的支持下，我国也开始了海底大地电磁测深仪的研制。总体来说，国内电磁法仪器的研制处于相对较低的水平，目前国内市场基本被国外大型电磁法仪器所垄断(何继善，2010a；邓明和魏文博，2013；蒋奇云，2010)。

先进的方法配合先进的仪器系统才能够真正促进地球物理勘探技术的发展。尽管目前国外仪器技术先进、性能指标优异，工艺达到了非常高的水平，但所采用的方法理论本身并没有大的突破，依旧采用变频法或者奇次谐波法等，这些方法本身就有不可忽略的缺陷(何继善，1998，2007，2010a)。

广域电磁法仪器设备主要包含两大部分：一是大功率发射系统；二是多维多分量接收机。

1.3.1 大功率发射系统

广域电磁法发射端采用 380 V、120 kW 的电源，发射电流可达到 150 A，最高电压为 1000 V。大功率大电流的安全发射和软启动，面临多方面的挑战：①输出负载不可控；②高效散热；③尖峰电压。多分量大功率大电流发射系统的元器件均做了针对性的选型和设计。

大功率发射系统主要包括：①整流模块；②尖峰电压压制模块；③信号逆变模块；④信号处理及监控模块。

1.3.1.1　整流模块

整流模块的作用是将三相交流电转换为直流高压电，以供后面的逆变器工作使用。根据野外供电条件和应用环境，采用开关电源模块组合的供电方式。采用 120 kW 的 380 V 三相交流发电机。野外实际接地电阻率可能小于 10 Ω。为保证输出最大电流达到 150 A，输出电压应达到 1000 V。

采用普通变压器升压，可保证输出较大电流，进行功率传输，但工频变压器体积和重量太大，不适用于野外作业。我们采用 REG50040 开关电源模块，输入三相交流电 380 V，输出直流电 150~550 V/0~35 A，总功率为 15 kW，实现了高效率的整流和功率传递。该模块具有先进的均流技术，不平衡度小于 ±0.5 A，可保证各个模块能够协同工作，并且不会超过单模块自身负荷极值；容易实现多模块并联和串联，以及功率的增叠。该模块在 CAN 总线的控制下工作，每个模块具有独立的 CAN 总线地址。通过下发控制命令，可以控制模块的输出电压电流，也可以读取模块的工作状态。电源模块启动后，通信总线处于定时轮询状态，否则模块会自动保护并切断输出。

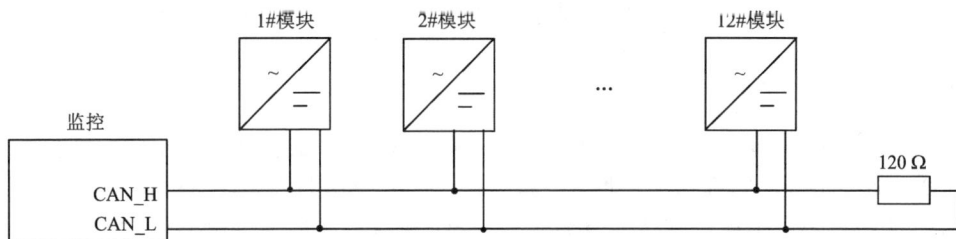

图 1-20　电源模块 CAN 通信连接

野外作业时输出负载不可控，大功率电源系统需要输出功率可控，才能实现安全供电和软启动，否则将对前端电源造成冲击，缩短电源系统的寿命。如果后端负载出现故障，功率控制系统将能保护前端电源。在主控端设计对输出功率进行调节和监控的模块，可通过 CAN 总线控制模块组的输出电压电流大小。

根据总功率并考虑盈余情况，组合 12 台模块(6 并串 6 并)以满足输出的需求，输出最大电流 180 A、最大电压 1000 V。

模块本身具有主动散热功能，单模块风扇的风量为 220 CFM（374 m³/h）。集成时预留了散热风道，整流系统总排风量不小于 12×220 CFM，实现了大功率长时间发射时的快速散热。

1.3.1.2 尖峰电压压制模块

采用绝缘栅双极型晶体管（insulated gate bipolar transistor，IGBT）开关控制频率域电磁波的发射时，开关过程中产生的尖峰电压严重影响发射的安全性。采用滤波和叠层母排技术，可解决大功率大电流发射的尖峰电压问题，保证 IGBT 模块的可靠工作。

滤波电容能减小整流模块输出的直流电的纹波，也可吸收 IGBT 关断时产生的电压尖峰。采用 EACO 的 SHP-1200-680-FS1（680 μF，1200 V）薄膜电容，具有 ESR 值小、耐压高，无须串联即可直接接入电路，适合大电流场合，以及损耗小、滤波效果好等优点。

在直流母线侧配置 EACO 的 STM-1700-0.47-CP24 快速吸收电容，可压制高的彩频尖峰；IGBT 供电端子到电容器端子不可避免的杂散电感是引起电压尖峰的关键因素，因此降低杂散电感的影响是 IGBT 模块可靠工作的保障。叠层母排可以对 IGBT 进行板状供电，同时其安装方式可以保证电容器端子到 IGBT 模块供电端子距离的最短，因此其杂散电感可以小到忽略的程度。采用叠层母排对 IGBT 模块进行供电，能够极大地减小 IGBT 模块工作时产生的电压尖峰，改善 IGBT 模块工作条件；同时可以减轻吸收电路的压力，甚至取消吸收电路，减少吸收电路带来的功率损耗。叠层母排采用无氧铜板和绝缘介质压合而成。

1.3.1.3 信号逆变模块

信号逆变的核心是英飞凌 FF450R17IE4 的 IGBT 模块（450 A，1700 V，IE4 核心）。每一个模块内部为半桥形式，包含两个带反向并联二极管的 MOSFET 管子和一个内核温度检测的 NTC。配置 3 块 IGBT 模块可构成逆变电路。它是在普通 H 桥逆变电路上多增加了一个半桥模块，可用于发射多分量电磁信号。

图 1-21 中的黄色信号是实际示波器测量的 IGBT 输出端波形的上升沿和下降沿信号的变化情况，很明显地分为若干段。

示波器对实际电路的波形进行时序测量，结果如表 1-1 所示。

MOSFET 管从输入信号变化到执行变化的输出需要消耗一定的时间，而且其开得比较快，关得比较慢，这一特性也与驱动模块有关。IGBT 驱动模块设置为直接驱动时，MDSFET 管的开关速度是一个必须考虑的因素，否则一定会造成上下桥臂的直接通导，带来严重的短路发热问题。

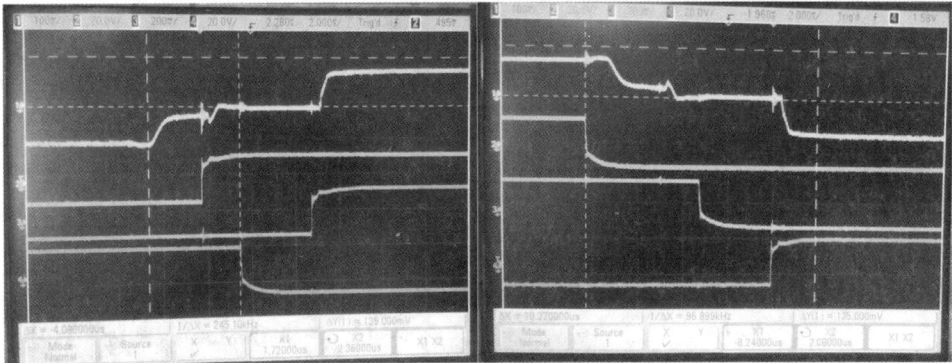

图 1-21　输出波形上升沿与下降沿 2 μs

（扫本章二维码查看彩图）

表 1-1　实际电路波形时序测量结

动作	动作延时/ns	斜坡/ns	总动作耗时/ns
开	400	350	750
关	1000	600	1600

通过表 1-1 可计算出 IGBT 模块的死区时间最少为 1600-750=850 ns，实际上要保证安全，死区时间要大于 1600 ns，最高可发射 100 kHz 的信号。

1.3.1.4　信号处理及监控模块

（1）多维发射控制。

多维发射的主要思想是通过控制发射电流的方向实现场源的方向变化。

为了实现电流方向的变化，预先设置多个不同的接地电极，通过电子程控的方式切换使用不同的电极组向地下供电。由于电极组的方向在坐标上多呈一定角度布置，因此能够实现电流方向随电极坐标的布置而改变。通过各电极组合分配还能实现电流方向的矢量合成，增加更多的方向选择控制（图 1-22）。多分量控制基于现场可编程门阵列（field programmable gate array，FPGA），在 FPGA 内设计一张输出控制表（表 1-2、表 1-3），以实现对输出电极的程控调度，发射机实物如图 1-23 所示。

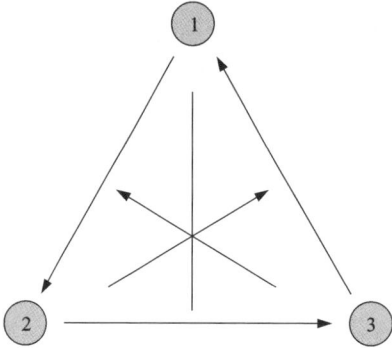

图 1-22 多分量电极排布

图 1-23 发射机实物

表 1-2 电极配置表

三电极发射角度/(°)	A 端(超前)	B 端(滞后)
0	M1	M2, M3
30	M2	M1, M3
60	M3	M1, M2
90	M1	M2
120	M1	M3
50	M2	M3

表 1-3 模块配置表

模块号	上端	下端
M1	Q1	Q2
M2	Q3	Q4
M3	Q5	Q6

（2）信号处理电路系统。

野外工作条件恶劣，为了实现信号处理电路系统的高可靠性，选用 Microsemi 的宇航级芯片 SmartFusion SOC 搭建信号处理和监控电路。该芯片可以实现在线软硬件编程，具有很强的可设计性，可靠性高（图 1-24）。

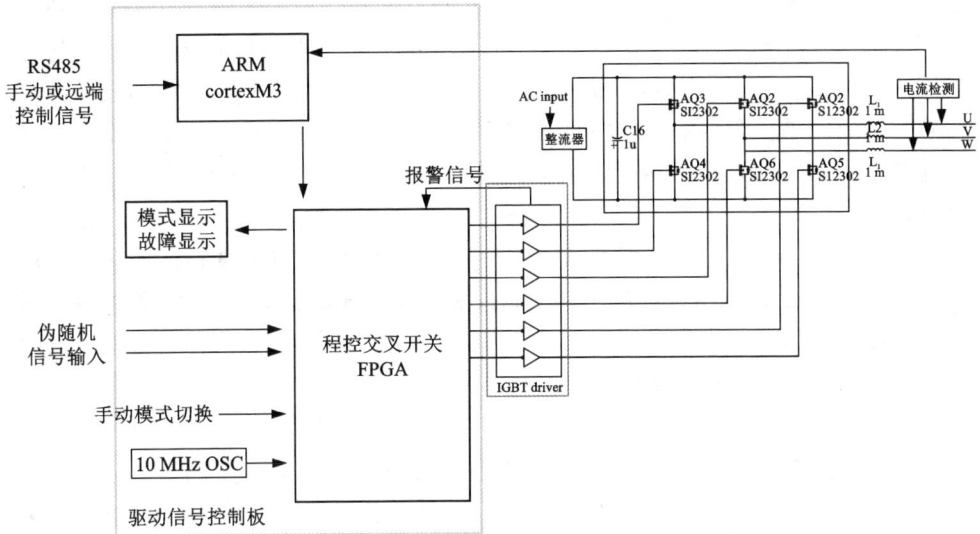

图 1-24　信号处理电路模块

信号处理系统通过线缆向上连接信号源系统，负责接收信号源产生的伪随机信号，并将其处理成直接驱动每个 MOSFET 的光纤信号。同时信号处理系统执行综合管理监控的任务，负责收集信号采集板发送的各类数据，执行显示任务并上传至信号源系统。信号处理系统还要执行上下通信的中转任务。整流系统的功率调节通信即由信号处理板进行转发和协议转换。

（3）实时监控。

信号采集使用德州仪器的 ADS1256，24 位极低噪声模数转换器（ADC）。它支持 8 路复用切换，采样率最快为 30 ksps，非线性<0.001%，可实现高精度-低噪声信号采集。实时监控电路模块如图 1-25 所示。监控内容包括对电压、电流、温度、报警等信号的实时采集和发送，其涉及多路模拟和数字信号的采集。这些信号的采集都靠近高压侧，为了实现安全隔离，单独设计一块信号采集板。这块信号采集板可采集所有信号，并将其打包成数字信号，然后通过光纤传输到上位机，实现安全隔离。

　　信号采集板采用 STM32 单片机作为主控，采用 ADS1256 24 bit AD 模块进行数据采集，数字量采用施密特缓冲芯片 SN74LV815DWR 进行采集。所有信号在采集完成后被 STM32 进行自同步编码打包，并通过 HFBR1521 光纤发射器输出。电阻分压后采用电压隔离变送器 MORNSUN TE5650AN 输入，即完成电压采集。电流采用闭环霍尔电流传感器采集，并通过 LTC1067 转换为真 RMS 电流值。对于温度信号，将基于 IGBT 模块内部集成的 NTC 和数字温度传感器 DS18B20 进行采集。采用 AD 读取 NTC，最多可以接入 5 路 NTC 传感器。单线数字温度传感器采用单线数字总线，理论上可以接入任意个传感器。同时考虑 NTC 和数字温度传感器的原因是，NTC 是非线性的，不容易准确读取数字，只方便观测温度的变化趋势；而数字温度传感器能够直接读取数值，且精度可达±2℃，可以用于校准 NTC。

　　各报警信号通过施密特缓冲器整形后直接输入处理器的 IO 口。工业串口屏用于显示各运行参数。工业串口屏的显示界面采用图形化方式显示，各参数变量通过串行通信口按照事先设置好的地址传送过来即可显示，较为简单方便。实时监控电路模块如图 1-25 所示。

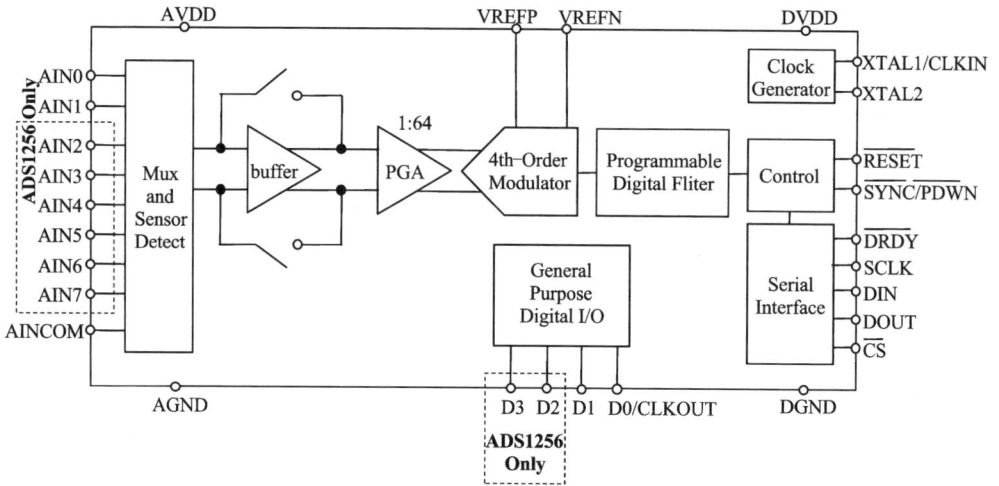

图 1-25　实时监控电路模块图

1.3.2　多维多分量电磁接收机

　　研制的多维多分量电磁接收机(图 1-26)测量三电三磁，采集一次信号，就可以实现频率域和时间域的电磁测量，具有信号动态范围大、频带超宽、数据海量等特点。

采用频率分段模式可实现超宽频带电磁信号高低频兼顾的高精度测量，即信号进入系统后分为高频通道和低频通道，分别使用高速模数转换器和低速模数转换器进行数据采集(图1-27)。

图1-26 多分量电磁接收机整机

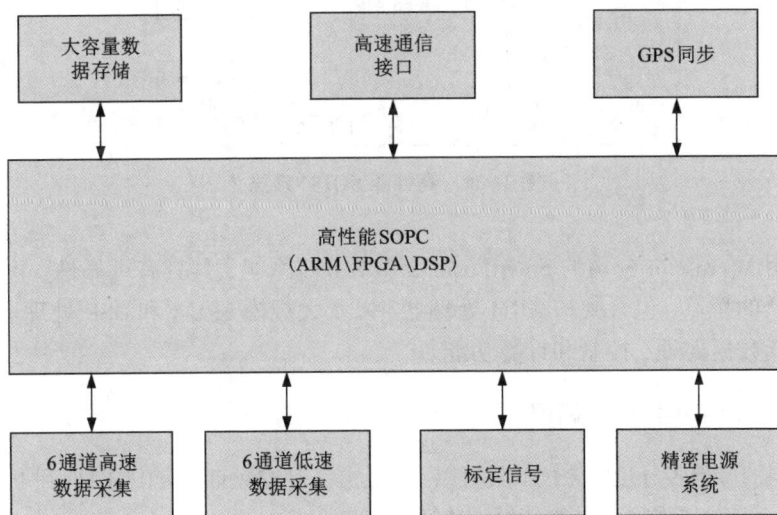

图1-27 多分量电磁接收机系统架构

由于系统采用全波形记录方式测量，数据量大，控制复杂，需要高性能处理器才能完成采集与控制任务。SOPC 同时包含高性能 ARM 处理器、FPGA 和 DSP 处理器，可以实现快速处理与控制功能。采用高性能 SOPC(图1-28)作为数字系统核心，同时设计大容量(64 G)嵌入式存储器(eMMC)、高速通信接口(1000 Mbps)，可实现大容量数据的存储与高速传输。

1.3.2.1 高性能嵌入式数字系统

高性能嵌入式数字系统以 SOPC(图 1-28)为核心,设计大容量数据存储器和程序存储器,以完成程序存储运行及采集数据的存储;设计高速以太网网络传输接口和 USB 接口,将存储在仪器中的数据传输到计算机;设计 Wi-Fi 接口,用于计算机对仪器采集的控制和监控。

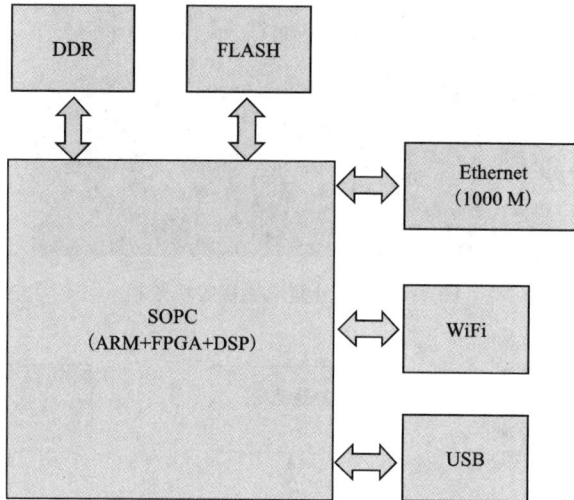

图 1-28 高性能 SOPC 系统

采用 Microsemi 公司的 SmartFusion2 型 SOPC 系统,其具有可靠性、稳定性高及功耗低的特点,包含硬核 ARM 处理器,以及大规模 FPGA 和 DSP 处理器,可实现高性能数据处理、控制和计算功能。

1.3.2.2 精密模拟信号调理

研制的多维多分量电磁仪器具有以下特点:①超宽频带,从 0.01 Hz 到 16384 Hz;②信号幅度动态范围大,从微伏级到伏特级。

信号采集所用模数转换器具有转换速率越高,有效分辨率越低,噪声越大的特点,同一个模数转换器很难满足宽频率范围和高分辨高动态范围的要求。通常,频率越低,$1/f$ 噪声越大;同时由于采集时间限制,低频叠加次数少,所需 ADC 有效分辨率高,因此模拟系统分频段进行数据采集。

为了解决传统电磁法仪器不能兼顾高频和低频段高精度测量的问题,采用以下方案(图 1-29)。

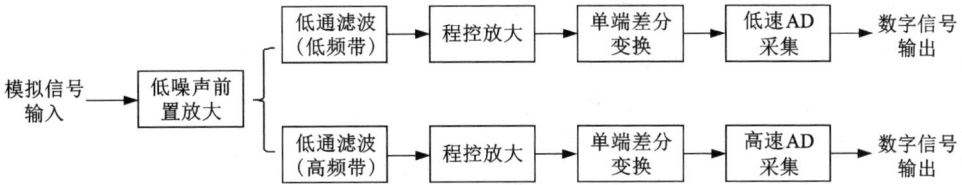

图 1-29　精密模拟信号采集

（1）低频段采用高分辨率低速 ADC，模拟采用低截止频率低通滤波器将高频噪声去除；

（2）高频段采用高速 ADC，通过多次叠加抑制噪声，使高低频均具有高精度的数据采集性能。

1.3.2.3　高性能低噪声电源系统

模拟电路需要很"干净"的电源，系统采用电池供电。须采用 DC-DC 电源提升电源使用效率，但 DC-DC 电源具有较大的开关噪声。采用高性能线性电源以获得高质量电源，同时使模拟电源与数字电源相互隔离。

电源树如图 1-30 所示，采用超低噪声线性电源 LT3045，其 RMS 噪声低至 0.8 μV（100 Hz~100 kHz）。

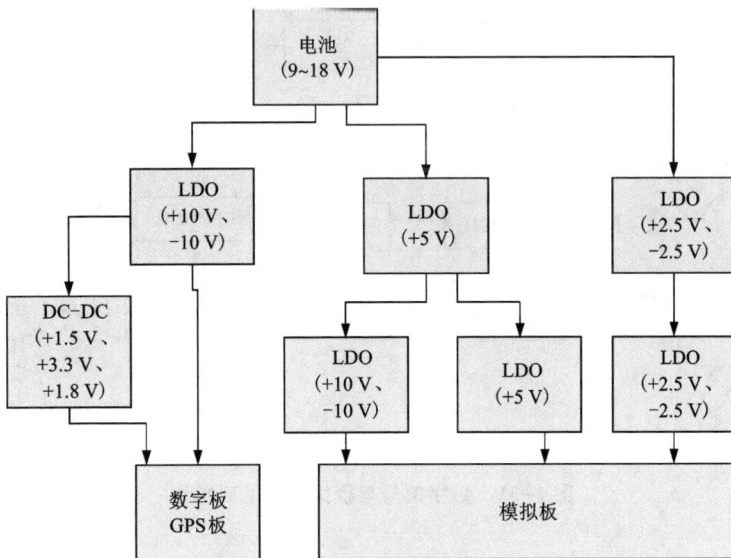

图 1-30　电源树

1.3.2.4 数字信号与模拟信号的分割

系统中数字电源与模拟电源相互分割，但数字信号与模拟信号须进行信号交换，如果两种信号直接相连，两种电源的相互分割将遭到破坏，因此数模信号连接时亦需要严格的隔离。连接的数模信号主要有两种：一种是通用输入输出接口信号；另一种是通信双向接口信号。

通用输入输出信号隔离采用 ADI 公司的磁隔离芯片 ADuM7640(图 1-31)，双向通信信号隔离采用 ADI 公司的磁隔离芯片 ADuM1250(图 1-32)。

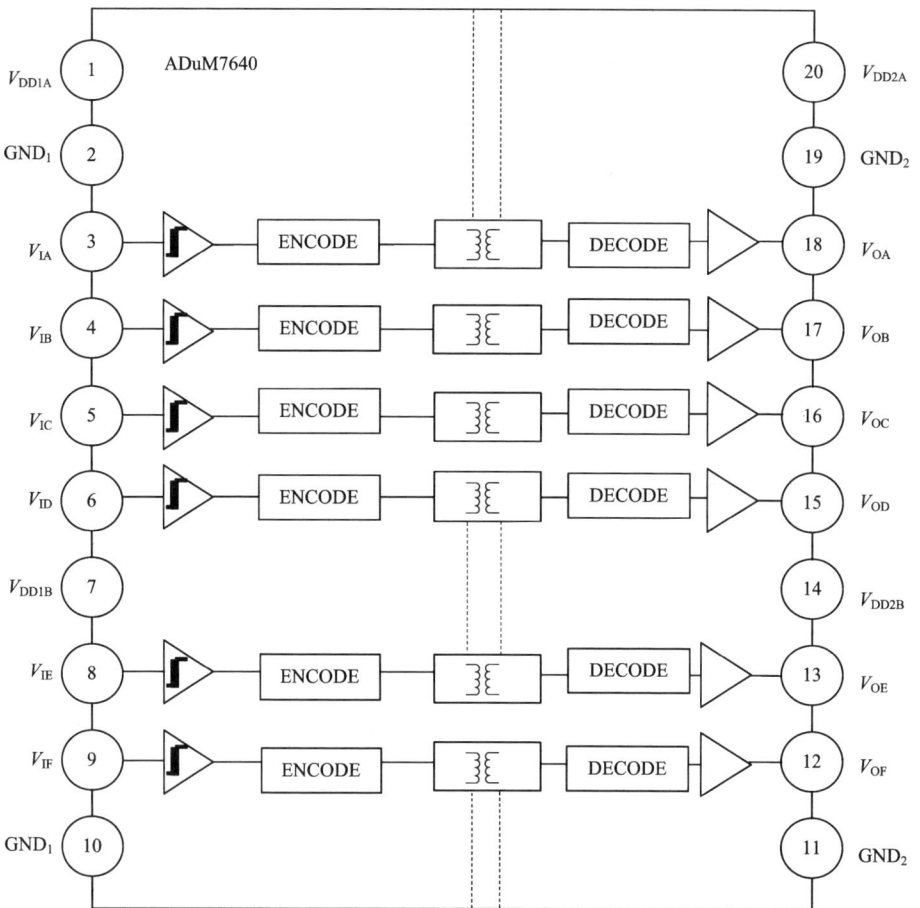

图 1-31 数字信号与模拟信号的磁隔离

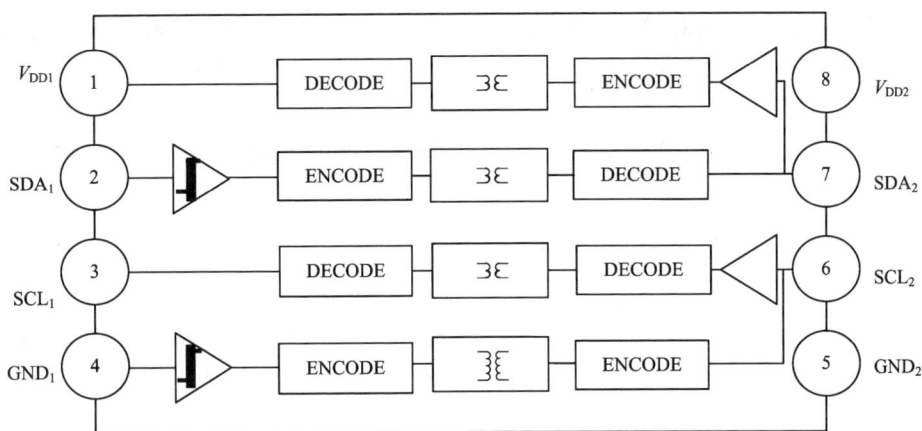

图 1-32　I2C 双向通信信号的磁隔离

1.4　本章小结

　　针对传统电磁法存在的不足,何继善院士提出了广域电磁法,广域电磁法继承了 CSAMT 场源可控的优点,克服了 MT 场源随机性强和信号微弱的缺点;摒弃了 CSAMT 变频发送的不足,采用一次发送包含多个频率成分且幅值接近的伪随机信号。同时,该方法并不沿用"卡尼亚视电阻率"计算公式,而是采用电磁场的全域精确公式迭代计算提取视电阻率,这样可以在非远区进行测量,大大拓展了人工源电磁法的观测范围,提高了观测速度、精度和野外勘探效率。总而言之,广域电磁测深法有以下主要特点。

　　(1)只需要测量电磁场的一个分量,如电场的水平分量 E_x、磁场的垂直分量 H_z 等,大大提高了勘探速度和精度。

　　(2)广域电磁法不局限于在远区工作,可以用于非远区测量。由于电场信号与收发距离的平方(r^2)成反比,磁场信号与收发距离的立方(r^3)成反比,在非远区工作时收发距离大大减小;相对于 CSAMT,其更大的优势是在获得同样大小信号的情况下,发送电流大大减小,因此设备更加轻便,或者说勘探深度更大。反之,要达到与广域电磁法同样的勘探深度,CSAMT 需要更大的发送电流和更大的发送功率,而这在很多情况下,或许根本无法实现。

　　(3)广域电磁发送一次伪随机电流信号,就包含了多个有效频率,且每个频率幅值接近,相对于 CSAMT 每次只能发送一个频率信号的变频法而言,广域电磁法的效率大大提高,电流利用率更高。

（4）广域电磁接收机仅需测量一个电磁场分量，信号通道量最少可以为一个，因而接收机的成本相对较低，能够实现一台发送机发送、多台接收机同时接收，以及大规模三维电磁勘探，极大地提高了电磁法勘探效率，以及勘探的精度和勘探效果。

（5）非远区测量获得的电磁信号强，观测精度和效率都能得到明显提高。

第 2 章 伪随机信号特征

从科学和技术的角度，信号被认为是信息或者能量的载体。按照信号的属性不同，其分类也有所不同。按照信号的数学函数形式，可分为正弦信号、脉冲信号、矩形信号和三角信号等；按照信号的用途，可分为测试信号、测量信号、控制信号、训练信号、时间信号及时钟信号等；按照信号的传输特征，可分为噪声信号、干扰信号、载波信号、调制信号及接收信号等；按信号的时间-幅度特征，可分为周期信号、非周期信号、连续信号及离散信号等；按照信号的可预测性和结构，可分为确定性信号、随机信号、循环平稳信号及伪随机信号；按照信号的来源和应用范围，可分为数据信号、语音信号、雷达信号及卫星信号等。关于信号的描述与处理，一般都会与技术或者工程随时间变化或发展的过程联系在一起，而表征信号的特征主要包括信号的幅度、波形、频率域及持续时间等。

一方面周期信号 $x(t) = x(t+T)$ 或者周期序列 $\{x_i\} = \{x_{i+N}\}$ 可以通过其随时间的行为来预测，因此具有确定性的本质；另一方面这类信号具有随机信号的某些特征，通常称为伪随机信号(pseudo-random signal)。伪随机信号与实际的随机信号相比，其区别在于单个信号的自相关函数，以及该信号集中的各个信号之间的互相关函数不同。在实际中，如果一个确定信号的特征与随机信号的特征充分相似，则这个确定信号被称为伪随机信号，这就是伪随机信号的一般定义(甘良才等，2007)。下面简单介绍伪随机信号及其基本特征。

2.1 伪随机信号概述

在自然界中，如果按照事件发生的可能性对事件进行分类，可以分为必然事件和偶然事件。必然事件是指在某种条件下一定发生的事件，比如太阳每天都要从东方升起。偶然事件是指在一定条件下可能会发生，也可能不会发生的事件，比如抛掷一枚硬币，出现正面朝上和反面朝上的结果是不确定的。对于偶然事件，在相同条件下进行多次重复的试验，则试验结果又具有一定的规律可循。抛掷硬币虽然无法预测结果是正面还是反面，但相同条件下多次抛掷的结果，正面朝上和反面朝上出现的概率大体相等。这种在一定试验条件下，多次试验虽不能得到同一结果，但每种结果都有一定的出现概率或者可能性的事件称为随机事件。

2.1.1 伪随机序列标准

在有限长的时间内，抛掷一枚硬币可以得到一个简单的二进制随机序列。虽然硬币正面朝上和反面朝上组成的序列具有随机性，但其结果所包含的特征是可以观察到的。如果用 1 表示正面朝上，0 表示反面朝上，则序列中 1 和 0 出现的数目近似相等。另外，在抛硬币的过程中会有一些连续的正面朝上或反面朝上的情况发生，如在抛掷硬币的过程中，可能会出现有 5 次全部正面朝上（11111）或者 5 次全部正面朝下（00000）的情况。这种连续的串中，短的串发生的概率要大于长的串发生的概率。正面朝上和反面朝上的伪随机序列的周期自相关函数（periodic auto-correlation function，PACF）在零移位点有一个明显的峰值，在其他点只有一个较小的值（如图 2-1 所示）。因此，可以得到伪随机序列的标准如下。

（1）平衡标准：伪随机序列的每一个周期中，其元素不一致的数不会超过 1，即序列中 0 的数量和 1 的数量相差不会超过 1。则给定一个周期为 N 的双极性序列 $\{x_i\}$，有：

$$\sum_{i=1}^{N} x_i \leq 1 \text{ 或 } |H(+) - H(-)| \leq 1 \qquad (2-1$$

式中，$H(\cdot)$ 算子为元素（·）的直方图。

（2）游程标准：游程是指一串连续的 0 或连续的 1。0 的游程和 1 的游程会交替出现，且具有相同长度的 0 的游程与 1 的游程个数相同。在信号的每一个周期中，一半的游程长度为 1，四分之一的游程长度为 2，八分之一的游程长度为 3。以此类推，2^n 分之一的游程长度为 n。给定一个双极性序列 $\{x_i\}$，则

$$H(+) = H(-), \ H(++) = H(--), \ H(+++) = H(---), \ \cdots \qquad (2-2)$$

（3）相关性标准：信号的 PACF 具有二值性，且其非同相的 PACF 值为一个非常小的常数：

$$R_{x,x}(s) = \begin{cases} 1, & s = 0 \\ c, & s \neq 0 \end{cases} \qquad (2-3)$$

根据这三个伪随机标准，可以很容易判断一个序列是否具有随机性。有些周期序列可能只满足其中一个标准或者两个标准；有些周期序列则可能满足所有标准。当一个周期序列至少有一个标准不满足时，则称该序列为伪随机序列。在实际应用中，不会严格要求序列一定满足所有伪随机标准，容许序列在设计和选择上有一定的自由度，如在通信中，应用伪随机序列进行仿真时，不会严格要求序列一定具有二值自相关性。

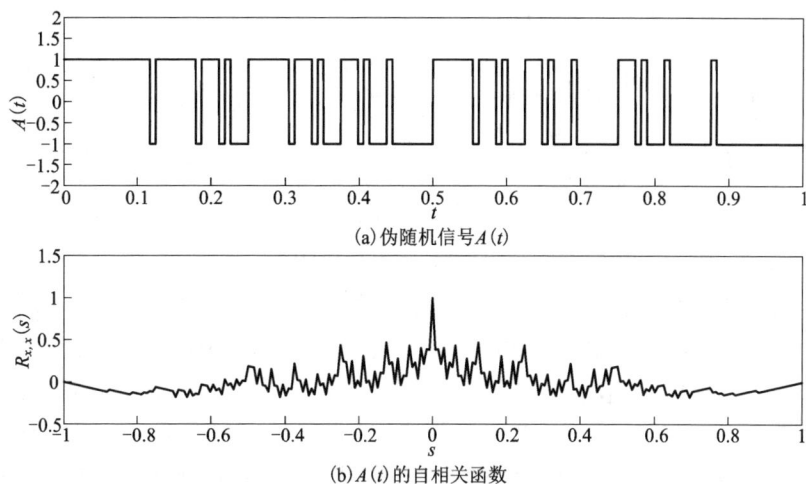

(a)伪随机信号$A(t)$

(b)$A(t)$的自相关函数

图 2-1　伪随机序列的自相关函数

2.1.2　伪随机序列分类

伪随机序列可以分为二进制伪随机序列和非二进制伪随机序列。其中二进制伪随机序列由于可以用相对简单的发生器重复合成，且具有良好的伪随机特性，在测距系统、扩频系统、加密技术及其他领域得到了广泛的应用。二进制伪随机序列根据其相关函数和结构特性可以分为三大类，如表 2-1 所示(甘良才等译，2007)。

表 2-1　重要二进制序列的分类

特征	分类
最佳周期自相关函数	m 序列、Legendre 序列、Hall 序列 Gordon-Mills-Welch(GMW)序列
良好周期自相关函数和周期互相关函数	Gold 序列、类 Gold 序列、小 Kasami 序列集 大 Kasami 序列集
大线性复杂度	大线性复杂度类 Gold 序列、Bent 函数序列 大线性复杂度类 Kasami 序列、GMW 序列

（1）最佳周期自相关函数（PACF）序列。

2.1.1 小节定义了伪随机序列的三个标准，满足标准的二进制序列称为最佳二进制序列或伪随机序列。实际应用中，只有少数序列能同时满足这三个标准，比如 m 序列。因此，通常将伪随机序列的概念延伸为具有最佳双值周期自相关函数（PACF）且异相值尽可能小的一类序列。这类序列设计时的关注点在二值 PACF，这在实际应用中很常见，比如系统识别、雷达和测距系统，这些场合中通过 PACF 独特的峰值提供精确的定时测量或理想的测距精度。

（2）良好周期自相关函数和周期互相关函数序列。

在通信系统相关领域，需要解决多输入线性系统参数识别问题时，不仅要有精确的定时，而且要能识别不同的用户。因此要求二进制序列具有好的周期自相关函数（PACF）和周期互相关函数（PCCF）。然而在实际应用中，不可能找到同时具有理想的 PACF 和 PCCF 特性的序列集，所以设计序列时会在两者之间找到一个平衡点。因此在一定程度上判断一个序列集是否具有良好的周期相关特性，取决于具体的应用需求。总体来说，如果异相值相对较小，则可以认为 PACF 特性较好。类似地，如果对于序列集中序列对之间的任意可能移位，其周期相关值均比较小，则可以认为 PCCF 特性较好。

（3）大线性复杂度序列。

线性复杂度为伪随机序列的可预知性提供了量化标准。它描述的是满足特定序列设计的最小线性递推长度。假设一个线性复杂度为 N 的伪随机序列，它的 $2N$ 个连续元素是已知的，那么就有可能确定它是线性递推的，并由此可以生成序列的其他元素。因此，如果序列的线性复杂度相对周期而言比较大，可以认为该序列具有良好的伪随机特性。

2.2 a^n 序列伪随机信号

在电法勘探中同样存在必然事件与偶然事件。在一定的激励场源和一定的大地电性分布条件下，获得的地电响应是一定的，这是一个必然事件，也就是场论中的唯一性定理。绝不会有某种地电响应既可能出现，又可能不出现的情况，否则无法保证异常的可靠性。而干扰因素出现的时间是偶然的，比如大地电流的干扰什么时候强，什么时候弱，是偶然的、随机的，无法事先预测。在电法勘探中，除了大地电磁测深法（MT）和自然电场法（SP）利用天然电（磁）场作为场源以外，直流电法（DC）采用直流源供电，激发极化法（IP）、瞬变电磁法（TEM）、可控源音频大地电磁法（CSAMT）多采用周期性方波作为激励场源，其场源在一定条件下都属于确定性的信号。

何继善院士发明的适用于电法勘探的 a_k^p 序列伪随机信号，是一种含有按 a

进制分布的 k 个主要频率的编码信号。它有自身的编码规律，看似随机，实际并不随机。该信号的规律性表现在两个方面：一是可控制性。随机事件被认为不可控制，如抛掷硬币出现正面或者反面的结果是无法人为控制的，但 a_k^p 序列伪随机信号是可控制的，根据不同的勘探需求，可对其中含有的主要频率数 k 进行设定。主要频率数 k 可以取 $k = 1, 3, 5, \cdots, 2n+1$，也可以取 $k = 2, 4, 6, \cdots, 2n$，还可以取 $k = 1, 4, 16, \cdots, 2n$。二是可预测性，随机事件是不能预测的，伪随机信号编码一经编定，则得到的信号就是确定的。伪随机信号又称为伪随机序列或伪随机码，它含有多种频率成分，既具有某种随机波形的特征，又能事先设定，还能重复产生（李白男，1987；何继善，2010a，2010b）。下面介绍 a_k^p 序列伪随机信号的数学原理及其物理特征。

2.2.1　三元素集合中的自封闭加法

离散数学和抽象代数的基本概念，包括群、环、域，以及描述这些代数结构的运算法则，是设计伪随机序列发生器与处理伪随机信号的数学基础。代数结构通常由许多公理进行定义，这些公理对代数结构中给定的集合元素之间的运算强调了某些特定的要求，加法运算符与乘法运算符是代数结构中经常用于完成特定要求所使用的运算符号。

在通常的算术加法中，$1+1=2$；在模 2 加法中，$1 \oplus 1 = 0$（$\oplus$ 为模 2 加法中的加号）；在布尔代数中，$1 \overset{*}{+} 1 = 1$（$\overset{*}{+}$ 是布尔代数中的加号）。

模 2 加法是一种二进制运算，等同于"异或"运算。通常用于计算机和电子领域。规则是两个序列模 2 相加，即两个序列中对应位相加，不进位，相同为 0，不同为 1。例如 $1 \oplus 1 = 0 \oplus 0 = 0$；$1 \oplus 0 = 0 \oplus 1 = 1$。

布尔代数是指一个有序的四元组 $\langle B, \vee, \wedge, * \rangle$。其中 B 是一个非空集合，$\vee$ 与 $\wedge$ 是定义在 B 上的两个二元运算，$*$ 是定义在 B 上的一个一元运算，并且它们满足一定的条件。布尔代数是以布尔值（或称逻辑值）为基本研究对象并以此延伸至相关研究方向的一门数学学科。布尔值有两个，即真（用 1 表示）和假（用 0 表示）。布尔值的基本运算是基本逻辑运算，如逻辑与、逻辑或、逻辑非、异或、同或等。例如 $A+1=1$，$A+0=A$，$A+A=A$。

如果存在一个集合 $Z_{|z|<2}$，它由绝对值小于 2 的整数构成。$Z_{|z|<2}$ 中共有三个元素：-1、0、1。规定在集合 $Z_{|z|<2}$ 中下列加法运算成立。

（1）$Z_{|z|<2}$ 集合中任意两元素的有限个加法运算之和仍然属于 $Z_{|z|<2}$ 集合：

$$1+0=0+1=1 \tag{2-4}$$

$$1+(-1)=0 \tag{2-5}$$

$$0+(-1)=(-1)+0=-1 \tag{2-6}$$

$$1+1 = 1+1+1 = \underbrace{1+1+\cdots+1}_{\text{有限个1相加}} = 1 \tag{2-7}$$

$$(-1)+(-1) = (-1)+(-1)+(-1) = \underbrace{(-1)+(-1)+\cdots+(-1)}_{\text{有限个-1相加}} = -1 \tag{2-8}$$

$$0+0 = 0+0+0 = \underbrace{0+0+\cdots+0}_{\text{有限个0相加}} = 0 \tag{2-9}$$

（2）-1、0、1 三元素之间加法的单次运算，满足加法的交换律［式（2-10）］和结合律［式（2-11）］：

$$\begin{cases} 1+0 = 0+1 \\ 0+(-1) = (-1)+0 \\ 1+(-1) = (-1)+1 \\ 1+0+(-1) = 1+(-1)+0 = 0+1+(-1) = \cdots \end{cases} \tag{2-10}$$

$$1+0+(-1) = (1+0)+(-1) = 1+[0+(-1)] = [1+(-1)]+0 \tag{2-11}$$

（3）在一个算式中，1 或者-1 自身重复相加两次或两次以上，必须顺序相加，交换律和结合律均不成立［式（2-9）］。例如：

$$1+1+0+(-1) = 0 \neq 1+(-1)+1+0 = 1$$
$$1+1+(-1) = 0 \neq 1+(-1)+1 = 1 \tag{2-12}$$

（4）集合 $Z_{|z|<2}$ 中的 0 元素，不允许拆分为其他两元素之和后再进行运算。例如：1+0=1 中的 0 不可以拆分成 1+(-1)。即

$$1+0 = 1 \neq 1+[1+(-1)] = 1+1+(-1) = 0 \tag{2-13}$$

因为拆分前后的计算结果不相同。

在数学上，集合是一个基本概念。满足某些运算规则的集合称为代数系统。"群（group）""环（ring）""域（field）"是三个基本的代数系统。其中，"群"是两个元素作二元运算后得到的一个特殊集合，例如：满足某些加法规则的群称为加法群，满足某些乘法规则的群称为乘法群。

加法群的定义如下：给定一个非空集合 G，它满足如下性质。

（1）对集合中每一对元素 a、b，$a \in G$，$b \in G$，有唯一确定的元素 c：

$$c = a+b, \quad c \in G \tag{2-14}$$

说明非空集合 G 在 "+" 之下是封闭的。

（2）对任意 $a \in G$，$b \in G$，$c \in G$ 有：

$$a+(b+c) = (a+b)+c \tag{2-15}$$

说明非空集合 G 在 "+" 之下满足结合律。

（3）在集合 G 中有一个 0 元素（单位元），对任意 $a \in G$，满足：

$$a+0 = 0+a \tag{2-16}$$

（4）对任意 $a \in G$，有一负元素（逆元）$-a$，满足：

$$a+(-a)=(-a)+a=0 \tag{2-17}$$

则非空集合 G 称为加法群。

上述四个条件中,第一条"封闭性"是"群"最本质的特征。

除上述四个条件之外,集合 G 还满足第五个条件:

(5)对于集合 G 中的任意两个元素 a、b,有:

$$a+b=b+a \tag{2-18}$$

即"群"中的加法满足交换律,这种群称为加法交换群或阿贝尔(Abel)群。

整数集 Z 包括正整数、负整数和零,满足上述加法群的性质,因此其是一个加法群,同时也是一个加法交换群。集合 $Z_{|z|<2}$ 是绝对值小于 2 的整数集合,属于整数集 Z 的子集。

在加法群定义中,规定了 G 中任意两元素之和仍是 G 的元素,但没有规定某元素与自身有限次的相加结果仍是该元素本身。布尔代数虽然有 $1+1=1$,但是布尔代数不含负元素。因此何继善院士将集合 $Z_{|z|<2}$ 命名为不完全的加法群,将 -1、0、1 这三个元素之间定义的特殊加法称为 -1、0、1 三元素集合中的自封闭加法。用该方法求得的 a^n 序列伪随机编码在科学研究及工程技术实践中得到了重要的应用(何继善,2010)。

2.2.2　a^n 序列伪随机编码原理

a^n 序列伪随机多频信号电法(包括激电法和电磁法)采用 a^n 序列伪随机编码信号(简称伪随机信号)作为激励信号,根据 a^n 序列伪随机编码的数学原理,用 -1、0、1 这三个码无分别表示电流 $-I_0$、0 和 I_0;将 n 个不同频率的电流组合为含有 n 个主要频率的合成电流供入地下,一次观测可获得地下 n 个不同频率的地电响应。

在 a^n 序列中,底数 a 的取值范围是除 1 以外的正数。指数 n 原则上可以取任意实数。目前,常用的是 $a=2$ 且 n 为整数的 2^n 序列伪随机偏码信号。下面以 2^n 序列伪随机信号为例介绍 a^n 序列伪随机编码原理。2^n 序列伪随机波形所包含的主要频率按 2^n,即 1,2,4,…的规律递增,且其在对数坐标上呈等间距分布。首先,各主频的幅值相近,且它们的初始相位均为零,因此便于进行相位谱异常的观测和比较;其次,主频的个数可以根据勘探目的加以选择,其针对不同的地质条件具有很强的适应能力;再次,信号的能量集中在主频上,因此场源利用率高;最后,频点加密较简单,如果需要加密频点,只需移动最低主频,便可得到分布均匀且频点较密的频率组合(何继善,1998)。

周期函数可以用数字编码表示。比如周期为 4 的函数 $f(t)$,其数学表达式为:

$$f(t) = \begin{cases} 1, & 0 \leq t < 1 \\ 0, & 1 \leq t < 2 \\ -1, & 2 \leq t < 3 \\ 0, & 3 \leq t < 4 \end{cases} \tag{2-19}$$

其波形如图 2-2 所示。

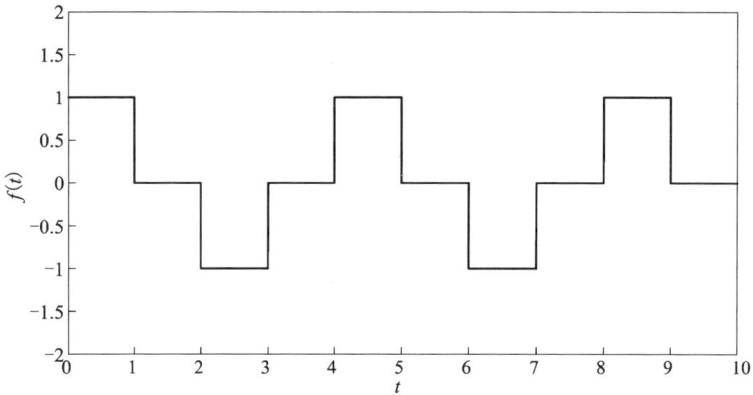

图 2-2　函数 $f(t)$ 对应的信号波形

该函数可以用 1、0、-1 这三个码元组成的编码表示,单周期的码元可以用 1、0、-1、0 表示。整个函数可记为:…,1,0,-1,0,…。

下面介绍由 1 和-1 这两个码元组成的周期方波函数 $f_i(t)$。

$$f_i(t) = \begin{cases} 1, & 2^i k \leq t < 2^i k + 2^{i-1} \\ -1, & 2^i k + 2^{i-1} \leq t < 2^i(k+1) \end{cases} \tag{2-20}$$

式中,$i = 1, 2, \cdots, n$,$k = 0, \pm 1, \pm 2, \pm 3, \cdots$

当 $i = 1$ 时,式(2-20)表达式如下:

$$f_1(t) = \begin{cases} 1, & 2k \leq t < 2k+1 \\ -1, & 2k+1 \leq t < 2(k+1) \end{cases} \tag{2-21}$$

此时,函数 $f_1(t)$ 为周期 $T = 2$、幅值 $A = 1$ 的周期方波,其对应的波形如图 2-3 所示。

由图 2-3 可知,此时的周期方波函数可以用含有 1 和-1 两个元素的编码表示。为了书写方便,用 $\bar{1}$ 表示-1,则函数 $f_1(t)$ 在一个周期内的波形可以用编码 $\{1 \ \bar{1}\}$ 表示,因为函数 $f_i(t)$ 具有周期性,故只需写出单个周期内的波形编码即可。

当 $i = 2$ 时,式(2-20)表达式如下:

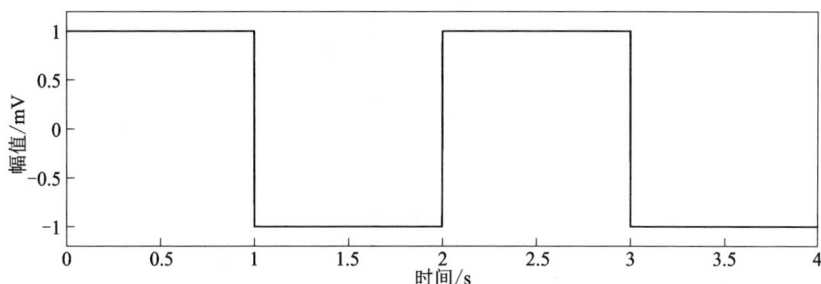

图 2-3　周期为 2 的周期方波信号波形

$$f_2(t) = \begin{cases} 1, & 2^2 k \leqslant t < 2^2 k + 2 \\ -1 & 2^2 k + 2 \leqslant t < 2^2 (k+1) \end{cases} \qquad (2-22)$$

函数 $f_2(t)$ 为周期 $T=2^2$、幅值 $A=1$ 的周期方波，其对应的波形如图 2-4 所示。其单周期的编码可记为 $\{1\ 1\ \bar{1}\ \bar{1}\}$。

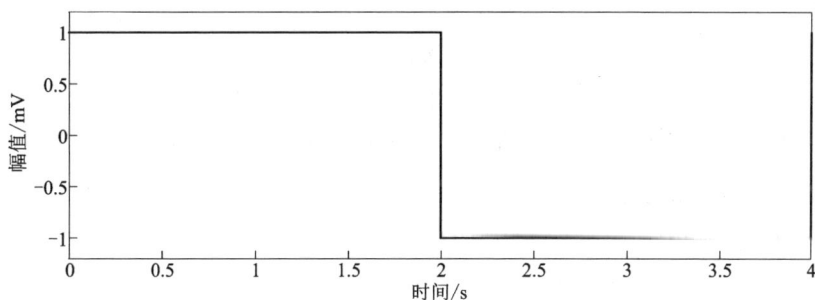

图 2-4　周期为 2^2 的周期方波信号波形

元素 1 和 $\bar{1}$ 都属于集合 $Z_{|z|<2}$。将函数 $f_1(t)$ 和函数 $f_2(t)$ 取等长度的编码进行自封闭加法运算，即以函数 $f_2(t)$ 的 N 个周期长度的编码进行加法运算，此时函数 $f_1(t)$ 对应 $2N$ 个周期。本书以 $f_2(t)$ 的一个周期和 $f_1(t)$ 的两个周期的长度进行运算，运算结果如下：

$$\begin{array}{cccc} 1 & \bar{1} & 1 & \bar{1} \quad \leftarrow \quad f_1(t) \\ \oplus\ 1 & 1 & \bar{1} & \bar{1} \quad \leftarrow \quad f_2(t) \\ \hline 1 & 0 & 0 & \bar{1} \end{array} \qquad (2-23)$$

式(2-23)中的运算符"$\oplus$"为三元素集合(加法群) $Z_{|z|<2}$ 中的自封闭三元素加法相加运算符，式(2-23)也可以记为：

$$F_2(t) = \bigoplus \sum_{i=1}^{2} f_i(t) \tag{2-24}$$

式中，$f_i(t)$ 为周期 $T = 2^i$、幅值 $A = 1$ 的周期方波函数。函数 $F_2(t)$ 对应的波形如图 2-5 所示。

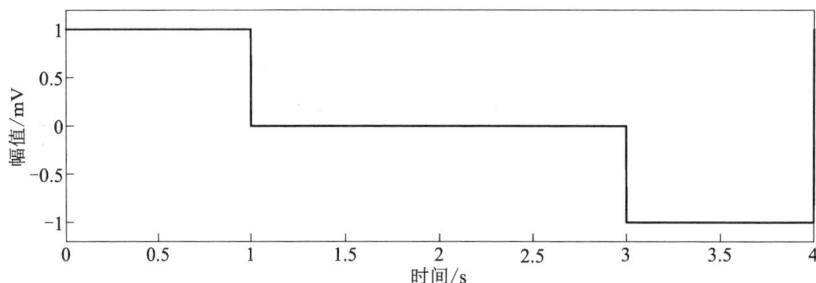

图 2-5　函数 $F_2(t)$ 对应的信号波形

当 $i = 3$ 时，式(2-20)的表达式为：

$$f_3(t) = \begin{cases} 1, & 2^3 k \leqslant t < 2^3 k + 2^2 \\ -1, & 2^3 k + 2^2 \leqslant t < 2^3(k+1) \end{cases} \tag{2-25}$$

函数 $f_3(t)$ 为周期 $T = 2^3$、幅值 $A = 1$ 的周期方波。其对应的波形如图 2-6 所示。其单周期的编码为 $\{1\ 1\ 1\ 1\ \overline{1}\ \overline{1}\ \overline{1}\ \overline{1}\}$。

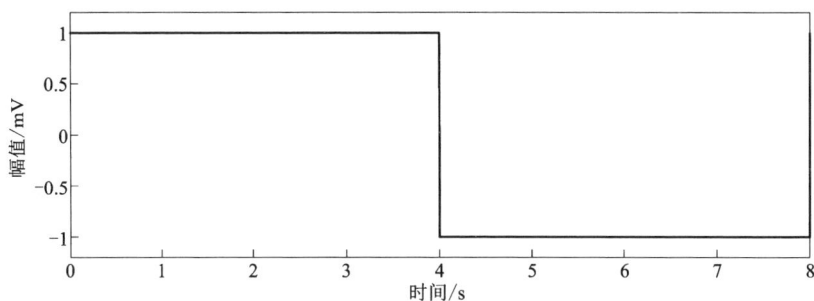

图 2-6　周期为 2^3 的周期方波信号波形

相同地，将函数 $f_1(t)$、函数 $f_2(t)$ 和函数 $f_3(t)$ 取等长度的编码进行自封闭加法运算，即以函数 $f_3(t)$ 的 N 个周期长度的编码进行加法运算。此时函数 $f_2(t)$ 对应 $2N$ 个周期。函数 $f_1(t)$ 对应 $4N$ 个周期，本书以 $f_3(t)$ 的一个周期长度为例，进行其与 $f_1(t)$ 和 $f_2(t)$ 的自封闭加法运算，得到 $F_3(t)$。

$$F_3(t) = \oplus \sum_{i=1}^{3} f_i(t) \tag{2-26}$$

计算得到 $F_3(t)$ 的编码为 $\{1\ 1\ 1\ \bar{1}\ 1\bar{1}\ \bar{1}\ 1\}$，其对应的波形如图 2-7 所示。

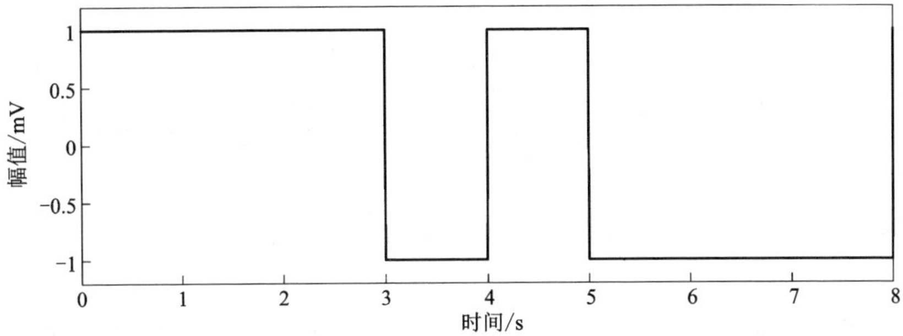

图 2-7　函数 $F_3(t)$ 对应的信号波形

将 n 个 $f_i(t)$ 函数 $(i=1,2,\cdots,n)$ 按照三元素集合自封闭加法依次累加，得到 $F_n(t)$ 表达式为

$$F_n(t) = \oplus \sum_{i=1}^{n} f_i(t) \tag{2-27}$$

计算得到 $F_4(t)$ 对应的三元素编码及其波形，如图 2-8 所示。

$F_4(t)$ 的编码为：$\{1\ 1\ 1\ 0\ 1\ 0\ 0\ \bar{1}\ 1\ 0\ 0\ \bar{1}\ 0\ \bar{1}\ \bar{1}\ \bar{1}\}$

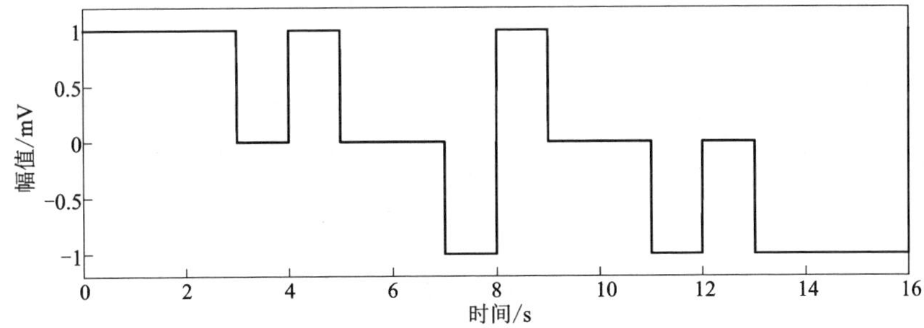

图 2-8　函数 $F_4(t)$ 对应的信号波形

$F_5(t)$ 的编码为 $\{1\ 1\ 1\ 1\ 1\ 1\ 1\ 1\bar{1}\ 1\ 1\ 1\ 1\bar{1}\ 1\bar{1}\ \bar{1}\ 1\ 1\ 1\ 1\ 1\ 1\bar{1}\ 1\ 1\ \bar{1}\ 1\ 1\ 1\ 1\ \bar{1}\ \bar{1}\ \bar{1}\ \bar{1}\ \bar{1}\ \bar{1}\}$，其波形如图 2-9 所示。

由式(2-27)得到的 $F_n(t)$ 函数和编码序列含有周期 2^i，$i=1,2,\cdots,n$，共 n

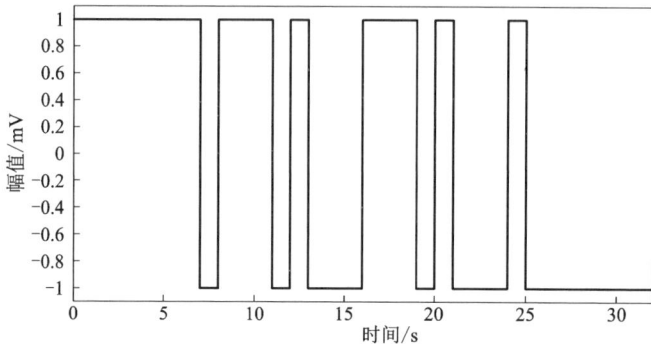

图 2-9 函数 $F_5(t)$ 对应的信号波形

个不同频率的成分。从上述分析可以看出，这种编码具有一定的随机性。元素 1 和 -1 呈不等间距相间出现，但出现的概率相等。如：$F_4(t)$ 的编码中，1 和 -1 均出现 5 次，0 元素出现 6 次；$F_5(t)$ 的编码中，1 和 -1 均出现 16 次，且编码中无 0 元素。这说明函数 $F_n(t)$ 具有周期性，可以预先设定和重复产生，并非真正的随机序列，所以称这种编码序列为伪随机编码。何继善院士将上述以 2 为底的编码信号命名为 2^n 序列伪随机编码（何继善，2010）。这种编码是由函数 $f_i(t)$ 按照三元素集合（加法群）$Z_{|z|<2}$ 中的自封闭加法计算产生的，因此又称 $f_i(t)$ 为 2^n 序列伪随机编码的母函数。

上述由 $f_i(t)$ 生成的函数 $F_n(t)$ 及其编码是一种周期为 2^n、含有 n 个周期分别为 $2^i(i=1\rightarrow n)$ 的不同成分的复码。当 n 越大时，周期越长，含有的信号成分越丰富，同时编码越复杂。从函数 $F_n(t)$ 的表达式无法直观地看出编码的结构和函数的性质，给研究和应用带来了不便。找出不同 n 值的一系列编码之间的内在联系，才能够从 n 值很小的编码出发，举一反三地立即写出 n 为任意值的复杂编码。为此《广域电磁法与伪随机信号电法》（何继善，2010）给出了不同 n 值情况下的编码递推关系。

当 $n=i=1$ 时，

$$F_1(t)=f_1(t)=\begin{cases}1, & 2k\leqslant t<2k+1 \\ -1, & 2k+1\leqslant t<2(k+1)\end{cases} \tag{2-28}$$

其编码为 $\{1\ \overline{1}\}$，记：

$$(A_1)=1\ \overline{1} \tag{2-29}$$

表示 $F_1(t)$ 的一个周期。将该周期分为前、后两个半周期，并分别记为：

$$\left(\frac{A_1}{2}\right)_f=1,\ [\text{表示}(A_1)\text{的前半周期}] \tag{2-30}$$

$$\left(\frac{A_1}{2}\right)_b = \bar{1}, \quad [\,表示(A_1)的后半周期\,] \tag{2-31}$$

此时，(A_1) 可以表示为：

$$(A_1) = \{1 \ \bar{1}\} = \left\{\left(\frac{A_1}{2}\right)_f \left(\frac{A_1}{2}\right)_b\right\} \tag{2-32}$$

当 $n=3$ 时，函数 $F_3(t) = \oplus \sum_{i=1}^{3} f_i(t)$ 的一个周期的编码为 $\{1\ 1\ 1\ \bar{1}\ 1\ \bar{1}\ \bar{1}\ 1\}$，记为 (A_3)，则 $(A_3) = \{1\ 1\ 1\ \bar{1}\ 1\ \bar{1}\ \bar{1}\ 1\}$。

根据式(2-29)~式(2-32)，不难将 (A_3) 写成：

$$(A_3) = \{1\ 1\ 1\ \bar{1}\ 1\ \bar{1}\ \bar{1}\ 1\} = \{1 \ \left(\frac{A_1}{2}\right)_f (A_1) \ (A_1) \ \left(\frac{A_1}{2}\right)_b \bar{1}\} \tag{2-33}$$

如果记：

$$\left(\frac{A_3}{2}\right)_f = \{1\ 1\ 1\ \bar{1}\}, \quad 表示(A_3)的前半周期 \tag{2-34}$$

$$\left(\frac{A_3}{2}\right)_b = \{1\ \bar{1}\ \bar{1}\ 1\}, \quad 表示(A_3)的后半周期 \tag{2-35}$$

$$\left(\frac{A_3}{2^2}\right)_f = \{1\ 1\}, \qquad 表示(A_3)的前 1/4 周期 \tag{2-36}$$

$$\left(\frac{A_3}{2^2}\right)_b = \{\bar{1}\ \bar{1}\}, \qquad 表示(A_3)的后 1/4 周期 \tag{2-37}$$

$$\left(\frac{A_3}{2^3}\right)_f = \{1\}, \qquad 表示(A_3)的前 1/8 周期 \tag{2-38}$$

$$\left(\frac{A_3}{2^3}\right)_b = \{\bar{1}\}, \qquad 表示(A_3)的后 1/8 周期 \tag{2-39}$$

则根据式(2-34)~式(2-39)，当 $n=5$ 时，$F_5(t)$ 的编码可写成：

$$(A_5) = \{1\ 1\ 1\ 1\ 1\ 1\ 1\ 1\ \bar{1}\ 1\ 1\ 1\ 1\ \bar{1}\ 1\ \bar{1}\ \bar{1}\ \bar{1}\ 1\ 1\ 1\ 1\ \bar{1}\ 1\ \bar{1}\ \bar{1}\ \bar{1}\ 1\ \bar{1}\ \bar{1}\ \bar{1}\ \bar{1}\ 1\}$$

$$= \{1 \ \left(\frac{A_3}{2^3}\right)_f \left(\frac{A_3}{2^2}\right)_f \left(\frac{A_3}{2^1}\right)_f (A_3) \ (A_3) \ \left(\frac{A_3}{2^1}\right)_b \left(\frac{A_3}{2^2}\right)_b \left(\frac{A_3}{2^3}\right)_b \bar{1}\}$$

$$\tag{2-40}$$

以此类推，$F_n(t)$ 的编码可写成：

$$(A_n) =$$

$$\left\{1 \ \left(\frac{A_{n-2}}{2^{n-2}}\right)_f \left(\frac{A_{n-2}}{2^{n-3}}\right)_f \cdots \left(\frac{A_{n-2}}{2^2}\right)_f \left(\frac{A_{n-2}}{2^1}\right)_f (A_{n-2})(A_{n-2}) \left(\frac{A_{n-2}}{2^1}\right)_b \left(\frac{A_{n-2}}{2^2}\right)_b \cdots \left(\frac{A_{n-2}}{2^{n-3}}\right)_b \left(\frac{A_{n-2}}{2^{n-2}}\right)_b \bar{1}\right\}$$

$$\tag{2-41}$$

借助数学归纳法可以证明，对于 $n=2p+1$，$p=0, 1, 2, \cdots$，即当 n 为奇数时，式(2-41)的递推关系成立。

当 n 为偶数时，同样可借助式(2-41)递推公式表示 $F_n(t)$ 的编码，但是与 n 为奇数时有区别。当 n 为奇数时，$F_n(t)$ 的编码序列中包含两个元素：1 和-1，且 1 和-1 出现的概率相等。当 n 为偶数时，$F_n(t)$ 的编码序列中包含三个元素：1、0、-1。如 $(A_2)=\{1\ 0\ 0\ \bar{1}\}$，其中 1 和-1 出现的概率相等，但 0 元素出现的概率与 1 和-1 出现的概率不相同，且随着 n 的增大，0 元素出现的概率变小。

随着 n 的增大，(A_n) 的编码也越来越复杂，表达式也越来越冗长。如 $n=7$ 时的伪随机编码与对应的波形(图 2-10)如下：

$(A_7)=\{1\ 1\ 1\ 1\ 1\ 1\ 1\ 1\ 1\ 1\ 1\ 1\ 1\ 1\ 1\ \bar{1}1\ 1\ 1\ 1\ 1\ 1\ 1\ \bar{1}1\ 1\ 1\ \bar{1}1\ \bar{1}\bar{1}\bar{1}$
$1\ 1\ 1\ 1\ 1\ 1\ 1\ \bar{1}1\ 1\ 1\ \bar{1}1\ \bar{1}\bar{1}\bar{1}1\ 1\ 1\ \bar{1}1\ \bar{1}\bar{1}\bar{1}1\ \bar{1}\bar{1}\bar{1}\bar{1}\bar{1}\bar{1}\bar{1}1\ 1\ 1\ 1\ 1\ 1\ 1\ \bar{1}$
$1\ 1\ 1\ \bar{1}1\ \bar{1}\bar{1}\bar{1}1\ 1\ 1\ \bar{1}1\ \bar{1}\bar{1}\bar{1}1\ \bar{1}\bar{1}\bar{1}\bar{1}\bar{1}\bar{1}\bar{1}1\ 1\ 1\ \bar{1}1\ \bar{1}\bar{1}\bar{1}1\ \bar{1}\bar{1}\bar{1}\bar{1}\bar{1}\bar{1}\bar{1}1\ \bar{1}\bar{1}$
$\bar{1}\bar{1}\bar{1}\bar{1}\bar{1}\bar{1}\bar{1}\bar{1}\bar{1}\bar{1}\bar{1}\bar{1}\bar{1}\}$

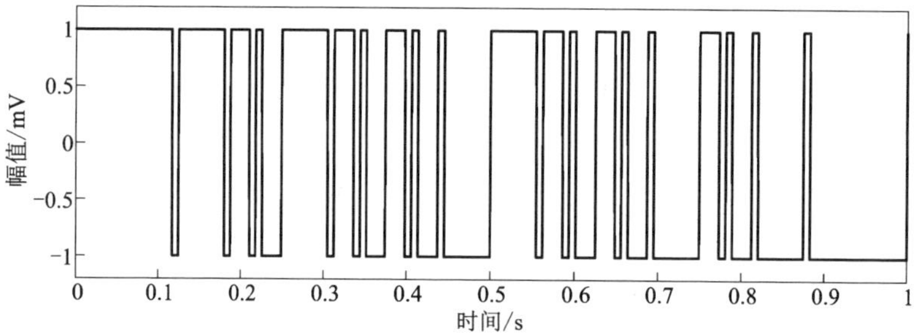

图 2-10　函数 F_7 对应的信号波形

2.2.3　2^n 序列伪随机编码的能量分布

2^n 序列伪随机编码是一种看似随机、无规律，实则有规律且并不随机的信号。根据傅里叶分析理论，任意周期函数 $f(t)$，若在 $\left[-\frac{T}{2}, \frac{T}{2}\right]$ 上满足狄利克雷(Dirichlet)条件，则该函数可采用傅里叶级数(Fourier series, FS)进行展开：

$$f(t)=\frac{a_0}{2}+\sum_{k=1}^{n}\left[a_k\cos(k\omega t)+b_k\sin(k\omega t)\right] \tag{2-42}$$

式中，$\omega=\frac{2\pi}{T}$ 为函数 $f(t)$ 的圆频率；a_0、a_k、b_k 分别为各频率成分对应的傅里叶系

数。其具体表达式如下：

$$
\begin{cases}
a_0 = \dfrac{2}{T} \displaystyle\int_{-\frac{T}{2}}^{\frac{T}{2}} f(t)\,\mathrm{d}t, \\[3mm]
a_k = \dfrac{2}{T} \displaystyle\int_{-\frac{T}{2}}^{\frac{T}{2}} f(t)\cos(k\omega t)\,\mathrm{d}t, \qquad k = 1,\ 2,\ \cdots \\[3mm]
b_k = \dfrac{2}{T} \displaystyle\int_{-\frac{T}{2}}^{\frac{T}{2}} f(t)\sin(k\omega t)\,\mathrm{d}t, \qquad k = 1,\ 2,\ \cdots
\end{cases}
\tag{2-43}
$$

傅里叶级数展开的物理意义：满足 Dirichlet 条件[①]的周期函数可以用无数个周期(频率)不同的三角函数之和表示，不同频率成分的强弱，由其对应的傅里叶系数的大小表征。根据帕斯瓦尔定理[②]，各个频率成分的信号所携带的能量与其幅值的平方成正比。

2^n 序列伪随机编码 $\{A_n\}$ 是周期 $T = 2^n$ 的奇函数。其傅里叶级数展开式只有正弦成分，其系数为：

$$
b_k^n = \frac{2}{T} \int_{-\frac{T}{2}}^{\frac{T}{2}} \{A_n\}\sin(k\omega t)\,\mathrm{d}t, \qquad k = 1,\ 2,\ \cdots
\tag{2-44}
$$

式中，b_k^n 为 2^n 序列伪随机编码的傅里叶系数。编码 $\{A_n\}$ 的上、下两半周期对称，故式(2-44)可简化为：

$$
b_k^n = \frac{4}{T} \int_{0}^{\frac{T}{2}} \left\{\frac{A_n}{2}\right\}_f \sin(k\omega t)\,\mathrm{d}t, \qquad k = 1,\ 2,\ \cdots
\tag{2-45}
$$

根据递推式(2-41)：

$$
\left\{\frac{A_n}{2}\right\}_f = \left\{ 1 \ \left(\frac{A_{n-2}}{2^{n-2}}\right)_f \left(\frac{A_{n-2}}{2^{n-3}}\right)_f \cdots \left(\frac{A_{n-2}}{2^2}\right)_f \left(\frac{A_{n-2}}{2^1}\right)_f (A_{n-2}) \right\}
\tag{2-46}
$$

式中，$\left\{\dfrac{A_n}{2}\right\}_f$ 为 $\{A_n\}$ 编码的前半周期。

编码 $\{A_n\}$ 的周期长度 $T = 2^n$，其中各子码的长度分别为：

---

① Dirichlet 条件。

　　条件 1：在任意周期内，函数 $f(t)$ 必须绝对可积。这一条件保证了每一个系数都是有限值。

　　条件 2：在任意有限区间内，$f(t)$ 具有有限个起伏变化，也就是说，在任意单个周期内，$f(t)$ 的最大值和最小值的数目有限。

　　条件 3：$f(t)$ 在任意有限区间内，只有有限个不连续点，且在不连续点处，函数 $f(t)$ 的值是有限的。

② 帕斯瓦尔定理：对于连续时间周期信号 $f(t)$，其在一个周期内的总平均功率(单位时间内的能量)等于它的全部谐波分量的平均功率之和。即

$$
\frac{1}{T}\int_T |f(t)|^2\,\mathrm{d}t = \sum_{k=-\infty}^{+\infty} |c_k|^2
$$

式中，T 为信号的周期；c_k 为函数 $f(t)$ 的傅里叶级数的系数。

$$\{A_{n-2}\}_f, \qquad\qquad 长度为 2^{n-2}$$

$$\left\{\frac{A_{n-2}}{2}\right\}_f, \qquad\qquad 长度为 2^{n-3}$$

$$\left\{\frac{A_{n-2}}{2^2}\right\}_f, \qquad\qquad 长度为 2^{n-4} \qquad\qquad (2-47)$$

$$\vdots$$

$$\left\{\frac{A_{n-2}}{2^{n-2}}\right\}_f, \qquad\qquad 长度为 2^0$$

故 2^n 序列伪随机编码 $\{A_n\}$ 傅里叶系数的通式为:

$$b_k^n = \frac{1}{2^{n-2}}\left[\int_0^{2^0}\sin(k\omega t)\,\mathrm{d}t + \int_{2^0}^{2^1}\left\{\frac{A_{n-2}}{2^{n-2}}\right\}_f \sin(k\omega t)\,\mathrm{d}t + \int_{2^1}^{2^2}\left\{\frac{A_{n-2}}{2^{n-3}}\right\}_f \sin(k\omega t)\,\mathrm{d}t + \cdots + \right.$$

$$\left. \int_{2^{n-2}}^{2^{n-1}}\{A_{n-2}\}\sin(k\omega t)\,\mathrm{d}t\right],\ k = 1,\,2,\,\cdots \qquad\qquad (2-48)$$

根据递推式(2-48)可以推出任意 n 对应的 2^n 序列伪随机编码 $\{A_n\}$ 的傅里叶系数。如:

$$b_k^3 = \frac{1}{2}\left[\int_0^{2^0}\sin(k\omega t)\,\mathrm{d}t + \int_{2^0}^{2^1}\left\{\frac{A_{n-2}}{2^{n-2}}\right\}_f \sin(k\omega t)\,\mathrm{d}t + \int_{2^1}^{2^2}\left\{\frac{A_{n-2}}{2^{n-3}}\right\}_f \sin(k\omega t)\,\mathrm{d}t\right]$$

$$= \frac{2}{k\pi}\left[1 - 2\cos\left(\frac{3k\pi}{4}\right) + \cos(k\pi)\right], \qquad k = 1,\,2,\,\cdots \qquad (2-49)$$

$$b_k^5 = \frac{2}{k\pi}\left\{1 - 2\left[\cos\left(\frac{7k\pi}{16}\right) - \cos\left(\frac{8k\pi}{16}\right) + \cos\left(\frac{11k\pi}{16}\right) - \cos\left(\frac{12k\pi}{16}\right) + \cos\left(\frac{13k\pi}{16}\right)\right] + \cos(k\pi)\right\}$$

$$\qquad\qquad (2-50)$$

随着 n 的增大,2^n 序列伪随机编码 $\{A_n\}$ 的傅里叶系数表达式越来越复杂。在物理学中,不同的 k 值对应的傅里叶系数代表了周期函数 $f(t)$ 的不同频率成分的幅值。其中,$k=1$ 时的波称为基波,$k>1$ 时的其他整数值对应的波称为谐波。

2^n 序列伪随机编码含有无穷个谐波成分,但是只有基波和某些谐波的幅值较大,它们是 2^n 序列伪随机编码的主要频率成分。表 2-2 为 $n=3\sim15$ 时 2^n 序列伪随机编码的基波和主要谐波成分的归一化幅值。从表中可以看出,n 为某一值时,其主要成分共有 n 个,即 $k=1$ 的基波和 $k=2^1,\,2^2,\,\cdots,\,2^{n-1}$ 的谐波。这 n 个主要成分的幅值,彼此之间相差并不大。这样的 2^n 序列伪随机编码控制的电流,在电法勘探中有很大的实际意义。系统理论指出,对于线性时不变系统,其输入和输出成正比。n 个主要成分的输出与输入成正比,即 n 个主要成分的响应电位差相差不大,有利于仪器的设计和制作。另外,被测信号属于同一个数量级,符合误差理论等精度观测的要求,更有利于野外观测。

与只含有一个主要成分的矩形波相比，含有 n 个主要成分的 2^n 序列伪随机电流，其 n 个主要成分的幅值并不等于基波幅值的 $1/n$，而是比基波幅值的 $1/n$ 大很多。如表 2-2 所示，伪随机 3 频波的主要成分的幅值最小为 0.6366，而不是 $1/3$；伪随机 5 频波的主要成分的幅值最小为 0.4775，而不是 $1/5$。对于奇次谐波法而言，要使第 n 次谐波的幅值达到和基波一样大，至少要使供电的电流增大 n 倍。而对于 2^n 序列伪随机电法来说，如果使供电的电流增大一倍，则观测到的 n 个主要成分的响应电位差也都会增加一倍。这种特性在电法勘探中，不论是对仪器设备的设计，还是野外观测效率和可靠性，以及提高数据的精确性，都很有意义。

表 2-2　$n=3\sim15$ 时 2^n 序列伪随机编码的主要成分的幅值(何继善, 2010)

n	b_k^n						
	3	5	7	9	11	13	15
$k=1$	0.9003	0.6317	0.4776	0.3994	0.3494	0.3142	0.2878
$k=2$	0.6366	0.5881	0.4738	0.3988	0.3492	0.3142	0.2884
$k=4$	0.6366	0.5434	0.4665	0.3975	0.3490	0.3142	0.2878
$k=8$		0.4775	0.4532	0.3953	0.3486	0.3141	0.2879
$k=16$		0.4775	0.4308	0.3909	0.3478	0.3139	0.2878
$k=32$			0.3979	0.3827	0.3462	0.3136	0.2878
$k=64$			0.3979	0.3688	0.3432	0.3130	0.2877
$k=128$				0.3482	0.3376	0.3119	0.2874
$k=256$				0.3482	0.3278	0.3096	0.2870
$k=512$					0.3133	0.3054	0.2861
$k=1024$					0.3133	0.2980	0.2843
$k=2048$						0.2872	0.2810
$k=4096$						0.2872	0.2752
$k=8192$							0.2667
$k=16384$							0.2667

根据波动理论，某一谐波成分携带的能量与其幅值的平方成正比。如果把 n 为某值的编码的总能量记为 E_T^n，把相应 n 值对应的不同 k 次谐波的能量记为 E_k^n，则用 E_T^n 归一化的 E_k^n(即各主要谐波在总能量中占有的份额)，以及各主要谐波成

分的能量之和在总能量中所占的比例如表 2-3 所示。三元素集合(加法群)$Z_{|z|<2}$ 中的自封闭加法生成的 2^n 序列伪随机编码，它的能量分布具有明显的特点。一方面，这 n 个主要成分携带的能量占了总能量的大部分，而其余无数个次要成分的能量和只占了总能量的一小部分。另一方面，这 n 个主要成分对应的周期(频率)以 2 的整数幂的规律递增，能量在主要成分之间的分配比较合理，彼此之间差异不大。当 n 为奇数时，能量集中在主要成分的优势更加明显。因此，在设计 2^n 序列伪随机电磁法仪器时，一般取 n 为奇数，这样能源利用率更高。

表 2-3 $n = 3 \sim 15$ 时 2^n 序列伪随机编码的主要成分的能量分配(何继善，2010)

	E_k^n / E_T^n						
n	3	5	7	9	11	13	15
$k = 1$	0.40527	0.199522	0.114051	0.07976	0.06104	0.049361	0.041414
$k = 2$	0.20263	0.172931	0.112243	0.079521	0.06097	0.049361	0.041587
$k = 4$	0.20263	0.147642	0.108811	0.079003	0.060901	0.049361	0.041414
$k = 8$		0.114003	0.102695	0.078131	0.060761	0.049329	0.041443
$k = 16$		0.114003	0.092794	0.076401	0.060482	0.049267	0.041414
$k = 32$			0.079162	0.07323	0.059927	0.049172	0.041414
$k = 64$			0.079162	0.068007	0.058893	0.048985	0.041386
$k = 128$				0.060622	0.056987	0.048641	0.041299
$k = 256$				0.060622	0.053726	0.047926	0.041185
$k = 512$					0.049078	0.046635	0.040927
$k = 1024$					0.049078	0.044402	0.040413
$k = 2048$						0.041242	0.039481
$k = 4096$						0.041242	0.037868
$k = 8192$							0.035564
$k = 16384$							0.035564
$\sum E_k^n / E_T^n$	0.81053	0.748101	0.688919	0.655296	0.631845	0.614923	0.602374

2.3　2^n 序列伪随机信号特征

2^n 序列伪随机信号是由 $k=1$ 的基波和 $k=2^1$，2^2，2^3，$\cdots$，2^{n-1} 的 $n-1$ 个谐波组成的周期性信号。其信号频率在对数坐标上具有均匀分布的特征，将该信号用于地球物理勘探有很大的优势。本节主要介绍 2^n 序列伪随机信号在时间域和频率域的分布特征。

2.3.1　2^n 序列伪随机信号的频率分布

最早的频率域激发极化法中，采用变频法观测方案，每次只发送一个频率的激励信号，接收一个频率的响应信号。一方面，这种观测方式下的工作效率太低，若要观测一个测点上的 N 个频率信息，须发送和接收 N 次才可达到勘探目的，成本高，效率低。另一方面，因非同步观测，每次发送的电流会有变化，观测到的响应也会有差异。为了使获得的传递函数保持在同等的激励条件，对不同时观测的电流必须进行"归一化"，调整发送电流保持不变。发送和接收 N 个频率的信号需进行 N 次归一化，费时费力。由于每个频率的观测时间不同，受到的电磁干扰也互不相同，因此观测精度很难保持在同一水平。

后来出现了奇次谐波观测方案，即发送一个频率的矩形电流，同时观测基波和若干次谐波的激发极化响应，这种方法相比变频法有很大进步。但是其谐波强度与谐波次数成反比，谐波次数越高，信号越微弱，无法保证观测精度在同一水平。另外，奇次谐波方案中，相邻谐波的频率之差是固定的，均为 2。这在算术坐标上是均匀的，但在对数坐标上很不均匀。图 2-11 为基频是 1 Hz 的周期方波信号及其频率在不同坐标情况下的分布情况。基波及其奇次谐波频率分别为 1，3，5，7，9，$\cdots$，$2n+1$（Hz），相邻频率差为 2。在对数坐标中，频率分布不均匀，且能量随着谐波次数增大而减小，因此难以覆盖很宽的频率范围。

2^n 序列伪随机信号含有按二进制递增的、频率为 2^i（$i=1 \rightarrow n$）的 n 个不同频率成分，相邻频率之比都为 2，即

$$\frac{f_n}{f_{n-1}} = \frac{f_{n-1}}{f_{n-2}} = \cdots = \frac{f_3}{f_2} = \frac{f_2}{f_1} = 2 \tag{2-51}$$

所以 2^n 序列伪随机信号的频率在对数坐标上是均匀分布的，即

$$\log_2 f_n - \log_2 f_{n-1} = \cdots = \log_2 f_3 - \log_2 f_2 = \log_2 f_2 - \log_2 f_1 = 1 \tag{2-52}$$

$$\lg f_n - \lg f_{n-1} = \lg f_{n-1} - \lg f_{n-2} \cdots = \lg f_3 - \lg f_2 = \lg f_2 - \lg f_1 = 0.301 \tag{2-53}$$

图 2-12 为伪随机 7 频波 7-2 频组信号时间域波形及其在不同对数坐标上的频率分布。7-2 频组信号包括 7 个频率，分别为 1 Hz、2 Hz、4 Hz、8 Hz、16 Hz、32 Hz、64 Hz。从其频谱分布可以看出，在对数坐标中，频率分布是均匀的。

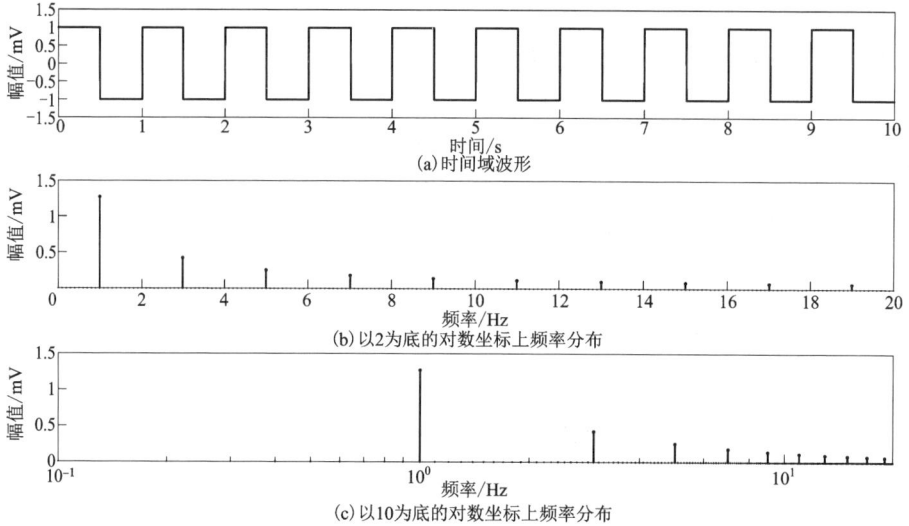

图 2-11 1 Hz 方波信号时间域波形及频率分布

将 2^n 序列伪随机信号应用在激电方法中，一次能同时发送和接收 n 个频率的信号，相比单频率逐次发送和接收，野外工作效率得到了很大的提升；同时，n 个频率的信号强度相当，克服了奇次谐波法高次谐波能量微弱的缺点，且 n 个频率在对数坐标上分布均匀，对于频率域电磁法而言，具有勘探深度分布合理的优势。

2.3.2 2^n 序列伪随机信号的频谱特征

2^n 序列伪随机信号所包含的主频频率按 2^n，即 1，2，4，…的规律递增，且在对数坐标上呈等间距分布。各主频的幅值相近，且初始相位均为零，便于进行相位谱异常的观测和比较；主频的个数可以根据勘探目的的需要加以选择，针对不同的地质条件具有很强的适应能力；信号的能量集中在主要频率上，场源利用率高；频点加密较简单，如果需要加密频点，只需移动最低主频，便可得到分布均匀且频点较密的频率组合（何继善，1998）。

在实际野外工作中，常用的 2^n 序列伪随机信号主要由 7 个主要频率组成，然而在当前大深度、高精度勘探需求下，7 个频率远远不能达到探测要求。因此需要多组 7 频波分别发送和接收信号，以获得地下不同深度的地电响应信息。根据不同的勘探需求可以通过移动最低主频实现不同频点加密，提高纵向分辨率。表 2-4 为实际应用最多的伪随机 7 频波不同频组对应的频率分布。伪随机 7 频波共分为 6 个频组，每个频组包含 7 个主要频率，共计 40 个频率，分布范围为 0.0117～8192 Hz。

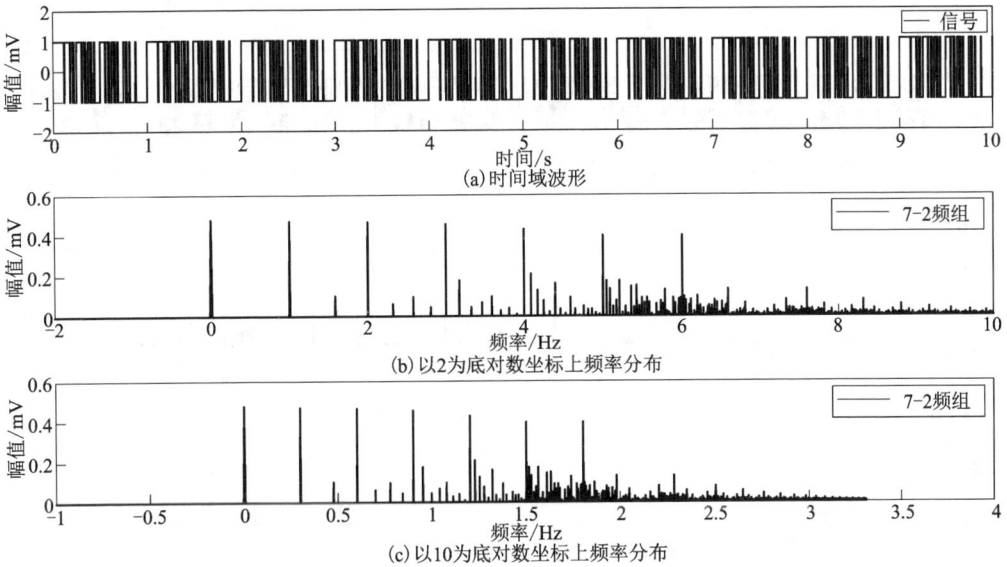

图 2-12　2^n 序列伪随机 7-2 频组信号时间域波形及频率分布

表 2-4　伪随机 7 频波不同频组对应的频率分布　　　　单位：Hz

波形	7-0 频组	7-1 频组	7-2 频组	7-3 频组	7-4 频组	7-5 频组
7 频波	8192	6144	64	48	1	0.75
	4096	3072	32	24	0.5	0.375
	2048	1536	16	12	0.25	0.1875
	1024	768	8	6	0.125	0.09375
	512	384	4	3	0.0625	0.046875
	256	192	2	1.5	0.03125	0.0234375
	128	96	1	0.75	0.015625	0.01171875

　　图 2-13~图 2-15 分别为伪随机 7 频波 0 频组和 1 频组、2 频组和 3 频组，以及 4 频组和 5 频组信号时间域理论波形及频谱。

　　从图 2-13~图 2-15 可以看出，伪随机 7 频波各频组的主要频率成分的幅值相差不大。对于线性时不变系统，其输出与输入呈线性关系，因此主要频率成分的响应电位差也相差不大，有利于野外观测。因为被测信号属于同一个数量级，符合误差理论等精度观测的要求。另外，与奇次谐波方案相比，2^n 序列伪随机信号的趋肤深度分布均匀，覆盖深度范围大，更为合理，非常适合地球物理勘探使用。

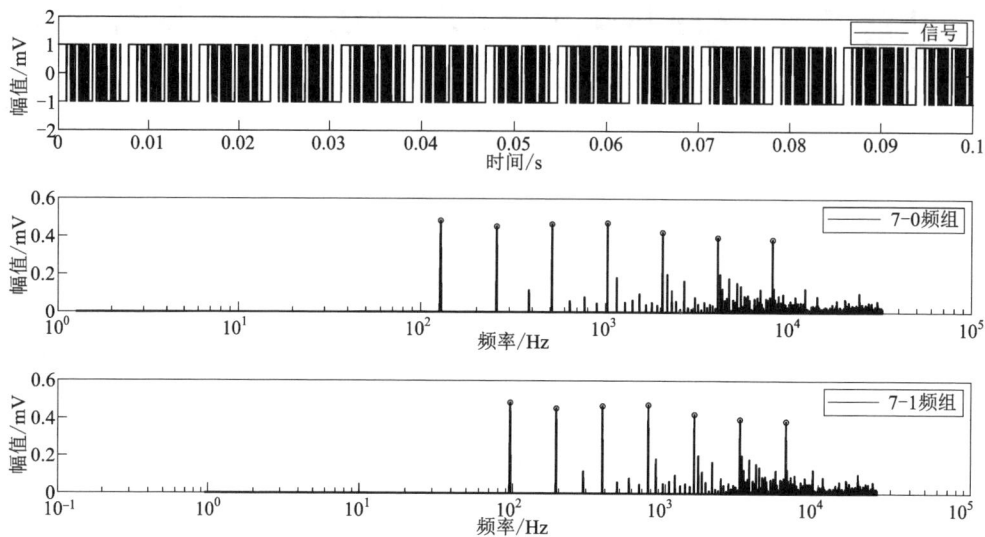

图 2-13　伪随机 7 频波 0 频组和 1 频组信号时间域理论波形及频谱

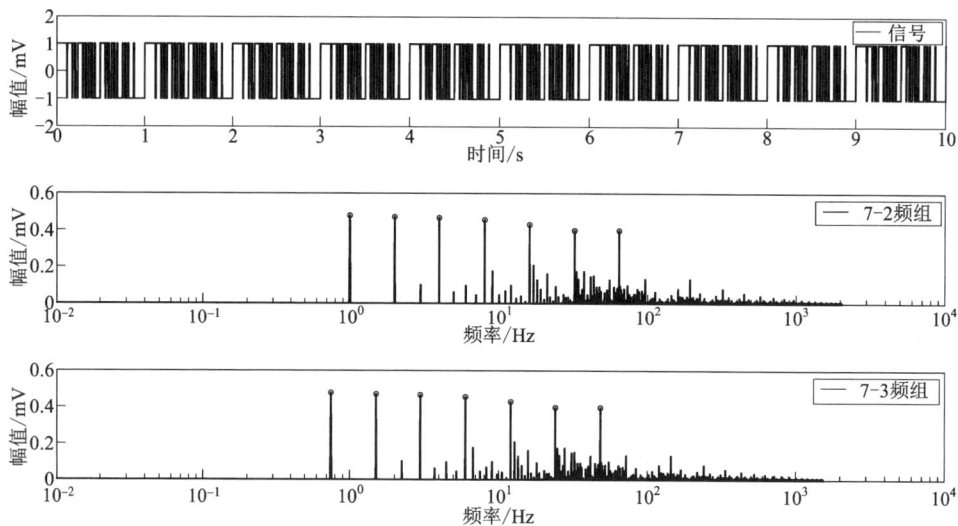

图 2-14　伪随机 7 频波 2 频组和 3 频组信号时间域理论波形及频谱

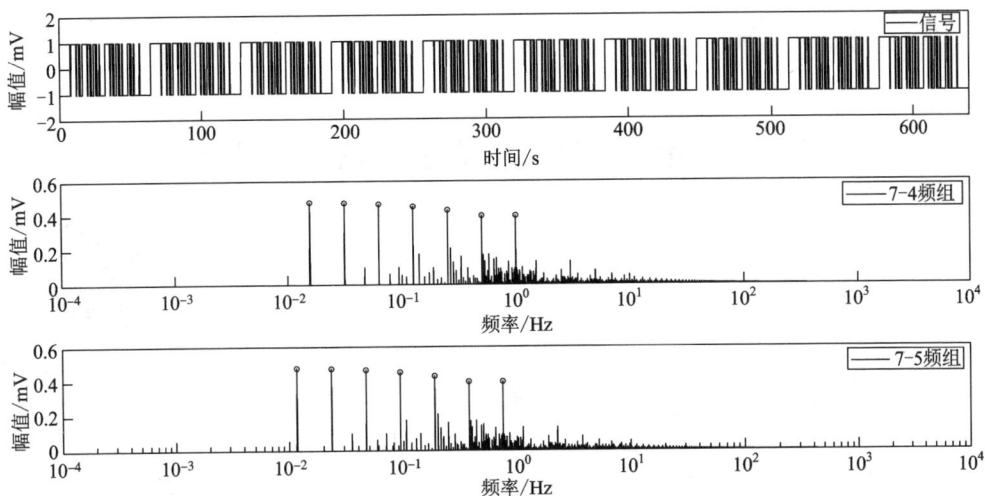

图 2-15 伪随机 7 频波 4 频组和 5 频组信号时间域理论波形及频谱

2.4 本章小结

伪随机信号是一种确定的随机信号,具有随机信号的特征,同时又具备确定信号的优点。本章首先介绍了伪随机信号的一些基本标准,包括平衡标准、游程标准及相关性标准等,其次着重阐述了利用三元素自封闭加法生成 2^n 序列伪随机编码的基本原理及 2^n 序列伪随机信号的能量分布;最后基于伪随机 7 频波介绍了 2^n 序列伪随机信号的特征。2^n 序列伪随机编码的主要成分只有 n 个,它们是 $k=1$ 的基波和 $k=2^1$, 2^2, 2^3, $\cdots$, 2^{n-1} 的谐波,且 n 个主要成分的幅值相差不大。对于线性时不变系统,其输出与输入呈线性关系。因此 n 个主要成分的响应电位差也相差不大,有利于野外观测,因为被测信号属于同一个数量级,符合误差理论等精度观测的要求。同时该方法能量分布主要集中在主要成分,其无数个次要成分的能量之和只占总能量的小部分,当 n 为奇数时,能量集中在主要成分的优势更加明显。另外,2^n 序列伪随机信号的趋肤深度分布均匀,覆盖范围大,非常适合地球物理勘探使用。

第3章　电磁干扰特征分析

扫码查看本章彩图

　　电磁法探测过程中常受到噪声干扰。噪声可以定义为除有效信号以外的其他信号的统称。广域电磁法具有信号强度大、抗干扰能力强等优势，但在施工过程中也无法避免地会受到强电磁噪声的干扰，强干扰区高精度信噪分离在一定程度上决定了电磁勘探的应用效果，明确电磁数据的噪声特性是开展电磁法数据处理研究的基础。对于电磁勘探来说，信噪分离可以从时间域、频率域和时频域三方面切入，从不同的角度认识噪声，才能更好地进行去噪处理。因此，时间域、频率域和时频域之间的关系需进一步通过相关变换来获得。本章基于傅里叶变换等相关基础理论，分别从时间域、频率域、时频谱综合分析电磁干扰的特征。

3.1　基础理论

3.1.1　傅里叶变换

　　傅里叶(Jean Baptiste Joseph Fourier，1768—1830 年)是一位法国数学家和物理学家，他于 1807 年在法国科学学会上发表了一篇论文，论文运用正弦曲线来描述温度分布，其中有个在当时具有争议性的论断，即任何连续的周期信号都可以由一组适当的正弦曲线组合而成。当时审查论文的约瑟夫·拉格朗日(Joseph-Louis Lagrange，1736—1813 年)坚决反对此论文的发表。此后在近 50 年的时间里，拉格朗日坚持认为傅里叶的方法无法表示带有棱角的信号，如在方波中出现的非连续变化斜率，直到拉格朗日去世 15 年后这个论文才被发表出来。其实拉格朗日是对的：正弦曲线无法组合成一个带有棱角的信号。但可以用正弦曲线来非常逼近地表示这个信号，且逼近到两种表示方法不存在能量差别，从这个角度来看，傅里叶也是对的。

　　傅里叶变换(Fourier transform，FT)是信号处理中最重要的算法之一，它不仅是一种最基本的数学算子，还是连接时间域和频率域的算子。对一个时间域信号进行傅里叶变换，能够得到通常所说的频率谱。一个时间域函数的傅里叶变换是一个复数函数，其中复数的模是其幅值，复数的相位角是其相位。傅里叶变换不局限于时间域，空间域等其他域的分析同样适用。

一般情况下，"傅里叶变换"一词若不加任何限定语，则指"连续傅里叶变换"。连续傅里叶变换将平方可积的函数表示成复指数函数的积分或级数形式：

$$F(\omega) = \int_{-\infty}^{\infty} f(t) e^{-i\omega t} dt \qquad (3-1)$$

式中，$f(t)$ 为时间域信号；t 为时间；$F(\omega)$ 为频率域信号；ω 为角频率。式(3-1)是将频率域函数 $F(\omega)$ 表示为时间域函数 $f(t)$ 的积分形式。然而，这种形式一开始并不能叫傅里叶变换，只能叫傅里叶级数。Fourier 认为任何函数都可以用无穷多个三角函数逼近。这种想法最开始遭到了其他数学家的抵制，但事实证明 Fourier 是对的，他的方法很快得到了广泛的应用。后来数学家把傅里叶级数的函数边界扩展到无穷，才出现了傅里叶变换。如果不是连续函数而是具有采样间隔的数据，则对应离散时间傅里叶变换；如果是有限长度采样数的数据，则对应离散傅里叶变换。本质上这些方法的出发点和方式是类似的，都是通过另一种正交基来表示原来的信号。

傅里叶变换的算子是可逆的，其逆运算即为傅里叶逆变换算子。

$$f(t) = \int_{-\infty}^{\infty} F(\omega) e^{i\omega t} d\omega \qquad (3-2)$$

3.1.2　傅里叶级数

连续形式的傅里叶变换其实是傅里叶级数的扩展，因为积分是一种极限形式的求和算子。对于周期函数，其傅里叶级数是存在的：

$$f(x) = \sum_{n=-\infty}^{\infty} F_n e^{inx} \qquad (3-3)$$

式中，F_n 为复幅度。对于实值函数，函数的傅里叶级数可以写成：

$$f(x) = a_0 + \sum_{n=1}^{\infty} \left[a_n \cos(nx) + b_n \sin(nx) \right] \qquad (3-4)$$

式中，a_n，b_n 为实频率分量的幅度。

通常傅里叶变换是连续的，离散傅里叶变换(discrete Fourier transform，DFT)是离散时间傅里叶变换的特例。离散时间傅里叶变换在时间域(简称时域)是离散的，在频率域(简称频域)则是周期的。离散时间傅里叶变换可以看作是傅里叶级数的逆变换。

离散傅里叶变换是连续傅里叶变换在时域和频域上都离散的形式，将时域信号的采样变换为在离散时间傅里叶变换频域的采样。在形式上，变换两端(时域和频域上)的序列是有限长的；实际上，这两组序列都应当被认为是离散周期信号的主值序列。即使对有限长的离散信号作离散傅里叶变换，也应当将其看作经过周期延拓的周期信号再作变换。在实际应用中通常采用快速傅里叶变换（fast Fourier transform，FFT）以高效计算离散傅里叶变换。

综合比较傅里叶变换的 4 种变体，可归纳为如表 3-1 所示内容。

表 3-1　傅里叶变换的变体

变体类型	时域	频域
连续傅里叶变换	连续，非周期性	连续，非周期性
傅里叶级数	连续，周期性	离散，非周期性
离散时间傅里叶变换	离散，非周期性	连续，周期性
离散傅里叶变换	离散，周期性	离散，周期性

由表 3-1 可知，函数在时（频）域的离散对应于其像函数在频（时）域的周期性；反之，连续意味着在对应域信号的非周期性。也就是说，时间上的离散性对应着频率上的周期性。同时，值得注意的是离散时间傅里叶变换，其在时域离散，而在频域依然连续。

3.1.3　短时傅里叶变换

傅里叶变换只反映了信号在频域的特性，无法在时域内对信号进行分析。为了将时域和频域联系起来，Gabor 于 1946 年提出了短时傅里叶变换（short-time Fourier transform，STFT），其实质是加窗的傅里叶变换。STFT 的过程：在信号作傅里叶变换之前先使其乘一个时间有限的窗函数 $h(t)$，并假定非平稳信号在分析窗的短时间隔内是平稳的；通过窗函数 $h(t)$ 在时间轴上的移动，对信号进行逐段分析，得到信号的一组局部频谱（Nawab et al.，1983；Nawab 和 Quatieri，1988）。信号的短时傅里叶变换定义为：

$$\text{STFT}(t,f) = \int_{-\infty}^{\infty} x(\tau)h(\tau - t)\text{e}^{-\text{j}2\pi f\tau}\text{d}\tau \tag{3-5}$$

式中，$h(\tau-t)$ 为分析窗函数。由式（3-5）可知，信号 $x(t)$ 在时间 t 处的短时傅里叶变换就是信号乘以一个以 t 为中心的分析窗 $h(\tau-t)$ 后所作的傅里叶变换。信号 $x(t)$ 乘以分析窗函数 $h(\tau-t)$ 等价于取出信号在分析时间点 t 附近的一个切片。对于给定时间 t，$\text{STFT}(t,f)$ 可以看作是该时刻的频谱。特别是，当窗函数取 $h(t)$ =1 时，短时傅里叶变换就退化为传统的傅里叶变换。要得到最优的局部性能，时频分析中窗函数的宽度应根据信号特点进行调整，即正弦类信号用大窗宽，脉冲型信号用小窗宽。STFT 的优点是基本算法就是傅里叶变换；缺点是窗函数是固定的，不能进行自适应调整。

3.1.4 Hilbert-Huang 变换

1905 年，Hilbert 在研究黎曼-希尔伯特问题时提出希尔伯特变换。1946 年，Gabor 定义了解析信号 $y(t) = x(t) + \mathrm{j}\hat{x}(t)$，将希尔伯特变换正式引入信号处理领域。希尔伯特-黄变换（Hilbert-Huang transform，HHT）是一种新的非平稳信号的时频分析方法，以瞬态频率为基本量，以固有模式信号为基本信号（Huang et al.，1998）。也就是说，在希尔伯特-黄变换中，表征信号交变的基本量不是频率而是瞬时频率。希尔伯特-黄变换由经验模态分解（empirical mode decomposition，EMD）和希尔伯特（Hilbert）变换组成，首先通过 EMD 将信号分解为不同的基本模式分量；然后使用 Hilbert 变换对每个固有模态函数（intrinsic mode function，IMF）进行处理，从而得到每个 IMF 的时间-频率关系（Rilling et al.，2003；Liang et al.，2005）。

EMD 在 HHT 中起关键作用。EMD 可以将非平稳信号平稳化，从而得到一系列不同频率的分量（IMF）。通过这样的方法可以将非平稳、非线性的信号（这里的信号就是时间序列）分解成不同时间尺度的平稳信号。最初的 IMF 分量代表原始信号的高频部分，随着分解的深入，相应 IMF 的频率变小，周期增大。这些 IMF 可以作为原信号的一组完全或几乎正交的展开基。这种正交变换实际上保证了信号在变换前后的能量不变。当一个信号的极大值（或极小值）的数目比过零点数目多 2 个以上（包括 2 个）时，可以判定该信号是平稳的。找出其中所有局部极大值点，并对其用三次样条插值形成上包络线；找出其中所有局部极小值点形成下包络线。上下包络线的均值为平均包络线。将原信号减去该平均包络线，得到一个去掉低频的新序列。重复上述过程，直到平均包络线趋于 0。这样就得到了第一个 IMF 分量。IMF 代表高频成分，用原信号减去第一个 IMF 分量，得到去掉高频成分的差值序列，对差值序列重复上述过程，得到第二个 IMF 分量，如此重复多次，直到所有的剩余信号极值点小于预先设定的值时，分解结束。经过 EMD 处理后，每个 IMF 分量都可能对应一个物理背景。IMF 通过 Hilbert 变换得到 Hilbert 谱，谱结构特征可进一步揭示隐藏在信号中的特定物理过程。每个 IMF 分量经过 Hilbert 变换后可得到对应的瞬时频率和瞬时幅值，从而得到信号完整的时频分布。HHT 的结果反映的是信号的时频特征，即信号的频域特征随时间变化的规律。相对于傅里叶变换得到的是信号的频率组成，HHT 还可以获取频率成分随时间的变化。EMD 可以自适应地进行时频局部化分析，有效提取原信号的特征信息。从 HHT 结果中选择出满足要求的特征分量并重组信号，有利于将关注的特征从复杂的混合信号中分离出来。

希尔伯特谱是希尔伯特-黄变换得到的最直观结果。该图谱可以用于分析包含混合分量信号中各分量随时间变化的规律,以识别局部特征。需要注意的是,希尔伯特谱有时将经验模态分解后的所有固有模态分量作为分析对象,有时会有针对性地挑选出某个或某几个固有模态分量进行分析,具体如何操作需要结合研究内容有针对性地进行选择。希尔伯特谱是一种时频谱,反映了信号频率成分随时间的变化特征,是分析非平稳信号的重要手段。使用这种类型的分析方法强调的是变化,即特征在时间尺度的改变。如果信号没有随时间发生变化,则使用频域分析手段就够了。

上述相关变换方法能为信号处理提供有效的分析工具。因此,本章依据野外噪声干扰源调查及模拟与实测数据,重点针对非周期性噪声干扰,通过对比多种噪声类型的时间域、频率域、时频域等特性,归纳强干扰地区电磁噪声源的主要类型,并利用相关参数及指标进行全面且多元化的电磁法噪声与信号评价。

3.2 电磁噪声源

通常实测电磁法数据资料中的噪声可分为主动型噪声和被动型噪声。主动型噪声来源于人类活动,随着国民经济和工农业生产的发展,这种干扰日趋严重。被动型噪声是指地表局部不均匀体产生的干扰,也可以称为地质噪声或静态效应或地形影响。

主动型噪声干扰因素非常多,可以说凡是与电磁有关的人类生产、生活活动都可能是干扰源。在工业城镇及矿山附近,由于电气设备的接地和漏电等因素,地下形成复杂的工业游散电流,造成地电干扰,使实测信号波形杂乱无章、毫无规律。特别是在碳酸盐岩分布地区,由于地下介质电阻率较大,干扰噪声衰减缓慢,影响范围很广。电台、雷达站、载波电话、有线广播、铁路、动力线的开关和控制信号等构成了最普通的无线电干扰类型。高电压的输电网以及电网负荷的变化也是主要的干扰源,所采集的信号与高压线上的电压波动规律一致,电场信号有时会出现零点的来回跳动。此外,风会导致磁探头和信号传输线的摆动,树木的晃动会导致地表微震,这些都会引起干扰噪声(杨生,2004)。

具体来说,电磁噪声源主要可分为以下四大类。

(1)场源噪声来源于地球外部的天然电磁场,主要为观测点附近或上空出现的雷电活动和人文活动产生的高频电磁干扰。这类噪声的强度非常大,严重干扰了天然电磁场的观测,通常在电磁场的时间域序列上很难识别(孙洁等,2000)。

(2)地质噪声,即实际测量时由工区地质因素引起的噪声(张自力,2009)。地质噪声源于浅层地表不均匀体和地形的变化,由地形引起的静电场和浅层不均匀体的感应效应、电流效应造成的电场总和组成。这类噪声具有直流特性,导致视电阻率曲线上下平移，相位曲线几乎不受影响。

（3）随机噪声来源于环境中的随机干扰及观测系统本身所固有的噪声。随机即表明信号与噪声、各道数据噪声互不相关。在时间域序列上可通过多次叠加或滤波逐渐削弱随机噪声，在频率域可通过求解互功率谱的方法消除不相关噪声。

（4）人文噪声是人工电磁场和人类活动产生的噪声，主要由电力及电气传输设备、有线广播、电信及电器通信设备中的电磁辐射，以及车辆运行过程中产生的噪声干扰等造成。其特点是噪声能量远超过正常信号，频率集中在有限频带内。比如当测量区有高压输电网时，所测数据包含严重的工频干扰，信噪比极低（周聪等，2020）。在工业区或矿集区，无线电干扰和人类活动范围扩大等造成实测电磁数据受到严重污染，导致时间域序列中出现典型的噪声干扰且易于识别，而不典型的噪声干扰不易识别且不易压制。本书重点探讨广域电磁法中人文电磁噪声的处理。

噪声和有效信号是一个相对的概念。对于天然源电磁法来说，人工源信号是一种噪声；而对于人工源电磁法来说，天然场信号是一种噪声（何继善，2010）。因此，从不同的角度出发，噪声的分类也有所不同。根据噪声来源，可以分为人工源噪声和天然源噪声，如测点附近的工厂、矿山设备、发电站、信号塔及高压电力线等均属于人工源噪声，由太阳活动、雷暴、磁暴及地磁扰动等产生的天然电磁场信号属于天然源噪声；根据噪声的周期性，可分为周期噪声和非周期噪声。CSEM 信号是周期性的。如果从噪声的周期和非周期特性出发，与有用信号同频的周期干扰对信号的影响是无法分离的，而非同频的周期性干扰对有效信号没有影响（胡艳芳，2022）。因此本书主要针对非周期性电磁噪声进行分析，非周期噪声又可分为方波噪声、脉冲噪声、三角波噪声、衰减噪声及高斯白噪声等。下节主要从这几种典型的电磁噪声类型出发，模拟不同噪声类型对伪随机多频信号的影响。

图 3-1 所示为安徽某矿集区内电磁干扰源位置分布。图中的 WFEM lines 为本书研究的主要 WFEM 测线，BD-1 测线为区内的一条已知剖面。矿集区内遍布各种高压输电线及变压器等电磁干扰源。WFEM lines 穿过居民区，附近分布大量的变压器及 10 kV 的高压输电线，WFEM lines 小号点（西北）附近有一条 110 kV 和一条 35 kV 的高压输电线。

电磁噪声干扰是影响电磁法勘探效果的重要因素之一，尤其在矿集区及人口密集的城市地区，电磁干扰尤为严重。受矿集区历史发展的影响，矿山的生活区和作业区已基本连接在一起。随着人类活动的频繁，其激发的电磁场在空间分布上日益广泛，在时间域上覆盖范围加大，在频率域上频点增多，不同频谱的信号能量也越来越强，主要表现为 50 Hz 的工频干扰，其中矿集区的输电高压线、井口附近的大型用电设备、巷道运矿石车的供电线是主要的磁场干扰源，用电设备的接地线是主要的电场干扰源。

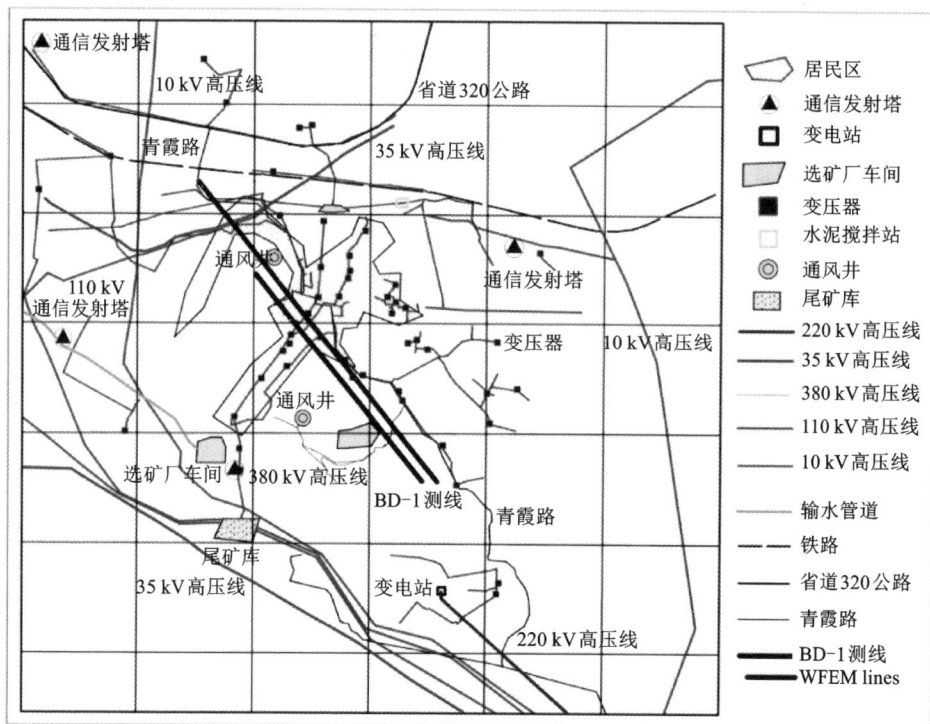

图 3-1 某矿特征电磁干扰源分布

(扫本章二维码查看彩图)

3.3 电磁噪声时域-频域特征分析

从时间域可以最直观地判断噪声类型，大多数噪声类型的名字也是根据时间域特征命名的(杨洋，2017)。本节将时间域噪声分为周期噪声和非周期噪声，时间域信号也可划分为周期信号和非周期信号。事实上，非周期信号可全部表征为噪声，而实际有效信号都是周期信号，其中周期部分还包括周期噪声(可以在频率域直接区分及剔除)，非周期信号可分为高斯白噪声和高斯白噪声以外的噪声，下面针对非周期信号进行重点分析。

针对电磁勘探，可以从时间域、频率域及时频谱对噪声进行深入研究，从不同角度分析时间域中非周期性的信噪类型及其对有效信号的影响频率范围，为研究信噪分离方法提供有效的途径(张贤，2022)。本章以 2^n 序列伪随机 7 频组信号和周期信号为重点研究对象，对广域电磁法信号处理过程进行综合分析。通过模拟广域电磁法数据 7-2 频组信号中的噪声类型、时域、频域特征，以及高阶对数序列 39 频波时、频信号和时频谱，综合分析噪声对有效信号的影响。

3.3.1　高斯白噪声对有效信号的影响

　　高斯白噪声是一种常见的随机噪声类型,服从高斯分布且功率谱密度均匀分布。实际应用中不可避免地均存在高斯白噪声。图 3-2 所示为高斯白噪声对有效信号的影响。图 3-2(c)、图 3-2(d)所示分别为高斯白噪声时域信号及其频谱,其信号随机,频谱随频率增大而逐渐增大。

　　由图 3-2(e)可知,加入高斯白噪声后,原始有效信号发生变化且无法显示出伪随机信号形态特征,其所有主频信息均受影响,利用常规的去噪方法无法进行噪声压制。因此,在实际应用中可增加采集时长,即通过在时间域对信号进行周期数叠加来抑制高斯白噪声的影响。观测图 3-2(e)~图 3-2(g)可知,从 5 个周期增加到 50 个周期甚至更多个周期后,高斯白噪声逐渐衰减。观测其频谱图[图 3-2(f)~图 3-2(h)]可知,将观测信号周期叠加至一定数量后,高斯白噪声能被有效地压制,其主频点信息的影响也逐步减小。

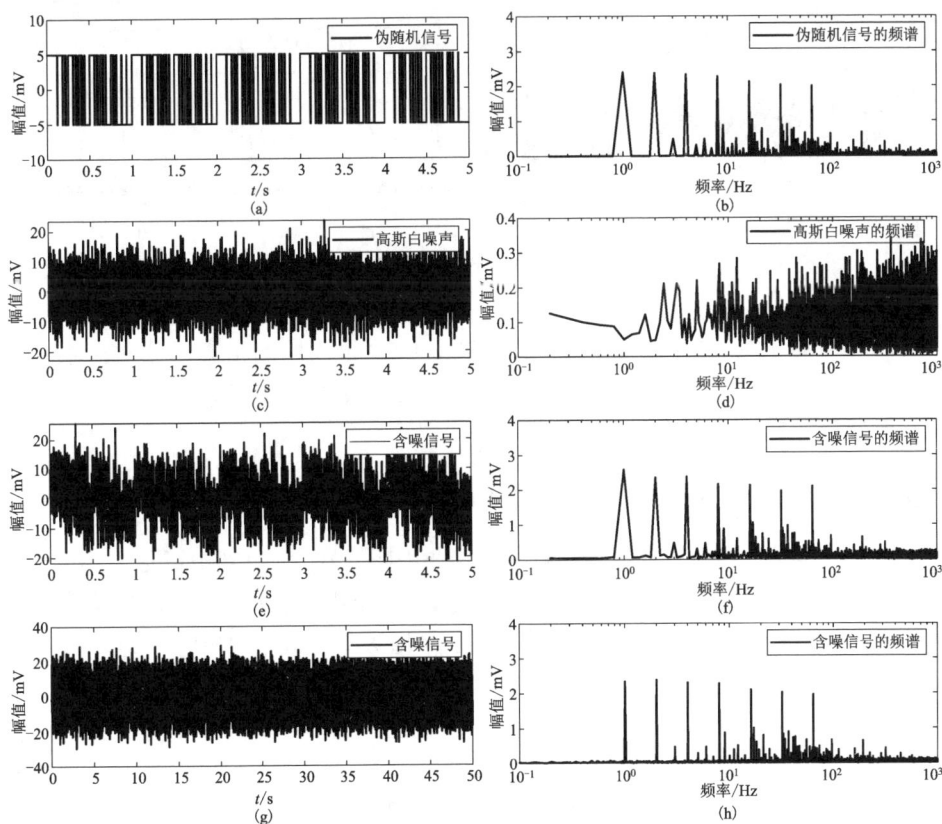

图 3-2　高斯白噪声对有效信号的影响(左:时间域信号;右:频谱)

图 3-3 所示为高斯白噪声对有效信号幅值的影响，其中有效序号为周期信号，其频率包含 1 Hz、2 Hz、4 Hz、8 Hz、16 Hz、32 Hz、64 Hz，幅值为 5 V。左侧由上至下依次为有效信号、高斯白噪声及加噪后的时间域信号，右侧为对应的频谱。由图可以发现，加入高斯白噪声后，有效信号的频谱发生了明显变化。这种变化对所有频点均有影响，采用基本去噪方法无法实现信噪分离。因此在实际应用中可通过增加采集时间，不断地叠加周期来压制高斯白噪声的影响。

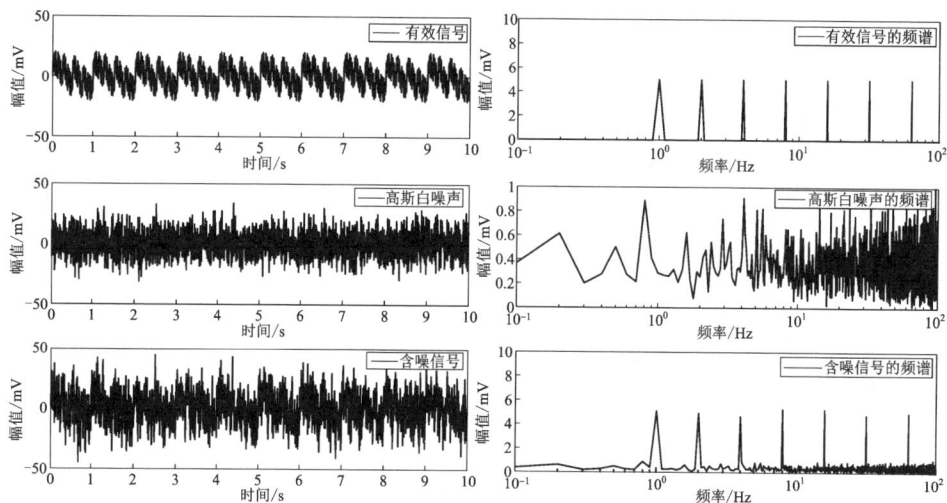

图 3-3   高斯白噪声对有效信号幅值的影响(左：时间域信号；右：频谱)

图 3-4 所示为 10 个周期、100 个周期及 1000 个周期的采集时间对高斯白噪声的压制情况。从图中可以看出，增加周期叠加次数可以有效地压制高斯白噪声对有效信号的影响。

3.3.2   方波噪声对有效信号的影响

方波噪声是一类对有效信号影响最大的非周期信号，尤其对电场信号。图 3-5 所示为在 2^n 伪随机信号中添加了一个方波噪声后的时频域效果。方波噪声使 2^n 伪随机信号呈现相应的波形，使信号易识别且增大了有效信号幅值。进一步观测频谱信息可知，低频段的频谱增大，含噪主频幅值也随之增大，并重点影响低频段(1 Hz、2 Hz)的主频幅值。图 3-6 所示为伪随机信号中添加多个方波噪声后的时间域信号及其频谱变化。分析图 3-6 可知，整个时间域和频谱均受方波噪声的影响，低频段的频率信息增大，尤其在 1 Hz 和 2 Hz 处的含噪主频幅值明显高于真实值，其余主频幅值基本趋于稳定，表明方波噪声仅影响低频段数据。

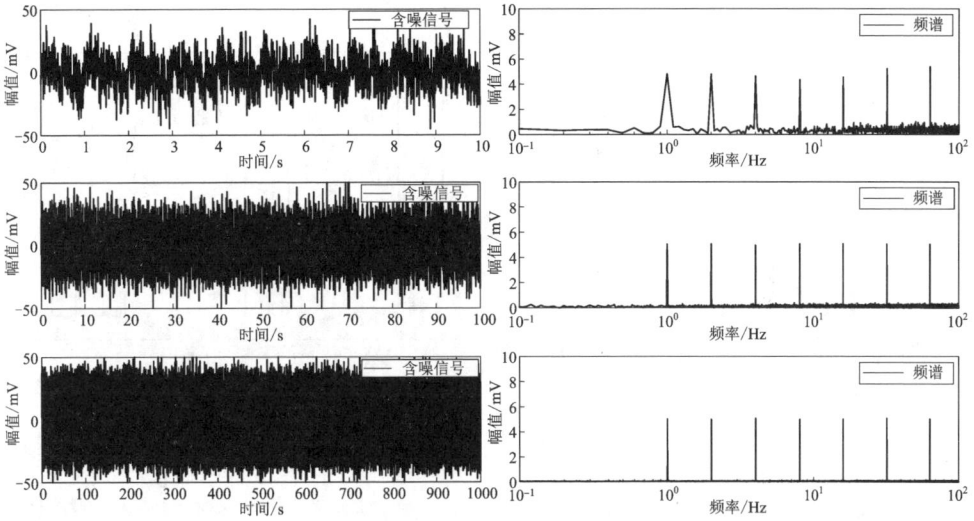

图 3-4　不同采集时间的高斯白噪声对有效信号幅值的影响(左：时间域信号；右：频谱)

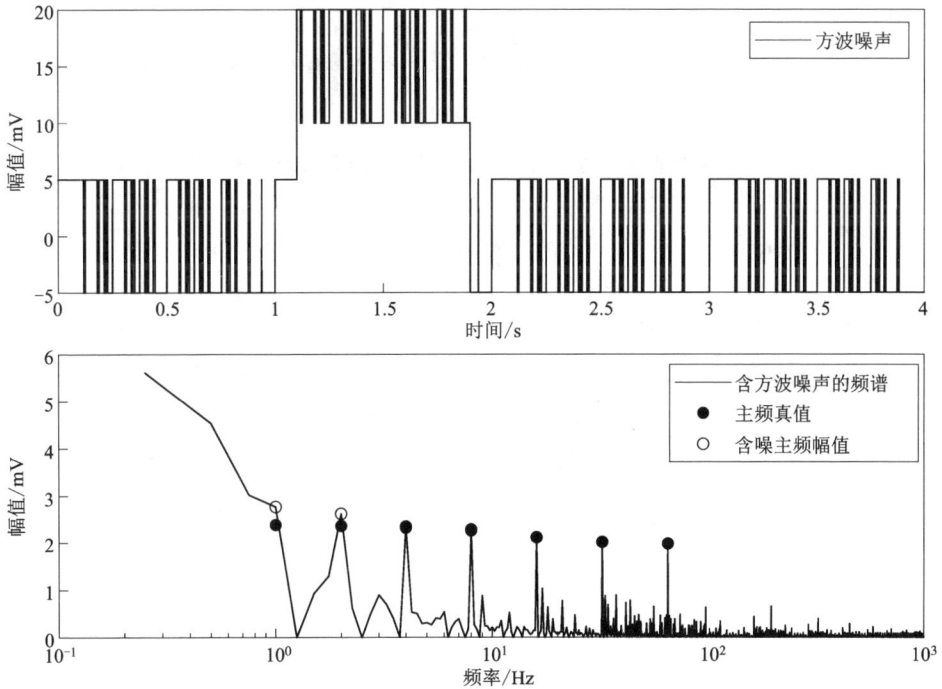

图 3-5　单个方波噪声对有效信号的影响(上：时间域信号；下：频谱)

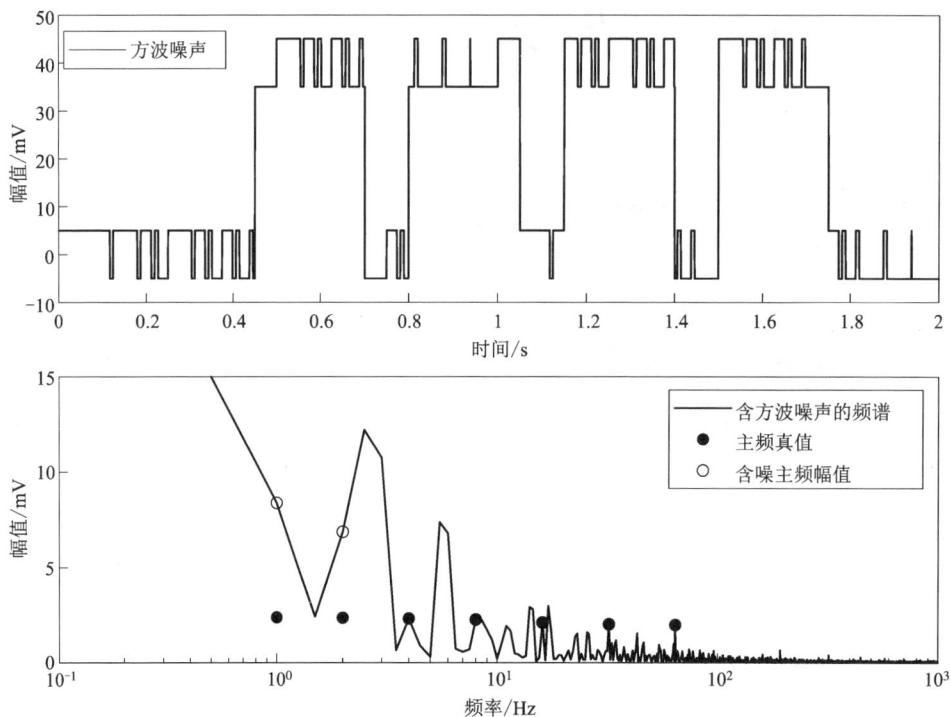

图 3-6　多个方波噪声对有效信号的影响（上：时间域信号；下：频谱）

图 3-7 所示为周期信号加入方波噪声后的时间域信号及其对应的频谱变化，其中绿色代表加入噪声前有效信号的幅值；红色代表加入噪声后对应有效频率的幅值，下同。在周期信号中加入方波信号后，1 Hz、2 Hz、4 Hz、8 Hz 和 16 Hz 的频谱均发生明显的变化。尤其在低频段 1 Hz、2 Hz 处对应的幅值（红色）明显大于真实值（绿色），4 Hz、8 Hz 及 16 Hz 处对应的幅值明显小于真实值。

图 3-8 所示为不同幅度和宽度的方波噪声对有效信号幅值的影响。由图可知，相比方波信号的宽度，信号的幅度对有效信号的影响更大，且影响范围向高频段扩展。

图 3-9 所示为方波噪声加入时间不同时时间域信号及其对应的频谱变化。不难看出，当方波信号的宽度不变时，不同加入时间对有效信号幅值的影响不大。其主要原因是时间域的时移，相当于在频率域引入一个相移因子。但当两个方波信号叠加时，方波噪声不同的加入时间对有效信号的影响程度变得比较复杂。

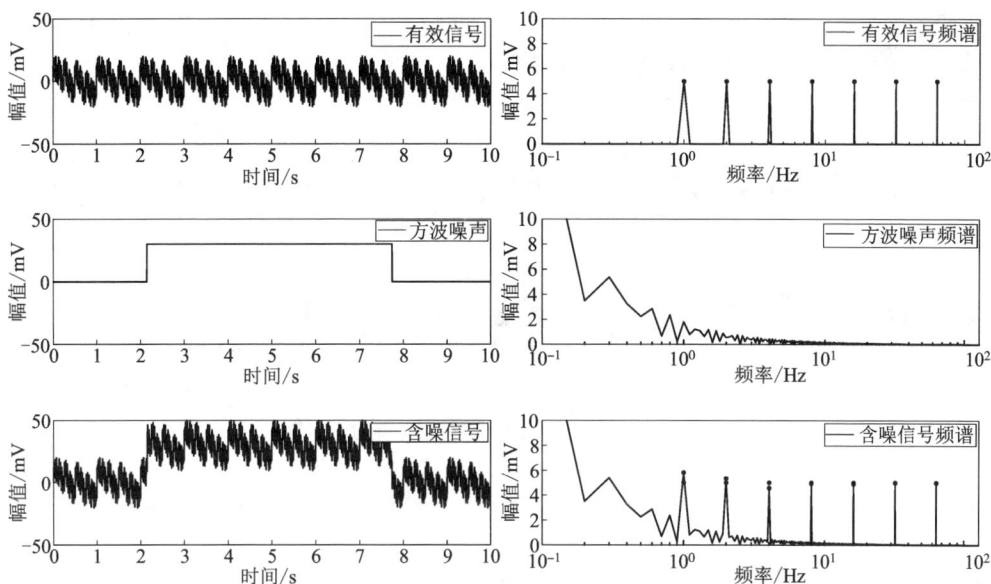

图 3-7　方波噪声对有效信号幅值的影响（左：时间域信号；右：频谱）

（扫本章二维码查看彩图）

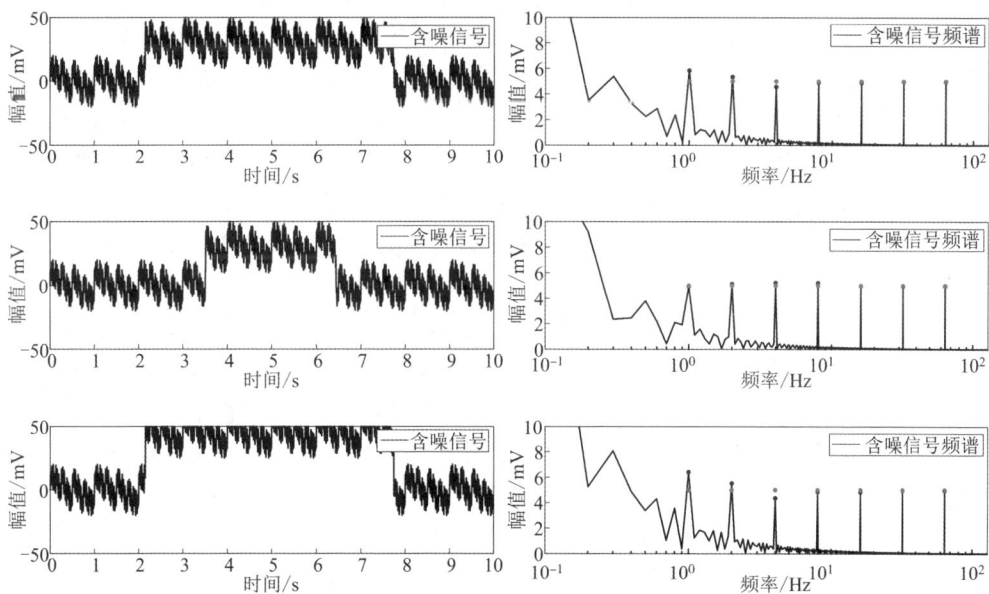

图 3-8　不同幅度和宽度的方波噪声对有效信号幅值的影响（左：时间域信号；右：频谱）

（扫本章二维码查看彩图）

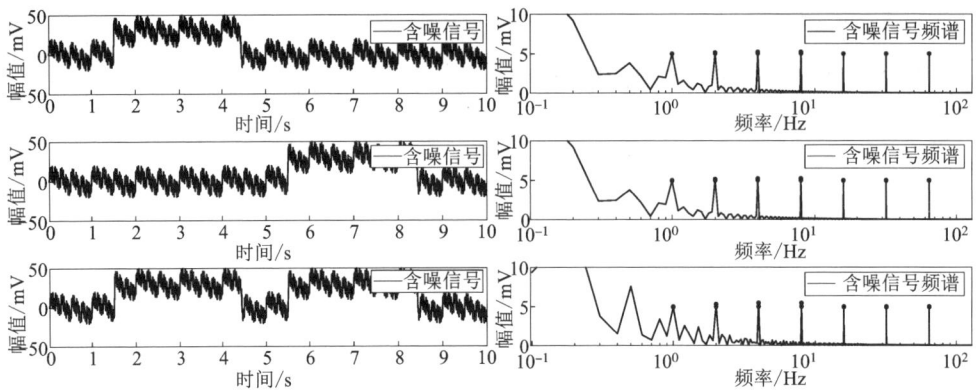

图 3-9　方波噪声加入时间不同时对有效信号的影响(左：时间域信号；右：频谱)

(扫本章二维码查看彩图)

3.3.3　三角波噪声对有效信号的影响

本小节设计了一个幅值为 30 mV 的三角波，观测时域伪随机信号和频谱信息可知，单个三角波噪声只影响低频处的 1 Hz 主频真值；三角波噪声类似于方波噪声，对电场信号产生影响，使其时域信号幅值增大，信号形态呈现出相应的三角；频谱在低频段逐渐增大。图 3-10 所示为单个三角波噪声对有效信号的影响。

设计多个等间距的充放电三角波，其幅值占比为 5%，1/4 波峰波谷间距为 10%，时间域中 2^n 伪随机信号的幅值增大，如图 3-11 所示。观测其频谱信息可知，16 Hz 以上频段均不受该类噪声的影响，8 Hz 以下频段的频谱信息受到这类噪声的严重影响；1 Hz、2 Hz 和 8 Hz 处的有效频点的频谱幅值逐步增大，4 Hz 处的主频幅值降低。因此，三角波噪声只影响广域电磁法数据中 16 Hz 以下的低频段数据。

图 3-12 所示为有效周期信号加入三角波噪声后的时间域波形及对应的频谱变化。从三角波频率域特征可以看出，其对低频段的信号影响较大，1 Hz 处对应的幅值(红色)明显大于真实值(绿色)。图 3-13 所示为不同幅度和宽度的三角波噪声对有效信号幅值的影响。当三角波的幅值增大时，其对有效信号幅值的影响也随之增加，1 Hz 处对应幅值的变化非常明显；当三角波宽度不同时，其对有效信号的影响程度也不同，影响范围向高频段扩展。图 3-14 所示为同一三角波噪声加入时间不同时对应信号幅值的变化情况。结果显示，噪声加入时间不同对有效信号的幅值影响不大；但当两个三角波信号叠加时，其对应频谱变得复杂，对有效信号的影响程度也变大。

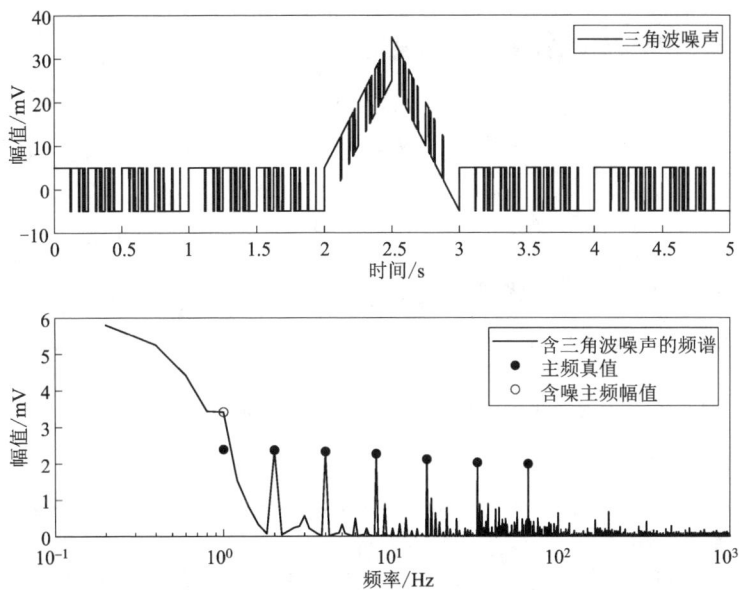

图 3-10　单个三角波噪声对主频信息的影响(上：时间域信号；下：频谱)

(扫本章二维码查看彩图)

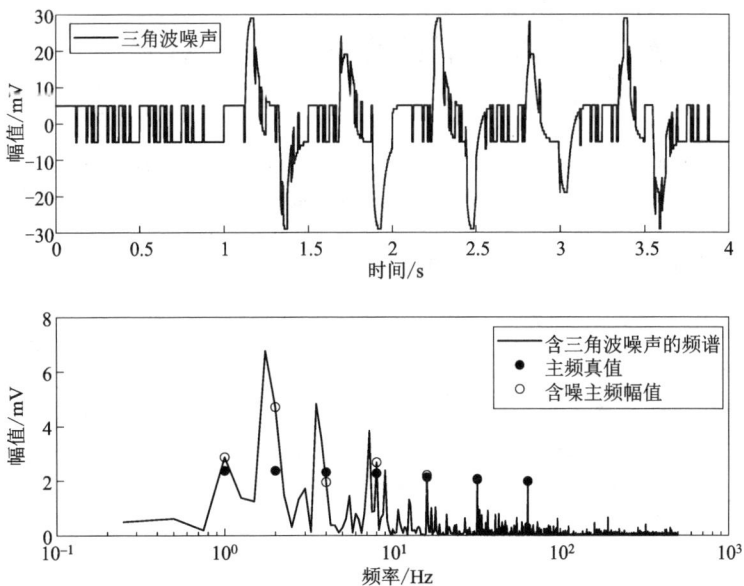

图 3-11　三角波噪声对主频信息的影响(上：时间域信号；下：频谱)

(扫本章二维码查看彩图)

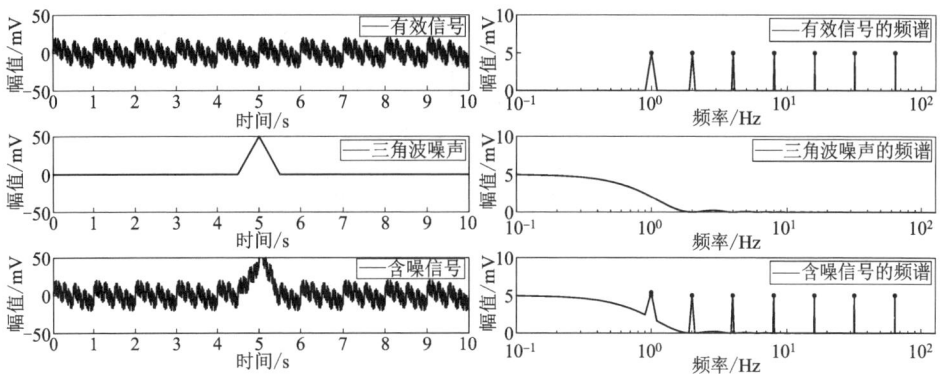

图 3-12 三角波噪声对有效信号的影响(左：时间域信号；右：频谱)

(扫本章二维码查看彩图)

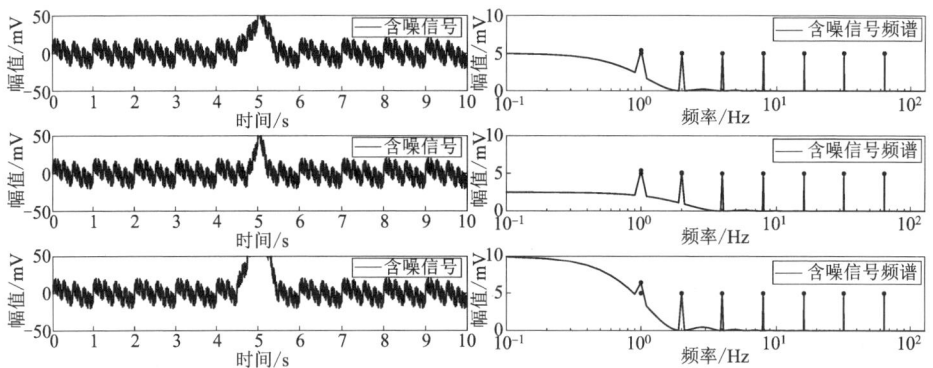

图 3-13 不同幅度和宽度三角波噪声对有效信号幅值的影响(左：时间域信号；右：频谱)

(扫本章二维码查看彩图)

3.3.4 脉冲噪声对有效信号的影响

脉冲噪声是瞬时出现在时间域的，其持续时间短、幅值大且不连续，在天然源和人工源电磁法数据中均属于常见的噪声干扰类型。图 3-15 所示为脉冲噪声对有效信号的影响。

在伪随机 7 频组 2 频波信号中加入不同幅度的脉冲噪声后时间域波形出现突变，幅值增大，对应的频谱变得复杂且混乱；1~64 Hz 的主频真值均受到不同程度的影响，各主频点均偏离了原始伪随机信号的主频真值。

图 3-16 所示为有效信号加入脉冲噪声后的时间域波形及对应的频谱变化。从脉冲噪声的频谱可以看出，其频带很宽，并从低频段向高频段扩展，但频率越高其对应的能量越小。有效信号中引入脉冲噪声后，1~64 Hz 的有效频率位置均受到了不同程度的影响，其幅值(红色)明显大于真实值(绿色)。

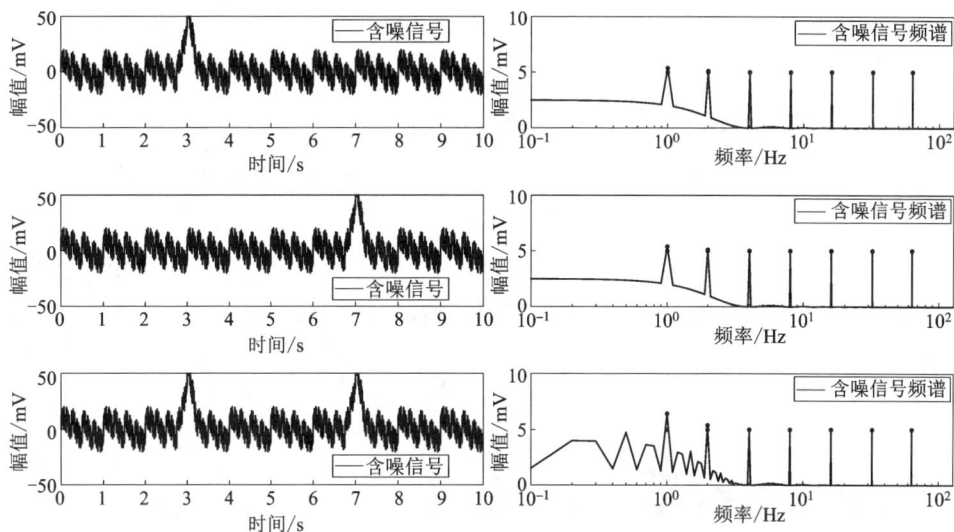

图 3-14   三角波噪声加入时间不同对有效信号的影响(左：时间域信号；右：频谱)
(扫本章二维码查看彩图)

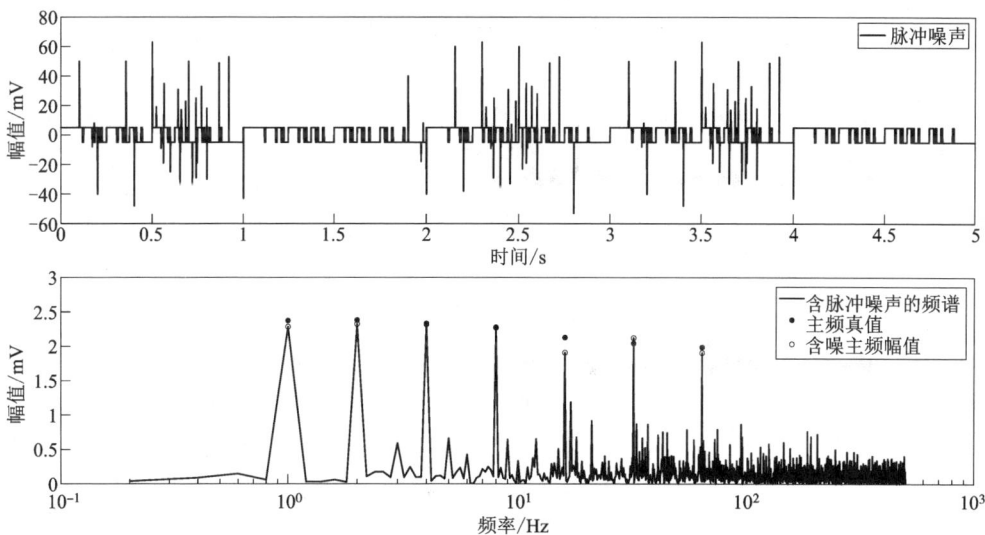

图 3-15   脉冲噪声对有效信号的影响(上：时间域信号；下：频谱)

图 3-17 所示为不同尺度的脉冲噪声及加入脉冲噪声的时间不同时对有效信号的影响。当脉冲噪声的尺度增大时，其对有效信号幅值的影响也变大；不同的加入时间对有效信号幅值的影响不大。当不同尺度的脉冲噪声叠加时，其对应的不同的频谱变得复杂，对有效信号的影响也变得没有规律(图 3-18)。

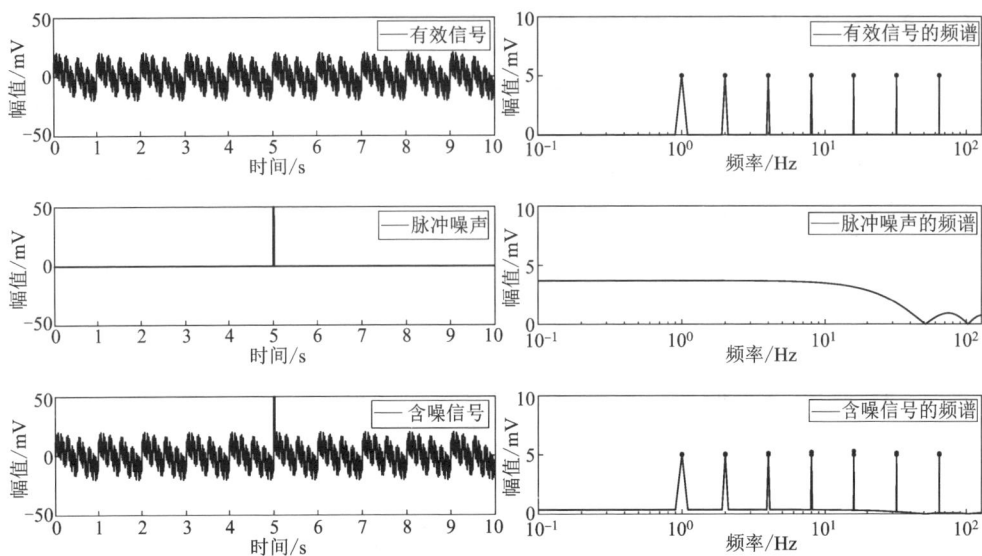

图 3-16　脉冲噪声对有效信号的影响（左：时间域信号；右：频谱）

（扫本章二维码查看彩图）

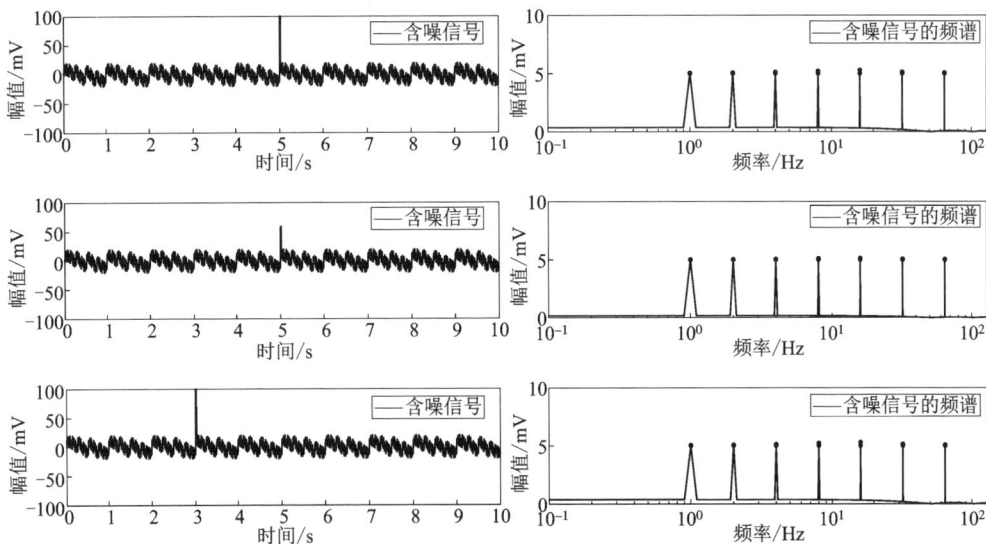

图 3-17　不同尺度的脉冲噪声及其加入时间不同时对有效信号的影响（左：时间域信号；右：频谱）

（扫本章二维码查看彩图）

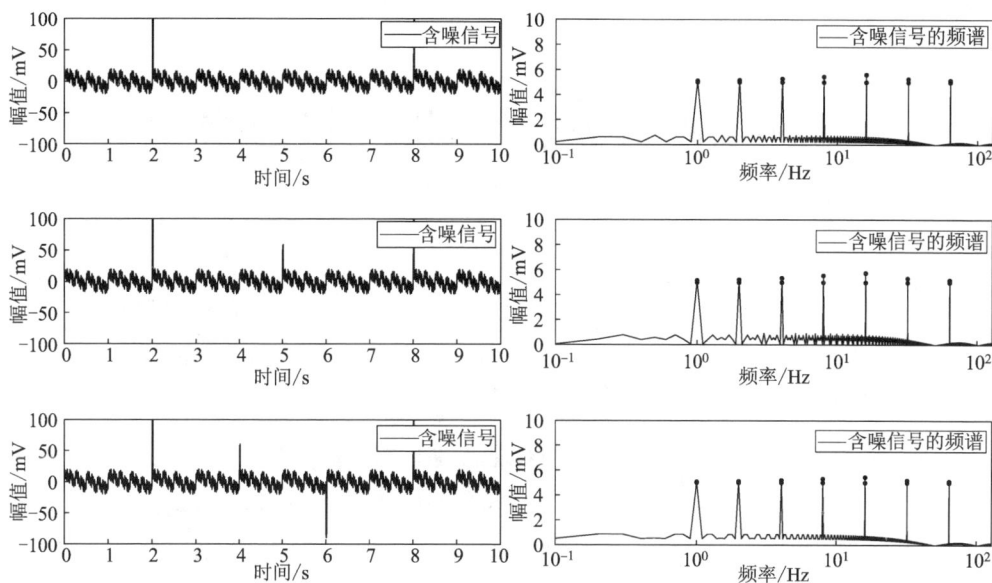

图 3-18　不同尺度脉冲信号叠加对有效信号的影响（左：时间域信号；右：频谱）

（扫本章二维码查看彩图）

3.3.5　衰减噪声对有效信号的影响

图 3-19 和图 3-20 所示分别为单个和多个衰减噪声对主频信息的影响。衰减噪声在广域电磁法数据中属于常见的噪声类型。衰减噪声易出现在不同周期内，严重破坏了时间域内的伪随机信号特征。由图 3-19 可知，设定一个 60 Hz 处的单个衰减噪声，其导致原始伪随机信号呈衰减状态。观测其频谱可知，60 Hz附近的频谱增大，64 Hz 处的主频幅值增大尤其明显。

如图 3-20 所示，时间域信号中设计了多个不同频率、不同衰减速度的正、余弦衰减信号。观测其频谱可知，整个主频真值均受到影响，各个频点处的含噪主频值均明显增大或减小，说明衰减噪声对伪随机信号的影响较大。

图 3-21 所示为周期信号加入衰减噪声后时间域波形及对应的频谱变化。由图可知，加入衰减噪声后，1 Hz、2 Hz 和 4 Hz 的频谱受到了明显的干扰，其幅值明显大于真实值，8 Hz 以上的频段受影响程度较小。

图 3-22 所示为周期信号加入振荡衰减噪声后的时间域波形及对应的频谱变化。本章设计的是一个 30 Hz 的正弦衰减噪声，其对应的频谱只对 30 Hz 附近的频率影响较大，对其他频率的影响程度较小。

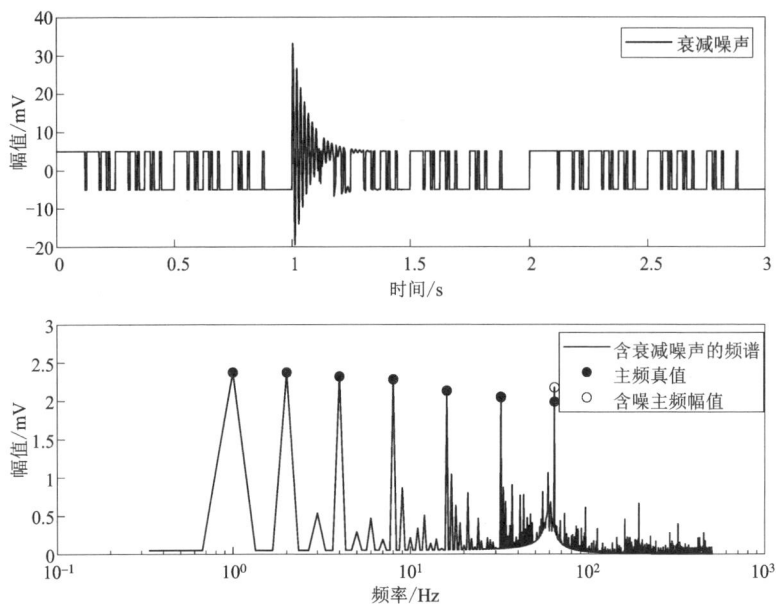

图 3-19 单个衰减噪声对主频信息的影响(上:时间域信号;下:频谱)

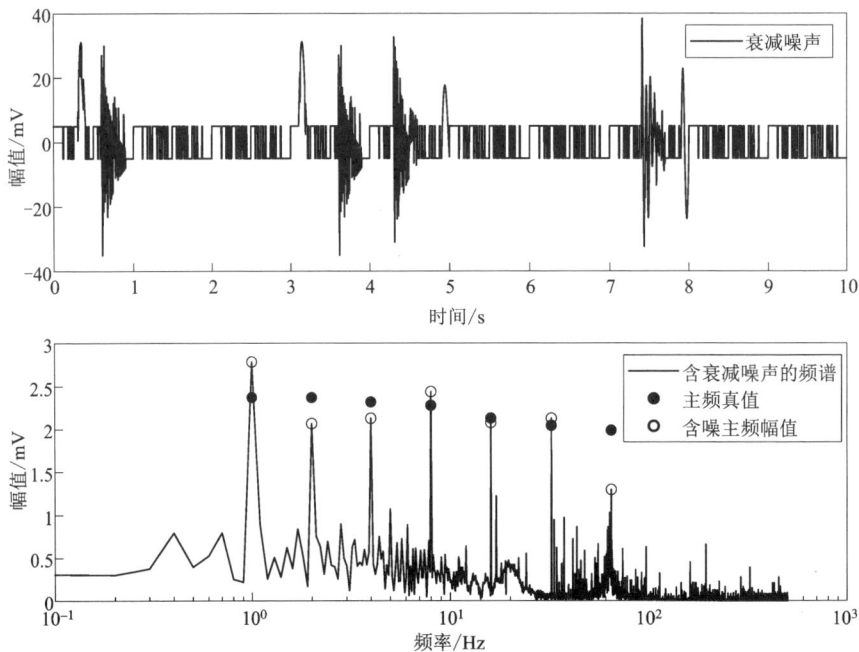

图 3-20 多个衰减噪声对主频信息的影响(上:时间域信号;下:频谱)

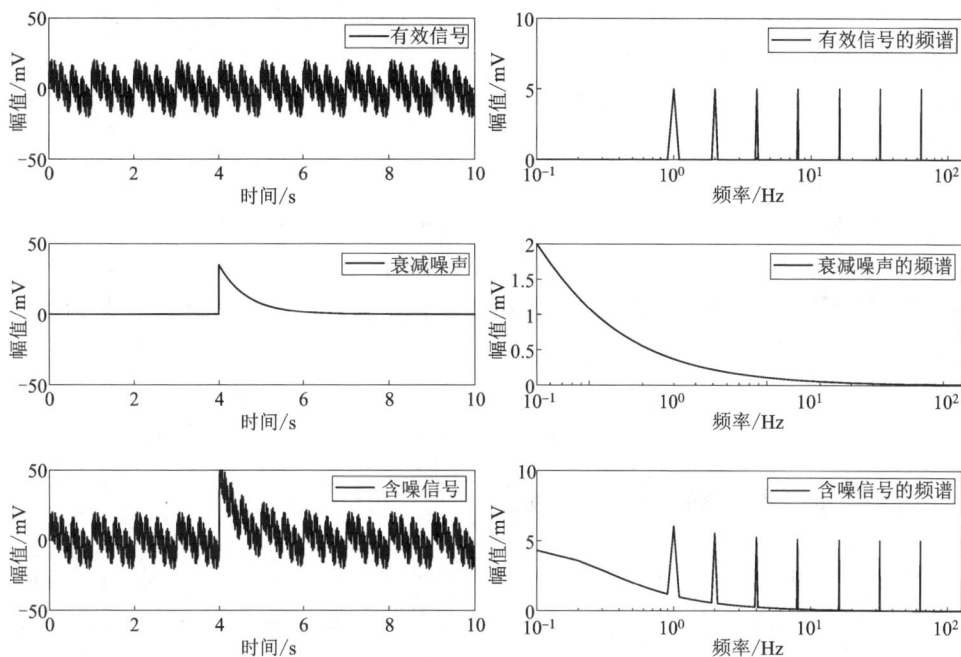

图 3-21　衰减噪声对有效信号的影响（左：时间域信号；右：频谱）

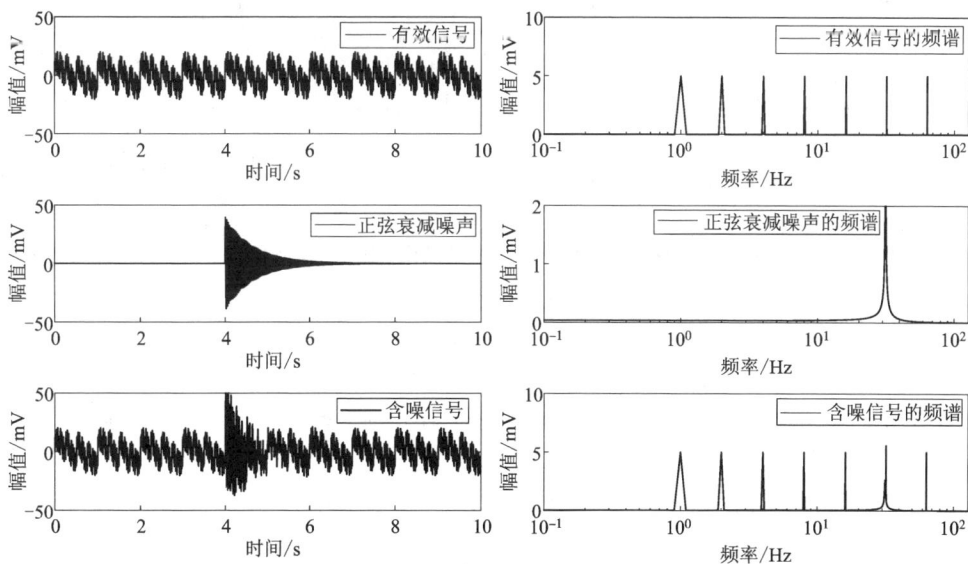

图 3-22　正弦衰减噪声对有效信号的影响（左：时间域信号；右：频谱）

上文主要对几种典型的噪声信号进行了分析。对单一噪声信号对有效信号的影响可以进行分析并作相应的噪声处理，但实际工作中的干扰信号是相当复杂的，很多时候是多种噪声信号的叠加，叠加后的噪声频谱极其复杂，且没有规律可循，其对信号的影响也变得相当复杂，有些频率的幅值会变小，有些频率的幅值会变大。

图 3-23 所示为伪随机 7-2 频组信号加入多种多尺度噪声后的时间域波形及对应的频谱变化。该噪声信号包括方波、脉冲、衰减及正弦衰减等噪声类型。加入噪声后，几乎所有频率都受到了影响。尤其是低频段，其中 1 Hz 和 16 Hz 的幅值(红色)明显小于其真实值(绿色)，其他频率的幅值大于真实值，受干扰程度各有不同。

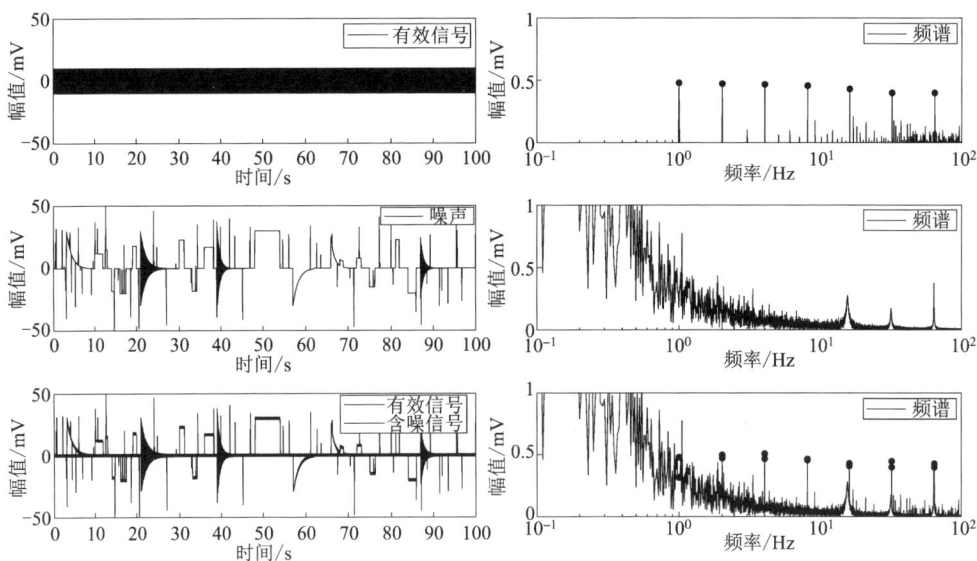

图 3-23 有效信号加噪前后时间域波形及频谱(左：时间域信号；右：频谱)
(扫本章二维码查看彩图)

综上所述，广域电磁数据中的有效信号是伪随机信号，噪声可分为周期噪声与非周期噪声，噪声可通过时域波形、频谱及时频谱进行识别分析。以上噪声类型对有效信号的影响可从频谱获取，提取主频幅值后，绘制的电场曲线随之发生改变，电场值与视电阻率存在一一对应关系。通过分析不同噪声类型对主频信息的影响频段及规律，可为后续噪声识别与剔除提供有效依据。

3.4 电磁噪声时频域特征分析

图 3-24 所示为实测广域电磁法 39 频波数据的时频谱、时域波形及频谱。

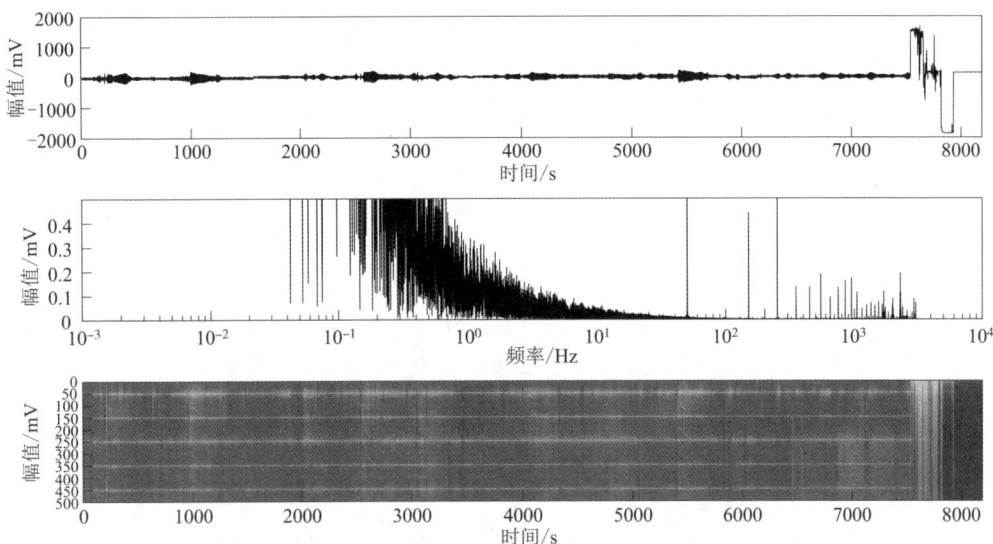

图 3-24 实测广域电磁法 39 频波数据的时频谱、时域波形及频谱
(扫本章二维码查看彩图)

由图 3-24 可知,实测 39 频波数据的时域、频域受到 50 Hz 的周期噪声及非周期噪声影响。整个低频段的有效信号完全淹没在强电磁干扰中。在 7500~8000 s 的时间序列出现了方波、衰减和脉冲噪声,对应的时频谱中也出现了较强异常(黄色),进一步表明时间域中的非周期噪声影响了整个有效信号的主频及次主频信息。

从时间域数据可以看出,几乎没有未受噪声干扰的数据段。图 3-25 所示为伪随机 7-2 频组信号加噪后在频率域的幅值和相位变化。其中图 3-25(a)所示为幅值变化,图 3-25(b)所示为相位变化。信号受到噪声干扰后,幅值和相位均产生了很大的变化。其幅值变化在不同时间段表现出不同的尺度,最大变化幅度与原始数据幅值相比呈现出倍数关系,但在某些时间段数据受干扰程度较小,甚至未受到干扰。

图 3-26 所示为伪随机 7-2 频组信号加噪前后在时频域上的变化。其中图 3-26(a)为加噪前的 STFT 谱,图 3-26(b)为加噪后的 STFT 谱。加噪后的时频谱噪声位置明显,尤其是低频段,受干扰的影响程度较大。通过时频谱可以明确主频

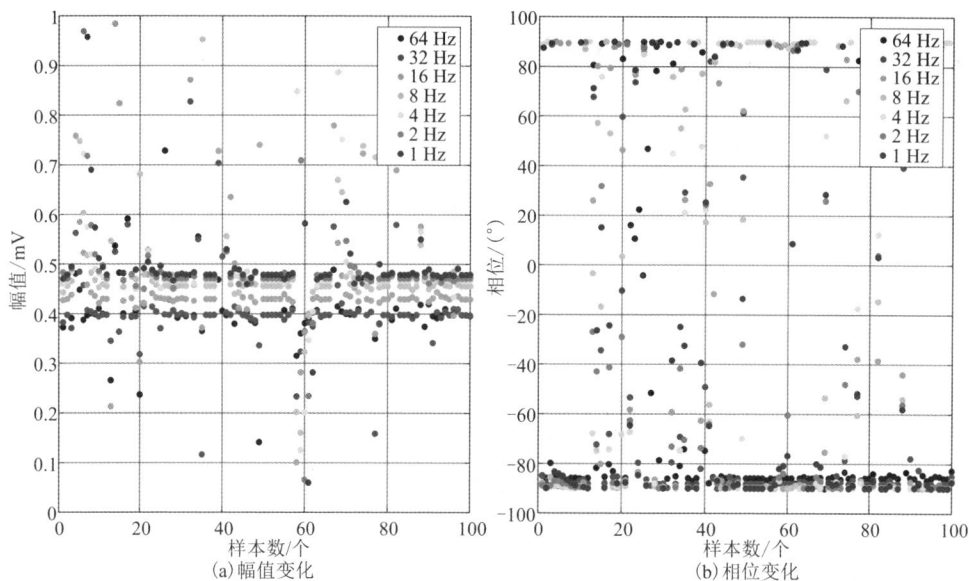

图 3-25　伪随机 7-2 频组信号加噪后不同频率信号的幅值和相位
(扫本章二维码查看彩图)

信号在时间上的变化情况,因此可以从中分离出未受干扰的数据段或者受干扰较小的数据段进行后续的数据处理。理论上,除了周期干扰外,其他非周期干扰均具有随机性。因此在长时间数据采集的基础上,选择合适的数据筛选方法,能够有效地提取受干扰程度较小的数据段,避免随机干扰造成的整体数据误差偏大、信噪比低的情况,并为后续的地球物理反演提供有效的数据。

　　为了明确矿集区电磁噪声的影响规律,在区内部分测点进行了天然场数据监测,采集时长为 600 s,采样率为 19200 Hz。图 3-27 所示为 166 号噪声点的时间域波形(上)、频谱(中)及时频谱(下),从时间域波形分析,在 50~200 s 的波形幅值明显突出,与时频谱上 50 Hz 附近的能量分布偏高相对应,说明此时的工频干扰相比其他时间段明显增强。除此之外,在时间域出现部分较强的脉冲噪声。结合频谱及时频谱分析,在 166 号噪声点位置,50 Hz 工频及其谐波能量非常强;在 1~100 Hz,除了工频干扰,其他频率位置的噪声影响较小,说明该频段适合采集 WFEM 数据。

　　Hilbert 变换的核心思想是经验模态分解,将各个频率的信号以固有模态函数的形式按从高频到低频的顺序进行分离。本书采用 Hilbert 变换分析噪声信号中各种不同的干扰成分。图 3-28 和图 3-29 所示分别为 166 号噪声点 50~200 s 电场信号的 EMD 分解结果及对应的 Hilbert 能量谱。从 EMD 分解结果可以看出,该段数据的主要干扰能量来自 50 Hz 工频干扰,其次是 650 Hz 及 1000 Hz 以上的高

(a)加噪前的STFT谱

(b)加噪后的STFT谱

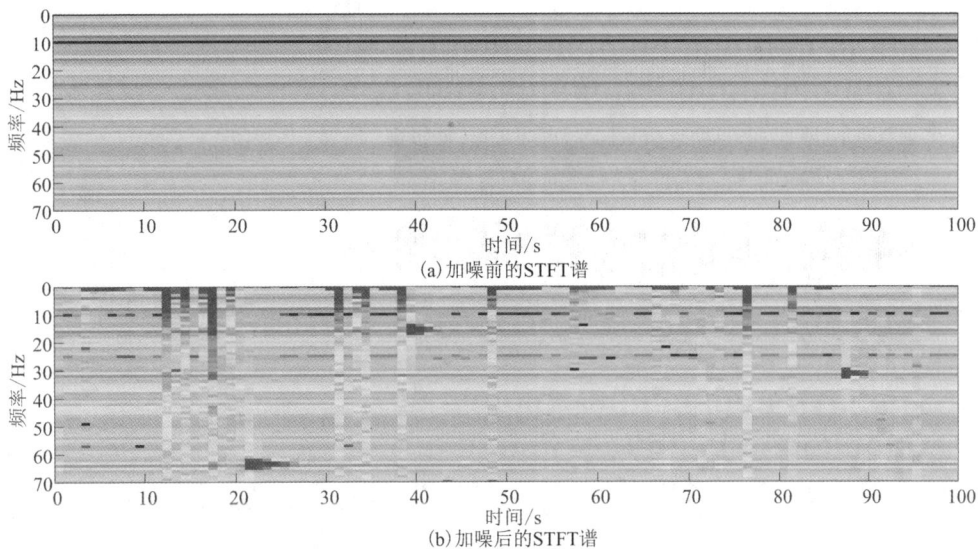

图 3-26　伪随机 7-2 频组信号加噪前后的 STFT 谱

(扫本章二维码查看彩图)

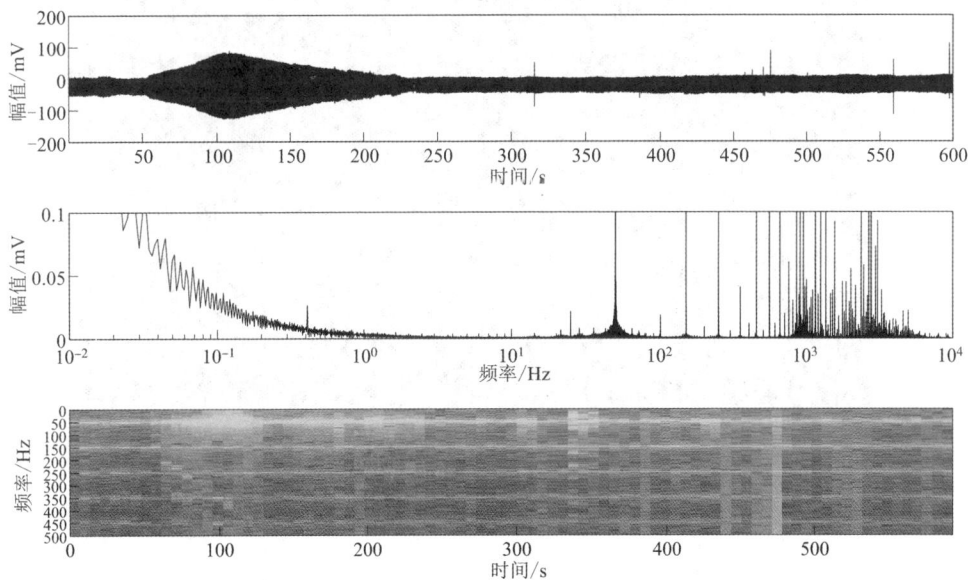

图 3-27　166 号噪声点电场信号分布(上：时间域波形；中：频谱；下：时频谱)

(扫本章二维码查看彩图)

阶谐波干扰。除此之外，其他频率的幅值相对较低。结合能量谱可知，在 50 Hz 处有一条明显的能量谱线，说明此时的工频干扰相当严重。相比之下，除个别高次谐波外，其他谐波的影响较小。

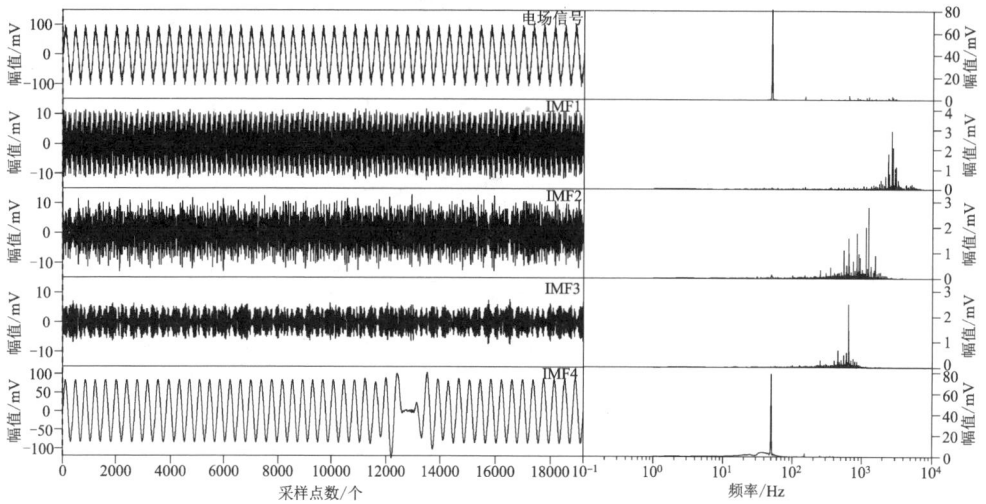

图 3-28　166 号噪声点 50~200 s 电场信号的 EMD 分解图(左：时间域波形；右：频谱)

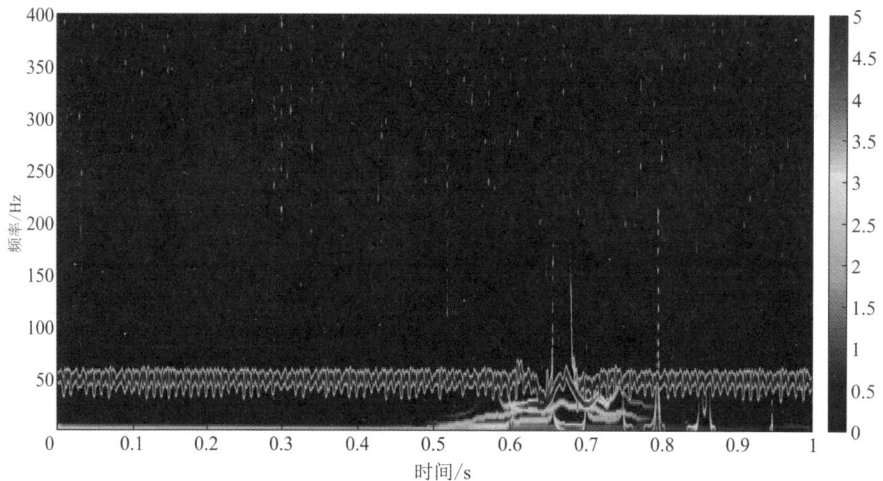

图 3-29　166 号噪声点 50~200 s 电场信号的 Hilbert 能量谱

(扫本章二维码查看彩图)

图 3-30 和图 3-31 所示分别为 166 号噪声点 300~350 s 电场信号的 EMD 分解结果及对应的 Hilbert 能量谱。相比 50~200 s 电场信号的时间域波形，此时的电场信号波形幅值小很多，且波形比较平稳；除部分尖脉冲干扰外，无其他明显的非周期干扰。EMD 分解后的频率幅值也比较均匀，无超大量程频率幅值。经过 6 阶模态分解后，得到 50 Hz 工频干扰的波形，此时除工频干扰之外，其他低阶

谐波能量与 50 Hz 乙频干扰的尺度相当。结合 Hilbert 能量谱,在 50 Hz 和 150 Hz
处分布有明显且连续的能量谱线;在 350 Hz 附近,能量零星分布,说明此时低阶
谐波干扰的影响不容忽视;在低于 50 Hz 的位置出现了较强的能量谱线,说明此
时的尖脉冲干扰对低频段数据产生了较强的影响。

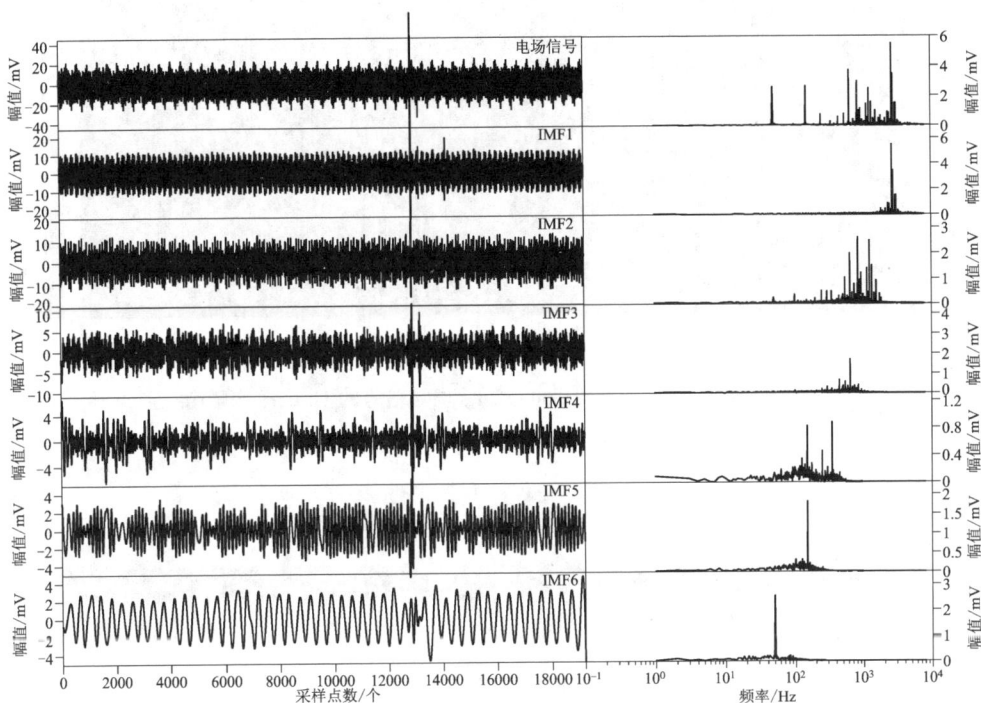

图 3-30　166 号噪声点 300~350 s 电场信号的 EMD 分解结果(左: 时间域波形; 右: 频谱)

　　图 3-32 所示为 266 号噪声点的时间域波形(上)、频谱(中)及时频谱(下)。
从时间域波形可以看出,266 号测点的信号除个别大尺度尖脉冲外,整体比较平
稳。结合频谱及时频谱,266 号噪声点低频段受噪声影响程度比 166 号噪声点低,
但高频段所受影响比 166 号噪声点大得多。其 STFT 时频谱几乎看不到能量较小
的时间段,整体能量分布比较强。结合图 3-33 和图 3-34 中 266 号噪声点的
Hilbert 变换结果可知,其频率分布比较复杂,且分布范围较广。1 阶分解 10000 Hz
附近出现了一个较大幅值的频率,说明天然场噪声影响的频带范围很宽。经过 7
阶模态分解,得到 50 Hz 工频干扰信号,50 Hz 及其低阶谐波干扰能量均比较强。
在 Hilbert 能量谱中有 3 条明显的谱线,分别位于 50 Hz、150 Hz 和 250 Hz 位置;
在小于 50 Hz 的频率范围内同样有一条连续的能量谱线,说明此频段有可能存在
一个周期性的干扰信号。

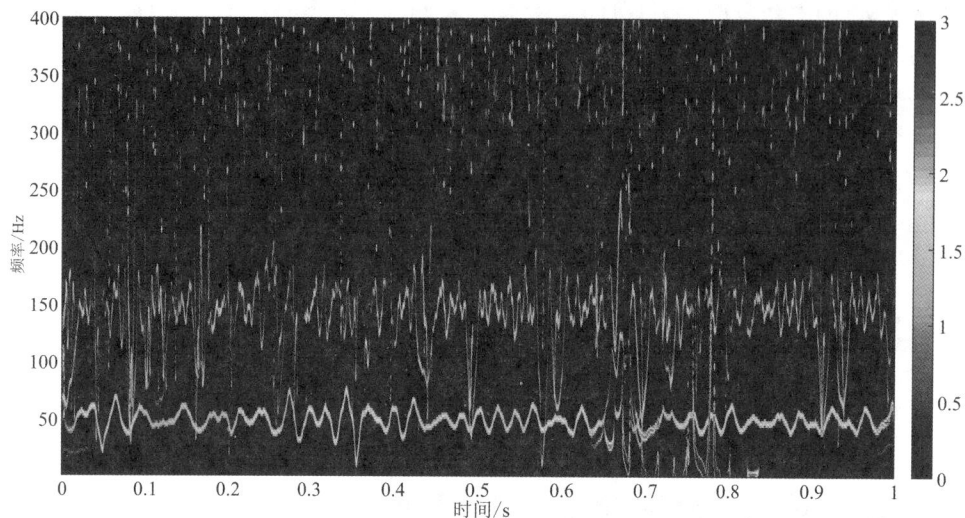

图 3-31　166 号噪声点 300~350 s 电场信号的 Hilbert 能量谱

(扫本章二维码查看彩图)

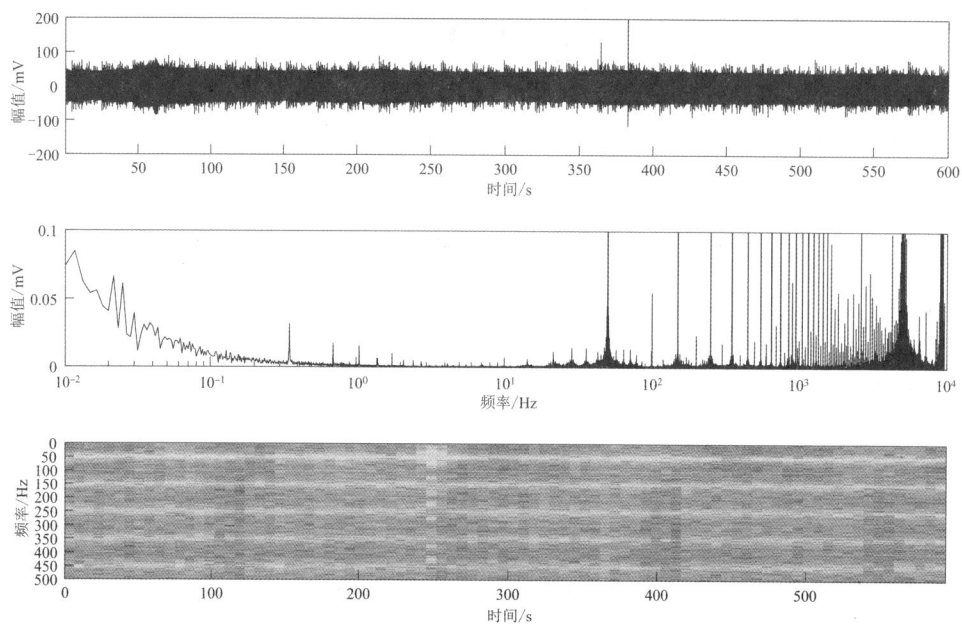

图 3-32　266 号噪声点电场信号分布(上：时间域波形；中：频谱；下：时频谱)

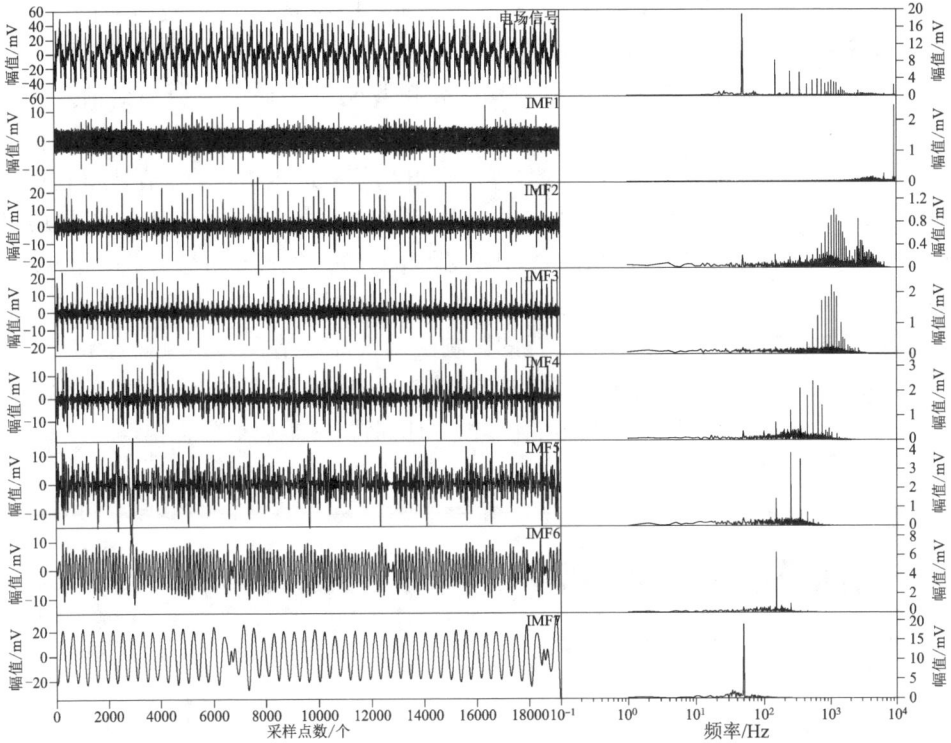

图 3-33　266 号噪声点电场信号的 EMD 分解结果 (左：时间域波形；右：频谱)

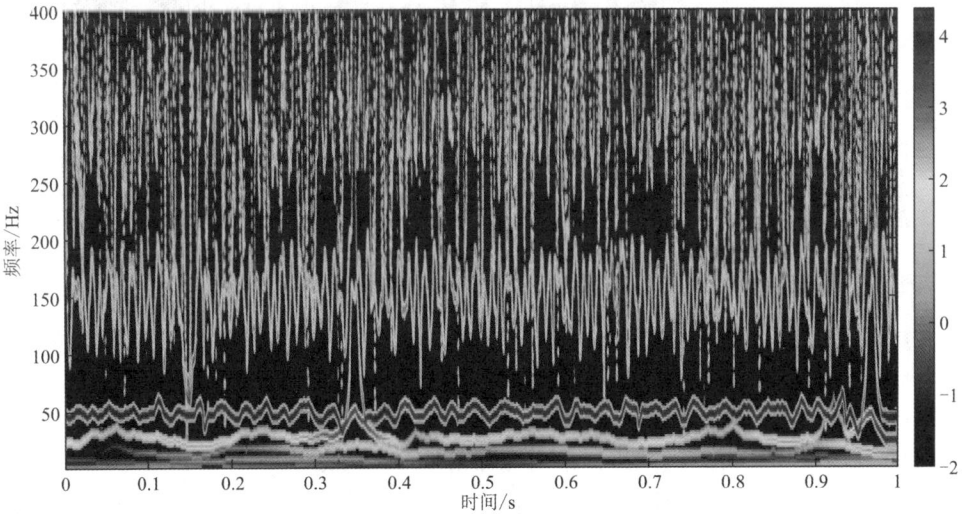

图 3-34　266 号噪声点电场信号的 Hilbert 能量谱

(扫本章二维码查看彩图)

图 3-35 所示为 276 号噪声点的时间域波形(上)、频谱(中)及时频谱(下)。其时间域信号中包含较多的脉冲干扰,相比 266 号噪声点,276 号噪声点频谱能量均较弱;除工频及其谐波频率外,其他高频段能量较弱。结合频谱信息,在 1 Hz 和 50 Hz 之间存在一个类周期方波信号的频谱,其基波幅值接近 100 μV。图 3-36 和图 3-37 所示分别为 276 号噪声点电场信号的 EMD 分解结果和 Hilbert 能量谱。从其 EMD 分解结果可知,276 号噪声点主要能量分布范围比 266 号噪声点小,主要集中在 50 Hz 及其低阶奇次谐波频率位置。经过 6 阶分解,得到 50 Hz 的工频信号,其幅值接近 8 mV,其次是 150 Hz,幅值在 3 mV 左右。在 2650 Hz 处存在一个幅值峰值,说明工频干扰的影响阶次很高。结合 Hilbert 能量谱分析,在 50 Hz 和 150 Hz 处存在 2 条明显的连续的能量谱线;在其他高频谐波位置,能量呈现零星分布,说明 276 号噪声点位置 50 Hz 谐波的影响不容忽视。

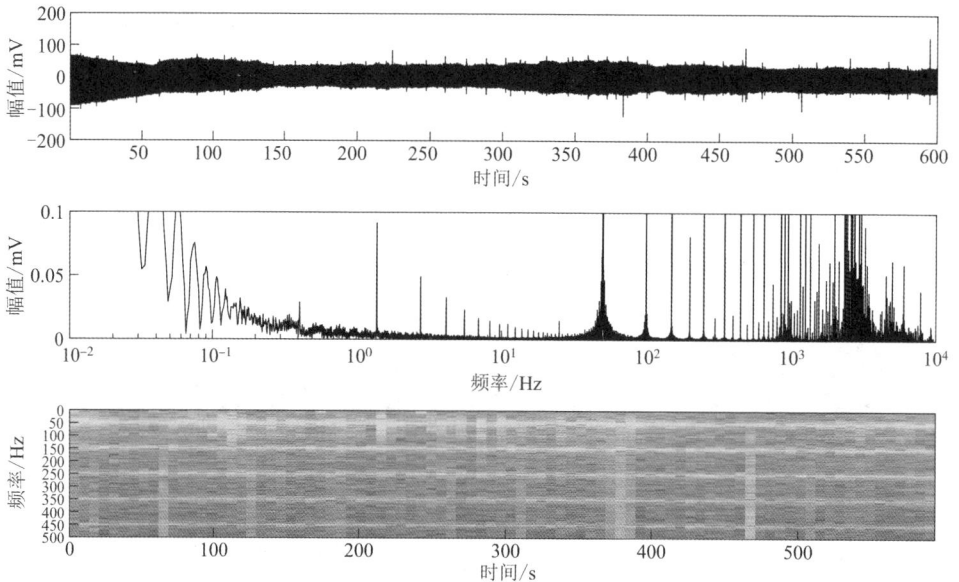

图 3-35　276 号噪声点电场信号分布(上:时间域波形;中:频谱;下:时频谱)

城市地区主要的电磁干扰源有高压输电线路、地下密集的金属管网、通信设备、变电站和高速公路等。下面根据济南城区实测电磁干扰数据时间域、频率域及时频域特征,分析总结城市地区实测噪声信号的影响规律。

图 3-38 所示为 1 号噪声监测点水平 x 方向电场信号时间域波形(上)、频谱(中)及时频谱(下)。1 号噪声监测点采集时长为 9 h,采样率为 19200 Hz。从信号的频谱及时频谱均可以看出,其高频段(>48 Hz)主要受到 50 Hz 工频干扰及

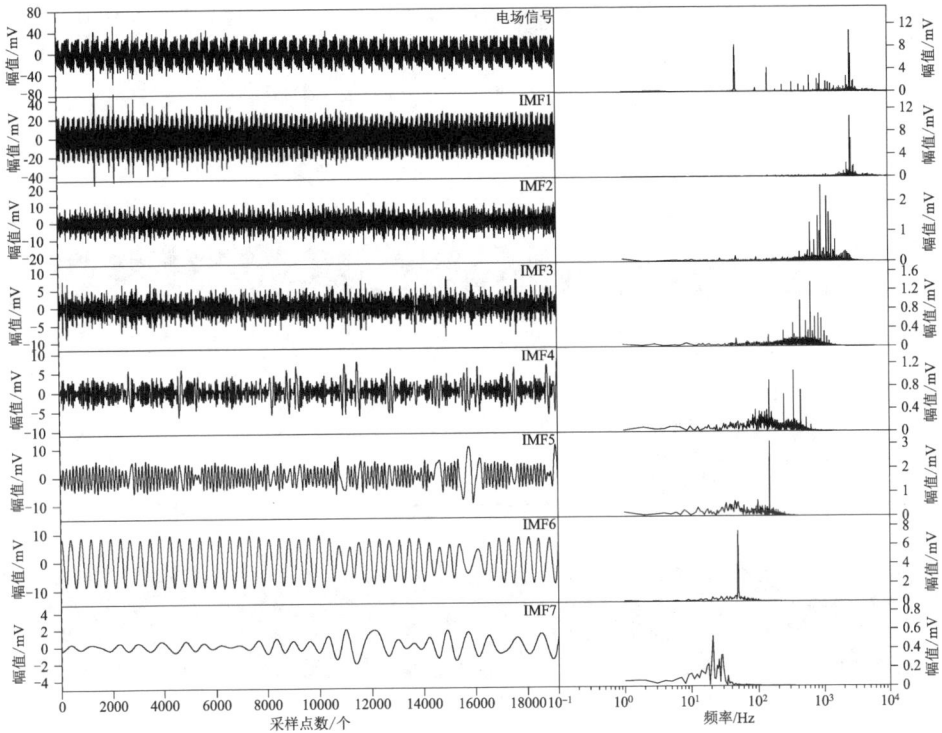

图 3-36　276 号噪声点电场信号的 EMD 分解结果(左：时间域波形；右：频谱)

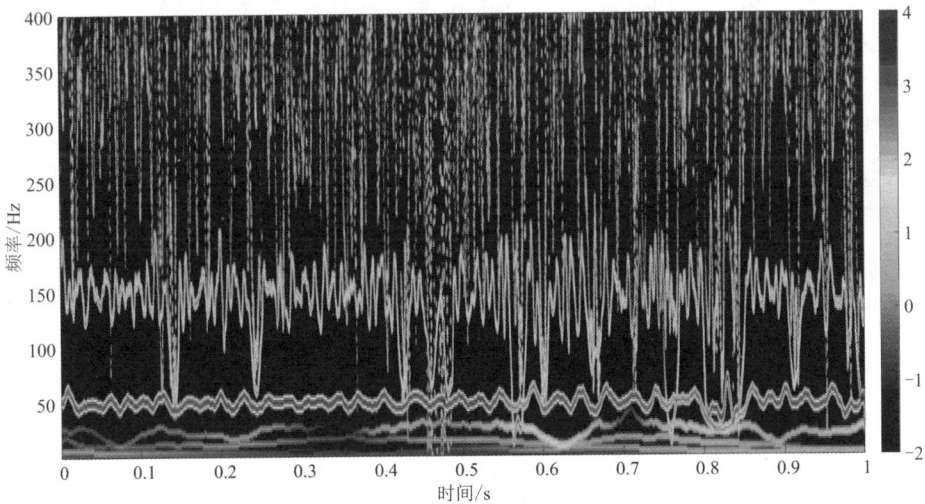

图 3-37　276 号噪声点电场信号的 Hilbert 能量谱

(扫本章二维码查看彩图)

150 Hz、250 Hz、350 Hz、450 Hz 等的奇次谐波干扰，对应的幅值均大于 0.1 mV。在 STFT 谱上可以清楚地看到 50 Hz 及其谐波干扰的能量比其他频点更强；低频段（<1 Hz）噪声比高频段噪声更加复杂，其幅值也更强；中频段（1~48 Hz）干扰信号相对较小，从信号频谱中可以看出，中频段干扰信号的幅值小于 0.01 mV。

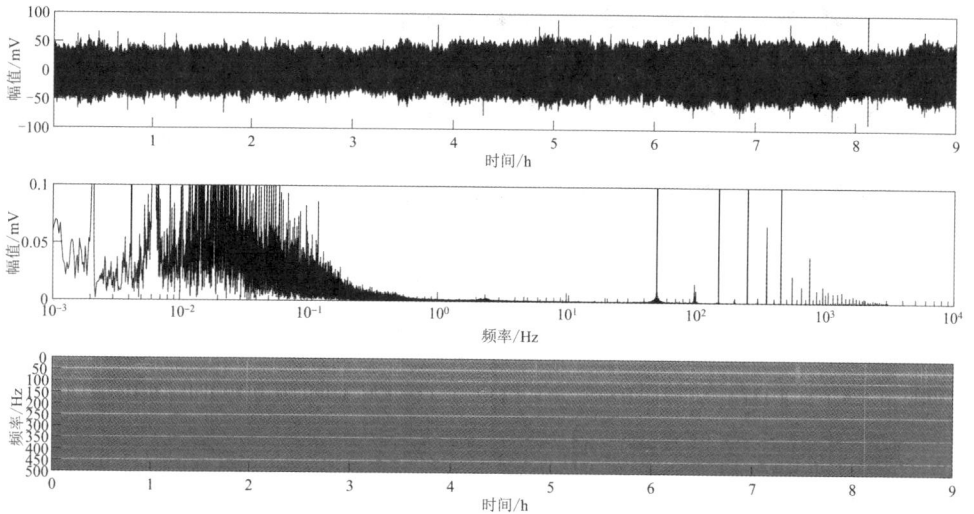

图 3-38 1 号噪声监测点电场信号分布（上：时间域波形；中：频谱；下：时频谱）

图 3-39 所示为 1 号噪声监测点电场信号的 EMD 分解结果，左边为分解后不同阶的时间域波形，右图为对应的频谱。在 IMF1 分量中，450 Hz 谐波能量最强，达到了 1.2 mV；750 Hz 谐波的能量也超过了 0.9 mV。在 IMF2 分量中，250 Hz 谐波能量最强，约为 2.5 mV；200 Hz 谐波能量次之；IMF3 和 IMF4 分量中，150 Hz 和 50 Hz 谐波的能量分别达到了 16.8 mV 和 29.8 mV。图 3-40 所示为 1 号噪声监测点电场信号的 Hilbert 能量谱。图中清晰展现出在 50 Hz 和 150 Hz 附近有两条能量很强的谱线，其中 50 Hz 附近能量最强，150 Hz 附近的能量次之。

图 3-41 所示为 2 号噪声监测点水平 x 方向电场信号时间域波形（上）、频谱（中）及时频谱（下）。其监测时间为 6.5 h，采样率为 19200 Hz。相比 1 号监测点，2 号监测点的电磁噪声干扰要强很多。即使在相对干扰较小的中频段（1~48 Hz），其干扰幅值也超过了 0.05 mV。从其频谱及 STFT 谱分布可以发现，工频干扰影响的频带较宽，且其谐波能量持续性强，在采集时间内几乎没有弱化段。图 3-42 与图 3-43 所示分别为 2 号噪声监测点的 EMD 分解结果及 Hilbert 能量谱。由图可知，其 IMF 1 最大幅值对应的频率为 1550 Hz，幅值为 14.5 mV，IMF 2 分量中，350 Hz 处的幅值为 42.6 mV，450 Hz 处的幅值为 40 mV。IMF 3 和 IMF 4

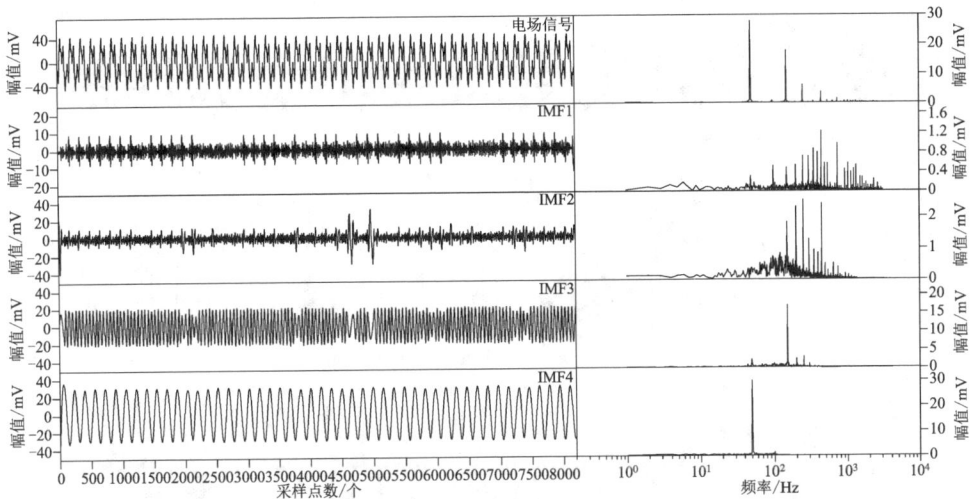

图 3-39 1 号噪声监测点电场信号的 EMD 分解结果（左：时间域波形；右：频谱）

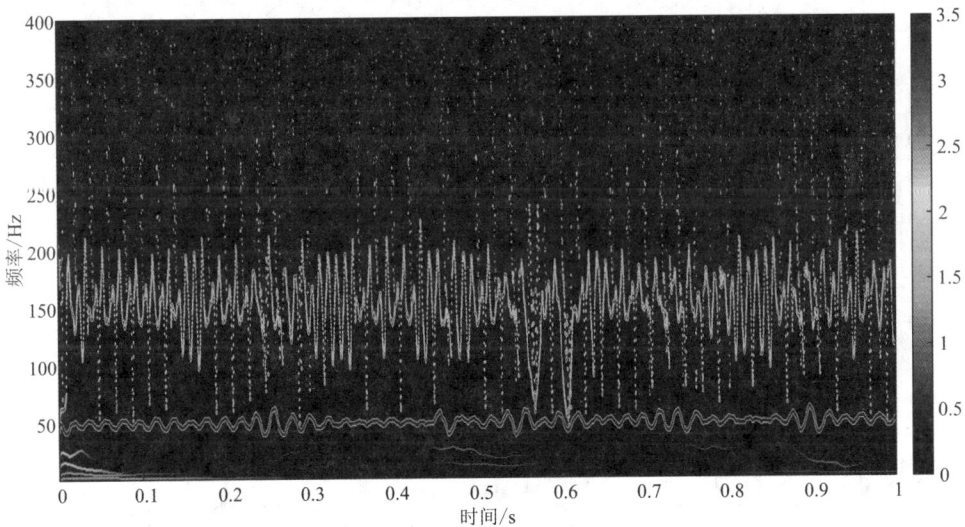

图 3-40 1 号噪声监测点电场信号的 Hilbert 能量谱

（扫本章二维码查看彩图）

分量中，50 Hz 处的幅值均在 1100 mV 以上，说明 2 号监测点位置噪声干扰相当严重；50 Hz 附近及其谐波频率附近的有效频率位置都受到较强的干扰，甚至有可能采集不到有效信号。

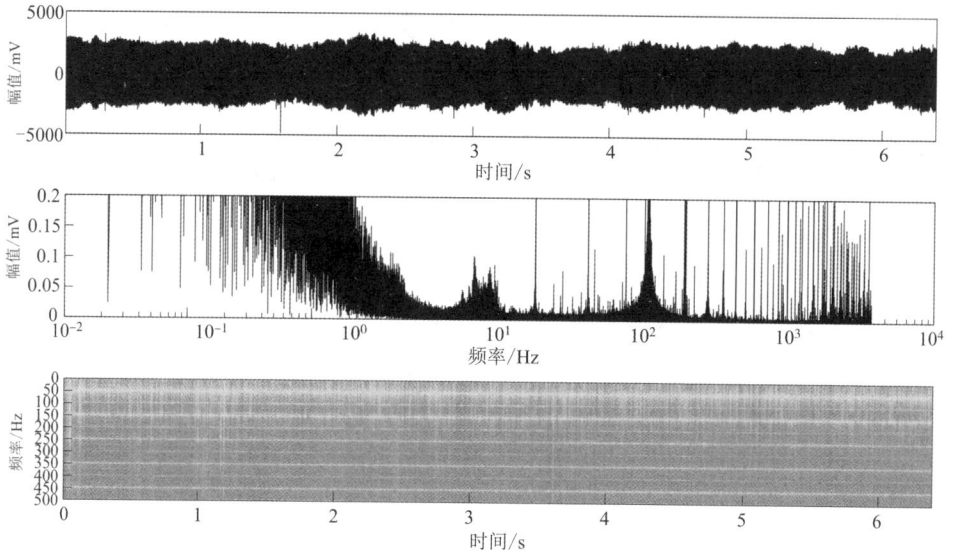

图 3-41　2 号噪声监测点电场信号分布(上：时间域波形；中：频谱；下：时频谱)

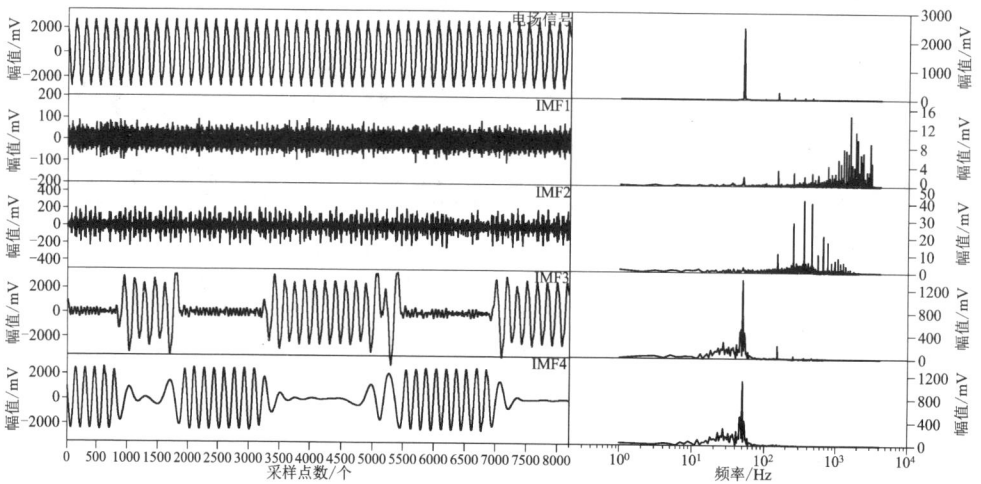

图 3-42　2 号噪声监测点电场信号的 EMD 分解结果(左：时间域波形；右：频谱)

图 3-44 所示为 3 号噪声监测点水平 x 方向电场信号时间域波形(上)、频谱(中)及时频谱(下)，其监测时间同样为 6.5 h，采样率为 19200 Hz。从时间域波形看，1~2 h 的信号相对较弱，2~3 h 的信号相对较强，这与 STFT 谱相对应。因此在这两个时间段各选择一段数据进行 EMD 分解，分解结果分别如图 3-45 和图 3-46

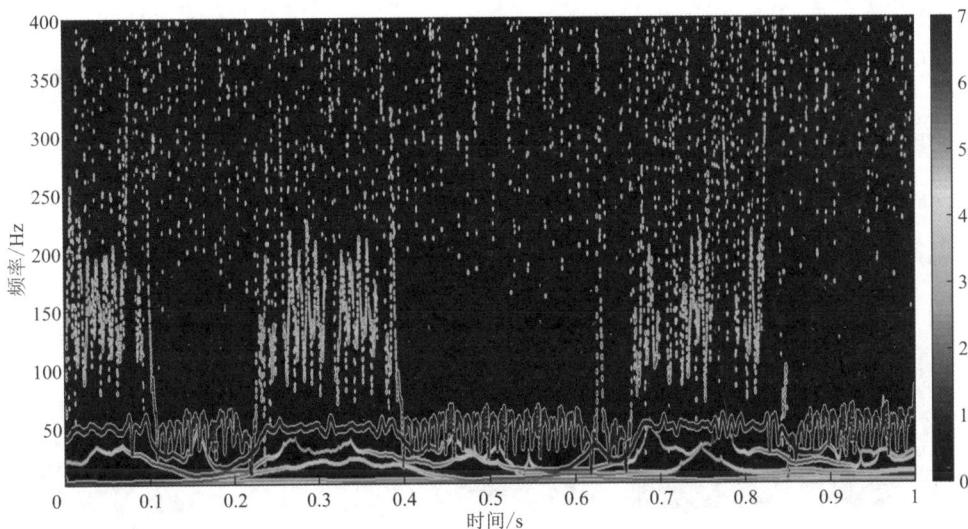

图 3-43　2 号噪声监测点电场信号的 Hilbert 能量谱

（扫本章二维码查看彩图）

所示。在 1~2 h 的 EMD 分解中，IMF1 分量中最大幅值 7 为 4.8 mV，其对应的频率为 450 Hz，550 Hz 和 650 Hz 处的幅值次之；IMF2 分量中最大幅值为 11.9 mV，其对应的频率为 350 Hz，250 Hz 处的幅值次之；IMF3 分量中最大幅值为 28.6 mV，其对应的频率为 150 Hz；IMF4 分量中最大幅值为 27 mV，其对应的频率为 50 Hz。

2~3 h 的 EMD 分解结果中的 IMF1 分量中，最大幅值为 9.6 mV，550 Hz 和 650 Hz 处的幅值次之。IMF2 分量中 350 Hz 处的幅值最大，250 Hz 和 450 Hz 处的幅值次之，最大幅值 32.6 mV；IMF4 分量中 150 Hz 处的幅值的 60.4 mV；IMF5 分量中，50 Hz 处的幅值为 122.2 mV，信号能量强于 1~2 h 时间段。图 3-47 和图 3-48 分别为这 2 段数据对应的 Hilbert 能量谱。在 50 Hz 和 150 Hz 处均有两条明显的能量谱线，且在高频段，能量呈现零星分布。在低于 50 Hz 的部分频率位置也存在明显的能量谱线，说明 3 号噪声监测点位置中频段噪声影响程度不低。

以上 3 个噪声监测点的分析结果说明，在城市电磁勘探中，噪声的干扰情况分区域分时段能量差异明显。总体而言，高频段以工频及其谐波干扰为主，其能量均比较强。实际中工频干扰影响的并不是某一个频点，而是一个频带，因此其附近的有效信号频率均会受到不同程度的影响。在进行数据处理前需要先消减工频干扰的影响。低频段以各种非周期干扰为主，其影响频率范围为 0.01~1 Hz，频谱能量比较强。

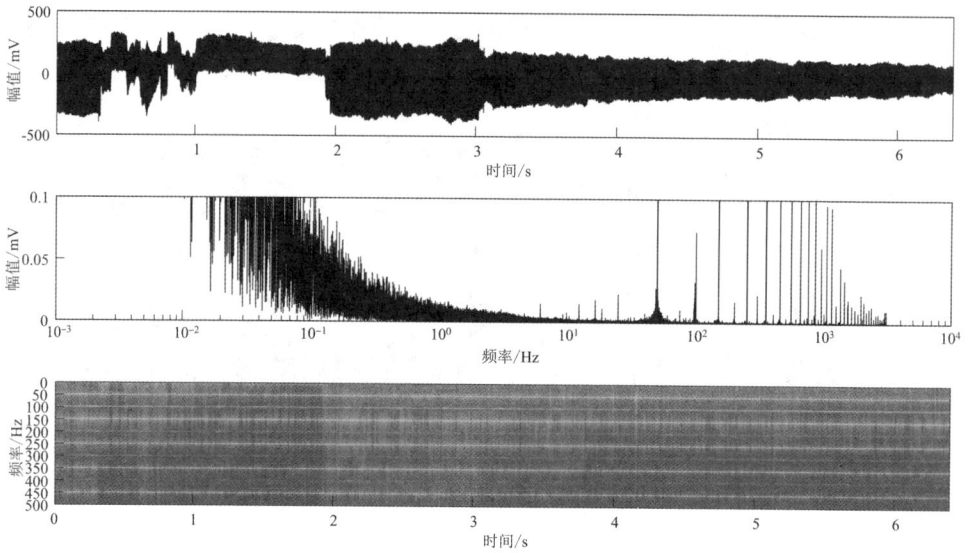

图 3-44　3 号噪声监测点电场信号分布 (上：时间域波形；中：频谱；下：时频谱)

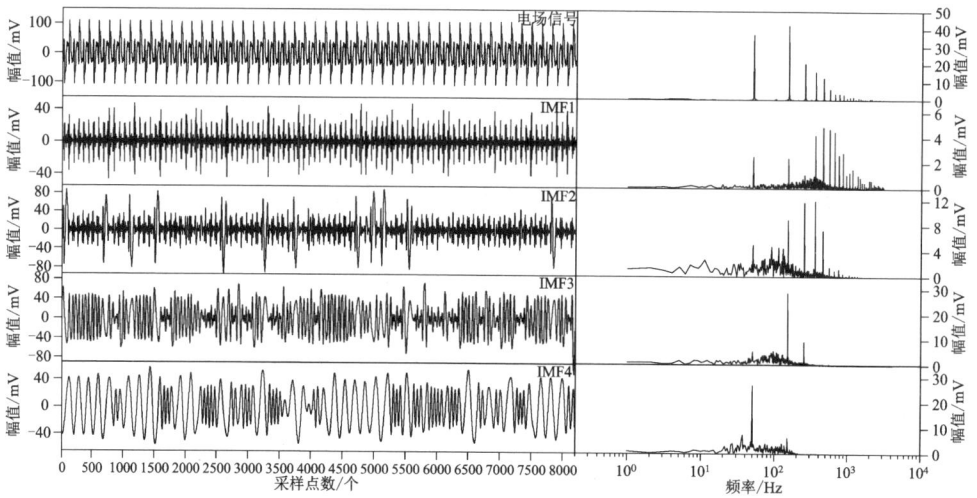

图 3-45　3 号噪声监测点电场信号 1~2 h 的 EMD 分解结果 (左：时间域波形；右：频谱)

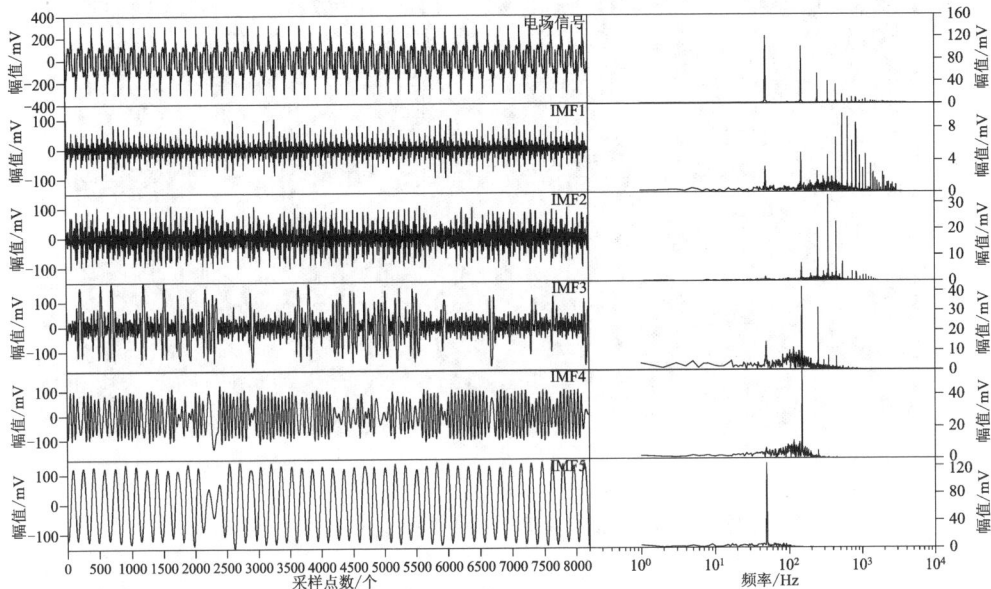

图 3-46　3 号噪声监测点电场信号 2~3 h 的 EMD 分解结果(左: 时间域波形; 右: 频谱)

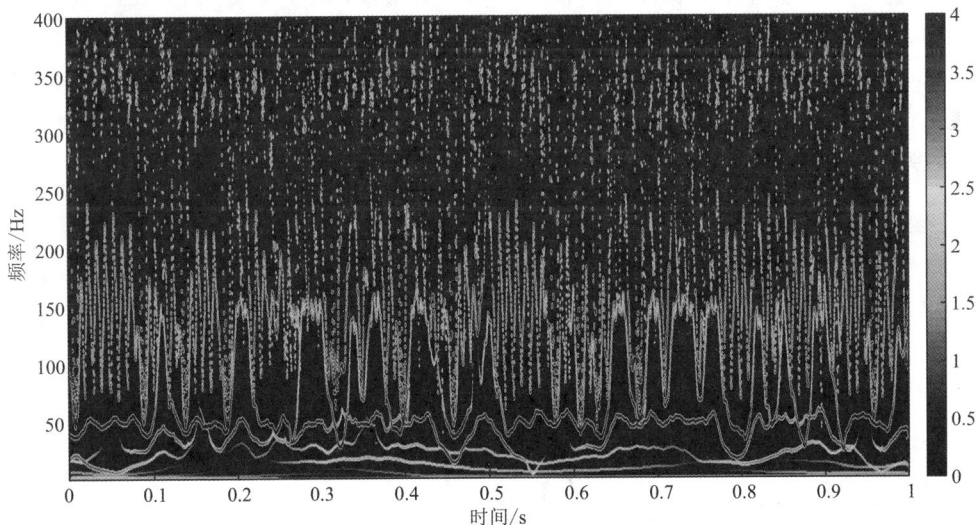

图 3-47　3 号噪声监测点电场信号 1~2 h 的 Hilbert 能量谱

(扫本章二维码查看彩图)

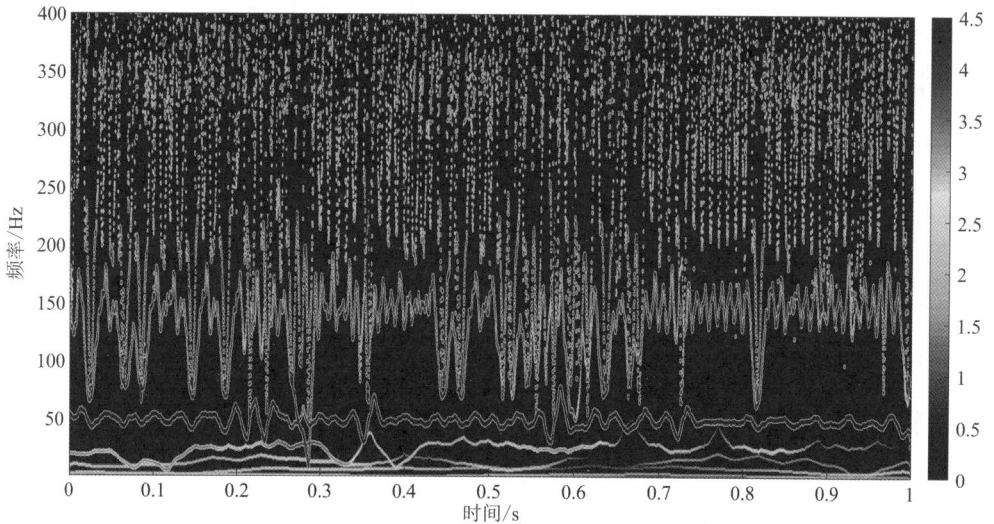

图 3-48 3 号噪声监测点电场信号 2~3 h 的 Hilbert 能量谱

(扫本章二维码查看彩图)

3.5 信噪处理评价指标

主要采用归一化相似度(normalized cross correlation，NCC)、信噪比(signal-to-noise ratio，SNR)、均方差(mean square error，MSE)、误差(E)、平方相关系数(square correlation coefficient，SCC)及等同条件下的计算机运行时间等作为模拟实验结果的评价指标，对时频域处理后的结果进行定量分析(李晋，2012；张贤，2019)。NCC 定义为：

$$\text{NCC} = \frac{\sum_{i=1}^{n} f(i)g(i)}{\sqrt{\left[\sum_{i=1}^{n} f^2(i)\right]\left[\sum_{i=1}^{n} g^2(i)\right]}} \tag{3-6}$$

SNR 定义为：

$$\text{SNR} = 10\lg \frac{\sum_{i=1}^{n} f^2(i)}{\sum_{i=1}^{n} \left[f(i) - g(i)\right]^2} \tag{3-7}$$

MSE 定义为：

$$\text{MSE} = \frac{1}{n}\sum_{i=1}^{n} \left[f(i) - g(i)\right]^2 \tag{3-8}$$

E 定义为：

$$E = \sum_{i=1}^{n} \frac{f(i) - g(i)}{f(i)} \tag{3-9}$$

SCC 定义为：

$$\mathrm{SCC} = \left[1 - \frac{\sum_{j=1}^{n} (p_j)^2}{\sum_{j=1}^{n} (P_j - p_{\mathrm{jave}})^2} \right] \tag{3-10}$$

式中，$f(i)$ 为原始信号；$g(i)$ 为重构信号；p_j 为绝对预测误差；P_j 为真值；P_{jave} 为实际平均值。

在评价指标中，NCC 越大越好，SNR 越大越好，MSE 越小越好，E 越小越好，SCC 越大越好，同等条件下的运行时间越短越好。

利用时间域形态和频率域频谱、视电阻率-相位曲线、电场曲线等对电磁法实测 WFEM 数据处理前后的结果，进行定性评价。

（1）时间域形态和频率域频谱。

WFEM 实际观测信号应与发送信号相似，并呈现为周期性的伪随机信号，且发送与接收的周期数一致，在时间域内任意周期信号的大小幅值也应该相等。频率域频谱形态也是判断电磁法数据是否受到强干扰的指标之一（李广，2018）。受到强人文噪声影响时，WFEM 信号的频谱常常出现同频干扰和频点的畸变，导致有效频点的频谱幅值紊乱。通过对时间域和频率域上的异常波形或强电磁干扰进行信噪辨识与分离处理，能在剔除强电磁干扰的同时保留有效信号。

（2）视电阻率-相位曲线和电场曲线。

利用电磁感应的趋肤效应，可在场源和接收点间距不变的条件下，改变电磁场的频率，从而达到测深的目的。通常不同频率电磁波具有不同的趋肤深度，按照频率顺序，在对数坐标下等间距绘制视电阻率曲线，未受到强人文电磁噪声影响时的视电阻率曲线应该是稳定、光滑、连续的。

3.6　本章小结

本章介绍了傅里叶变换、傅里叶级数、短时傅里叶变换和希尔伯特-黄变换等基础理论知识，针对电磁噪声源、时域、频域及时频域噪声特点进行了归纳与总结，综合分析了不同的噪声源及噪声类型对有效信号（2^n 伪随机序列和周期信号）的影响范围，利用相关参数与指标、时域波形、频谱、电场曲线和视电阻率曲线进行了电磁法数据处理评价。

第4章 时间域强电磁噪声压制

扫码查看本章彩图

  时间域去噪方法是进行电磁法信噪分离的重要手段之一。从时间域角度对强电磁干扰与有效信号的特征进行研究分析，通过提取人工源周期信号的多域特征，采用聚类分析、支持向量机、概率神经网络等机器学习方法进行信噪识别与分离，可以实现人工源有效信号的高精度提取。图 4-1 所示为本章所提方法流程结构。

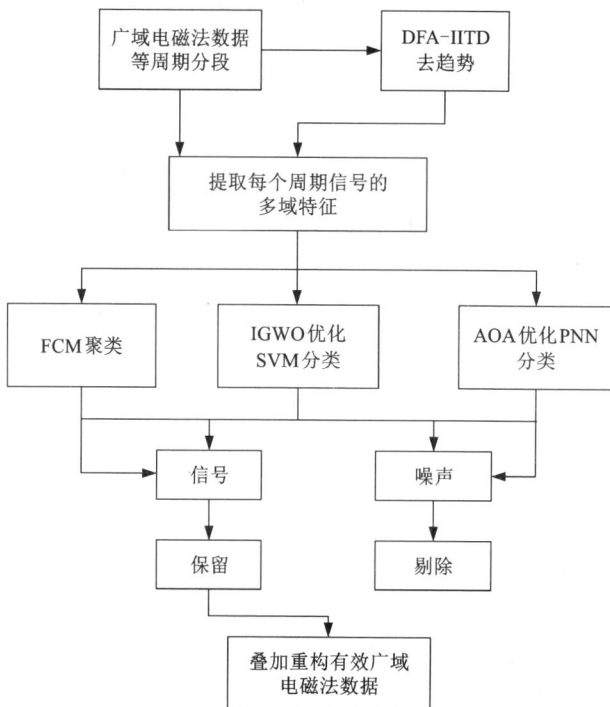

图 4-1　本章方法总流程

根据图 4-1 可知,本章方法去噪总流程可具体分为如下阶段。

(1)针对采集的广域电磁法时间域数据进行等周期分段,若时间域数据中存在时域波形错位、时域信号偏离、时域信号未依附于基线上等问题,利用去趋势波动分析结合优化的固有时间尺度分解算法进行去趋势处理。

(2)提取每个周期信号的多域特征,如时间域统计特征、频域特征和时频域特征,以表征伪随机信号和异常波形在特征参数上的差异。

(3)通过无监督学习的特征聚类、监督学习的特征学习和深度学习的神经网络算法进行广域电磁法的时间域数据信噪辨识处理。其中,无监督学习的特征聚类方法利用特征参数结合模糊 C 均值聚类算法,监督学习的特征学习方法利用改进灰狼优化支持向量机算法,深度学习的神经网络方法利用算术优化概率神经网络算法。

(4)利用上述多种信噪辨识方法识别出伪随机信号和噪声,将识别为噪声的部分直接剔除,将识别为伪随机信号的部分进行保留,整理并叠加获取重构后的有效广域电磁法数据。

(5)采用数字相干技术/傅里叶变换提取有效频点的频谱幅值,评价广域电磁法数据质量。

本章针对广域电磁法时间域数据的噪声压制,提出了一套基于机器学习类的相关方法、处理流程,并进行了结果展示。利用伪随机信号与噪声的波形特征,进行特征提取与信噪识别及分类,可有效实现时间域数据的信噪分离处理,获取高质量的广域电磁法勘探数据。下面针对本章方法总流程和机器学习总述,进行不同算法的时间域信噪分离处理及对比。

4.1　机器学习总述

4.1.1　定义

机器学习涉及多学科,涵盖概率论、统计学和复杂算法等一系列知识领域,其使用计算机作为工具并致力于真实、实时地模拟人类学习方式,对现有内容进行知识结构划分,以提高学习效率。

机器学习有下面几种定义:

(1)机器学习是一门人工智能的科学,该领域的主要研究对象是人工智能,特别是研究如何在经验学习中改善具体算法的性能。

(2)机器学习是对能通过经验自动改进计算机算法的研究。

(3)机器学习是用数据或以往的经验,来优化计算机程序的性能标准。

4.1.2 发展历程

机器学习实际上已经存在了几十年，或者可以认为存在了几个世纪。17世纪，贝叶斯、拉普拉斯关于最小二乘法的推导和马尔可夫链等构成了机器学习广泛使用的工具和基础；1950年，艾伦·图灵提议建立一个学习机器；2000年初，深度学习有了实际应用；2012年，机器学习有了很大的进展。

从20世纪50年代研究机器学习以来，不同时期的研究途径和目标并不相同，可以划分为4个阶段。

第一阶段，20世纪50年代中叶到60年代中叶，这个时期主要研究"有无知识的学习"。该阶段主要研究系统的执行能力，通过改变机器环境及其相应性能参数来检测系统所反馈的数据。这就像给系统设定一个程序，系统将会受到程序的影响而改变自身的组织，最后这个系统将选择一个最优的环境。这个时期最具有代表性的研究为Samuel的下棋程序。这种机器学习的方法还远远不能满足人类的需要。

第二阶段，20世纪60年代中叶到70年代中叶。这个时期主要研究将各个领域的知识植入系统，通过机器模拟人类学习的过程，同时采用了图结构及逻辑结构方面的知识对学习过程进行系统描述。这一研究阶段主要利用各种符号来表示机器语言。研究人员在进行实验时意识到学习是一个长期的过程，从这种系统环境中无法学到更加深入的知识，因此研究人员将各专家学者的知识加入系统中，经过实践证明这种方法具有一定的成效。这一阶段具有代表性的工作为Hayes-Roth和Winson的对结构学习系统方法。

第三阶段，20世纪70年代中叶到80年代中叶，称为复兴时期。在此期间，人们从学习单个概念扩展为学习多个概念，探索不同的学习策略和学习方法，并开始把学习系统与各种应用结合起来，取得了很大的成功。同时，专家系统在知识获取方面的需求也极大地刺激了机器学习的研究和发展。出现第一个专家学习系统之后，示例归纳学习系统成为研究的主流，自动知识获取成为机器学习应用的研究目标。1980年，在美国的卡内基梅隆大学（CMU）召开了第一届机器学习国际研讨会，标志着机器学习研究已在全世界兴起。此后，机器学习开始得到了大量应用。1984年，Simon等20多位人工智能专家共同撰文编写的 *Machine Learning* 文集第二卷出版，国际性杂志 *Machine Learning* 创刊，更加显示出机器学习突飞猛进的发展趋势。这一阶段代表性的工作有Mostow的指导式学习、Lenat的数学概念发现程序、Langley的BACON程序及其改进程序。

第四阶段，20世纪80年代中叶至今，是机器学习的最新阶段。这个时期的机器学习具有如下特点。

(1)机器学习已成为新的学科，它综合应用了心理学、生物学、神经生理学、数学、自动化和计算机科学等，形成了机器学习的理论基础。

（2）融合了各种学习方法，形式多样的集成学习系统研究正在兴起。

（3）机器学习与人工智能各种基础问题的统一性观点正在形成。

（4）各种学习方法的应用范围不断扩大，部分应用研究成果已转化为产品。

（5）与机器学习有关的学术活动空前活跃。

4.1.3　研究现状

机器学习是人工智能及模式识别领域共同的研究热点，其理论和方法已被广泛应用于解决工程应用和科学领域的复杂问题。2010 年的图灵奖获得者为哈佛大学的 Leslie Vlliant 教授，其获奖成果之一是建立了概率近似正确（probably approximate correct，PAC）学习理论；2011 年的图灵奖获得者为加州大学洛杉矶分校的 Judea Pearll 教授，其主要贡献为建立了以概率统计为理论基础的人工智能方法。这些研究成果都促进了机器学习的发展和繁荣。

机器学习是研究怎样使用计算机模拟或实现人类学习活动的科学，是人工智能中最具智能特征、最前沿的研究领域之一。20 世纪 80 年代以来，机器学习作为实现人工智能的途径，在人工智能界引起了广泛的兴趣。特别是近十几年来，机器学习领域的研究工作发展很快，已成为人工智能的重要课题之一。机器学习不仅在基于知识的系统中得到了应用，而且在自然语言理解、非单调推理、机器视觉、模式识别等许多领域得到了广泛应用。一个系统具有学习能力已成为"智能"的一个标志。机器学习的研究方向主要分为两类：第一类是传统机器学习的研究，主要研究学习机制，注重探索模拟人的学习机制；第二类是大数据环境下机器学习的研究，主要研究如何有效利用信息，注重从巨量数据中获取隐藏的、有效的、可理解的知识。

机器学习历经 70 余年的曲折发展，以深度学习为代表，借鉴人脑的多分层结构、神经元的连接、交互信息的逐层分析处理机制，以及自适应、自学习的强大并行信息处理能力，在很多方面收获了突破性进展，其中最有代表性的是图像识别领域。

4.1.4　机器学习的分类方法

几十年来，研究和报道的机器学习方法种类很多，根据强调重点的不同可以有多种分类方法。

1）基于学习策略的分类

（1）模拟人脑的机器学习

符号学习：模拟人脑的宏观心理级学习过程，以认知心理学原理为基础，以符号数据为输入，以符号运算为方法，用推理过程在图或状态空间搜索，学习的目标为概念或规则等。符号学习的典型方法有记忆学习、示例学习、演绎学习、类比学习、解释学习等。

神经网络学习(或连接学习):模拟人脑的微观生理级学习过程,以脑和神经科学原理为基础,以人工神经网络为函数结构模型,以数值数据为输入,以数值运算为方法,用迭代过程在系数向量空间搜索,学习的目标为函数。典型的连接学习有权值修正学习、拓扑结构学习。

(2)直接采用数学方法的统计机器学习。

统计机器学习是基于对数据的初步认识及学习目的的分析,先选择合适的数学模型,拟定超参数,并输入样本数据;再依据一定的策略,运用合适的学习算法对模型进行训练;最后运用训练好的模型对数据进行分析预测。

统计机器学习的三个要素:

①模型(model):模型在未进行训练前,其可能的参数是多个甚至无穷的,故可能的模型也是多个甚至无穷的,这些模型构成的集合就是假设空间。

②策略(strategy):从假设空间挑选出参数最优的模型的准则。模型的分类或预测结果与实际情况的误差(损失函数)越小,模型越好,因此策略为误差最小。

③算法(algorithm):从假设空间挑选模型的方法(等同于求解最佳的模型参数)。机器学习的参数求解通常都会转化为最优化问题,故学习算法通常为最优化算法,例如最速梯度下降法、牛顿法及拟牛顿法等。

2)基于学习方法的分类

(1)归纳学习。

符号归纳学习:典型的符号归纳学习有示例学习、决策树学习。

函数归纳学习(发现学习):典型的函数归纳学习有神经网络学习、示例学习、发现学习、统计学习。

(2)演绎学习。

(3)类比学习。典型的类比学习有案例(范例)学习。

(4)分析学习。典型的分析学习有解释学习、宏操作学习。

3)基于学习方式的分类

(1)监督学习(有导师学习):输入数据中有导师信号,以概率函数、代数函数或人工神经网络为基函数模型,采用迭代计算方法,学习结果为函数。

(2)无监督学习(无导师学习):输入数据中无导师信号,采用聚类方法,学习结果为类别。典型的无导师学习有发现学习、聚类、竞争学习等。

(3)强化学习(增强学习):以环境反馈(奖/惩信号)作为输入,以统计和动态规划技术为指导的一种学习方法。

4）基于数据形式的分类

（1）结构化学习：以结构化数据为输入，以数值计算或符号推演为方法。典型的结构化学习有神经网络学习、统计学习、决策树学习、规则学习。

（2）非结构化学习：以非结构化数据为输入，典型的非结构化学习有类比学习、案例学习、解释学习、文本挖掘、图像挖掘、Web 挖掘等。

5）基于学习目标的分类

（1）概念学习：学习的目标和结果为概念，或者说是为了获得概念的学习。典型的概念学习有示例学习。

（2）规则学习：学习的目标和结果为规则，或者为了获得规则的学习。典型的规则学习有决策树学习。

（3）函数学习：学习的目标和结果为函数，或者说是为了获得函数的学习。典型的函数学习有神经网络学习。

（4）类别学习：学习的目标和结果为对象类，或者说是为了获得类别的学习。典型的类别学习有聚类分析。

（5）贝叶斯网络学习：学习的目标和结果是贝叶斯网络，或者说是为了获得贝叶斯网络的一种学习。其又可分为结构学习和多数学习。

4.2　基于特征聚类的信噪分离方法

人工源电磁法数据受噪声影响，导致勘探效果不佳，传统人工源电磁数据处理大多利用频率域人为筛选、异常剔除及时间域滤波等方法，难以满足日益提高的数据处理需求。张贤等（2022）对采集到的 CSEM 时间域数据，通过剖析有用信号和噪声的时域特征，以及对有效信号进行定性分析与定量辨识，提出了基于特征提取与聚类识别的人工源电磁伪随机信号处理方法。这种方法是首先建立两类典型噪声和伪随机信号的样本库，分析样本库信号的时域特征；然后提取时域信号的统计学特征，并结合模糊 C 均值聚类算法进行噪声识别，去除所识别到的噪声，进而将有用信号保留，重构人工源电磁数据；最后利用数字相干技术提取有效频点的频谱幅值。对模拟仿真数据与实测数据的处理分析结果表明，本方法能准确有效地识别和剔除典型噪声，显著提高 CSEM 观测数据的质量；电场曲线和视电阻率曲线更为平稳、连续，处理结果使得强干扰环境下观测数据的可利用性得到提升。

4.2.1　特征参数

WFEM 以伪随机信号作为发射信号（有效信号），但在实际观测中接收到的时域信号难免受到各种异常波形的影响，导致信号发生跳变或衰减，从而使其在频谱上出现频点信息的淹没或丢失，因此识别并剔除异常波形能有效地提升数据质量。在数据处理中可以通过提取时域、频域和时频域特征参数对信号与噪声进行定量识别，本节利用量纲特征参数和无量纲特征参数来搜寻 WFEM 信号与噪声之间的关系。时域信号中的量纲特征参数主要包括最大值、最小值、峰峰值、平均值、方根幅值、方差、标准差和有效值等；无量纲特征参数主要包括峰值因子、脉冲因子、裕度因子、波形因子、峭度和偏度等。本节主要研究最大值、峰峰值、峰值因子、脉冲因子和裕度因子等特征参数，这些参数有助于快速、直观地表征信号与噪声之间的关系，为后续聚类算法提供有效的特征参数。

（1）峰值因子。

峰值因子 F_{FZ} 是信号峰值与有效值的比值，表征峰值在波形中的极端程度。其计算公式为：

$$F_{FZ} = \frac{X_p}{X_{rms}} \tag{4-1}$$

式中，X_p 为信号的峰值；X_{rms} 为信号的有效值。

（2）脉冲因子。

脉冲因子 F_{MC} 用来检测信号中是否存在冲击的统计指标。脉冲因子和峰值因子的区别在于分母，同一组数据绝对值的平均值小于有效值时，脉冲因子大于峰值因子；脉冲因子也可以检测信号中的突变成分和冲击因素，其计算公式为：

$$F_{MC} = \frac{X_p}{|\overline{X}|} \tag{4-2}$$

式中，$|\overline{X}|$ 为信号的绝对值的平均值。

（3）裕度因子。

裕度因子 F_{YD} 的物理意义与峰值因子和脉冲因子相似，常用于检测设备与信号的损伤和变化程度。其定义为：

$$F_{YD} = \frac{X_p}{X_r} \tag{4-3}$$

式中，X_r 为信号的方根幅值。

上述时域特征参数能在一定程度上表现出不同信号的状态信息，通常将量纲和无量纲特征参数结合共同使用，这样容易理解，便于计算。

（4）平均频率。

频域分析通过时域信号进行傅里叶变换，并与信号分量相互联系和互补。频域更加简洁。频域特征提取是通过 FFT 提取信号的频谱特征。平均频率表示为：

$$F_{mf} = \frac{1}{N} \sum_{i=1}^{N} u(i) \tag{4-4}$$

（5）小波奇异熵。

小波奇异熵（wavelet singular entropy，WSE）是时频域中最典型的特征。小波奇异熵是基于奇异值分解（SVD）理论，通过小波变换将信号的系数矩阵分解为一系列能反映原始系数矩阵基本特征的奇异值；其利用信息熵的统计特征分析奇异值集的不确定性，给出了原始信号复杂度的一个确定测度（He et al.，2010；贺岩松等，2017）。

任意 $m \times n$ 阶矩阵 B 的奇异值分解可表示为：

$$B = U\Lambda V^{\mathrm{T}} \tag{4-5}$$

式中，U 和 V 分别为 $m \times m$ 阶和 $n \times n$ 阶的正交矩阵；$\Lambda = \mathrm{diag}(\lambda_1, \lambda_2, \lambda_3, \cdots, \lambda_p)$ 为对角矩阵，其中 $p = \min(m, n)$，它的非负对角元素按降序排列，可表示为矩阵 A 的奇异特征值。SVD 可以将秩为 K 的 $m \times m$ 阶矩阵 A 表示为 K 个秩为 1 的 $m \times n$ 阶子矩阵的和。

小波奇异熵的定义为：

$$\mathrm{WSE} = \sum_{i=1}^{N} \Delta p_i \tag{4-6}$$

式中，$\Delta p_i = -(\lambda_i / \sum_{i=1}^{N} \lambda_i) \lg(\lambda_i / \sum_{i=1}^{N} \lambda_i)$，为第 i 个非零奇异值 λ_i 的小波奇异熵增量。待分析的信号越简单，能量越集中于几个模式，小波奇异熵越小；反之，信号越复杂，能量越分散，小波奇异熵越大。

4.2.2　特征聚类分析

在时间域提取信号最大值、峰峰值、峰值因子、脉冲因子和裕度因子等特征参数，快速且直观地表征 WFEM 信号和噪声之间的关系，进一步为后续聚类算法提供有效的特征参数。为了剖析实测数据中伪随机信号和异常干扰波形之间的定量辨识关系，以伪随机 7 频波为例，构建了一个典型干扰类型与伪随机信号的样本库。图 4-2 所示为从该样本库中任意选取一组三类信号的时域波形。其中样本库中包含了 30 个伪随机信号、30 个含脉冲干扰信号和 30 个含衰减干扰信号，每个样本信号的采样长度为 1200，采样率为 300 Hz。

通过观测一组噪声样本库可知，含脉冲和衰减干扰的时域信号导致原始伪随机信号发生异常突变，幅值增大，其相应的频谱及主频信息受干扰影响也随之出现不同程度的失真。结果表明，未受干扰的伪随机信号呈周期性，幅值稳定，频谱也相对稳定，其频点信息能被完整地保留；然而当存在干扰或异常波形时，有效信号将在时域、频域出现严重混乱，无法反映出有效信号的固有特征。

图 4-3 所示为样本库信号的特征参数分布。分析图 4-3 可知，伪随机信号的特征参数值稳定且幅值小，而含干扰的信号的特征参数明显大于伪随机信号，二

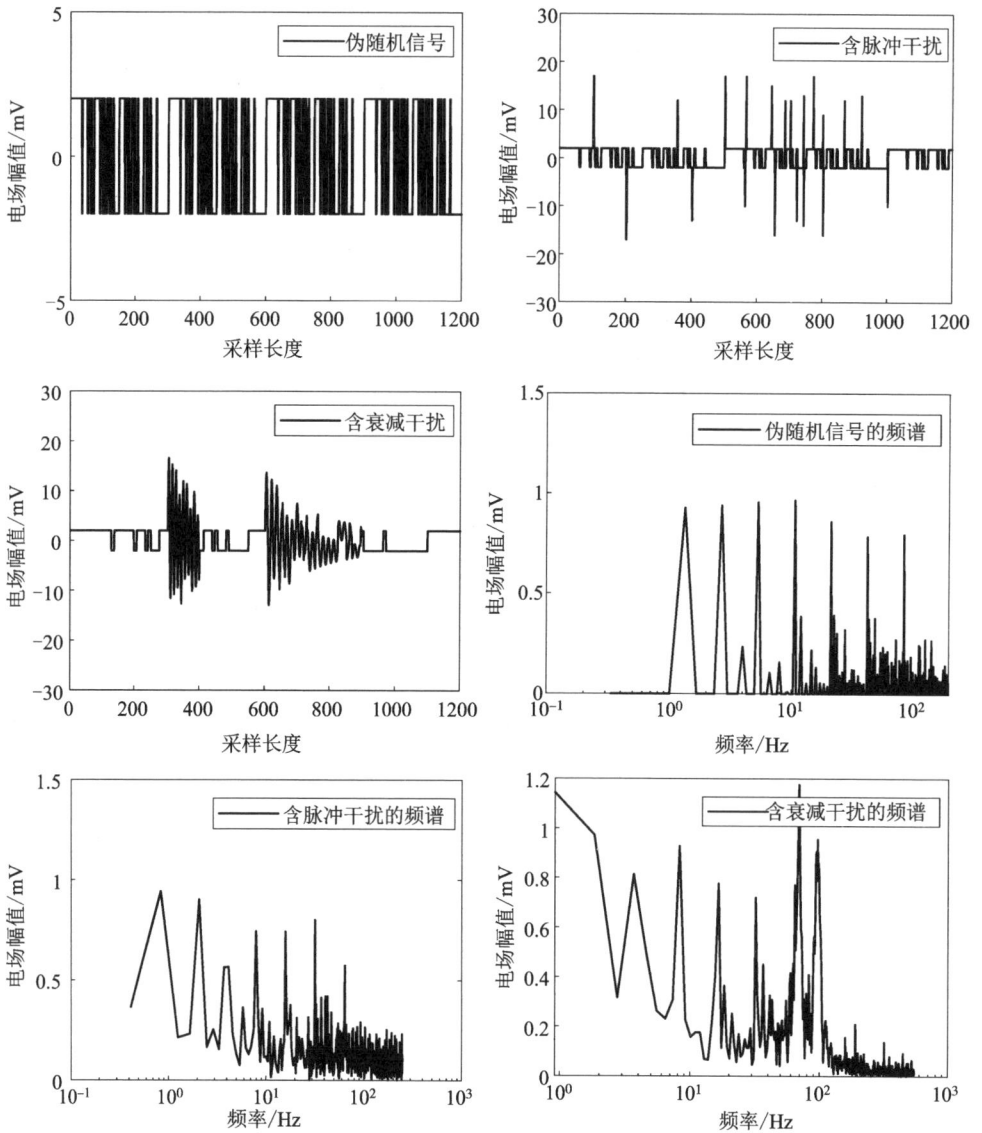

图 4-2　样本库信号及频谱

者具有较大差异。结合最大值、峰峰值、峰值因子、脉冲因子和裕度因子等时域特征参数在样本库信号中表现出的不同特征,可以对有效信号与噪声进行较好的区分。因此,这些特征参数相结合能为后续利用聚类分析方法提升信噪区分度和信噪识别效果提供良好的物理依据。

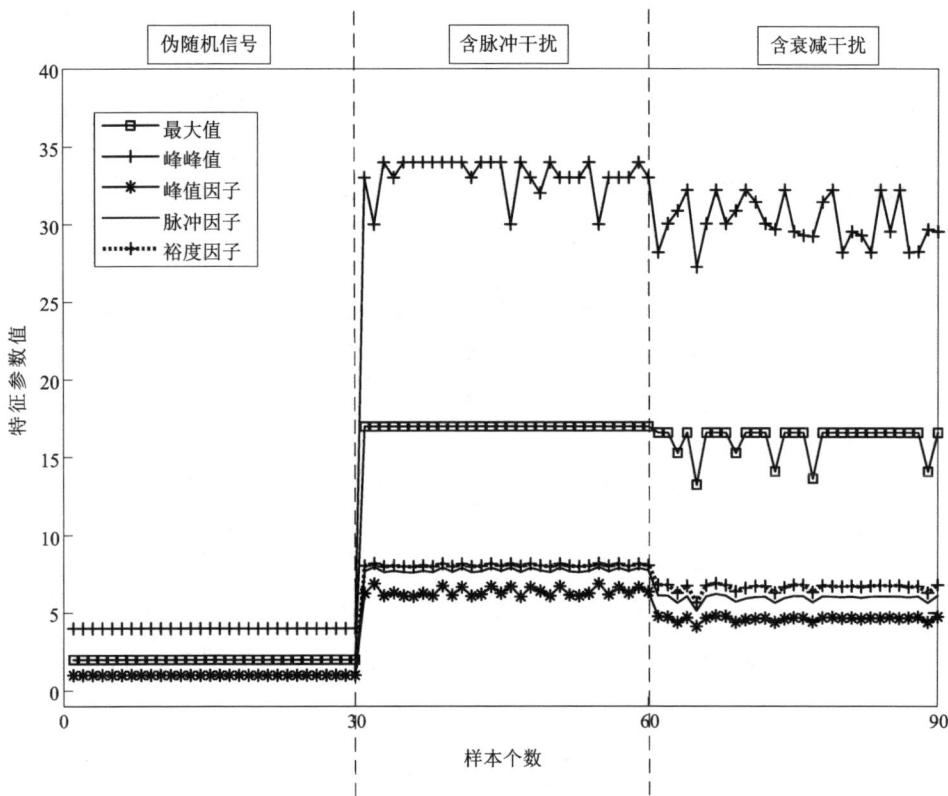

图 4-3　样本库信号的特征参数分布

k 均值聚类(k-means)是最基础且常用的聚类算法。它的基本思想是通过迭代寻找 k 个簇的一种划分方法，使聚类结果对应的损失函数最小(Wong 和 Hartiganm，1979)。其中，损失函数可以定义为各个样本距离所属簇中心点的误差平方和：

$$J(c, u) = \sum_{i=1}^{M} \| x_i - u_{c_i} \|^2 \tag{4-7}$$

式中，x_i 为第 i 个样本；c_i 为 x_i 所属的簇；u_{c_i} 为簇对应的中心点；M 为样本总数。

k 均值聚类的核心目标是将给定的数据集划分成 k 个簇，并给出每个样本数据对应的中心点。具体步骤如下。

数据预处理主要是标准化、过滤异常点：

(1)随机选取 k 个中心，记为 $u_1^{(0)}$, $u_2^{(0)}$, $\cdots$, $u_k^{(0)}$。

(2)定义损失函数：$J(c, u) = \min \sum_{i=1}^{M} \| x_i - u_{c_i} \|^2$。

(3)令 $t=0, 1, 2, \cdots$ 为迭代步数，重复如下过程直至 J 收敛。

k 均值聚类就是先固定中心点，调整每个样本所属的类别来减少 J；再固定每个样本的类别，调整中心点继续减小 J。两个过程交替循环，直至 J 单调递减为最小值，中心点和样本划分的类别同时收敛。

模糊 C 均值聚类（fuzzy C-means，FCM）是一种典型的无监督类别区分算法（Bezdek et al.，1984），按照"物以类聚，人以群分"的思想将样本点按某种规律进行划分。这些规律是通过样本点的某些特征来确定的，无须事先给定或约束（Kiyotaka et al.，2001）。通过 FCM 聚类算法定义最小化目标函数：

$$F_m = \sum_{i=1}^{N} \sum_{j=1}^{C} u_{ij}^m \parallel x_i - c_j \parallel^2, \ 1 \leqslant m \leqslant \infty \tag{4-8}$$

式中，m 为聚类的簇数；N 为样本数；C 为聚类中心数；u_{ij} 为第 j 个待分类对象属于第 i 个聚类中心的隶属度；x_i 为第 i 个样本；c_j 为第 j 个聚类中心；$\parallel \ \parallel$ 为数据相似性的度量。

初始化隶属度矩阵 $U_{C \times N}$ 通过选用 0 至 1 的随机数来确定，其元素 u_{ij} 满足以下约束条件：

$$\sum_{i=1}^{C} u_{ij} = 1, \ \forall j = 1, 2, \cdots, N \tag{4-9}$$

针对上述约束问题，利用拉格朗日乘子法对目标函数进行求导，可得到 u_{ij}：

$$u_{ij} = \cfrac{1}{\sum_{b=1}^{C} \left(\cfrac{\parallel x_i - c_j \parallel}{\parallel x_i - c_b \parallel} \right)^{\frac{2}{(m-1)}}} \tag{4-10}$$

计算每组的聚类中心 V_i，使得目标函数最小，即欧式距离最短，相似度最高：

$$V_i = \cfrac{\sum_{j=1}^{N} u_{ij}^m x_j}{\sum_{j=1}^{N} u_{ij}^m} \tag{4-11}$$

最终迭代更新 u_{ij} 和 V_i，直到前后两次隶属度最大变化不超过规定的误差阈值，即目标函数收敛于最小值。

图 4-4 所示为对样本库中的 90 个样本提取峰峰值、峰值因子、脉冲因子和裕度因子等参数，并分别进行 k 均值聚类和模糊 C 均值聚类的效果。分析图 4-4 可知，k 均值聚类能将样本库中 90 个样本分为两类，但海量的电磁数据特征值较为复杂时，k 均值聚类无法选取合适的聚类中心，导致该聚类效果不够理想。FCM 聚类通过计算每个样本点到聚类中心的欧式距离，自动对样本库信号进行划分；明显地将两类含干扰的信号与伪随机信号划分为不同的类别，聚类效果明显。因此，FCM 聚类识别有利于后续有针对性地去除含干扰的信号，保留伪随机信号。

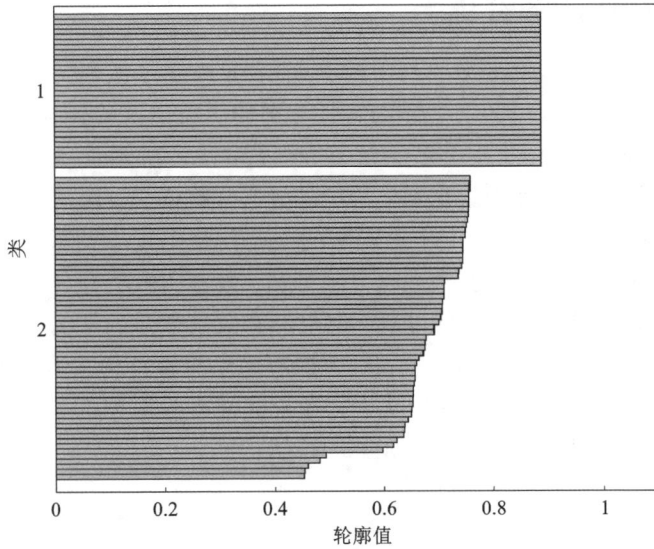

(a) k 均值聚类

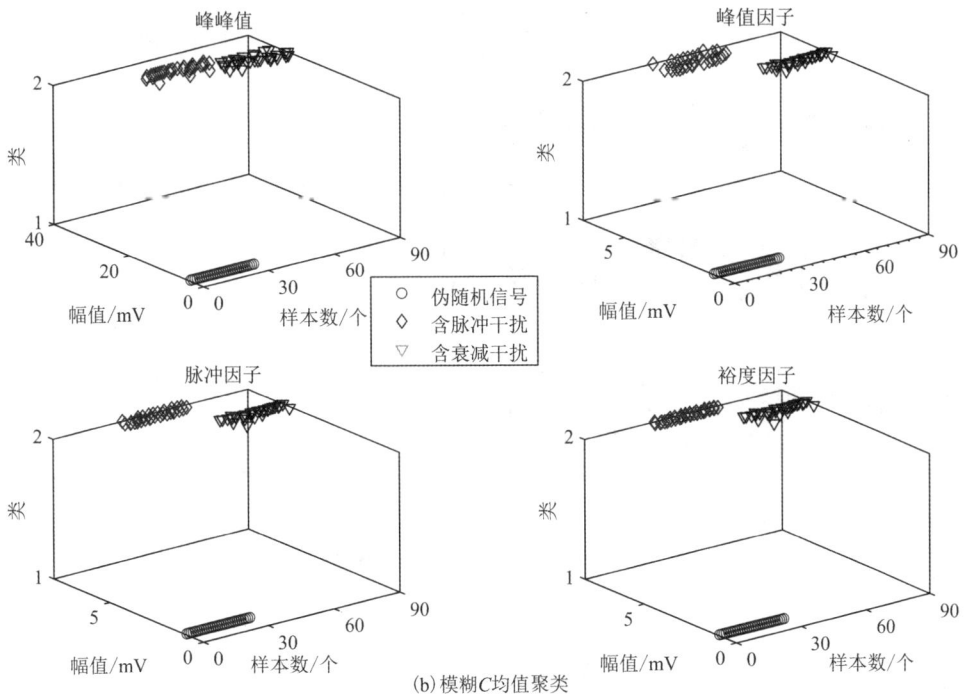

(b) 模糊 C 均值聚类

图 4-4　样本库信号的聚类分析

4.2.3 信噪识别仿真分析

为了验证方法的识别效果,利用样本库信号中的典型干扰类型进行仿真实验。图4-5所示为合成后的7-2频组含噪数据的信噪辨识及频谱分析结果,并与传统小波变换去噪方法(简称小波方法)进行了对比。从图4-5可知,通过时域特征提取与聚类分析能准确地识别信号中的异常干扰部分,保留未受干扰的伪随机信号;结合频谱分析可知,受干扰影响的主频信息出现不同程度的变化,其主频值不稳定。对比传统小波变换去噪方法可知,该方法虽然有针对性地将时域序列中添加的噪声部分进行了去噪处理,但也对有效信号进行了滤波,导致处理后的信号无法还原伪随机信号的形态,对应的主频信息因波形失真主频幅值降低。经本章方法处理后,人为添加的典型干扰噪声能被有效地识别与准确地剔除,重构信号还原了伪随机信号的波形和频谱的原始特征。

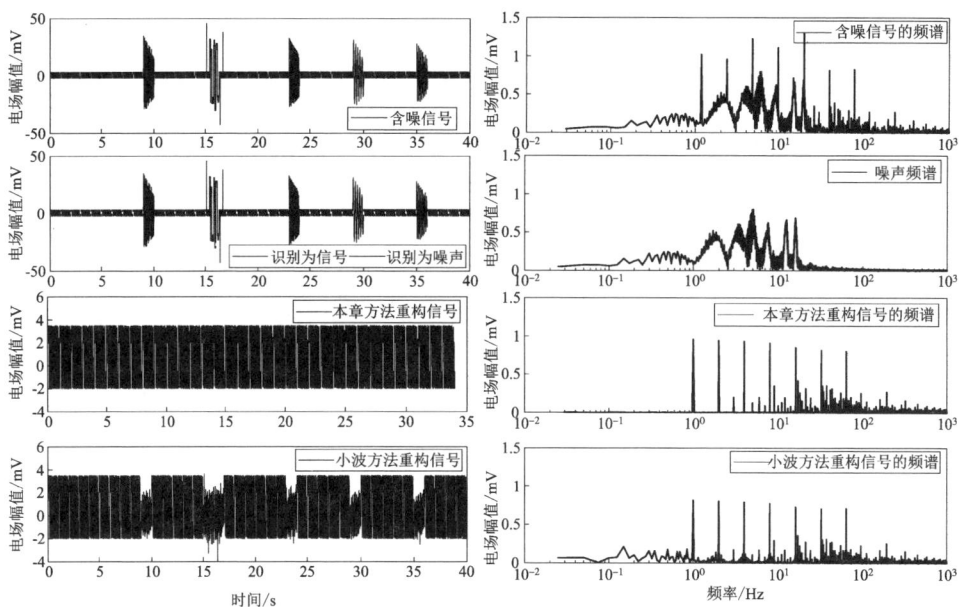

图4-5 合成后的7-2频组含噪数据的信噪识别及频谱分析结果

为了定量分析方法的有效性,表4-1所示为合成7-2频组含噪信号在不同频率下处理前后的电场幅值及误差统计。

表 4-1　合成 7-2 频组含噪信号经不同方法处理后的电场幅值及误差统计

频率/Hz	真实值/mV	加噪电场		小波方法处理后电场		本章方法处理后电场	
		幅值/mV	相对误差%	幅值/mV	相对误差/%	幅值/mV	相对误差/%
1	0.9562	1.0200	6.25	0.8192	14.32	0.9531	0.32
2	0.9476	0.9707	2.37	0.8033	15.22	0.9526	0.52
4	0.9315	1.2280	24.14	0.7891	15.28	0.9324	0.09
8	0.9072	1.1120	18.41	0.7674	15.41	0.9065	0.07
16	0.8463	1.3010	34.95	0.7276	14.02	0.8488	0.29
32	0.8099	0.8099	0	0.6994	13.64	0.8094	0.06
64	0.7955	0.8204	3.03	0.7060	11.25	0.7959	0.05

分析表 4-1 可知，由于噪声添加在不同的时刻，含噪信号在时间域和频率域出现相应的突变或混乱现象。含噪信号在 1～16 Hz 的 5 个主频的电场幅值均已超过真实值；在 16 Hz 处的电场幅值最大为 1.3010 mV，误差相应地增大为 34.95%。噪声在时域中影响伪随机信号的特征信息，在频谱中影响不同的主频率及谐波信息。对比小波方法，7-2 频组的主频值整体下降，误差平均达到了 14.1% 左右。小波方法虽能压制异常波形，但严重的过处理现象导致该方法失效。经过本章方法处理，电场幅值几乎接近真实电场值，误差也相应地减小为最大 0.52%。因此，本章方法能为实测 WFEM 数据处理提供有效途径。

4.2.4　实测数据分析

实测数据来自我国某地页岩气广域电磁法勘探项目。以某一段含典型干扰的实测 WFEM 信号（采样率 1200 Hz）为例，利用上述方法对该实测点数据进行特征提取与信噪识别，如图 4-6 所示。

分析图 4-6 可知，实测信号中包含了脉冲干扰和衰减干扰。通过提取所述时域统计特征参数，结合 FCM 聚类，有效识别出了噪声部分，而未受到干扰的伪随机信号得到了区分并保留。

CSEM 数据以伪随机信号作为激励源，若接收到的时域信号为明显的伪随机信号且无任何异常波形干扰，频谱也相应稳定且无主频点的紊乱。图 4-7 所示为在实测无强干扰的 7-2 频组信号基础上加入强噪声，并利用小波变换去噪方法和本章方法进行处理分析得到的处理前、后的时域波形、频谱和电场曲线。分析图 4-7 可知，时间域主要为周期性的伪随机信号，无明显大尺度干扰噪声，其对应

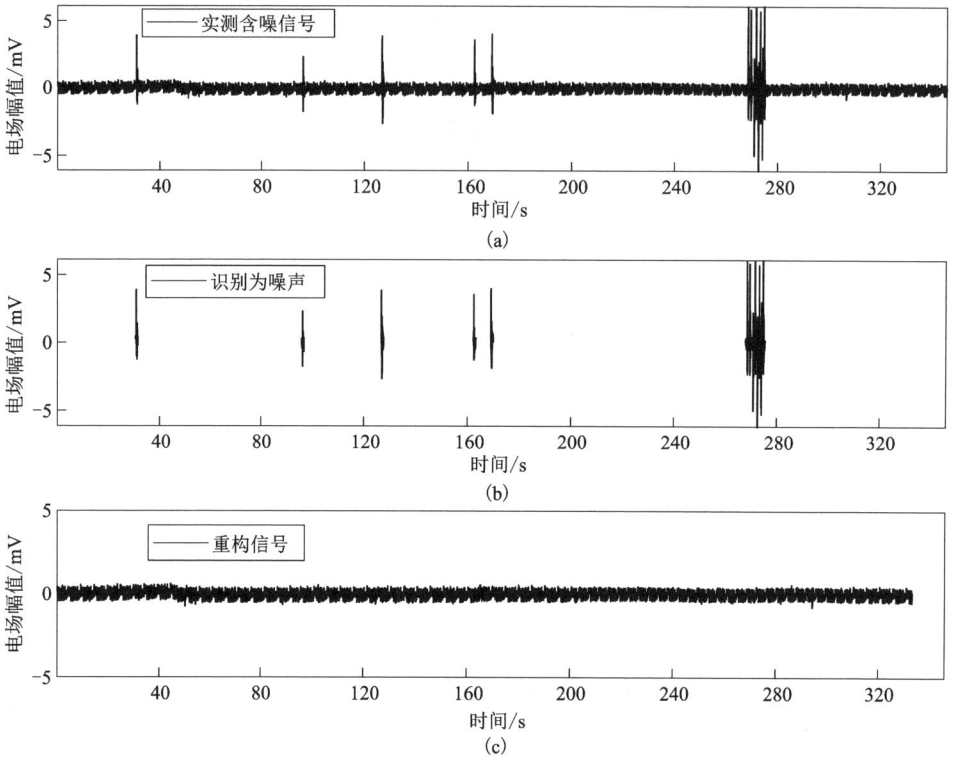

图 4-6　实测信号识别效果

　　的电场曲线相对平稳且无异常跳变，数据信噪比高。通过在信号中添加典型干扰噪声，时域信号发生突变，其频谱也相应地发生畸变，电场曲线的主频幅值出现跳变与频谱混乱现象。相比而言，小波变换去噪方法由于方法适用性以及小波基函数、分解层数较难选取等，去噪效果不易得到保障；由于时间域信号过处理，大量有用信息丢失，同时因噪声的残余，电场曲线不够稳定、光滑。本章方法可以有效地识别出干扰信号段并将其去除，重构信号已完全消除了人为添加的典型噪声，还原出原始伪随机信号；进一步地采用数字相干提取技术，对比加噪前后的电场曲线可知，准确且有效地识别和去除噪声之后，可以恢复原始电场曲线的趋势及形态特征。

　　WFEM7 频波的频段范围为 0.0117~8192 Hz，仅针对 7-2、7-3 频组实测数据进行详细分析与处理。本章所述电场曲线与视电阻率曲线仅涉及这两个频组。图 4-8 和图 4-9 分别为实测点 S1 号和 S2 号经本章方法处理后的效果图。图 4-10 所示为实测点 S1 号的原始 7-3 频组的时间域波形。

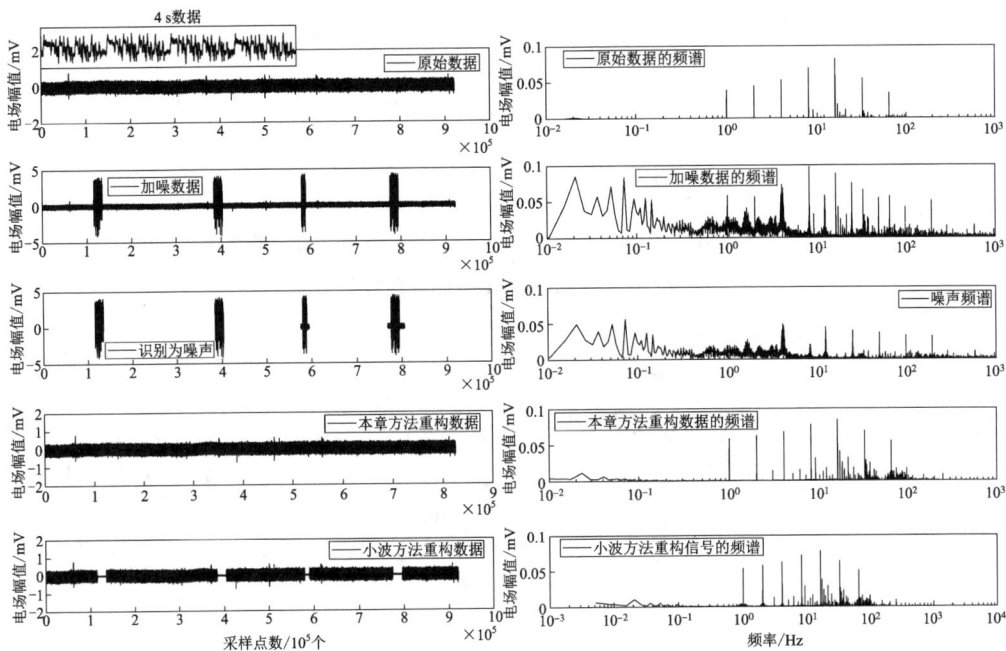

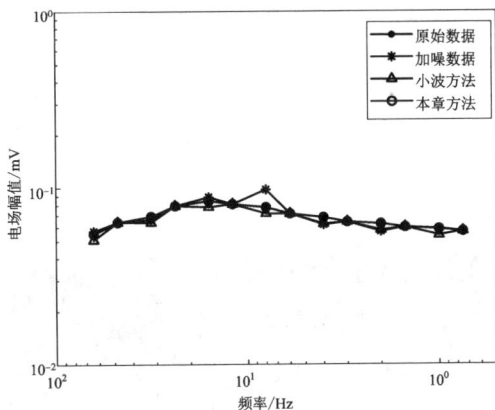

图 4-7　实测信号处理效果

分析图 4-8~图 4-10 可知，电场曲线和视电阻率曲线均在 24 Hz 以下发生跳变并呈锯齿状。这是因为，原始 7-3 频组数据的时间域波形中包含了脉冲干扰和衰减干扰(图 4-10)，导致电场曲线和视电阻率曲线不够稳定和连续。利用本章

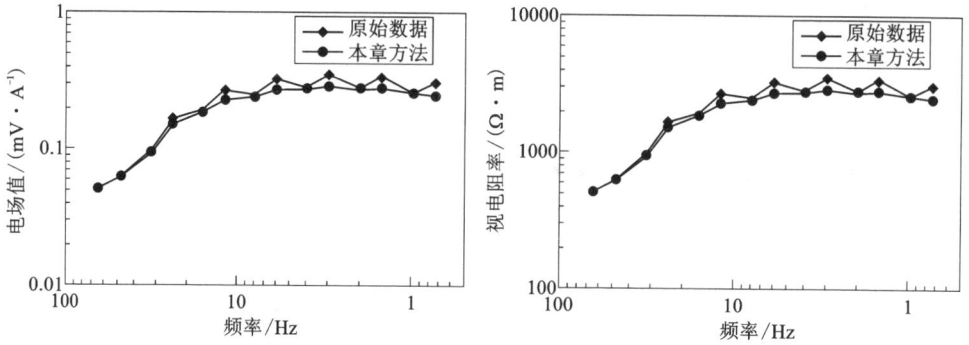

图 4-8　实测点 S1 号的处理效果

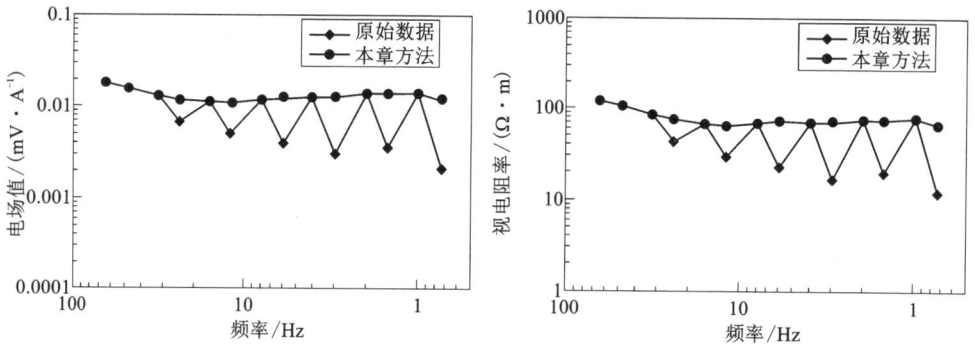

图 4-9　实测点 S2 号的处理效果

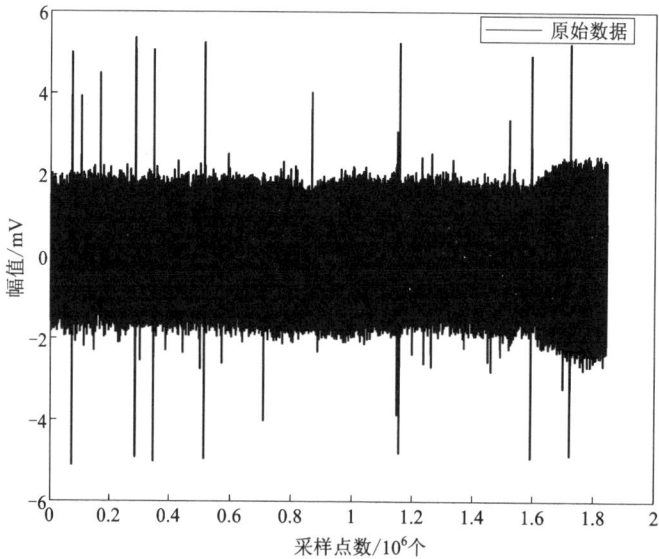

图 4-10　实测点 S1 号的原始 7-3 频组的时间域波形

方法提取特征参数进行 FCM 聚类,有效识别了噪声干扰,并去除了已识别的噪声数据,同时,利用数字相干技术提取的归一化电场曲线和计算得出的视电阻率曲线平稳、连续。可见本章方法基本消除了噪声干扰引起的主频畸变,重构了高质量的伪随机信号。本章方法能快速有效地识别出噪声干扰,提升 WFEM 数据质量,为后续的反演解释提供了新的技术手段。

4.3　基于特征学习的信噪分离方法

在信息时代,数据获取更容易,存储成本更低。在 1991 年,据说每两个月信息的存储量就翻一番,然而机器能够读取的信息量、理解并运用信息的速度远远跟不上信息增加的步伐。因此机器学习提供了一套自动分析大规模数据的工具。

传统机器学习的研究方向主要包括决策树、随机森林、人工神经网络、贝叶斯学习等方面。机器学习是一种能够自动提高本身预测效果的算法。机器学习的基础之一是特征选择(feature selection)与特征提取,通过去除不相关数据和冗余数据,能够提高机器学习效率和效果,是大规模机器学习中必不可少的步骤(Abramson et al.,2006)。

特征选择:从特征中选出一个子集来最小化冗余,以及最大化与目标的相关性。高维数据的"维度之咒",使得降维非常重要,特征选择则是降维的一种重要手段。

特征选择是根据某些相关性评估标准,从原始特征中选择一小部分相关特征,通常会带来更好的学习性能。例如更高的学习准确性、更低的计算成本和更好的模型可解释性。特征选择已成功应用于许多实际应用,如模式识别、文本分类、图像处理、生物信息学等。特征选择的分类,根据是否使用标签,可以分为无监督算法、半监督算法、有监督算法。

特征提取:作为机器学习中的一个前处理步骤,特征提取在降维、去除不相关数据、增加学习精度和提高结果可理解性方面非常有效。1970 年以来,特征提取一直是一个非常活跃的研究领域。近年来很多领域的数据总量和特征数变得越来越大,比如基因工程、文本分类、客户关系管理等,特征提取技术也变得愈发重要。特征提取是在原始特征中选取一个子集,使得在一定评价标准下特征空间得到最优化减小。特征提取算法大致分为两类,即过滤模型(fileter model)和包裹模型(wrapper model)。过滤模型依赖于在训练数据的整体特征中选取某些特定特征,不涉及任何学习算法。包裹模型则需要预先定义学习算法以用于特征选取,利用计算结果评价并决定选取哪些特征。对于每个新的特征子集,包裹模型需要学习一种假设(或者分类器),以达到更好的特征选择效果,但其计算量远远超过过滤模型方法。一般认为，当特征数非常多时，考虑到计算效率，往往采用过滤模型方法。这两类方法根据具体的评价函数及特征子集空间划分方法，可进一步分为多种算法。

当数据量过大时，人工做标签非常困难，通常用聚类的方式进行数据标记。在聚类中，给出未标记的数据，将类似的样本放在一个簇中，不同的样本应该在不同的簇中。

聚类在很多机器学习和数据挖掘任务中很有用，如图像分割、信息检索、模式识别、模式分类、网络分析等，它可以被视为探索性任务或预处理步骤。如果目标是探索和揭示数据中隐藏的模式，则聚类本身就是一个独立的探索任务。如果生成的聚类结果将用于促进另一个数据挖掘或机器学习任务，则集群为预处理步骤。

聚类方法可以大致分为分区方法、分层方法、基于密度的方法等。k-means 和 k-medoids 是流行的分区算法，根据对距离的度量及它们的相似性，对点进行聚类。分层方法将数据划分为不同级别，形成层次结构，这种聚类有助于数据可视化和摘要；分层聚类可以自下而上的汇聚(agglomerative)方式或自上而下的分裂(divisive)方式进行，如 BIRCH、Chameleon、AGNES、DIANA。基于密度的聚类可以捕获任意形状的聚类，例如 S 形。密集区域中的数据点将形成簇，而来自不同簇的数据点将由低密度区域分开，DBSCAN 和 OPTICS 是基于密度的聚类方法的流行示例。

特征提取和特征选择方法都能提高学习性能，降低计算开销并获得更加泛化的模型。特征选择优于特征提取，因为特征选择有更好的可读性和可解释性，它仍然保持了原来的特征，只是去掉了一些冗余信息。而特征提取是将特征从原始空间映射到新的低维空间，得到的转换特征没有物理含义，其本质是聚类，为了找到快速的特征选择方法，其必须能有效识别数据的不相关性和冗余性，同时要求计算复杂度要低。从这个意义上讲，特征选取的落脚点在于找到特征之间合适的相关性度量方法，以及基于这种度量的可行特征选取步骤(Nixon 和 Aguado，2002)。

典型的机器学习算法要求有两组样品，即训练样品和测试样品。学习算法根据样品数据形成概念描述。概念描述指学习算法从数据推断出的知识或模型，不同算法中知识的表示形式不同。

根据广域电磁法时域数据信噪识别与分离方法，本节从多域(时域、频域、时频域)进行高精度的人工源电磁法信噪分离处理，解决上一节仅从时间域特征提取及进行聚类识别所造成的不准确性和不稳定性，同样本节以 WFEM 数据为例，提出一种基于特征学习的时间域信噪分离方法(Zhang et al.，2022)。为此，构建了包含了伪随机信号、脉冲噪声、衰减噪声、三角波噪声和方波噪声的 WFEM 数据样本。通过提取多域特征，利用改进的灰狼优化算法结合支持向量机算法（improved grey wolf optimizer-support vector machine，IGWO-SVM），实现 WFEM 数据高精度的信噪辨识，将识别为噪声的数据剔除，并保留和重构伪随机有效信号，以及进一步利用数字相干技术提取有效频点的频谱幅值。本节旨在分析多域特征（如峰峰值、脉冲因子、平均频率、小波奇异熵），重点针对所述灰狼算法进行改进，提升灰狼算法的全局优化能力及收敛效率；将均方差作为优化 SVM 参数的目标函数，以此优化 SVM 的关键参数，改善聚类方法和简单分类技术在信噪辨识时的缺点。本节实验表明，改进灰狼优化算法（improved GWO，IGWO）的收敛性更强，优化后的支持向量机参数更佳，可以快速、有效地实现最优支持向量机的参数寻优，提高 WFEM 数据的信噪分离效果与效率，保证了重构数据中完全去除了异常噪声波形，电场曲线更稳定。

4.3.1　灰狼优化算法及改进

灰狼优化算法（GWO）是一种新型的群智能优化算法，通过模拟自然界中灰狼的社会等级关系和狩猎机制来达到优化的目的。该算法将一个种群划分为四个社会等级，种群中的个体代表优化问题的解，这四个社会等级为全局最优解 α 狼、第二最优解 β 狼、第三最优解 δ 狼和其余候选解 ω 狼。GWO 的过程是高等级的灰狼引导低等级的狼搜寻猎物（Mirjalili S，Mirjalili S M，2014）。此外，狩猎机制分为寻找、包围和攻击猎物。

灰狼在狩猎时包围猎物的行为：

$$\vec{D} = |\vec{C} \cdot \vec{X}_p(t) - \vec{X}(t)| \tag{4-12}$$

$$\vec{X}(t+1) = \vec{X}_p(t) - \vec{A} \cdot \vec{D} \tag{4-13}$$

式（4-12）描述个体与猎物之间的距离，式（4-13）描述灰狼的位置更新，t 为当前迭代，$\vec{C}$ 和 $\vec{A}$ 为系数向量，$\vec{X}_p$ 为猎物的位置向量，$\vec{X}$ 为灰狼的位置向量。向量 $\vec{A}$ 和 $\vec{C}$ 的计算如下：

$$\vec{A} = 2\vec{c} \cdot \vec{r}_1 - \vec{c} \tag{4-14}$$

$$\vec{C} = 2 \cdot \vec{r}_2 \tag{4-15}$$

式（4-14）和式（4-15）中，$\vec{c}$ 为收敛因子，随着迭代次数从 2 线性减小到 0；$\vec{r}_1$ 和 $\vec{r}_2$ 为随机向量，取值为 [0，1] 区间的随机数。

狩猎通常由首领 α 狼带领 β 狼和 δ 狼包围猎物，在搜寻空间中，对于最优解的位置并不清楚。为了模拟灰狼的狩猎行为，假设 α 狼、β 狼和 δ 狼对猎物的位置更了解。保存目前为止获得的前 3 个最优解，并利用这三者的位置判断猎物的位置，迫使其他灰狼个体根据最优灰狼个体的位置来更新其位置，逐步逼近猎物。灰狼个体追踪猎物位置的数学表示如下：

$$\begin{cases} \vec{D}_{\alpha} = |\vec{C}_1 \cdot \vec{X}_{\alpha} - \vec{X}| \\ \vec{D}_{\beta} = |\vec{C}_2 \cdot \vec{X}_{\beta} - \vec{X}| \\ \vec{D}_{\delta} = |\vec{C}_3 \cdot \vec{X}_{\delta} - \vec{X}| \end{cases} \tag{4-16}$$

$$\begin{cases} \vec{X}_1 = \vec{X}_{\alpha} - A_1 \cdot \vec{D}_{\alpha} \\ \vec{X}_2 = \vec{X}_{\beta} - A_2 \cdot \vec{D}_{\beta} \\ \vec{X}_3 = \vec{X}_{\delta} - A_3 \cdot \vec{D}_{\delta} \end{cases} \tag{4-17}$$

$$\vec{X}(t+1) = \frac{\vec{X}_1 + \vec{X}_2 + \vec{X}_3}{3} \tag{4-18}$$

式(4-16)~式(4-18)中，$\vec{D}_{\alpha}$、$\vec{D}_{\beta}$ 和 $\vec{D}_{\delta}$ 分别为 α、β 和 δ 与其他个体间的距离；$\vec{X}_{\alpha}$、$\vec{X}_{\beta}$ 和 $\vec{X}_{\delta}$ 分别为 α、β 和 δ 的当前位置；$\vec{C}_1$、$\vec{C}_2$、$\vec{C}_3$、$\vec{A}_1$、$\vec{A}_2$ 和 $\vec{A}_3$ 均为随机向量；$\vec{X}$ 为当前灰狼的位置。式(4-16)、式(4-17)分别定义了狼群中 ω 狼个体朝向 α、β 和 δ 前进的步长和方向；式(4-18)定义了 ω 狼的最终位置。

GWO 通过模拟灰狼群体捕食行为，以狼群群体协作的机制达到优化的目的（Agarwal et al.，2017）。该算法结构简单，需要调节的参数少，易于实现，其中自适应调整的收敛因子及信息反馈机制可以实现局部优化和全局搜索之间的平衡，在问题求解精度和收敛速度方面都有良好的性能（张晓凤，王秀英，2019）。原始 GWO 算法中，每次迭代均由前三只最好的狼引导其余狼群进入搜索空间，找到最优解的区域，这种行为可能导致算法陷入局部最优解。另外，种群多样性的缺乏、开发和探索之间的不平衡，以及 GWO 过早收敛等也是主要问题。因此，一种新的运动策略即基于维度学习的狩猎搜索策略可以改进灰狼优化算法，具体通过邻域搜索和位置共享来进行改进，增强局部搜索和全局搜索之间的平衡，保持种群的多样性，提高全局优化能力，避免 GWO 过早收敛（Nadimi-Shahraki et al.，2021）。改进灰狼优化算法（IGWO）的具体步骤如下。

根据本节中 GWO 算法原理可知，前三只最佳狼（α 狼、β 狼和 δ 狼），通过计算线性下降系数，考虑位置，确定包围环后进行捕猎，最后计算最佳灰狼位置。

在基于维度学习的狩猎搜索策略中,为每只狼计算多个维度下的新位置,每只狼也都被邻居学习,同时为每只狼生成一个新位置。因此,该策略能更好地更新灰狼位置。

首先,利用当前位置 $X_i(t)$ 与候选位置 $X_{i\text{-GWO}}(t+1)$ 之间的欧式距离计算半径 $R_i(t)$:

$$R_i(t) = \| X_i(t) - X_{i\text{-GWO}}(t+1) \| \tag{4-19}$$

然后,通过当前位置 $X_i(t)$ 定义 $N_i(t)$:

$$N_i(t) = \{ X_j(t) \mid D_i(X_i(t), X_j(t)) \leqslant R_i(t), X_j(t) \in (\alpha, \beta, \delta) \} \tag{4-20}$$

式中, $N_i(t)$ 对应半径 $R_i(t)$; D_i 为 $X_i(t)$ 和 $X_j(t)$ 之间的欧式距离。

接着,利用邻域 $X_i(t)$ 进行多邻域学习:

$$X_{i\text{-DLH},\,d}(t+1) = X_{i,\,d}(t) + \text{rand} \times (X_{n,\,d}(t) - X_{r,\,d}(t)) \tag{4-21}$$

式中, $X_{i\text{-DLH},\,d}(t+1)$ 为从 $N_i(t)$ 中选择第 d 维的随机邻居 $X_{n,\,d}(t)$,以及从随机狼位置 $X_{r,\,d}(t)$ 中选择 α 狼、β 狼和 δ 狼。

最后,选择及更新最终位置如下:

$$X_i(t+1) = \begin{cases} X_{i\text{-GWO}}(t+1), & f(X_{i\text{-GWO}}) < f(X_{i\text{-DLH}}) \\ X_{i\text{-DLH}}(t+1), & \text{其他} \end{cases} \tag{4-22}$$

为了验证 IGWO 算法的优化性能,通过 MATLAB 给出的 4 个基准函数,对比多种智能优化算法的收敛性能,综合分析 IGWO 算法。其中,多种智能优化算法包括灰狼优化算法(GWO)、粒子群优化算法(particle swarm optimization, PSO)(Kennedy 和 Eberhart, 1995)、多元宁宙优化算法(multi-verse optimizer, MVO)(Mirjalili et al., 2015)、飞蛾扑火算法(moth-flame optimization, MFO)(Mirjalili et al., 2015)、人工蜂群算法(artificial bee colony, ABC)(Karaboga 和 Basturk, 2007)、正余弦优化算法(sine cosine algorithm, SCA)(Mirjalili, 2016)和帝国主义竞争算法(imperialist competitive algorithm, ICA)(Kaveh 和 Talatahari, 2015)。图 4-11 所示为 4 个基准函数的收敛性对比结果。这 4 个基准函数:F1 为 Sphere 函数,F2 为 Schwefel's 函数,F6 为 Step 函数,F7 为 Quartic 函数,种群规模为 10,最大迭代次数为 100。

从图 4-11 可知,在相同的种群和迭代次数下,IGWO 算法的求解精度和收敛速度都优于其他智能优化算法。通过对 IGWO 算法的收敛性分析,其优化能力和所给 4 个基准函数中的稳定性都具有明显的优势,能够更好地跳出局部最优,获得更高的全局寻优能力。

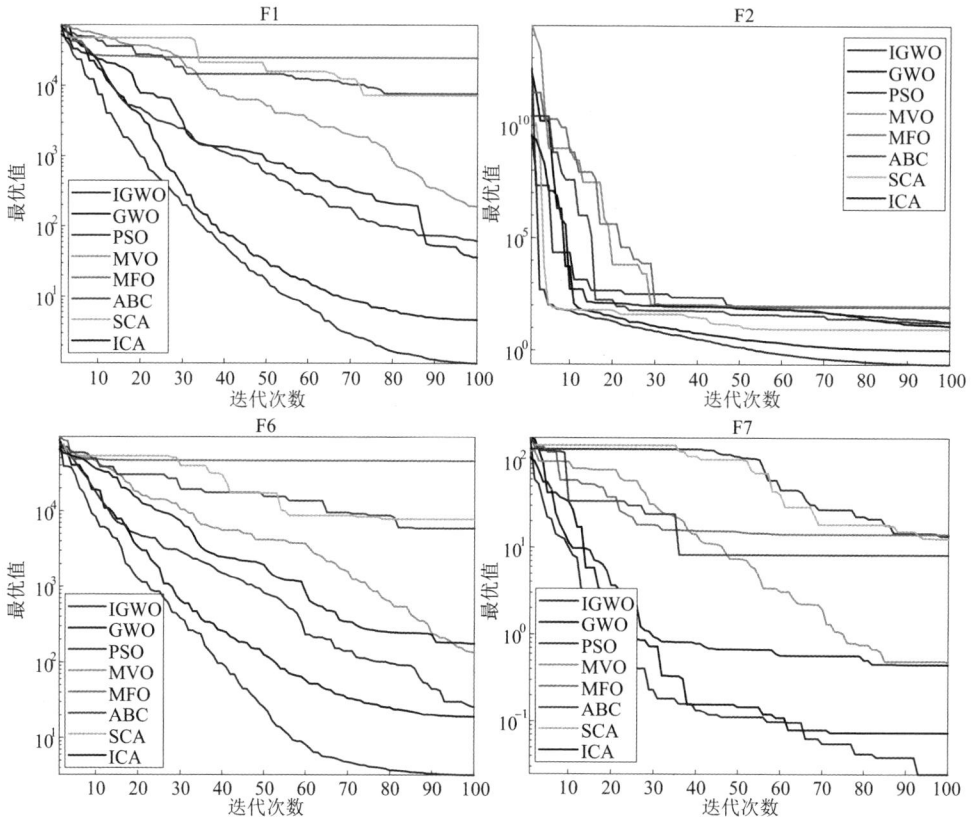

图 4-11 基准函数的收敛性对比结果

(扫本章二维码查看彩图)

4.3.2 *K* 近邻方法

K 近邻(*K*-nearest neighbor, KNN)是一种
最经典和最简单的有监督学习方法之一
(Denoeux, 1995)。*K* 近邻算法是最简单的分
类器，没有显式的学习过程或训练过程，是懒
惰学习(lazy learning)。当对数据的分布只有
很少或者没有任何先验知识时，*K* 近邻算法是
一个不错的选择。KNN 算法可以用一句俗语
来描述，即物以类聚，人以群分。图 4-12 所
示为 KNN 实例的类别。当要判断绿色实例的

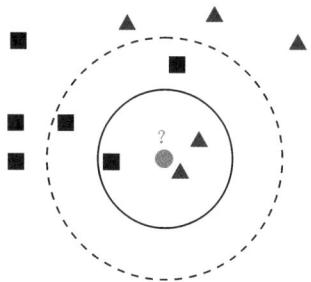

图 4-12 KNN 实例的类别

(扫本章二维码查看彩图)

类别时，首先看它的附近有哪些类，然后采取多数表决的决策规则(红色 2 个多
于蓝色 1 个)，最后将绿色实例也归为红色那一类。

　　K 近邻算法既能够用来解决分类问题，也能够用来解决回归问题。该方法的
基本原理是：当对测试样本进行分类时，首先通过扫描训练样本集，找到与该测
试样本最相似的训练样本，根据这个样本的类别进行投票，确定测试样本的类
别；也可以通过单个样本与测试样本的相似程度进行加权投票；如果需要以测试
样本对应每类的概率的形式输出，可以通过单个样本中不同类别的样本数量分布
来进行估计。

　　K 近邻法三要素：距离度量、K 值的选择和分类决策规则。常用的距离度量
是欧氏距离及 L_p 距离。K 值越小时，K 近邻模型越复杂，越容易发生过拟合；K
值越大时，K 近邻模型越简单，越容易欠拟合。因此 K 值的选择会对分类结果产
生重大影响，它反映了对近似误差与估计误差的权衡，通常通过交叉验证选择最
优的 K 值。分类决策规则往往是多数表决，即由输入实例的 K 个邻近输入实例中
的多数类决定输入实例的类(刘应东和牛慧民，2011)。

　　设特征空间 x 是 n 维实数向量空间，x_i，$x_j \in \Omega$，$x_i = (x_1^{(1)}, x_2^{(2)}, \cdots, x_i^{(n)})^T$，
$x_j = (x_1^{(1)}, x_2^{(2)}, \cdots, x_j^{(n)})^T$，则 x_i，x_j 的 L_p 距离定义为：

$$L_p(x_i, x_j) = \left(\sum_{i=1}^n |x_i^{(i)} - x_j^{(j)}|^p \right)^{\frac{1}{p}} \tag{4-23}$$

式中，$p=1$ 时为曼哈顿距离；$p=2$ 时为欧式距离；$p=\infty$ 时为切比雪夫距离。

　　为了选择好的模型，可以采用交叉验证方法选取 K 值。交叉验证的基本思想
是重复使用数据，对给定的数据进行切分，将切分的数据组合为训练集与测试
集，在此基础上反复进行训练测试及模型的选择。

　　KNN 使用的分类决策规则是多数表决，如果损失函数为 0-1，则要使误分类
率最小，即经验风险最小，多数表决规则实际上等同于使经验风险最小化。

　　实现 K 近邻算法时，主要考虑的问题是如何对训练数据进行快速 K 近邻搜
索。实现 K 近邻算法最简单的方法是线性扫描，也就是先计算输入实例到每一个
训练实例的距离，然后取前 K 个距离最短的实例并通过多数表决规则进行分类。
如果训练集的数据量很大，则这种方法不可行。

4.3.3　支持向量机方法

　　支持向量机(support vector machines，SVM)是一类按监督学习方式对数据进
行二元分类的广义线性分类器，通过构建一个最优超平面，将不同类别的数据样
本分隔开来，并且具有最大的间隔，同时又可以将问题转化为一个求解凸二次规
划的问题(Hearst et al.，1998)。SVM 是一种基于统计学习理论的分类方法，对于

解决小样本、非线性问题具有突出的学习能力(陈冰梅等，2010；李广等，2022)。

设样本集为 $\{(X_i, y_i), i = 1, 2, \cdots, n, X \in R^d\}$，$y \in \{-1, 1\}$ 是输入训练样本点的类别值。在 d 维空间线性判别函数的一般形式为 $g(X) = W \cdot X + b$，分类面方程为：

$$W \cdot X + b = 0 \tag{4-24}$$

将判别函数归一化，然后等比例调节系数 W 和 b，使两类所有样本都满足 $|g(X)| \geq 1$，分类间隔为 $2/\|W\|$，求间隔最大值转变为求 $\|W\|$ 最小值的问题。

设满足 $|g(X)| = 1$ 的样本点与分类线距离最小，并决定最优分类线，即支持向量。将最优分类面的问题转化为优化问题，引入拉格朗日乘子后又转化为对偶问题：

$$\min Q(\alpha) = \frac{1}{2} \sum_{i, j = 1}^{n} \alpha_i \alpha_j y_i y_j K(X_i, X_j) - \sum_{i = 1}^{n} \alpha_i$$

$$\text{s.t.} \quad \alpha_i \geq 0 (i = 1, 2, \cdots, n) \tag{4-25}$$

$$\sum_{i = 1}^{n} y_i \alpha_i = 0$$

式中，$K(X_i, X_j)$ 为核函数。

由此，可得到最优分类函数为：

$$f(x) = \text{sgn}\left\{ \sum_{i = 1}^{n} \alpha_i^* y_i K(X_i, X) + b^* \right\} \tag{4-26}$$

式中，sgn 为符号函数；α_i^* 为对应的拉格朗日乘子；b^* 为分类阈值。

4.3.4 样本库特征学习与划分

为了分析实测 WFEM 伪随机信号与异常干扰波形的定量识别关系，建立了典型干扰类型和伪随机信号(以 7 频波为例)的样本库。图 4-13 所示是从样本库中随机选取 5 种信号的时域波形及其对应的频谱。其中样本库包含 30 个伪随机信号、30 个脉冲噪声、30 个衰减噪声、30 个三角波噪声和 30 个方波噪声，每个采样信号的采样长度为 1200，采样率为 400 Hz。

通过分析可知，有效信号幅值稳定，呈现周期性，无异常波形干扰，频谱相对稳定，其频点信息可以完全保留。含不同噪声类型的时域信号出现异常突变，信号紊乱，波形幅值增大，相应的频谱混乱和主频信息严重失真，样本库中的含噪信号将无法准确反映出原始伪随机信号的固有特征。

为了测试 IGWO 优化 SVM 参数的性能，将参数上界设为 100，下界设为 0.01，最大迭代次数设为 100，种群大小设为 10。为了优化 SVM 的惩罚因子和核函数参数，分别对粒子群优化算法(PSO)、布谷鸟搜索算法(cuckoo search, CS)

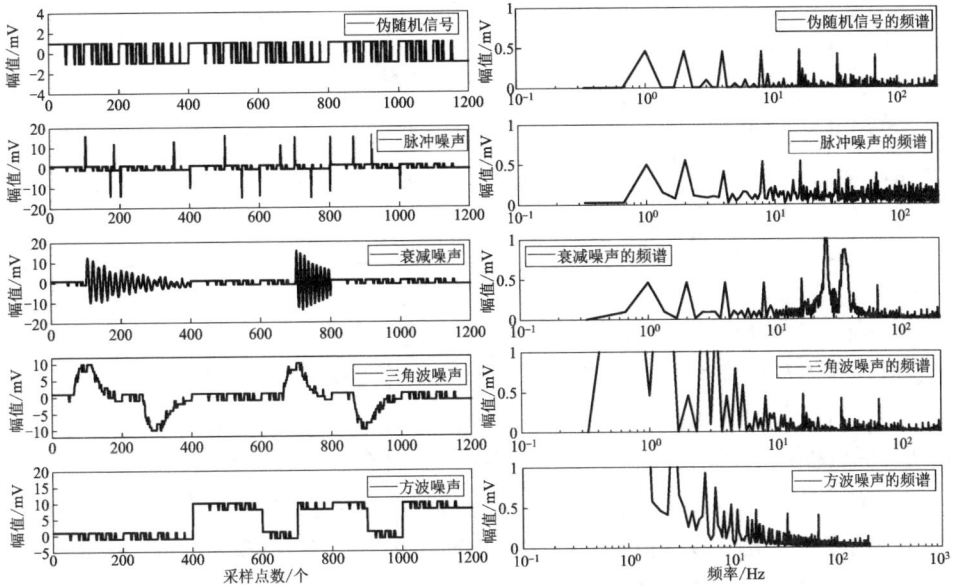

图 4-13　一组样本时域波形及对应频谱

（Yang 和 Yang，2014）和 GWO 算法优化的 SVM 参数（杨本臣和裴欢菲，2021）的样本库信号进行了比较。值得注意的是，PSO 算法中的学习因子 $c1$ 和 $c2$ 均为 1.5；CS 算法中，被主机发现的概率为 0.25。四种优化算法的性能比较如表 4-2 和表 4-3 所示，对不同优化算法处理后的最佳参数值（c、g）、均方误差（MSE）、平方相关系数（SCC）、算法迭代次数和模型准确度进行定量分析，表 4-2 和表 4-3 分别以均方差和预测误差率为优化目标函数进行定量分析。

表 4-2　以均方差为优化目标函数

方法	c	g	MSE	SCC	迭代次数	准确度	运行时间/s
PSO-SVM	64.3989	13.7455	0.0096	0.9996	214	100	137
CS-SVM	55.0840	0.4135	0.0059	0.9953	45	100	34
GWO-SVM	95.2429	0.4137	0.0058	0.9950	46	100	37
IGWO-SVM	24.4877	0.4138	0.0057	0.9955	43	100	29

表4-3   以预测误差率为优化目标函数

方法	c	g	MSE	SCC	迭代次数	准确度	运行时间/s
PSO-SVM	15.2018	52.7497	0.0096	0.9996	278	100	174
CS-SVM	0.01	100	0.1552	0.8247	124	80	97
GWO-SVM	0.01	0.01	0.1529	0.8516	30	80	36
IGWO-SVM	28.1274	93.9011	0.0096	0.9996	275	100	166

由表4-2可知,以MSE为优化目标函数时,四种优化算法虽能优化SVM参数,但其性能和效率均低于IGWO算法;IGWO算法优化SVM参数,能获得最小的MSE,且迭代次数最少和运行时间最短;当PSO优化SVM参数时,获得的SCC最大,导致迭代次数增多,PSO优化算法的效率降低。

由表4-3可知,以预测错误率为优化目标函数时,IGWO算法在保证模型准确度的前提下,也能够以相对PSO优化时较少的迭代次数获得最佳的SVM参数。CS算法和GWO算法无法保证模型准确度,导致优化结果不可靠。因此,为了更准确地划分WFEM信号和噪声,后续将MSE作为优化SVM参数的目标函数。

通过提取样本库信号的多域特征进行聚类和分类分析。图4-14所示为样本库数据聚类和分类效果。如图4-14所示,从样本库信号中提取多域特征,采用k-means聚类方法可以将样本库中的150个样本分为两类。采用FCM聚类方法,通过计算每个样本点到聚类中心的欧氏距离,自动划分样本库信号,将噪声信号和伪随机信号划分为不同类型。当WFEM数据的信号和噪声在多域特征值上相近且混乱时,采用k-means聚类方法无法选择合适的聚类中心,导致聚类效果不理想。FCM聚类方法仅用欧氏距离对样本库信号进行区分,导致WFEM数据信噪划分错误(Li, et al., 2021)。KNN方法通过测量不同特征值之间的距离进行分类。尽管样本库可以有效划分,但对于海量实测数据的信噪识别,无法精准地确定K值,可能存在误判现象。IGWO优化SVM方法是一种完全自适应且无须人为设置即可搜寻最优参数的算法。通过对样本库进行特征提取、训练与测试,可以准确地识别划分信号和噪声,通过预测效果进一步验证了优化后的SVM的准确性。因此,多域特征和参数优化的SVM方法适用于非线性及高维实测WFEM数据的信噪辨识。

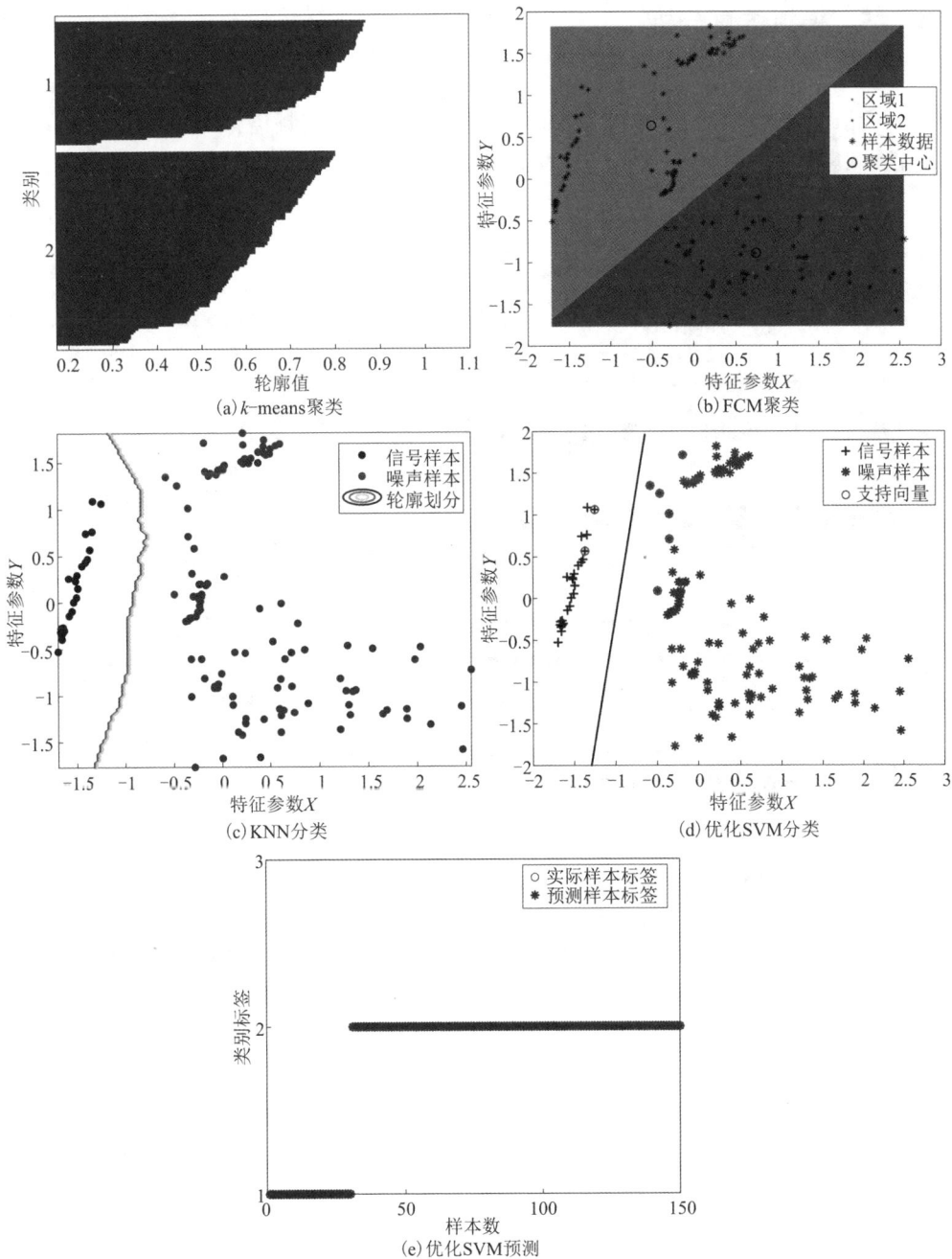

(a) k-means聚类

(b) FCM聚类

(c) KNN分类

(d) 优化SVM分类

(e) 优化SVM预测

图 4-14 样本库数据聚类和分类效果

(扫本章二维码查看彩图)

4.3.5　模拟仿真分析

为了验证本章方法的识别效果,对模拟的 WFEM 含噪信号进行了分析。图 4
-15 所示为合成的 7-2 频组数据的信噪识别结果和对应频谱,以及采用 k-means
方法、KNN 方法和 PSO-SVM 方法的对比。

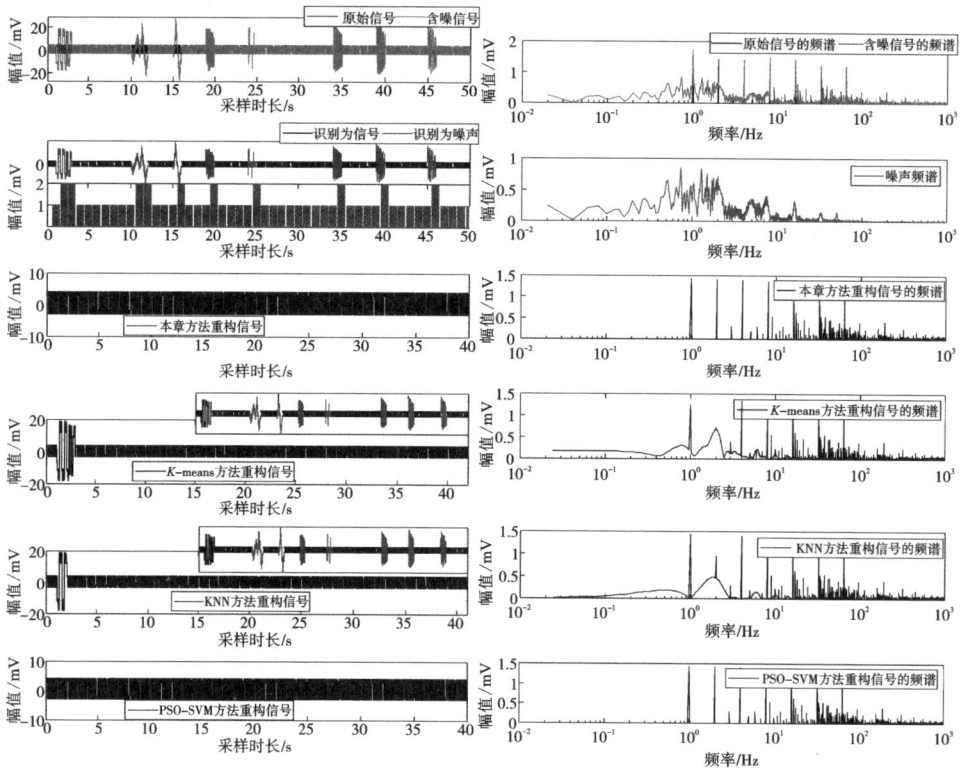

图 4-15　合成的 7-2 频组数据的信噪识别结果和对应频谱

从图 4-15 可知,原始信号为周期性的伪随机信号,在有效信号中添加不同
类型的噪声和异常波形,会使有效信号在时域和频域均出现异常及混乱,频谱中
也相应出现不同噪声的主频及其谐波,导致有效信号主频失真。对比无监督学习
方法中的 k-means 聚类,由于不同噪声类型的多域特征参数值的差异并不显著,
部分噪声数据无法准确识别,致使重构信号中仍然包含了部分噪声,频谱在 10 Hz
以下的主频信息随之失真,2 Hz 处的主频信息完全被噪声所覆盖。对比简单监督
学习方法中的 KNN 算法,由于信号中包含大小幅值不等的方波噪声,KNN 算法
中关键参数 K 值无法准确设置,重构信号中仍保留方波噪声,频谱也随之失真。

将本章所提方法进一步与 PSO 优化 SVM 方法进行比较，如图 4-15、表 4-2 和表 4-3 所示，该算法虽能有效地实现了数据的信噪辨识，但因 PSO 算法性能远低于 IGWO 算法，最终优化效率及效果欠佳，导致后续实测 WFEM 数据信噪识别精度降低。经本章所提方法处理后，多域特征参数定性地描述了信号与噪声，通过 IGWO-SVM 方法能够准确地识别出原始信号中的异常干扰部分，其分类与受噪声影响的时间段相对应，将识别到的未受到噪声影响的部分叠加，重构出原始伪随机有效信号，频谱中也明显剔除了噪声所对应的频率信息，数据质量得到明显提升。

为了定量分析本章方法的有效性，合成的 7-2 频组含噪数据在不同主频点下的电场值和误差值如表 4-4 所示。其中，误差计算如下：

$$\text{error} = \left(\frac{U_{\text{noise}} - U_{\text{real}}}{U_{\text{real}}}\right) \times 100\% \tag{4-27}$$

式中，U_{noise} 为含噪信号的电场值；U_{real} 为原始电场真值。

从表 4-4 可知，人为添加的噪声在不同时刻，异常波形在时域和频域造成有效信号出现突变和混乱，在 1~16 Hz 频段的电场值超过真实值；其中在 2 Hz 处的电场值畸变最为严重，降低至 0.7154 mV，相对误差增大至 49.85%。其原因为噪声在时域影响伪随机信号的波形，在频域影响主频值及谐波分量。采用 k-means 聚类方法处理后，主频值有所缓解，但相对误差仍然较大，无法获取更接近真实的有效值。采用 KNN 方法处理后，仅在 2 Hz 处的电场主频值降低，相对误差增大，其余主频值接近真实值且相对误差较小。采用 PSO-SVM 方法和本章方法处理后得到的电场值与实际电场值相近，最大误差分别为 0.40% 和 0.38%。

表 4-4 不同主频点下的电场值和误差值

频率	真实值	含噪值		k-means 方法		KNN 方法		PSO-SVM 方法		IGWO-SVM 方法	
F/Hz	U/mV	U/mV	相对误差/%	U/mV	相对误差/%	U/mV	相对误差/%	U/mV	相对误差/%	U/mV	相对误差/%
1	1.4465	1.7278	19.44	1.2578	13.04	1.4446	0.13	1.4523	0.40	1.4521	0.38
2	1.4264	0.7154	49.85	0.7459	47.70	0.9614	32.59	1.4298	0.24	1.4297	0.23
4	1.4026	1.3388	4.54	1.3487	3.84	1.3987	0.27	1.4050	0.17	1.4051	0.17
8	1.3607	1.5062	10.69	1.3286	2.35	1.3631	0.17	1.3645	0.28	1.3644	0.27

续表4-4

频率	真实值	含噪值		k-means 方法		KNN 方法		PSO-SVM 方法		IGWO-SVM 方法	
16	1.2678	1.4314	12.90	1.2455	17.58	1.2709	0.24	1.2719	0.32	1.2720	0.33
32	1.2175	1.2285	0.90	1.2095	0.65	1.2164	0.09	1.2152	0.18	1.2152	0.18
64	1.1922	1.1955	0.27	1.1927	0.04	1.1929	0.05	1.1923	0.008	1.1923	0.008

4.3.6 实测数据信噪辨识分析

在模拟实验分析的基础上，从海量实测数据中选取了一个几乎未受到噪声影响的测点，进行时频域及电场曲线分析。在实测数据的时域信号中添加典型噪声，综合比较本章方法的信噪识别效果和电场曲线效果，处理结果如图 4-16所示。

分析图 4-16 可知，实测数据时间域信号平稳，无明显的尺度噪声，主频幅值完全不受噪声影响，数据质量较好。人为添加噪声之后，时域信号出现异常，频域信息变得更为混乱。FCM 聚类处理效果不佳，因为 FCM 聚类根据欧氏距离来判断数据的类别，当特征参数值与聚类中心之间的高度相似或差异过大时，信号和噪声的区分也逐渐模糊，甚至无法准确识别。KNN 方法需要通过多次实验才能获得一个有效的 K 值进行定量识别。KNN 方法仅能识别小样本数据中的信号与噪声，且无法针对不同幅值不同干扰类型进行高精度的信噪辨识。本章方法对时域中的峰峰值和脉冲因子，频域中的平均频率，时频域中的小波奇异熵进行特征提取，再利用 IGWO-SVM 方法实现噪声识别和噪声去除，对识别出的无异常信号进行叠加，重构有效伪随机信号，频谱信息也得到高度还原。同时，分析图 4-16(b)的电场曲线，原始数据对应的电场曲线稳定且无异常跳变，加入噪声后电场曲线出现不同频点的波动。由于采用 FCM 聚类方法无法准确识别出时间域中的噪声位置，获取的电场曲线仍然不稳定且突变。采用 KNN 方法在时间域中有效地识别了噪声波形，且获得较为稳定的电场曲线。因 KNN 方法需要人为设置 K 值，无法准确地为海量 WFEM 数据处理提供技术支持。经本章方法处理后，利用数字相干技术提取有效频谱中的主频幅值，显著地恢复了原始电场曲线的趋势及形态，能为后续实测 WFEM 数据去噪处理提供自适应的噪声识别与压制技术。

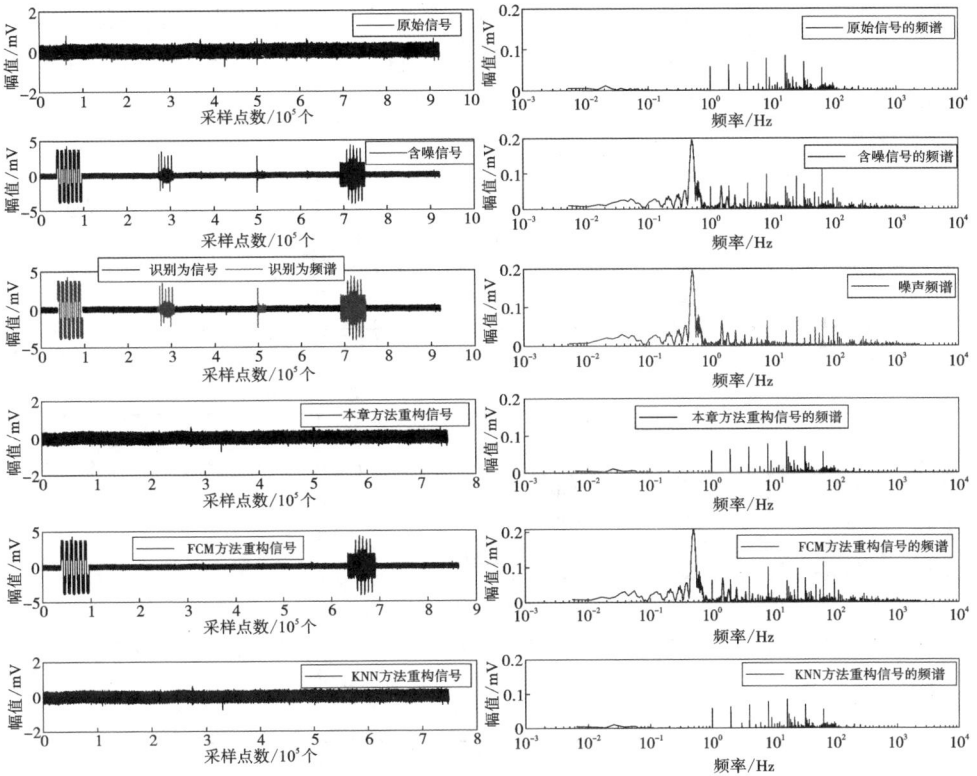

(a) 实测数据信噪识别及频谱

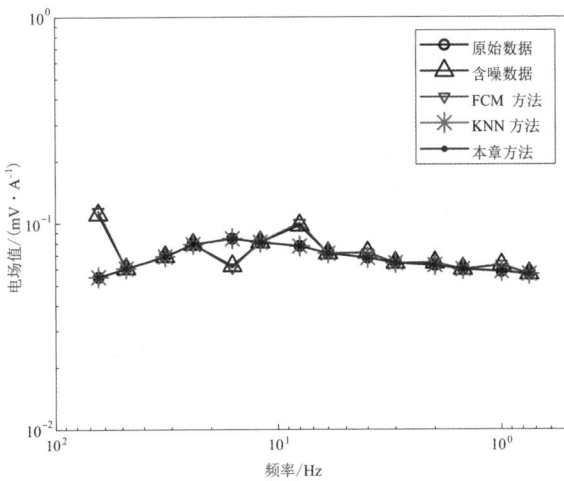

(b) 电场曲线对比

图 4-16　实测数据信噪识别方法对比及电场曲线对比

图 4-17 所示为实测数据信噪识别及重构效果。分析图 4-17 可知，实测信号受到各种异常突变的影响，导致时间域波形幅值增大。通过提取多域特征并结合 IGWO-SVM 分类对噪声数据或异常波形进行高精度识别，最终将识别的有效信号保留，重构了无异常波形的时域信号。

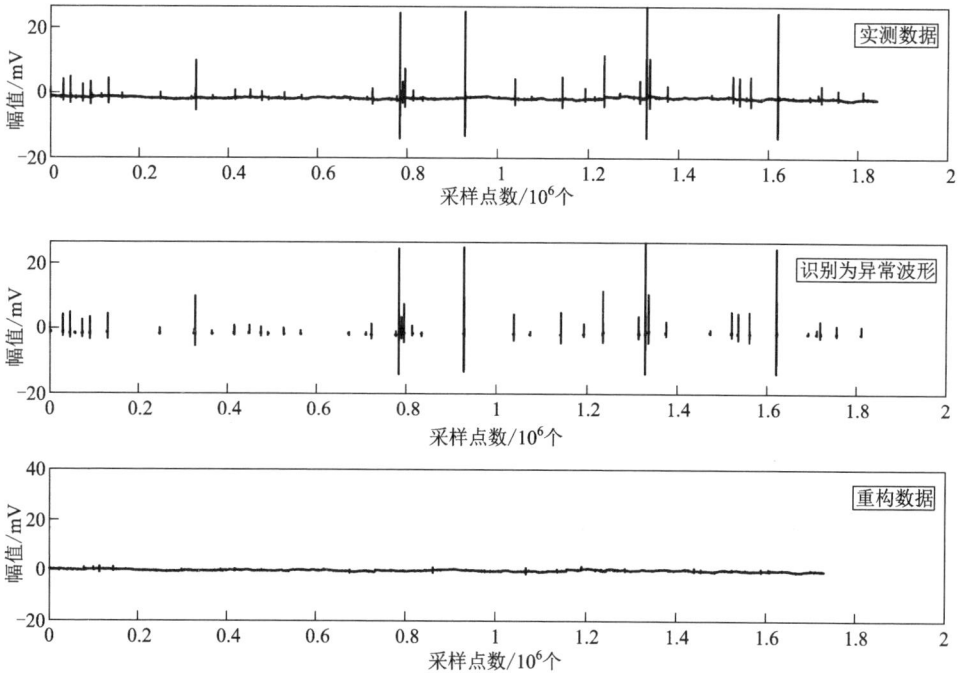

图 4-17　实测数据信噪识别及重构效果

以上分析了采用本章方法在时域和频域中的处理效果，现对比分析采用本章方法处理前后实测点(S_1、S_2、S_3)的电场曲线，如图 4-18 所示。

从图 4-18(a)可知，用本章方法对高质量 WFEM 数据进行处理后，电场曲线仍能保持原始数据的电场曲线形态。图 4-18(b)和图 4-18(c)所示分别为 7-2/7-3 频组数据的中频和 7-4/7-5 频组数据的低频段电场曲线。原始时域数据包含典型的噪声类型，导致在相应的频带内若干频点电场值上升或下降。通过高精度的识别技术不仅能消除时频域中的异常，也能提高 WFEM 数据质量，电场曲线也完全消除了频点异常跳变的影响。

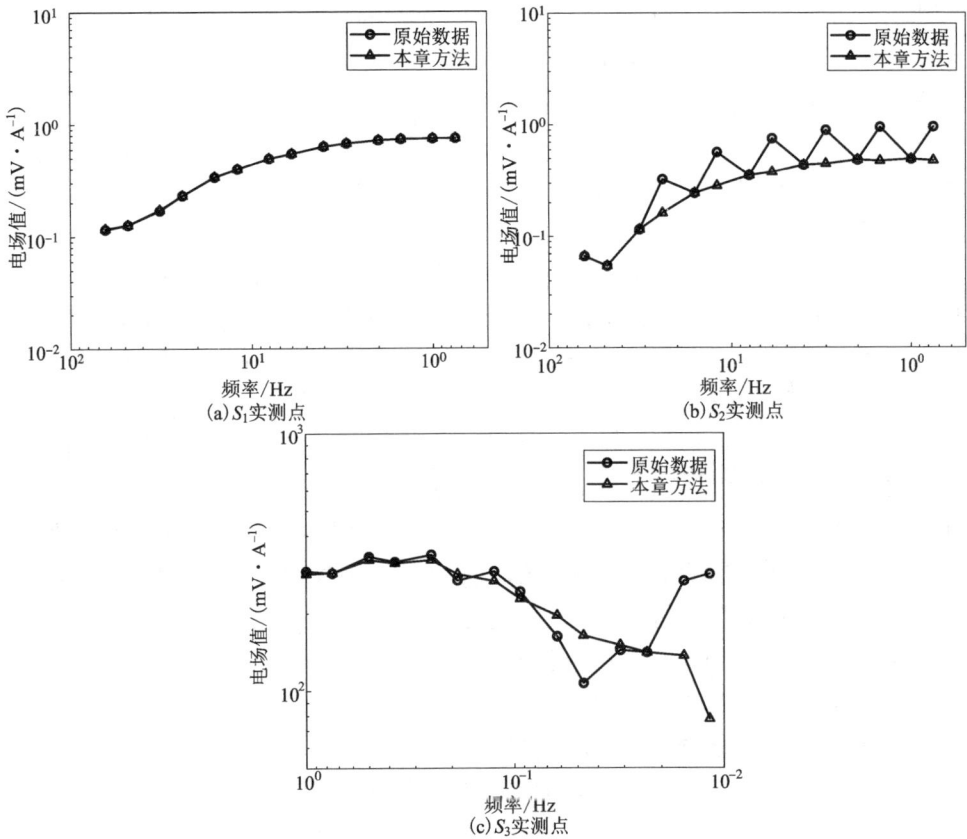

图 4-18　实测点的电场曲线处理效果

4.4　基于深度学习的信噪分离方法

浅层学习是机器学习的第一次浪潮。在 20 世纪 80 年代末期，用于人工神经网络的反向传播算法的发明，给机器学习带来了希望，掀起了基于统计模型的机器学习热潮。20 世纪 90 年代，各种各样的浅层机器学习模型被相继提出，如支持向量机、Boosting、最大熵法等（李蓉等，2002；肖江和张亚非，2003；韦征等，2007）。深度学习是机器学习的第二次浪潮，2006 年加拿大多伦多大学教授、机器学习领域的泰斗 Geoffrey Hinton 和他的学生 Ruslan Salakhutdinov 在 *Science* 上发表了一篇文章，引起了深度学习在学术界和工业界造成轰动。这篇文章有两个主要观点：一是多隐层的人工神经网络具有优异的特征学习能力，学习得到的特征对数据有更本质的刻画，从而有利于可视化或分类；二是深度神经网络在训练上的难度，能够通过"逐层初始化"（layer-wise pre-training）来有效克服。在这篇文章中，逐层初始化是通过无监督学习实现的。当前多数分类、回归等学习方法为浅层结构算法，其局限性在于在有限样本和计算单元情况下对复杂函数的表示能力有限，针对复杂分类问题，其泛化能力受到一定制约。深度学习可通过学习一种深层非线性网络结构，实现复杂函数逼近，表征输入数据分布式表示，展现了强大的从少数样本集中学习数据集本质特征的能力。

深度学习（deep learning，DL），也称为深度结构学习（deep structured learning）、层次学习（hierarchical learning）或深度机器学习（deep machine learning），是一类算法的集合，是机器学习的一个分支，也是一种基于对数据进行表征学习的算法（孙志军等，2012；王昊等，2020）。深度学习的实质是通过构建具有非常多隐层的机器学习模型和海量的训练数据，来学习更实用的特征，提升分类或预测的准确性（Goodfellow et al.，2016；周永章等，2018）。"深度模型"是手段，"特征学习"是目的，区别于传统的浅层学习。深度学习的不同之处在于：①强调了模型结构的深度，通常有 5 层、6 层，甚至 10 多层的隐层节点；②突出了特征学习的重要性，也就是说，通过逐层特征变换，将样本在原空间的特征表示变换到一个新特征空间，使分类或预测更加容易。与人工规则构造特征的方法相比，利用大数据来学习特征，更能够刻画数据的丰富内在信息。

深度学习是学习样本数据的内在规律和表示层次，这些学习过程中获得的信息对诸如文字、图像和声音等数据的解释有很大的帮助。它的最终目标是让机器能够像人一样具有分析学习能力，能够识别文字、图像和声音等数据。深度学习是一个复杂的机器学习算法，在语音和图像识别方面取得的效果，远远超过之前的相关技术。

深度学习在搜索技术、数据挖掘、机器学习、机器翻译、自然语言处理、多媒体学习、语音、推荐和个性化技术，以及其他相关领域都取得了一定的成果。深度学习使机器模仿人类的视听和思考等活动，解决了很多复杂的模式识别难题，使得人工智能相关技术取得了很大进步。

本节提出一种基于深度学习的时间域信噪分离方法。利用去趋势波动分析法改善固有时间尺度分解，进而消除原始数据的趋势项；同时利用算术优化算法优化概率神经网络（arithmetic optimization algorithm optimized probabilistic neural network，AOA-PNN），实现广域电磁法数据智能化的信噪识别技术。本节同样选取上述所提的多特征参数，重点针对数据去趋势和算术优化算法改进概率神经网络的参数，获取最佳概率神经网络模型进行广域电磁法数据的信噪分离处理，改善无监督学习和监督学习方法在信噪分离技术上的精度。本节实验表明，原始数据中的趋势被有效消除,噪声被有效识别及剔除,重构数据更完整地反映出伪随机信号特征,数据质量得到了进一步的提升,为后续反演解释提供了更为真实的原始数据信息。

4.4.1　去趋势波动分析方法

去趋势波动分析(detrended fluctuation analysis,DFA)是一种研究时间序列长程相关性的方法,该方法于1994年被Peng等提出,在检测DNA内部分子链的相关性方面得到了广泛应用(Peng, et al., 1994)。算法步骤如下。

给定一个时间序列 $\{x(i)\}$,$i=1$,2,$\cdots$,N,计算累积离差并转换为新序列 $y(t)$:

$$y(t) = \sum_{i=1}^{t} \left[x(i) - \bar{x} \right] \tag{4-28}$$

式中,$\bar{x}$ 为时间序列的平均值,$\bar{x} = \dfrac{1}{N} \sum_{i=1}^{N} x(i)$ 。

将 $y(t)$ 以等距离 n 划分为不重叠的 m 个区间,n 为区间长度,即时间尺度,m 为区间(或窗口)数量,即 N/n 的整数部分。对每一段序列采用最小二乘法线性拟合出局部趋势 $y_n(t)$,拟合多项式的阶数可以是一阶的、二阶的或更高阶的;拟合的阶数反映了趋势被消除的程度,阶数越高,趋势被消除的效果越好,但计算时间相应增加。

对 $y(t)$ 剔除每个区间的局部趋势,并计算新序列的均方根:

$$F(n) = \sqrt{\frac{1}{N} \sum_{t=1}^{N} \left[y(t) - y_n(t) \right]^2} \tag{4-29}$$

改变窗口长度 n ,重复式(4-29),得到不同窗口长度与其对应的平均波动 $F(n)$ 的关系曲线。一般情况下,$F(n)$ 随着 n 增大而增大。如果时间序列存在幂律长程相关性,则 $F(n)$ 、n 的双对数图中存在线性关系,即为长程相关现象:

$$F(n) \propto n^{\alpha} \tag{4-30}$$

式中,α 为标度指数,是用最小二乘法拟合直线的斜率。如果序列服从上述幂律关系,说明原始信号中存在尺度不变性,即标度指数不随时间窗口 n 的变化而变化(李兆飞等,2012;周静和吴效明,2016)。

4.4.2 固有时间尺度分解方法

Frei 和 Osorio 在 2007 年提出了一种针对非线性、非平稳信号的分解算法，即固有时间尺度分解（intrinsic time-scale decomposition，ITD）（Frei 和 Osorio，2007）。ITD 克服了 EMD 及傅里叶变换和小波变换的一些缺陷，计算速度快，算法简单。ITD 自适应地将信号分解成一系列频率由高到低的 PR 分量和一个单调的残余分量。对于给定的离散信号 X_t，ITD 的分解步骤如下。

（1）假设 $\{\tau_k, k=1, 2, \cdots, N\}$ 为信号 X_t 的局部极值点。为了计算方便，使 $\tau_0 = 0$，先对原始信号求取极值点 X_k，然后按照下式求解基线控制点 L_k：

$$L_{k+1} = \alpha \left[X_k + \left(\frac{\tau_{k+1}-\tau_k}{\tau_{k+2}-\tau_k} \right) (X_{k+2}-X_k) \right] + (1-\alpha) X_{k+1} \tag{4-31}$$

式中，α 为旋转分量幅度的增量控制，$\alpha \in [0, 1]$，一般取 0.5。

（2）假设基线信号 L_t 和固有旋转分量 H_t 在 $[0, \tau_k]$ 上有定义，X_t 在 $t \in [0, \tau_{k+2}]$ 上有定义。在连续极值区间 $[\tau_k, \tau_{k+2}]$ 上定义一个基线提取算子 L，则

$$LX_t = L_t = L_k + \left(\frac{L_{k+1}-L_k}{X_{k+1}-X_k} \right) (X_t-X_k) \tag{4-32}$$

（3）将 X_t 分解成一个 H_t 分量和一个 L_t 分量：

$$HX_t = (1-L)X_t = H_t = X_t - L_t \tag{4-33}$$

（4）判断 L_t 是否单调，若满足单调条件，则循环结束，否则将 X_t 作为原始信号重新从第（1）步开始分解。由于 ITD 将原始信号 X_t 分解成多个 PR 分量和一个残余量，因此原始信号的表达式为：

$$X_t = HX_t + LX_t = HX_t + (H+L)LX_t = [H(1+L)+L^2]X_t = \left(H\sum_{k=0}^{p-1}L^k + L^p \right) X_t \tag{4-34}$$

式中，HL^k 为第 $k+1$ 阶旋转分量；L^p 为残余分量，即频率最低的循环截止时的基线提取信号。

ITD 方法中基线信号的产生是基于相邻极值点间每一段分段信号的线性变换。这种方式虽然维持了极值点间的单调特性，但从第二个 PR 分量开始会出现毛刺，有明显的波形失真。因此，将线性变换替换为分段三次 Hermite 插值处理，改善基线信号，保持数据的单调性和端点效应，即改进的固有时间尺度分解（IITD）（程军圣等，2013；Yu et al.，2015）。

通过构造一个模拟信号，对 ITD 分解效果进行验证。模拟信号如下：

$$\text{Sig} = [5+2\sin(5\pi t)] \cdot \cos(160\pi t) + 6\cos(40\pi t) + 2\cos(6\pi t) \tag{4-35}$$

图 4-19 所示为 ITD 效果对比，由图 4-19 可知，构造的模拟信号能被有效分解为不同的层数，其每个旋转分量（proper rotation，PR）对应了不同的信号成分。分段三次 Hermite 插值代替了线性变换，有效地改善了 PR_2 出现的波形失真现象，如图 4-19（b）所示。

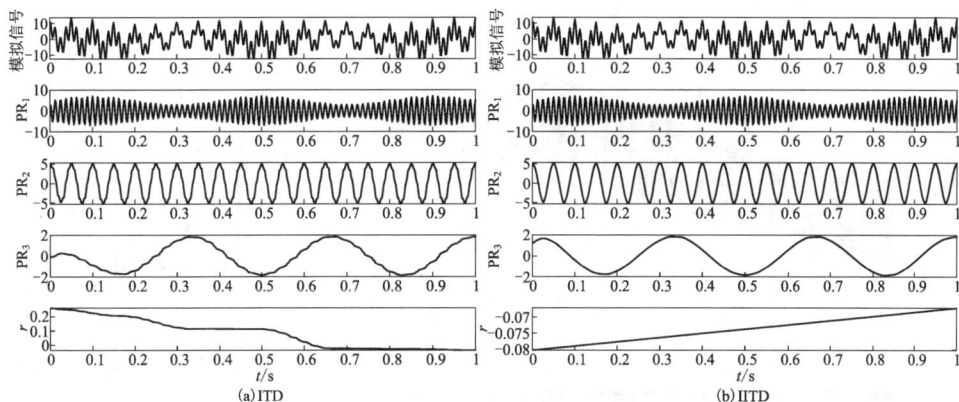

图 4-19　固有时间尺度分解效果对比

4.4.3　去趋势流程与分析

本节针对原始数据的去趋势项处理的流程如图 4-20 所示。首先将待处理信号进行 ITD 分解，自适应获得多个 PR 分量和一个残余分量；然后针对 PR 分量进行去趋势波动分析，计算每个 PR 分量的标度指数，并选取大于 0.75 的分量进行叠加（Mert 和 Akan，2014）；最后获取重构信号，消除原始数据的趋势项。图 4-21 所示为模拟信号去趋势后的时频域处理效果。

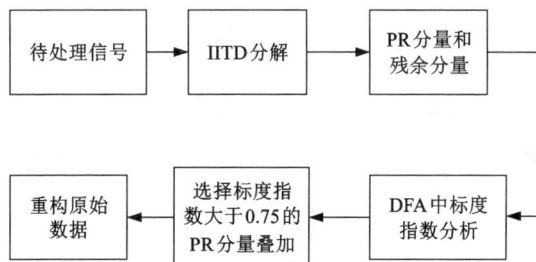

图 4-20　去趋势项处理流程

分析图 4-21 可知，含趋势噪声的伪随机信号随着某个趋势逐渐上升，对应频谱的低频段上升，主频值增大。通过去趋势波动分析优化固有时间尺度分解来消除趋势噪声，改善含趋势伪随机信号对频谱的影响，还原原始伪随机信号时频域的固有特征。

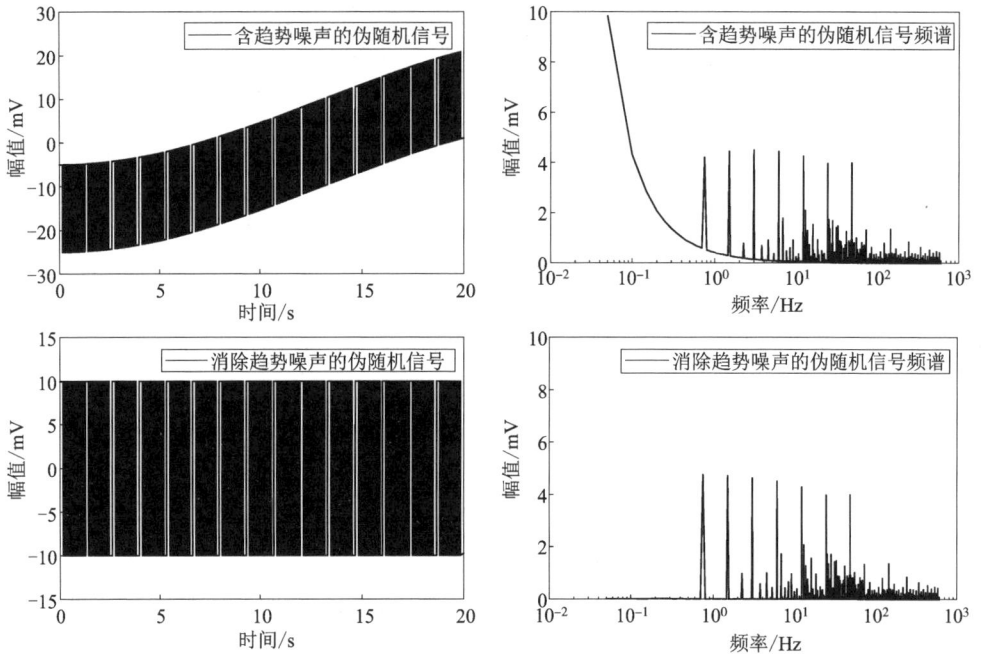

图 4-21　模拟信号去趋势后的时、频域处理效果

4.4.4　算术优化算法

算术优化算法(arithmetic optimization algorithm，AOA)是在 2021 年由 Abualigah 等人提出的基于四则混合运算思想设计的元启发式优化算法。该算法具有收敛速度快、精度高等特点(Abualigah et al.，2021)。AOA 根据算术操作符的分布特性来实现全局寻优，是一种元启发式优化算法。AOA 算法分为三部分，其通过数学优化器加速函数选择优化策略，利用乘法策略与除法策略进行全局搜索，提高解的分散性，增强算法的全局寻优与克服早熟收敛能力，实现全局探索寻优(郑婷婷等，2022)。开发阶段利用加法策略与减法策略降低解的分散性，有利于种群在局部范围内的充分开发，加强算法的局部寻优能力。其具体算法流程如下。

（1）初始化。

（2）在 AOA 中，定义个体的位置矢量用于在 d 维空间中搜索。算术优化算法中的位置向量由维度为 d 的 N 个个体组成。因此，种群向量由 $N×d$ 阶矩阵构成。

（3）数学优化加速函数。

AOA 通过数学优化器加速函数（math optimizer accelerated，MOA）选择搜索阶段：

当 $r_1>$MOA 时，AOA 进入全局探索阶段；

当 $r_1<$MOA 时，AOA 进入局部开发阶段；

$$\text{MOA}(t)=\text{Min}+t×\left(\frac{\text{Max}-\text{Min}}{T}\right) \tag{4-36}$$

式中，r_1 为 0~1 的随机数；Min 与 Max 分别为加速函数的最小值和最大值，分别为 0.2 和 1。

（4）探索阶段。

（5）AOA 通过乘法运算与除法运算实现全局搜索。

（6）当 $r_2>0.5$ 时，执行乘法搜索策略。

（7）当 $r_2<0.5$ 时，执行除法搜索策略。

（8）其中，位置更新公式为：

$$X(t+1)=\begin{cases}X_b(t)÷(\text{MOP}+\varepsilon)×[(\text{UB}-\text{LB})×\mu+\text{LB}], & r_2<0.5 \\ X_b(t)×\text{MOP}×[(\text{UB}-\text{LB})×\mu+\text{LB}], & r_2\geq0.5\end{cases} \tag{4-37}$$

式中，$r_2\in[0,1]$；μ 为调整搜索过程的控制参数，通常为 0.499；ε 为极小值；UB 为搜索范围上界；LB 为搜索范围下界。数学优化器概率（math optimizer probability，MOP）计算公式为：

$$\text{MOP}(t)=1-\frac{t^{\frac{1}{\alpha}}}{T^{\frac{1}{\alpha}}} \tag{4-38}$$

式中，α 为敏感参数，定义了迭代过程中的局部开发精度，通常为 5。

（9）开发阶段。

AOA 通过加法运算与减法运算实现局部开发，位置更新公式为：

$$X(t+1)=\begin{cases}X_b(t)-\text{MOP}×[(\text{UB}-\text{LB})×\mu+\text{LB}], & r_3<0.5 \\ X_b(t)+\text{MOP}×[(\text{UB}-\text{LB})×\mu+\text{LB}], & r_3\geq0.5\end{cases} \tag{4-39}$$

式中，$r_3\in[0,1]$，是随机数。开发阶段与搜索阶段的过程相似，有助于帮助搜索区域找到最优解并保持候选解的多样性。图 4-22 为使用加减乘除运算符使 AOA 收敛到最佳区域的示意图。

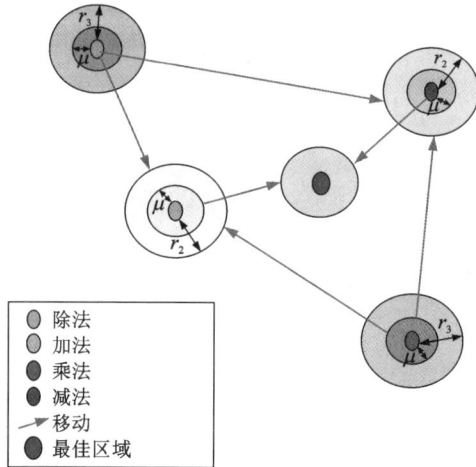

图 4-22　运算符引导个体收敛至全局最优点

4.4.5　概率神经网络方法

概率神经网络(probabilistic neural network，PNN)模型是一种前馈神经网络模型。它通过核密度估计法(Parzen 窗)得到条件概率密度值，利用贝叶斯决策对样本进行分类，由给定的训练样本构成的隐中心矢量进行无参数训练，具有收敛速度快、预测精度高(Burrascano，1991)的特点。PNN 结构简单，主要分为输入层、隐含层、求和层、输出层。其网络结构如图 4-23 所示(张丹等，2019)。

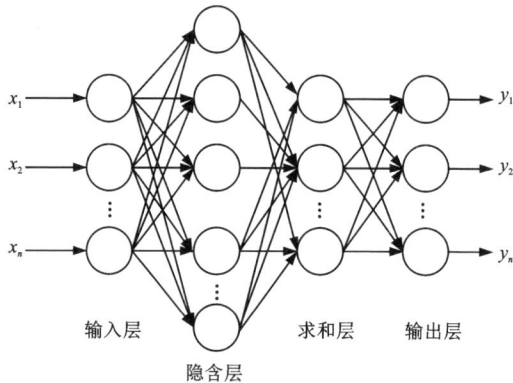

图 4-23　PNN 网络结构

(1)输入层：输入训练与测试数据，其中节点个数为样本的特征维数。

(2)隐含层：用于计算测试样本与隐中心矢量的距离。输入测试样本与第 i 类的第 j 个中心矢量确定的输入输出关系可表示为：

$$\varphi_{ij}(x) = \frac{1}{\sqrt{2\pi}\,\sigma^d} \exp\left[-\frac{(x-x_{ij})(x-x_{ij})^{\mathrm{T}}}{\sigma^2}\right] \tag{4-40}$$

式中，σ 为平滑因子；d 为样本的特征维数。

（3）求和层：将隐含层中同属于前景/背景的输出值加权平均后输出。可表示为：

$$S_i = \frac{\displaystyle\sum_{j=1}^{N_i} \varphi_{ij}(x)}{N_i} \tag{4-41}$$

式中，N_i 为隐中心矢量的个数；S_i 为测试样本与前景的关系。

（4）输出层：输出的概率值 $\mathrm{argmax}(S_i)$。

输入层用于接收来自训练样本的值，将数据传递给隐含层，神经元个数与输入向量长度相等。每一个隐含层的神经元节点拥有一个中心，接收输入层的样本输入，计算输入向量与中心的距离，最后返回一个标量值，神经元个数与输入训练样本个数相同。

输入层的设置：神经元个数是特征向量维数，在输入层中，通过网络计算输入向量与所有训练样本向量之间的距离。

隐含层的设置：神经元个数是训练样本的个数。

求和层的设置：神经元个数是类别个数，将隐含层的输出按类相加。

输出层的设置：神经元个数为 1，判决结果由输出层得到，输出结果中只有一个 1，其余结果都是 0，概率值最大的那一类输出结果为 1。

4.4.6　AOA-PNN 原理

判断概率神经网络性能优劣的关键在于平滑因子的选取，传统的 PNN 方法是根据经验选取某固定值。在实际工程问题中，这种做法缺乏理论依据，不能充分发挥 PNN 的作用，具有很大的局限性。因此，搭建自适应的概率神经网络，有利于改善 PNN 的性能，实现智能优化与自动分类处理（董和夫等，2022）。本章将预测误差作为适应度函数，利用算术优化算法对概率神经网络的平滑因子参数进行寻优，以改善参数经验选取导致识别率降低的问题。具体流程见图 4-24。

AOA-PNN 的具体流程如下。

步骤一：AOA 参数初始化，其中，参数为种群规模、空间维度、最大迭代次数等。

步骤二：将预测误差作为适应度函数，计算适应度，并更新最优值。

步骤三：根据式（4-36）和式（4-38）更新数学优化器加速函数（MOA）和数学优化器概率（MOP）。

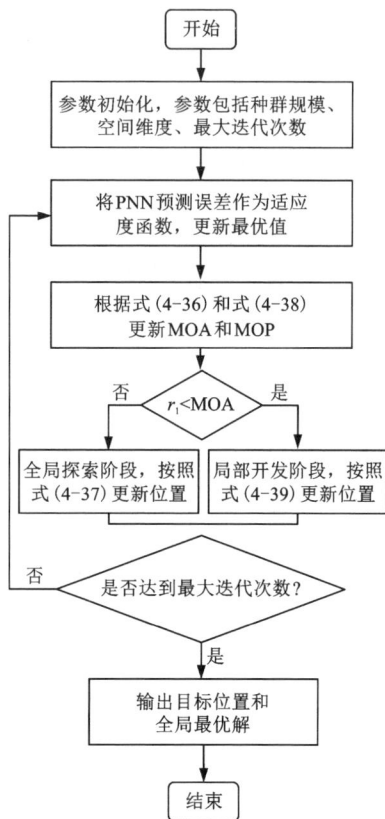

图 4-24　AOA-PNN 流程

步骤四：判断 r_1 与 MOA 的大小，当 $r_1>MOA$ 时，AOA 进入全局探索阶段；当 $r_1<MOA$ 时，AOA 进入局部开发阶段。

步骤五：循环迭代至最大迭代次数，输出目标位置和全局最优解，即获取最优 PNN 的平滑因子值。

4.4.7　模拟分析

图 4-25 所示为本章 4.2.4 节样本库信号的特征分布。由图 4-25 可知，不同的噪声类型具有不同特征参数值。伪随机信号在特征参数值上稳定，对比其余噪声类型，具有明显的差异度，可为后续信噪识别提供有效途径。

图 4-26 所示为样本库信号的优化 PNN 预测效果。由图 4-26 可知，从样本库信号中提取了多个特征参数，经过优化的 PNN 能有效将信号与噪声进行划分。针对样本库信号的预测分类，实际结果与预测结果完全吻合，进而验证了优化 PNN 的预测效果，能为后续提供有利的伪随机信噪识别方式。

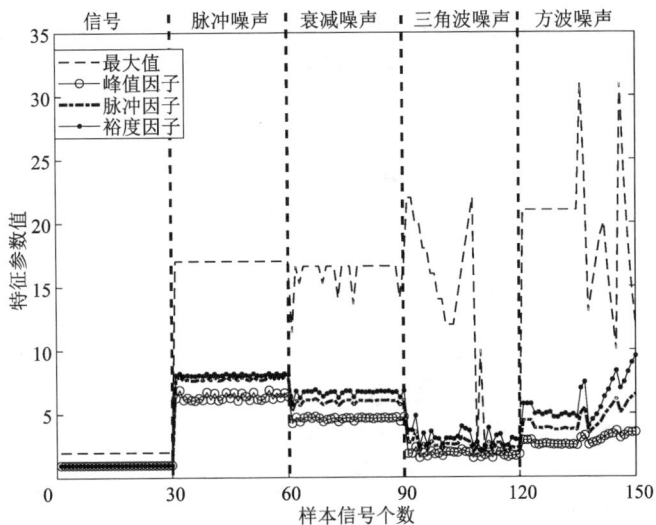

图 4-25　样本库信号的特征分布

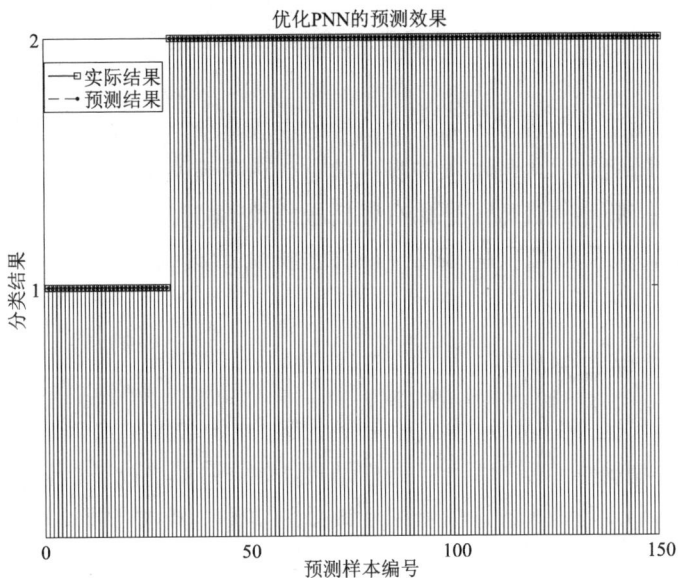

图 4-26　样本库信号的优化 PNN 预测效果

图 4-27 所示为模拟信号去趋势及信噪识别效果。由图 4-27 可知，通过在伪随机信号上添加趋势项、衰减噪声、脉冲噪声等，时间域信号中呈现一个向上的趋势，其对应的频谱出现不同频点的波动，低频段 20 Hz 以下的有效信号完全受

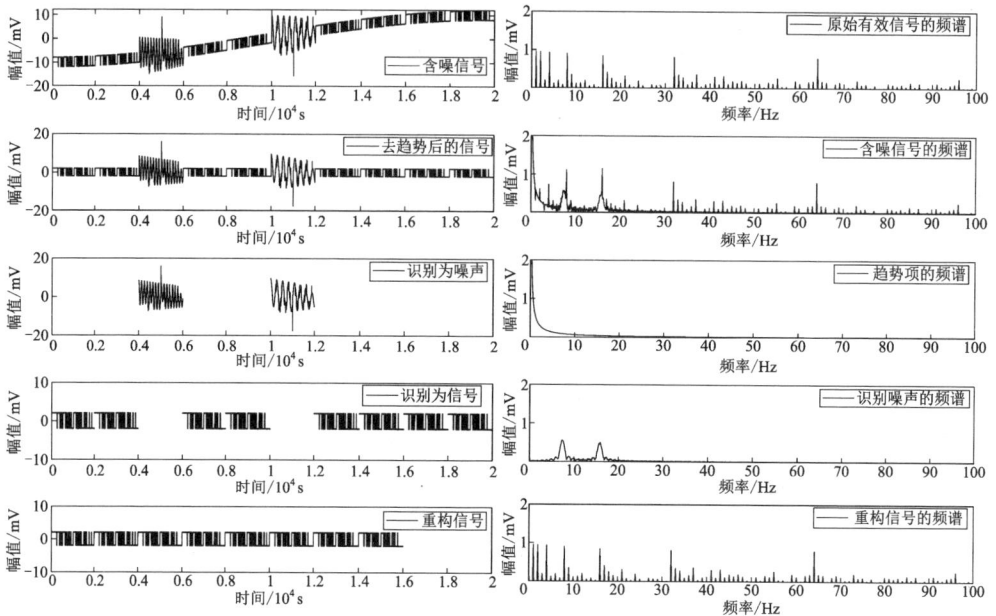

图 4-27 模拟信号去趋势及信噪识别效果

到噪声影响，无法有效提取原始有效信号的主频真值。通过本节去趋势及信噪识别处理后，伪随机信号的趋势项和噪声被有效识别及去除，重构信号基本消除了异常噪声影响，频谱也还原了原始有效信号的频谱特征。样本库的特征分布和优化 PNN 预测效果及模拟实验表明，该方法能为后续实测数据提供可靠的处理结果。

4.4.8 实测数据分析

对云南某矿区 WFEM 实测数据进行处理，原始数据的时间域序列中包含了趋势噪声和典型的噪声干扰类型，处理结果如图 4-28~图 4-30 所示。

图 4-28 所示为实测数据信噪识别效果。实测 7 频波数据采样率不同、采集时长不同，难免受到复杂噪声的影响，时间域序列中出现不同的异常波形，导致伪随机信号幅值发生畸变。通过特征提取与优化 PNN 预测识别，能有效辨识出时间域序列中的异常波形，伪随机信号能被高精度识别且保留，重构信号中完全消除了异常波形或噪声的影响。图 4-29 所示为实测数据去趋势分析和信噪识别效果。实测数据中存在明显的趋势变化和异常突变信号，导致原始数据出现基线漂移，幅值不稳定，这种类型的时间域数据将导致有效信号的频谱真值被噪声覆盖，无法提取伪随机信号的有效频谱幅值。通过 DFA 结合 ITD 方法，能有效提取

原始数据中的趋势变化，重构去趋势后的原始数据符合伪随机信号在基线附近波动的特点。进一步利用优化 PNN 进行信噪辨识，有效甄别出去趋势后数据中的异常或噪声波形，对识别为信号的部分按原采样率进行合并整合获取重构数据。

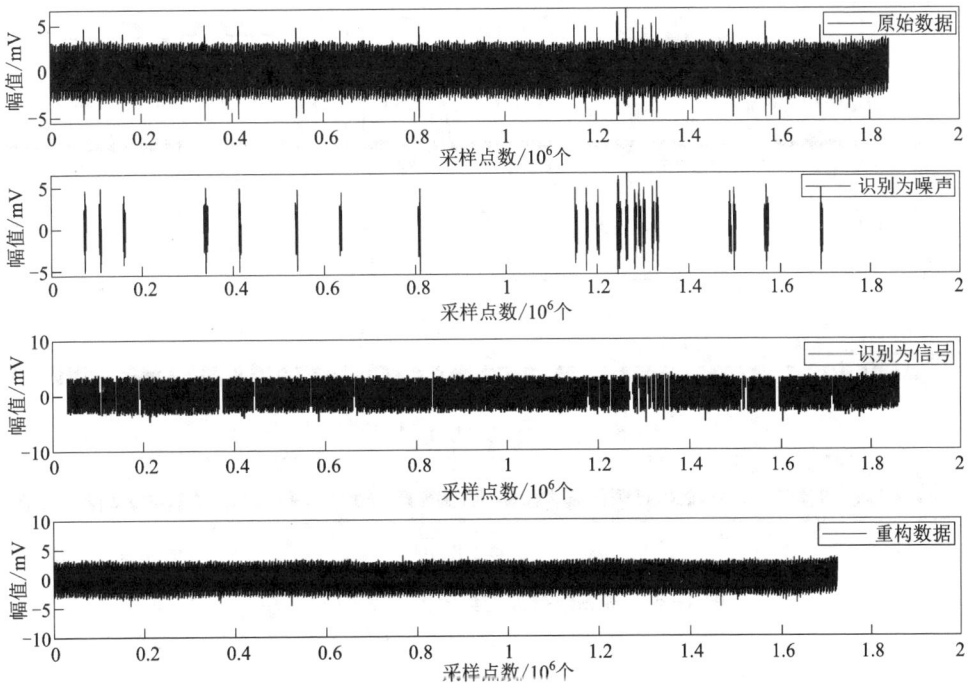

图 4-28　实测数据信噪识别效果

图 4-30 所示为实测点电场曲线处理前后对比效果，其中红色曲线表示原始数据，黑色曲线表示处理后的数据。分析图 4-30 可知，由于原始时间域序列中出现了典型的噪声干扰与异常波形，电场曲线在中、低频段呈现出不同频点的波动与跳变，导致 WFEM 原始数据质量降低。因此，电场曲线的形态无法准确地反映出地下电性结构信息。经本章方法处理后，电场曲线展现出无异常跳变且更为稳定的曲线形态，表明时间域序列中的趋势噪声与异常波形能被有效消除，数据质量得到提升。

实测数据去趋势与信噪辨识处理结果表明，基于深度学习的时间域信噪分离方法能结合特征提取、去趋势处理、智能优化、深度学习分类实现广域电磁法高精度信噪分离，提升数据质量，为后续反演解释提供可靠保障。

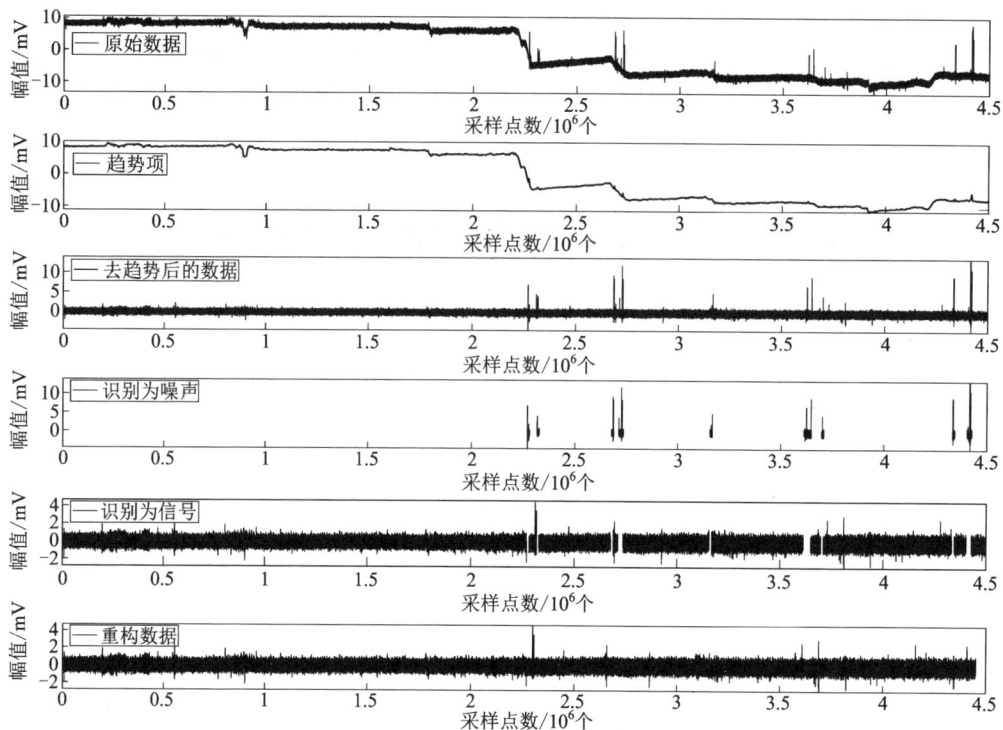

图 4-29 实测数据去趋势分析和信噪识别效果

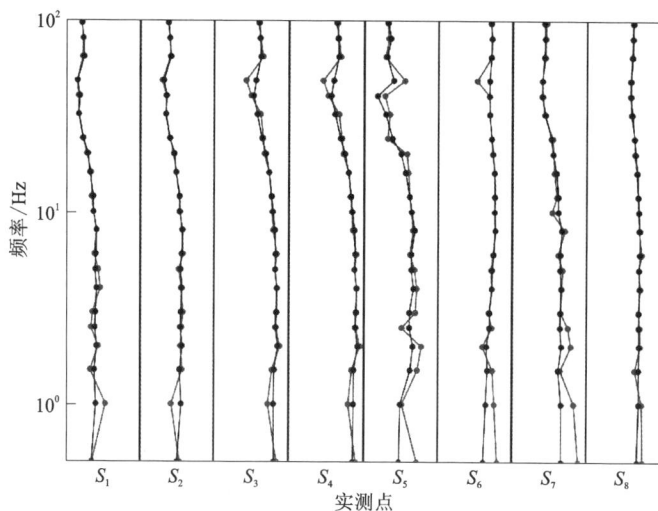

图 4-30 实测点电场曲线处理前后对比效果

(扫本章二维码查看彩图)

4.5　本章小结

本章以广域电磁法为例，在时间域利用多域多特征参数、聚类算法、智能优化算法、机器学习方法、去趋势分析法及神经网络等算法，分别研究了 2^n 序列伪随机信号与噪声的形态特征，利用去趋势、信噪辨识等智能且自适应的统计类方法，开展了仿真模拟和实测数据的高精度信噪分离处理，形成了一套时间域的信噪识别与分离技术，为时间域数据的广域电磁法信号处理提供了有效的技术支撑。

第 5 章　基于统计类的人工源频率域信噪分离方法

扫码查看本章彩图

　　在电磁法勘探中，接收机所接收到的电场或者磁场信号中除了有效信号外，还包含大量的噪声。噪声和有效信号是相对的，对于天然源电磁法而言，所有人工源电磁信号都属于噪声；相反，对于人工源电磁法而言，天然源信号属于噪声。在广域电磁法勘探中，有效信号的幅值一般在毫伏级或者微伏级。而噪声信号，特别是工业场所产生的干扰信号幅值很强，往往在毫伏级甚至达到伏特级，其影响频带也非常宽，从直流到几十赫兹甚至几百赫兹都存在（蒋奇云，2010）。实际采集到的信号含有大量噪声，尤其是大尺度噪声，使得实测数据的信噪比降低。为了减小大尺度强噪声对有效信号的影响，一般在实际信号采集中先采用冗余测量，再剔除强干扰噪声，进而利用处理后的均值作为测量结果，在一定程度上提高实采数据的信噪比。目前，常见的大尺度强噪声处理方法从原理上大致可分为三类：基于统计类的方法、基于灰度理论的方法，以及基于其他理论的方法（如小波理论等）（张必明等，2015）。本章主要介绍几种基于统计类方法的人工源频率域信噪分离方法。

5.1　电磁信号的频率域特征

　　在电磁勘探中，通常假设大地是一个线性时不变系统，是一个低通滤波器。有效信号经过大地滤波之后，其幅值和相位会发生变化，而频率不变。大地对有效信号的作用表现在信号幅度和相位的改变，这正是大地的地电特征造成的。对于频率域电磁勘探方法而言，频率越低，勘探深度越深；频率越高，勘探深度越浅。通过在地表观测经大地滤波之后的不同频率的电磁信号，利用地球物理反演得到不同频率的大地滤波系数，从而得到不同勘探深度的地电响应。这便是频率域电磁法勘探的基本原理。

5.1.1　线性时不变系统

当一个系统既满足线性叠加原理，又具有时不变特性时，称该系统为线性时不变系统(linear time invariant system，LTI)。它可以用单位冲激响应来表示，即输入端为单位脉冲序列的系统输出。线性时不变系统具有以下几个特性。

(1)齐次性。若一输入信号 $x[n]$，其系统响应为 $y[n]$，则输入信号 $Ax[n]$ 的系统响应为 $Ay[n]$，其中 A 为任意常数。即

$$y[n] = \sum_{k=-\infty}^{+\infty} x[k]h[n-k] = x[n]*h[n]$$

$$Ax[n]*h[n] = \sum_{k=-\infty}^{+\infty} Ax[k]h[n-k] = A\sum_{k=-\infty}^{+\infty} x[k]h[n-k] = Ay[n] \quad (5-1)$$

式中，$h[n]$ 为单位冲激响应。

(2)交换性。一个输入信号为 $x[n]$，单位冲激响应为 $h[n]$ 的线性时不变系统的输出与输入信号为 $h[n]$、单位冲激响应为 $x[n]$ 的输出完全相同。即

$$y[n] = x[n]*h[n] = \sum_{k=-\infty}^{+\infty} x[k]h[n-k] = \sum_{r=-\infty}^{+\infty} x[n-r]h[r] = h[n]*x[n]$$

$$(5-2)$$

(3)叠加性。线性时不变系统对输入信号 $x_1[n]$ 和 $x_2[n]$ 的响应之和等于系统对输入信号 $x_1[n]+x_2[n]$ 的响应。即

$$(x_1[n]+x_2[n])*h[n] = x_1[n]*h[n] + x_2[n]*h[n] = y_1[n]+y_2[n]$$

$$(5-3)$$

式中，$y_1[n]$ 为信号 $x_1[n]$ 的系统响应；$y_2[n]$ 为信号 $x_2[n]$ 的系统响应。

(4)线性。若线性时不变系统对输入信号 $x_1[n]$ 和 $x_2[n]$ 的响应分别为 $y_1[n]$ 和 $y_2[n]$，则输入信号 $A_1x_1[n]+A_2x_2[n]$ 的系统响应为 $A_1y_1[n]+A_2y_2[n]$。

(5)时不变性。若输入信号 $x[n]$ 的系统响应为 $y[n]$，则输入信号 $x[n-n_0]$ 的系统响应为 $y[n-n_0]$。

(6)记忆性。根据 $y[n] = \sum_{k=-\infty}^{+\infty} x[k]h[n-k]$，如果系统是无记忆的，则在任何时刻 n 的输出 $y[n]$ 仅与该时刻的输入有关，而 $\sum_{k=-\infty}^{+\infty} x[k]h[n-k]$ 只有 $k=n$ 时为非零，因此必须有：$h[n-k]=0$，$k\neq n$，即 $h[n]=0$，$n\neq 0$。所以，无记忆系统的单位冲激响应为：$h[n]=k\delta[n]$。此时输入信号 $x[n]$ 的系统响应为：$x[n]*h[n]=kx[n]$，当 $k=1$ 时，系统是恒定系统。

如果线性时不变系统的单位冲激响应不满足上述要求，则系统是记忆的。

(7)可逆性。如果 LTI 系统可逆，则一定存在一个逆系统，且逆系统也是 LTI

系统，它们级联起来构成一个恒等系统。累加器是可逆的 LTI 系统，其系统响应 $h[n]=u[n]$，其逆系统为 $g[n]=\delta[n]-\delta[n-1]$，显然也有：

$$h[n]*g[n]=u[n]*(\delta[n]-\delta[n-1])=u[n]-u[n-1]=\delta[n] \tag{5-4}$$

（8）因果性。由 $y[n]=\sum_{k=-\infty}^{+\infty}x[k]h[n-k]$ 可知，当 LTI 系统为因果系统时，在任何时刻 n 的输出 $y[n]$ 都只能取决于 n 时刻及其以前的输入，即式 $\sum_{k=-\infty}^{+\infty}x[k]h[n-k]$ 中所有 $k>n$ 的项都必须为零：

$$h[n-k]=0, k>n \text{ 或 } h[n]=0, n<0 \tag{5-5}$$

式（5-5）为 LTI 系统具有因果性的充分必要条件。

（9）稳定性。由 $y[n]=\sum_{k=-\infty}^{+\infty}x[k]h[n-k]$ 可知，若 $x[n]$ 有界，则 $|x[n-k]|\leqslant A$；若系统稳定，则要求 $y[n]$ 必有界。由

$$|y[n]|=\left|\sum_{k=-\infty}^{+\infty}h[k]x[n-k]\right|\leqslant\sum_{k=-\infty}^{+\infty}|h[k]||x[n-k]|\leqslant A\sum_{k=-\infty}^{+\infty}|h[k]| \tag{5-6}$$

可知，必须有 $\sum_{k=-\infty}^{+\infty}|h[k]|<\infty$，这是 LTI 系统稳定的充分必要条件。

线性时不变系统的上述特性奠定了信号与系统分析理论和方法的基础。如果任意输入信号都能分解为基本信号的线性组合，那么只要得到基本信号的响应，根据线性时不变系统特性，就可以将输入信号的系统响应表示成基本信号系统响应的线性组合。

5.1.2 信号与噪声在频率域的分布特征

在电磁法勘探中，假定大地是一个线性时不变系统，有效信号经过大地滤波后，其幅值和相位的变化不会因为观测时间的不同而改变。因此，在未受到电磁干扰时，多次观测的数据其幅值和相位相同；受到电磁噪声影响时，其幅值和相位会发生改变，不同周期采集的数据由于受到的干扰类型和强度不同，其幅值和相位的变化也不尽相同，因此会呈现以真值为中心向四周发散的趋势。下面以伪随机 7-2 频组信号为例，讨论伪随机理论信号受不同类型电磁噪声影响时，重复观测数据在频率域的分布特征。

图 5-1 所示为伪随机 7-2 频组理论信号与实测信号不同时间观测幅值和相位分布。理论上，伪随机信号具有周期性特征，经过大地（线性时不变系统）滤波后，其幅值和相位不会随时间的变化而变化。图 5-1（a）和图 5-1（b）所示分别为理论信号的幅值和相位，由图可知，不同时间的幅值和相位都是固定不变的。图

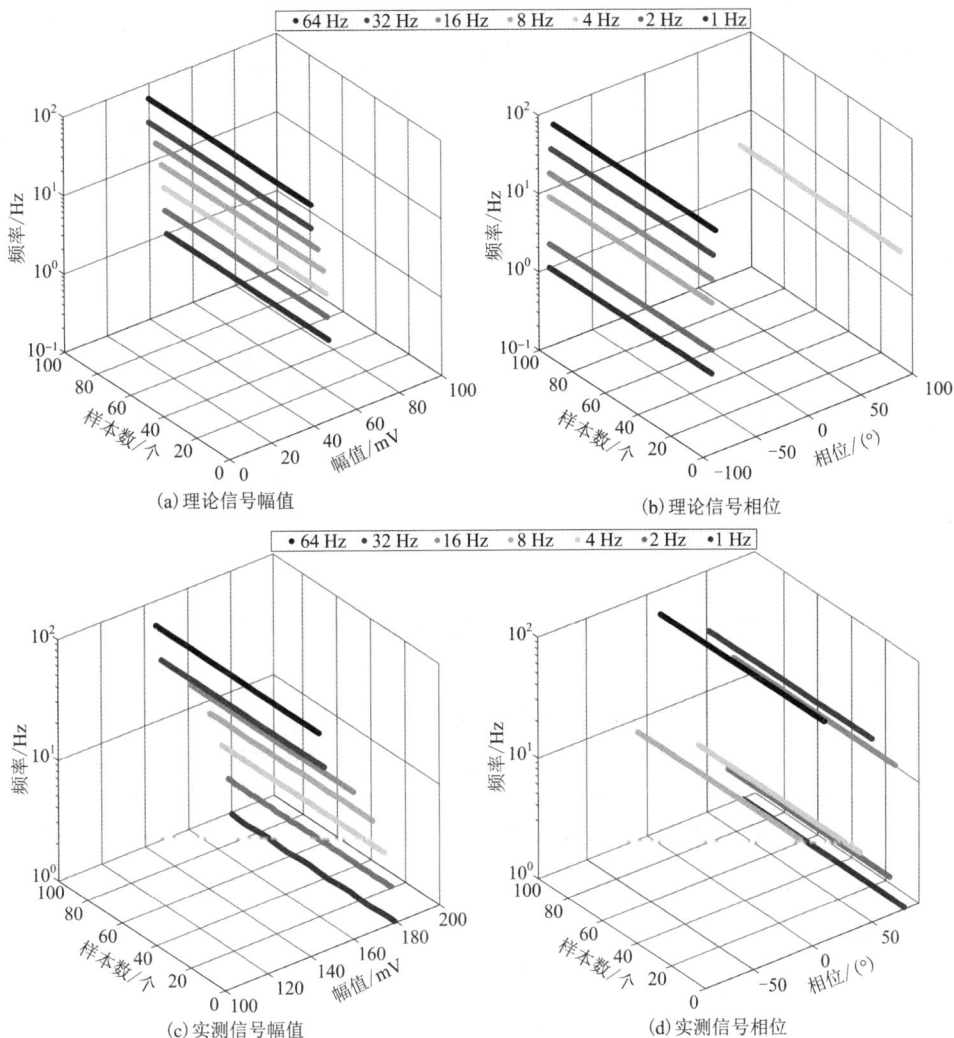

图 5-1　伪随机 7-2 频组不同时段理论信号与实测信号的幅值和相位分布

（扫本章二维码查看彩图）

5-1(c)和图 5-1(d)所示分别为实测信号的幅值和相位,由图可知,不同时间观测的幅值和相位中,有部分频率的幅值有变化,但变化幅度不大,因此可以认为是趋于稳定不变的。

　　在复平面内,当有效信号未受到电磁干扰时,相同测点同一频率不同时间对应的振幅和相位值相等,多周期采集的数据会集中在某一点;当有效信号受到非周期噪声干扰时,其幅值和相位会发生改变,不同周期采集的数据由于受到的干扰类型和强度不同,其幅值和相位的变化也不尽相同,因此呈现以真值为中心向四周发散的趋势。图 5-2 所示为伪随机 7-2 频组信号加噪前后在复平面内的分布情况。由于非周期噪声的出现具有随机性，因此其对有效信号幅值和相位的影响也具有随机性，故不同时间的观测值偏离真值的程度不同。

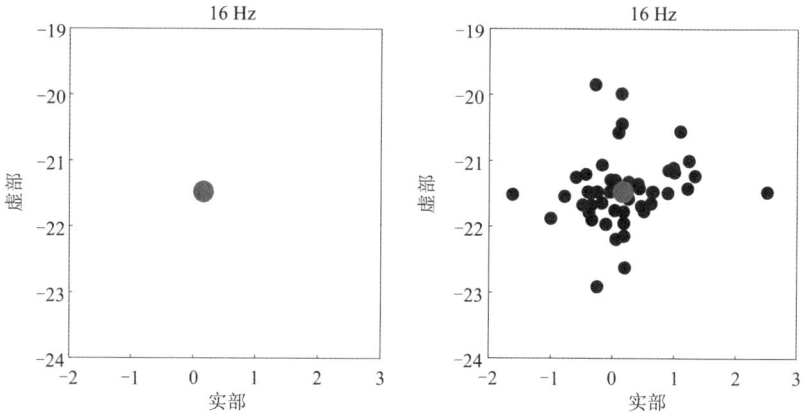

图 5-2 电磁信号加噪前后在复平面内的分布特征 (灰色：加噪前，黑色：加噪后)

复平面是一个二维平面，不仅能表征信号的幅值特性，也能表征信号的相位信息。噪声和信号在时间域的叠加，在复平面内表现为向量相加。向量相加改变的不只是幅值，还有相位。如图 5-3 所示，两个正弦波信号 (信号 1 和信号 2) 在时间域线性相加得到信号 3，在复平面内表现为信号 1 和信号 2 的向量叠加，其叠加信号 (信号 3) 的幅值和相位均发生了变化。

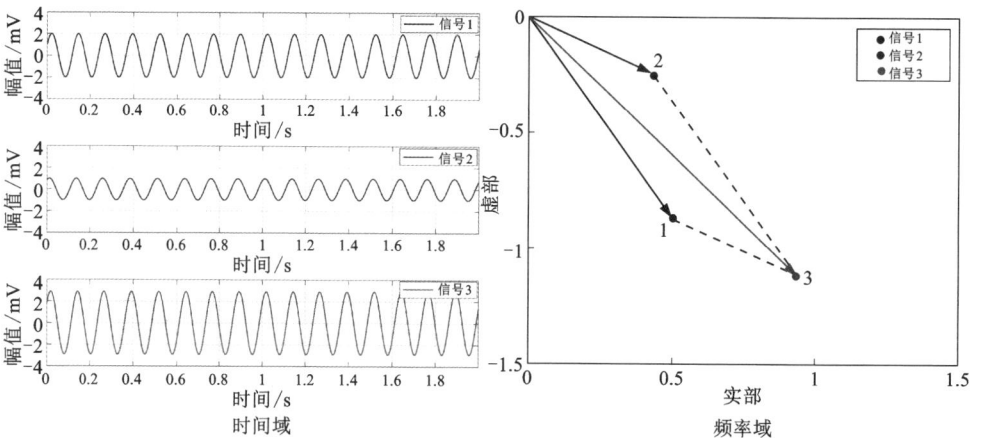

图 5-3 信号叠加在时间域和频率域的表现方式

　　为研究不同噪声类型、尺度及引入时间对有效信号的影响，利用 2^n 序列伪随机 7 频波信号与部分典型噪声类型进行了模拟分析。图 5-4 展示了在 2^n 序列伪随机信号(7-2 频组)中加入几种典型噪声之后的时间域波形与相应频谱，其中有效信号的频率为 64 Hz、32 Hz、16 Hz、8 Hz、4 Hz、2 Hz、1 Hz。由图可知，不同噪声对不同有效频率的影响程度不同，且影响范围向高频扩展。图 5-5 为不同频率信号受到典型噪声影响时在复平面内的分布特征。噪声的幅度、尺度及引入时间不同，对有效频率幅值和相位的影响也不同，而不同类型噪声叠加后，频谱会变得更加复杂。在实际应用中，噪声的影响是复杂多样的，除周期噪声外，长时段实测非周期噪声的影响多数可近似为服从高斯分布，如图 5-6 所示为某一实测 WFEM 信号的频率域分布特征。

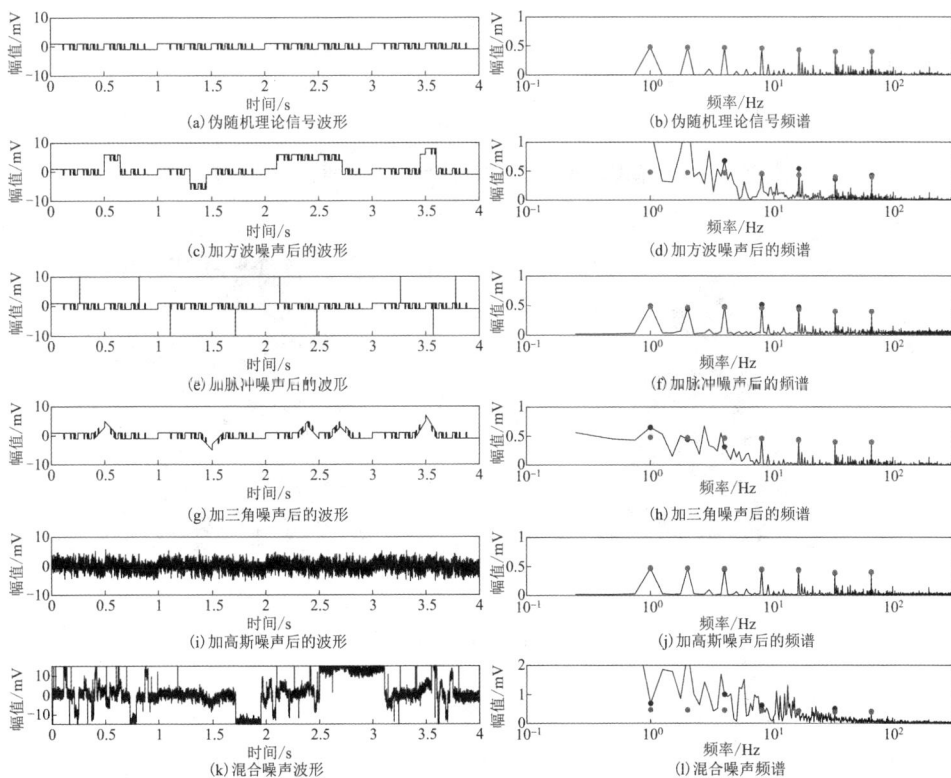

图 5-4　不同噪声类型对有效信号的影响规律

(扫本章二维码查看彩图)

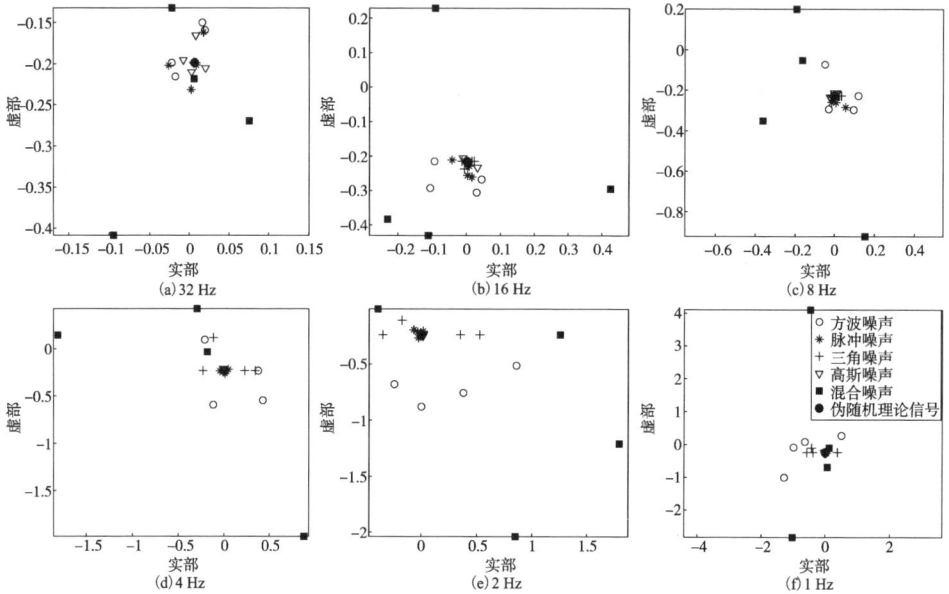

图 5-5　不同噪声类型对信号的影响在复平面内的分布

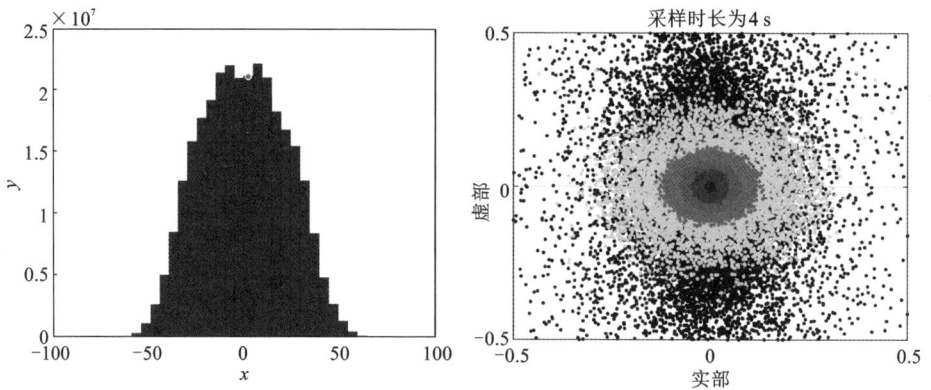

图 5-6　实测 WFEM 信号的频率域分布特征

5.1.3　实测噪声信号在复平面内的特征

非周期噪声对有效信号的影响持续时间短,且具有随机性,采用长时间观测能有效降低非周期噪声的影响。然而,当有效信号受到大尺度强电磁噪声的影响时,如果不将强噪声剔除而直接进行有效信号的提取,则强噪声会对结果造成很大的影响。前人的研究表明:将实测数据进行分段处理,通过增加权重函数降低强噪声对有效信号的影响,可以改善数据质量,如 Robust 估计方法(Egbert et al.,1996;Rita et al.,2013;Imamura et al.,2013;Mo et al,2017)。

本章首先基于频率域的噪声压制方法将数据分成同等时间长度的数据段，或者等周期拆分成不同的数据段，然后对每个数据段进行 FFT 处理，将数据从时间域转换到频率域，再根据噪声影响规律，在复平面内进行信噪分离。然而利用快速傅里叶变换对有限长度数据进行处理时，需要注意能量泄漏的问题。

假设一正弦信号 $f(t)$，其中 $t \in (-\infty, +\infty)$，对其进行加窗处理，设窗函数为 $w(t)$，则其截断后的信号可表示为：

$$f_T(t) = f(t)w(t) \tag{5-7}$$

对截断后的信号进行傅里叶变换，得到频率域频谱为：

$$F_T(\omega) = F(\omega) * W(\omega) \tag{5-8}$$

式（5-8）为原始信号和窗函数的卷积。此时截断信号的频谱发生畸变，信号的对应频率位置能量被分散，向两边延伸，这种现象称为信号截断产生的"泄漏现象"。图 5-7 所示为一频率为 30 Hz 的三角波信号在不同采样长度下的频谱对比，采样率为 128 Hz。当数据长度为整周期时，频谱中只有 30 Hz 处有能量；当数据长度并非采样率的整数倍时，则出现能量泄漏现象，30 Hz 处的能量向两边的频率位置扩散。

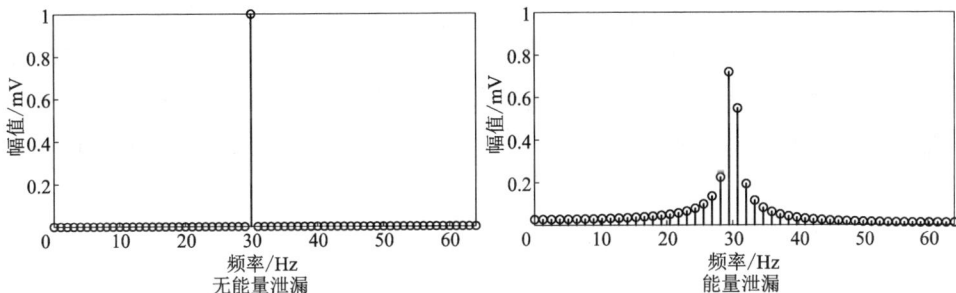

图 5-7　信号截断所产生的泄漏现象

为了避免数据截断带来的能量泄漏问题，在进行数据分段处理时采用整周期截断。图 5-8 所示为某城区实测噪声信号，信号时长为 9 h。从其频谱特征分析来看，噪声的影响主要集中在高频段（>50 Hz）和低频段（<1 Hz）。高频段干扰主要来自 50 Hz 工频及其谐波；低频段干扰主要来自非周期噪声的影响，如大尺度脉冲、方波、三角波等。本节所用到的 2^n 序列伪随机信号，两种频率组合信号的最小频率分别为 0.25 Hz 和 0.125 Hz。一个完整的周期分别为 4 s 和 8 s，因此在数据截断时，以 4 s 或 8 s 的整数倍时长进行截断，可减少有效信号频率能量泄漏。本节对实测噪声信号采用 4 s、8 s、16 s 及 32 s 等不同的阶段时长进行数据分段，并对比几种不同时长分段数据在复平面内的分布特征。

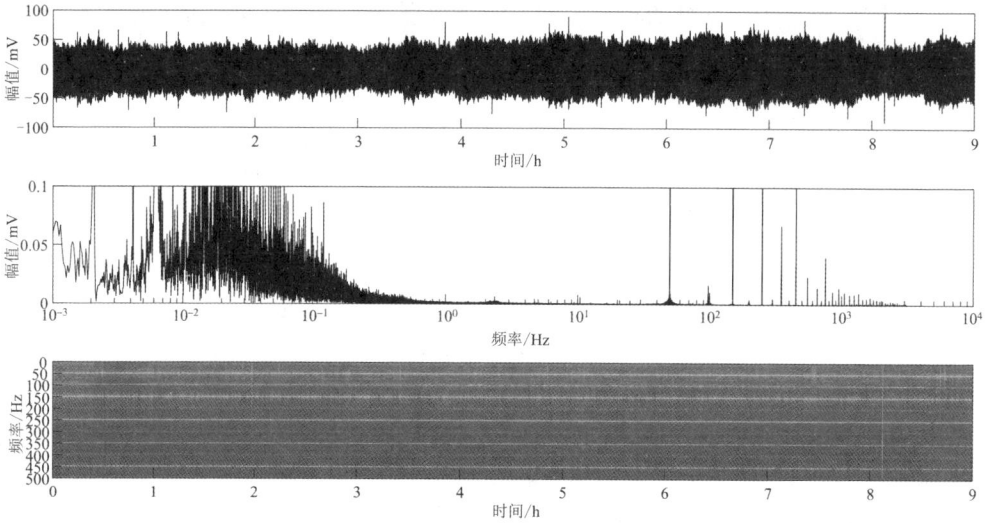

图 5-8　某城区实测噪声信号(上：时间域波形；中：频谱；下：时频谱)

图 5-9 所示为实测噪声监测点不同时长噪声数据在复平面内的分布特征。从图中可知，首先噪声在有效信号频率位置呈现随机分布，且在复平面内低频部分的噪声在有效信号频率位置的影响范围比高频的大，其中 48 Hz 和 96 Hz 位置的噪声影响范围较大。其次随着截断数据的时长越长，噪声在有效信号位置的影响范围越小，说明截断时间越长，参与计算的周期数越多，越能有效地压制部分随机噪声的影响，同时能压制高斯白噪声的影响。

为了充分明确不同截断时长对高斯白噪声的压制情况，本书仿真了一组高斯噪声并将其加到一组周期信号中(图 5-10)，以总结复平面内不同截断时长的高斯噪声对有效信号幅值的分布规律的影响。仿真结果如下。

(1)高斯噪声对有效信号的影响是全时段的。对有效信号全时段添加高斯噪声进行仿真的结果表明：通过增加采集时间，不断进行叠加，高斯噪声的影响范围会逐渐缩小。图 5-11 中蓝色点代表受高斯白噪声影响的全时段数据进行 FFT 变换后得到的幅值，其结果和加噪前周期信号的真值(绿色点)几乎完全重合，说明长时段的数据采集可有效压制高斯白噪声的影响。

(2)采用不同的时间长度截断数据会扩大高斯白噪声在分段数据上的影响，但其在复平面上的分布同样呈现高斯分布特征，且其加噪后分段数据的均值(红色点)仍然在真值(绿色点)附近，偏离真值的误差在可控范围内(RMSE<5%)。

(3)高斯噪声的影响会使分段数据的结果在幅值和相位上发生变化，但是分段数据的均值与真值之间的相对误差很小。或者说，进行不同时长的数据分段会扩大高斯噪声在单个分段数据上的影响，但不会影响整体数据在复平面内的均值。

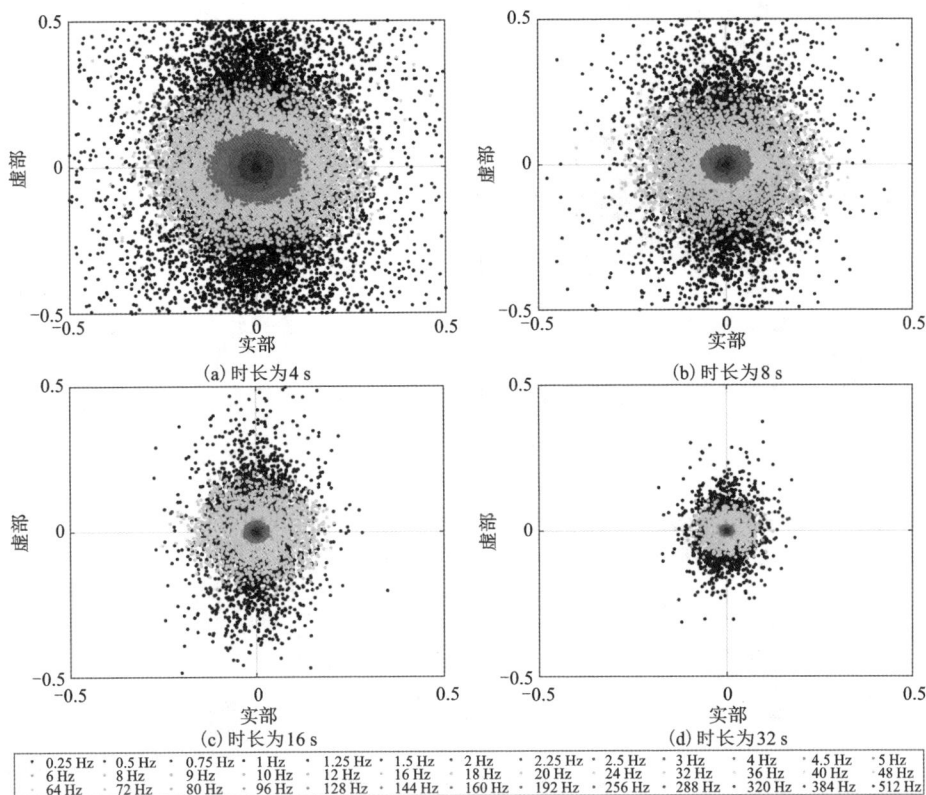

· 0.25 Hz	· 0.5 Hz	· 0.75 Hz	· 1 Hz	· 1.25 Hz	· 1.5 Hz	· 2 Hz	· 2.25 Hz	· 2.5 Hz	· 3 Hz	· 4 Hz	· 4.5 Hz	· 5 Hz
· 6 Hz	· 8 Hz	· 9 Hz	· 10 Hz	· 12 Hz	· 16 Hz	· 18 Hz	· 20 Hz	· 24 Hz	· 32 Hz	· 36 Hz	· 40 Hz	· 48 Hz
· 64 Hz	· 72 Hz	· 80 Hz	· 96 Hz	· 128 Hz	· 144 Hz	· 160 Hz	· 192 Hz	· 256 Hz	· 288 Hz	· 320 Hz	· 384 Hz	· 512 Hz

图 5-9　实测噪声监测点不同时长噪声数据在复平面内的分布特征

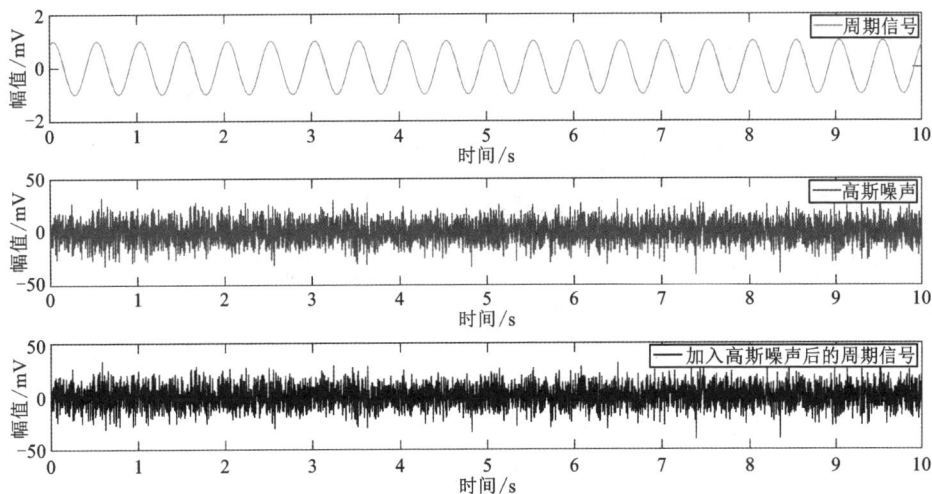

图 5-10　有效信号和高斯噪声时间域波形

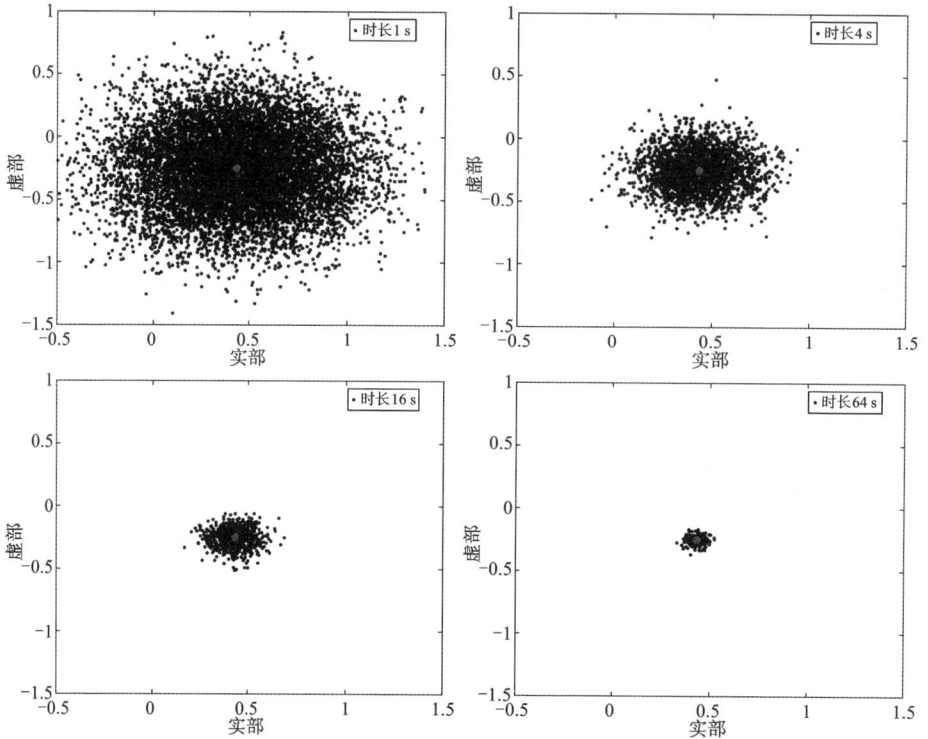

黑色点：加噪后不同时长进行 FFT 变换后对应的值；蓝色点：加噪后所有数据进行 FFT 变换后的结果；
绿色点：加噪前的真实值；红色点：加噪后不同时长对应的均值。

图 5-11　不同时长高斯噪声在复平面内的分布特征

(扫本章二维码查看彩图)

　　(4)在未受到周期噪声干扰的情况下，只考虑非周期噪声的影响，数据在复平面内分布的中心位置与真值的偏差不会很大。换言之，非周期噪声的影响会以真值为中心向四周偏离，但其中心位置不会偏离真值太远。

5.1.4　有效信号在复平面内的特征

　　本节分析有效信号在复平面内的特征，首先对于理论信号而言，采用完整的周期时长进行数据截断，并将所得到的分段数据进行 FFT 变换，转换后的数据幅值和相位固定。因此所有数据在复平面内就是一个点。实际测量中，受测量仪器内部时钟的影响，数据采集会产生不同的延迟，因此在复平面会表现出微小的相变，频率越高，相变的影响越明显。图 5-12 所示为实测电流数据的时间域波形，图 5-13 所示为实测电流数据在复平面内的分布。从图 5-13 中可以看出，随着频率的增大，相变的影响更加明显，因此在数据处理过程中须考虑相变引起的数据特殊结构分布。

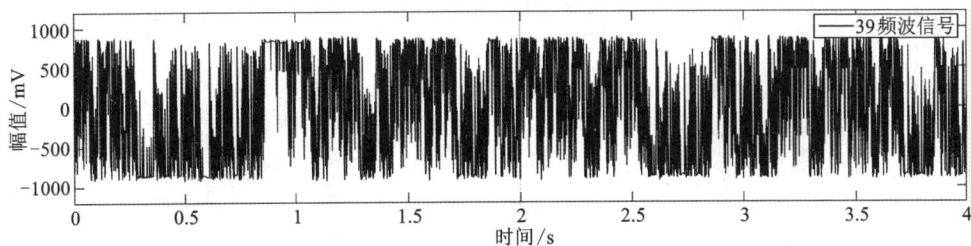

图 5-12　实测电流数据的时间域波形和频谱

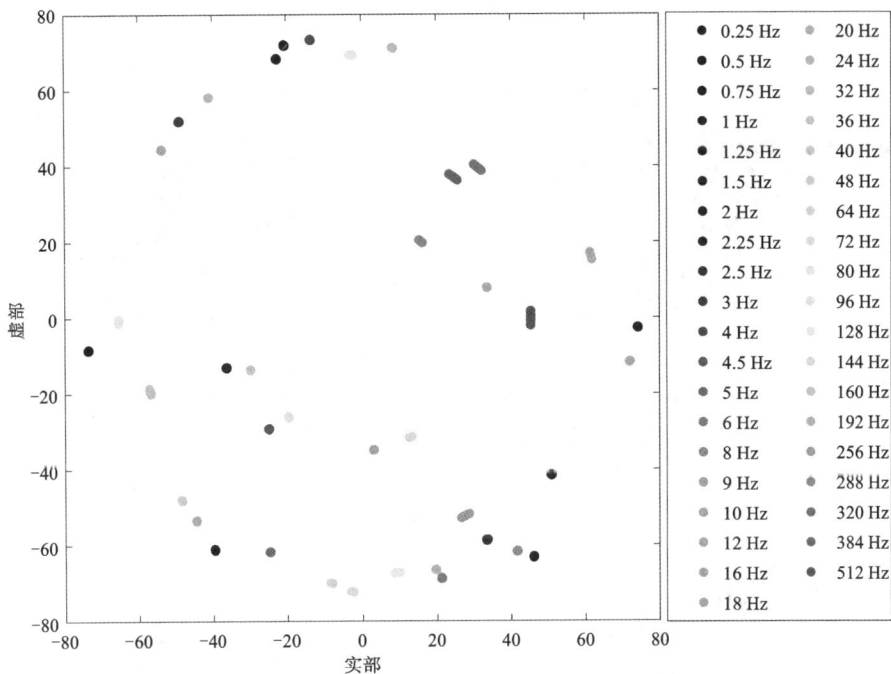

图 5-13　实测电流数据在复平面内的分布

(扫本章二维码查看彩图)

　　排除采集设备自身因素对实测数据的影响,在实际应用中会有各种各样的噪声对有效信号产生影响,如各种类型和尺度的非周期噪声等。此时,实测数据的分布情况会变得异常复杂,但整体依旧呈现近似高斯分布。如果存在整时段的周期干扰(如 50 Hz 工频干扰),数据分布会发生整体偏移,此时噪声的影响无法消除。当存在部分时段的同频周期干扰时,相应时段的数据会在复平面内出现偏移,此时需要结合实际情况,判断可用数据。图 5-14 所示为不同时段有效信号受到同频周期噪声干扰时的数据复平面分布情况。当信号未受同频周期噪声干扰

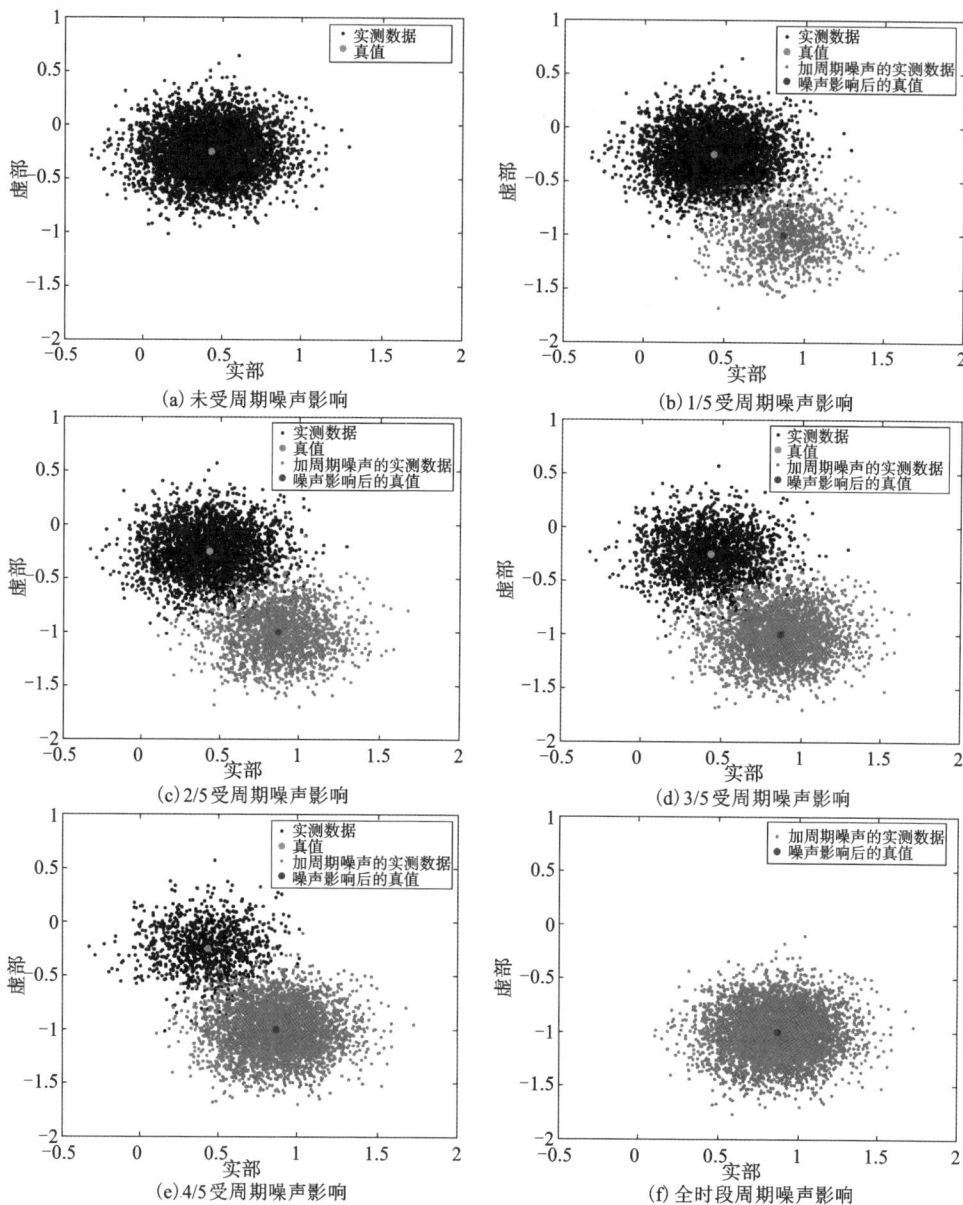

图 5-14　不同时段有效信号受到同频周期噪声干扰时的数据复平面分布情况

（扫本章二维码查看彩图）

时，其数据分布为一个簇，此时只需考虑其他噪声干扰情况。当数据受到同频周期干扰，但干扰时段非全时段时，数据在复平面内会形成两个不同的簇；根据干扰时段的不同，数据分布的位置也不同。如果采用全时段数据进行 FFT 变换，得到的值会偏离两个簇的真值(红色和绿色的点),即得不到真值,此时采用分时段 FFT 变换,可将 2 个簇在复平面内分开,分别对两簇数据进行统计分析,得到两个基于统计学的数据中心,如两簇数据的均值。当受干扰数据时长未超过整体时长的一半时,直接对 2 个簇中的最优簇进行数据重构,得到靠近真实幅值位置的幅值。当受干扰数据时长超过整体时长的一半时,如果直接采用最优簇的数据进行重构,则得到受干扰后的结果,或者说得到噪声数据。此时需要结合相邻频率位置的有效幅值进行筛选,选择更接近真值的数据簇进行重构,以得到相应频率的幅值。

5.2　基于统计类的频率域信噪分离方法

随着电磁噪声时空分布范围的不断扩大,符合电磁法技术规程的施工区域越来越小。在强电磁干扰的矿集区及城市周边,即使采用大功率的人工源电磁勘探方法,其勘探效果也很难令人满意。为了提高数据质量,在人工源电磁法勘探中,一般采用冗余观测获得多次观测的频谱数据。通过对多次观测的数据进行统计分析,可以获得信噪比较高的有效信号幅值。基于统计类的方法,最常见的就是采用稳健估计或稳健估计与其他方法相结合来识别并剔除异常值、改善数据质量的方法。本节主要介绍几种应用在广域电磁法领域的统计类信噪分离方法。

5.2.1　Robust 估计方法

在传统电磁法数据处理中,最小二乘估计是一种常用方法。当实测数据呈现非高斯分布时,最小二乘估计方法一般很难获得理想的结果,会产生较大的误差(魏胜等,1993)。Robust 估计,又称抗差估计,是一种对误差具有一定抵抗能力的统计方法,主要通过自适应加权降低异常数据在处理结果中的贡献,削弱强噪声对有效信号的影响,是电磁法数据处理的主流方向之一。

5.2.1.1　方法原理

1)最小二乘法基本原理

最小二乘法是一种通过最小化误差的平方和寻找数据最优函数匹配的数学优化方法。1809 年,高斯在其著作《天体运动理论》中使用了最小二乘法。在电磁法数据处理中,最小二乘法的应用也相当广泛,其基本数学原理如下。

电磁法不同时刻观测得到的原始数据可以表示为 $\{(x_i, y_i), i=0, 1, \cdots, m\}$,其中 $y_i=f(x_i)$。求解一函数 $y=S^*(x)$ 并与已知数据 $\{(x_i, y_i), i=0, 1, \cdots, m\}$ 进行拟合,用 ξ_i 表示拟合误差,$\boldsymbol{\xi}=(\xi_1, \xi_2, \cdots\xi_m)^{\mathrm{T}}$ 则:

$$\xi_i=S^*(x_i)-y_i, \quad i=0, 1, \cdots, m \tag{5-9}$$

设 $\varphi_0(x)$,$\varphi_1(x)$,$\cdots$,$\varphi_n(x)$ 为一组线性无关的函数族,在 $\varphi=\mathrm{span}$

$\{\varphi_0(x), \varphi_1(x), \cdots, \varphi_n(x)\}$ 中找到一函数 $S^*(x)$，使得误差平方和最小，即

$$\| \xi \|_2^2 = \sum_{i=0}^{m} \xi_i^2 = \sum_{i=0}^{m} [S^*(x_i) - y_i]^2 = \min_{s(x) \in \varphi} \sum_{i=0}^{m} [S(x_i) - y_i]^2 \quad (5\text{-}10)$$

式中：

$$S(x) = a_0\varphi_0(x) + a_1\varphi_1(x) + \cdots + a_n\varphi_n(x), \quad n < m \quad (5\text{-}11)$$

这就是最小二乘法的数学原理。

用最小二乘法求拟合曲线时，首先要确定 $S(x)$ 的形式，$S(x)$ 的表达式一般如式(5-11)所示的线性形式。若函数 $\varphi_k(x)$ 是 k 次多项式，则 $S(x)$ 是 n 次多项式。在最小二乘法中，误差 $\| \xi \|_2^2$ 通常都考虑权函数，即用加权平方和表示：

$$\| \xi \|_2^2 = \sum_{i=0}^{m} \xi_i^2 = \sum_{i=0}^{m} \omega(x_i)[S(x_i) - y_i]^2 \quad (5\text{-}12)$$

式中，$\omega(x_i)$ 为权函数，表示不同数据点所占的比重。由式(5-9)与式(5-10)可以将求解最小误差平方和的问题转化为求解多元函数的极小点$(a_0^*, a_1^*, \cdots, a_n^*)$的问题。即

$$I(a_0, a_1, \cdots, a_n) = \sum_{i=0}^{m} \omega(x_i) \left[\sum_{j=0}^{n} a_j\varphi_j(x_i) - f(x_i) \right]^2 \quad (5\text{-}13)$$

求解多元函数极值的必要条件如下：

$$\frac{\partial I}{\partial a_k} = 2 \sum_{i=0}^{m} \omega(x_i) \left[\sum_{j=0}^{n} a_j\varphi_j(x_i) - f(x_i) \right] \varphi_k(x_i) = 0 \quad (5\text{-}14)$$

若记

$$(\varphi_j, \varphi_k) = \sum_{i=0}^{m} \omega(x_i)\varphi_j(x_i)\varphi_k(x_i) \quad (5\text{-}15)$$

$$(f, \varphi_k) = \sum_{i=0}^{m} \omega(x_i)f(x_i)\varphi_k(x_i) \equiv d_k, \quad k = 0, 1, \cdots, n \quad (5\text{-}16)$$

则式(5-14)可写成：

$$\sum_{j=0}^{n} (\varphi_j, \varphi_k)a_j = d_k, \quad k = 0, 1, \cdots, n \quad (5\text{-}17)$$

将上式改写成矩阵的形式，则：

$$\boldsymbol{Ga = d} \quad (5\text{-}18)$$

其中，$\boldsymbol{a} = (a_0, a_1, \cdots, a_n)^{\mathrm{T}}$，$\boldsymbol{d} = (d_0, d_1, \cdots, d_n)^{\mathrm{T}}$，

$$\boldsymbol{G} = \begin{bmatrix} (\varphi_0, \varphi_0) & (\varphi_0, \varphi_1) & \cdots & (\varphi_0, \varphi_n) \\ (\varphi_1, \varphi_0) & (\varphi_1, \varphi_1) & \cdots & (\varphi_1, \varphi_n) \\ \vdots & \vdots & \ddots & \vdots \\ (\varphi_n, \varphi_0) & (\varphi_n, \varphi_1) & \cdots & (\varphi_n, \varphi_n) \end{bmatrix}$$

当系数矩阵 $\boldsymbol{G}$ 为非奇异矩阵时，式(5-18)存在唯一解 $a_k = a_k^*$，$k = 0, 1, \cdots$，

n，得到函数 $f(x)$ 的最小二乘解为：

$$S^*(x) = a_0{}^*\varphi_0(x) + a_1{}^*\varphi_1(x) + \cdots + a_n{}^*\varphi_n(x) \tag{5-19}$$

2）Robust 估计基本原理

当存在强电磁干扰时，最小二乘法无法有效消除强电磁干扰对数据的影响。Robust 估计方法与最小二乘法有所不同，Robust 方法不允许少量强干扰异常点在数据估计中起控制作用，其主要原理是引入一个损失函数，使下式最小：

$$\sum_{i=1}^{m} \rho(r_i) = \sum_{i=1}^{m} \rho\left(\frac{x_i - \theta}{\xi_0}\right) = \min \tag{5-20}$$

式中，$\rho(r_i)$ 为一适当函数，又称损失函数；r_i 为误差；θ 为观测数据的估计结果；ξ_0 为最小二乘拟合的方差。根据 Huber 的定义（Huber，2011）：

$$\rho(r) = \begin{cases} \dfrac{r^2}{2}, & |r| \leqslant r_0 \\[2mm] r_0|r| - \dfrac{r_0^2}{2}, & |r| > r_0 \end{cases} \tag{5-21}$$

式中，r_0 为调整参数。求解上述公式等价于求解其一阶导数为零的方程。即

$$\sum_{i=1}^{m} \frac{\mathrm{d}\rho(r)}{\mathrm{d}r} = 0 \tag{5-22}$$

定义权函数为：

$$P(r) = \frac{1}{r} \frac{\mathrm{d}\rho(r)}{\mathrm{d}r} \tag{5-23}$$

则 Huber 权函数为：

$$P(r) = \begin{cases} 1, & |r| \leqslant r_0 \\ r_0/|r|, & |r| > r_0 \end{cases} \tag{5-24}$$

对于 Huber 权函数，当误差 r 较小时，权函数为 1，原观测值不变；当误差 r 较大时，权函数小于 1，异常值的权重降低。

权函数有很多种，如 Tukey 权函数。Tukey 损失函数如下：

$$\rho_{\text{Tukey}}(r) = \begin{cases} (1 - [1 - r^2/r_0^2]^3) r_0^2/6, & |r| \leqslant r_0 \\ r_0^2/6, & |r| > r_0 \end{cases} \tag{5-25}$$

其权函数为：

$$P_{\text{Tukey}}(r) = \begin{cases} (1 - r^2/r_0^2)^2, & |r| \leqslant r_0 \\ 0, & |r| > r_0 \end{cases} \tag{5-26}$$

对于 Tukey 权函数，当残差绝对值 $|r| > r_0$ 时，权重为 0。因此 Tukey 损失函数完全不受显著异常值影响。但 Tukey 损失函数不是凸函数，有多个局部最优解，不易求得全局最优解。

5.2.1.2　应用案例分析

图 5-15 所示为一受噪声影响前后伪随机 7-2 频组信号的时间域波形及频率-幅值曲线，其主频分别为 64 Hz、32 Hz、16 Hz、8 Hz、4 Hz、2 Hz、1 Hz。图中蓝色为理论伪随机 7-2 频组，黑色为含噪信号。受噪声影响，各频率的幅值均发生不同程度的偏离。图 5-16 所示为部分频率的信号不同周期的样本分布。由图可知，32 Hz 和 16 Hz 的信号受到大尺度强噪声的影响，影响范围小，影响程度高出正常值上百倍；8 Hz、4 Hz、2 Hz 的信号受噪声影响的程度较小，影响范围较大；1 Hz 的信号受噪声影响程度及范围大，导致 1 Hz 的信号幅值出现了大尺度的偏离。

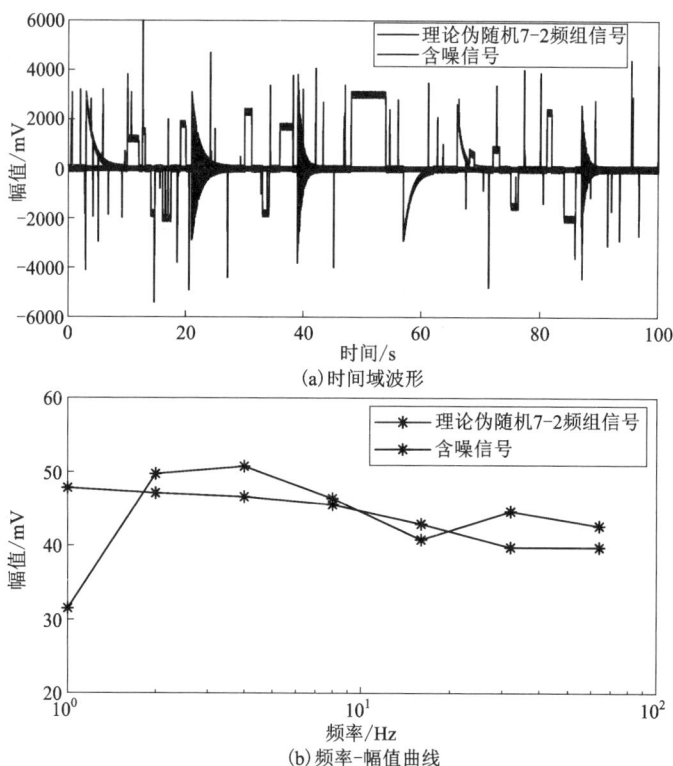

(a) 时间域波形

(b) 频率-幅值曲线

图 5-15　伪随机信号的时间域波形和频率-幅值曲线（蓝色：加噪前；黑色：加噪后）

（扫本章二维码查看彩图）

对上述模拟数据采用不同的估计方法进行处理，结果如图 5-17 所示。图 5-17(a) 所示为传统最小二乘法处理结果。从结果可以看出，当存在大尺度干扰异常时，传统最小二乘法处理过程中，所有样本的权重相同，因此无法取得好的处理效果。图 5-17(b) 所示为加入 Huber 权函数后的 Robust 估计结果，其相比于传

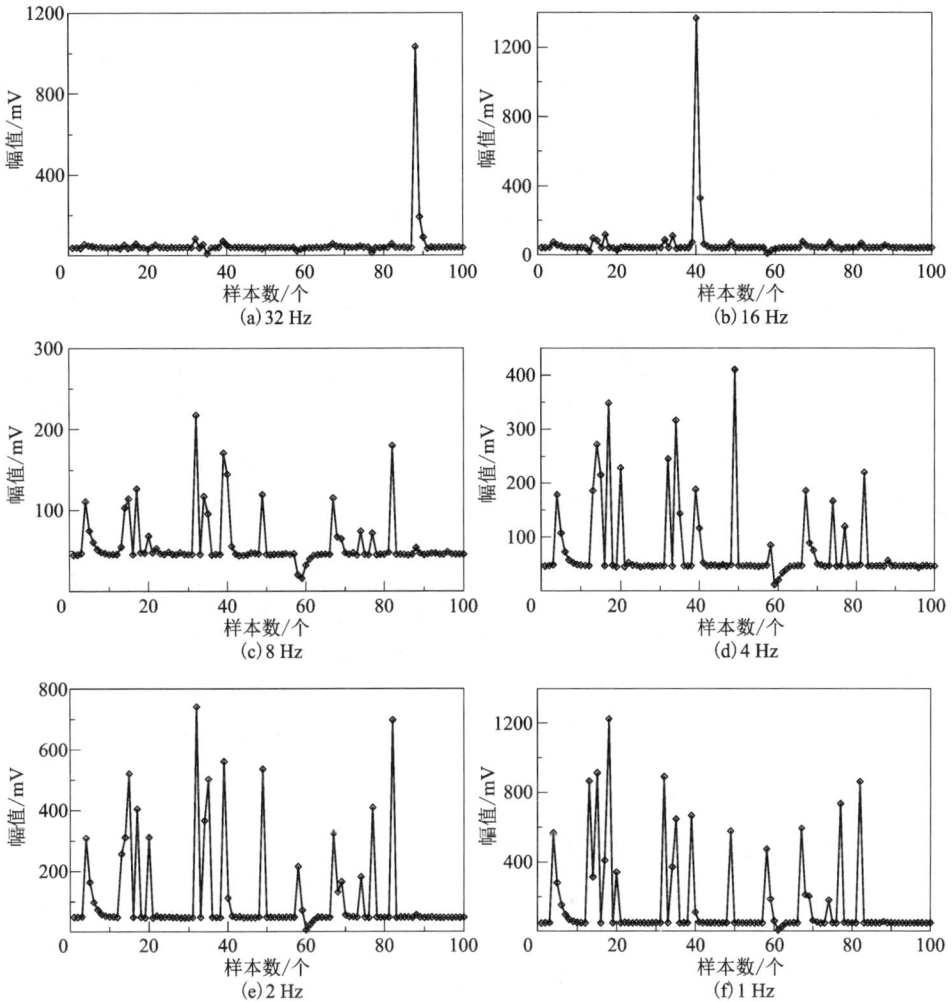

图 5-16　部分频率的信号不同周期的样本分布

统最小二乘法，降低了异常值在计算中的权重，处理效果较好；当存在大尺度异常点时，Huber 权函数只能降低异常值的影响，无法有效剔除异常值，因此部分频率处理结果欠佳，如 1 Hz、2 Hz、4 Hz 及 8 Hz 的处理结果相对较差。图 5-17 (c)所示为加入 Cauchy 权函数后的处理结果，与 Huber 权函数相同，Cauchy 权函数无法有效降低强干扰对处理结果的影响。图 5-17(d)所示为加入 Tukey 权函数后的处理结果，相比于其他权函数，Tukey 权函数的处理结果较好，主要原因是 Tukey 权函数赋予大尺度异常值的权重为 0，可有效克服大尺度噪声对处理结果的影响。

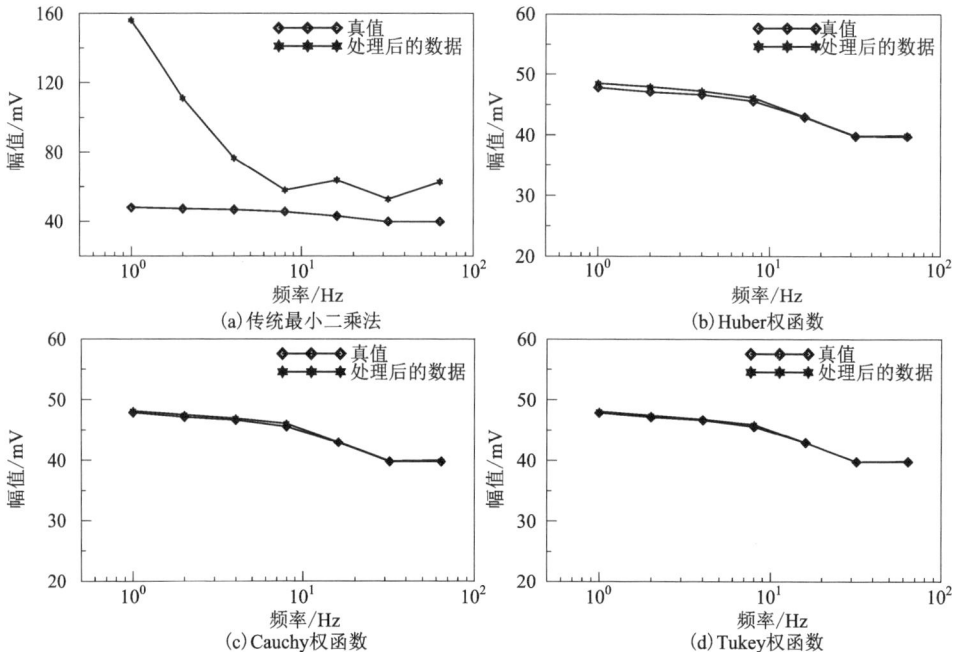

图 5-17　传统最小二乘法与不同权重 Robust 估计方法处理结果对比

5.2.2　自适应双向均方差阈值法

　　根据测量理论，测量结果中存在的误差可分为系统误差、随机误差和粗大误差。对于电磁法勘探来说，在进行数据采集之前，需要对采集设备进行一致性校正，因此系统误差基本可以控制在可接受的范围内。在数据采集过程中产生的测量随机误差，一般须通过冗余采集并计算多次测量均值的方式将其影响降低到可接受的范围内。对各种不可预测的地电强干扰等因素造成的粗大误差数据（简称粗差），则必须采取有效的方法进行判别和剔除。电磁法勘探采集到的原始数据样本，在干扰源较少的情况下，样本分布一般接近正态分布（理论上应服从正态分布）；在干扰源较多、干扰较强的情况下，分布形态往往不规则，不呈近似正态分布。基于此，张必明等（2015）提出了一种自适应的双向均方差阈值法实现电磁勘探中粗大误差的处理。

5.2.2.1　方法原理

　　电磁法勘探中，接收端实采数据样本在干扰较小的情况下，样本分布一般接近正态分布（理论上应该服从正态分布），而在干扰源较多、干扰较强的情况下，分布形态往往呈现不规则特征，或者说呈非近似正态分布特征。

若将测点重复观测得到的原始数据样本进行排序，根据中位值原理，靠近数据体两端位置的数据点偏离均值较大，位于中点附近的数据点则更接近均值。当数据中存在粗大误差时，其一般位于数据体两端，即极大或者极小。由于电磁干扰源不同，排序后的样本以中点为界被分成前后两段，其数据分布形态一般可以分为三种：①中心点对称形态，如图 5-18(a) 所示；②右侧陡峭形态，如图 5-18(b) 所示；③左侧陡峭形态，如图 5-18(c) 所示。从统计指标量(图左上角)来看，形态较平缓时，对应的均方差较小，形态较陡峭时对应的均方差较大；反之，均方差较小说明数据分布形态较平缓，均方差较大说明数据分布形态较陡峭。

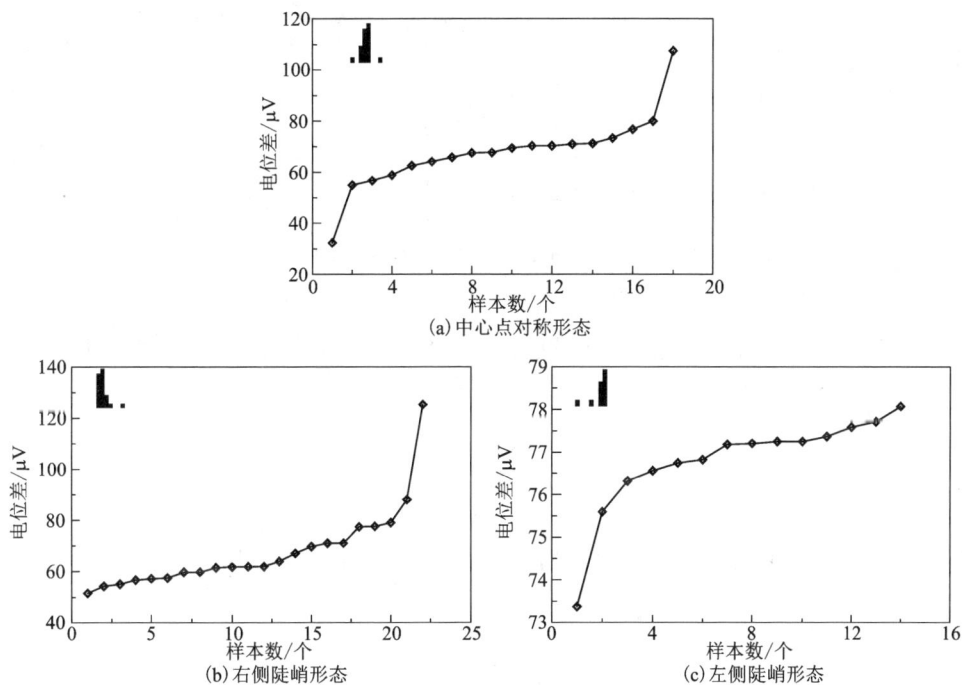

图 5-18　数据样本典型分布形态

因此，若要采用迭代的方式判别并剔除样本中的粗大误差，需要每次从形态陡峭的一侧进行判别。若符合提出的条件，则删除端点处的数据点。根据上述原则，一般情况下每次迭代剔除的应该是整个样本集中偏离均值程度最大的数据点。在迭代过程中，中间点的位置也不断变化，样本分布逐渐向中心点对称形态收敛(自适应优化)。进一步地，在样本数量较少的情况下，该方法在统计学原理上仍成立，因此适用于小样本数据处理。该方法根据可信样本值分布范围选取一个合适的均方差作为粗大误差的判别阈值(对于电磁法勘探数据,阈值范围可为 1~90,一般情况下取经验值 30),阈值越大,判别条件越宽松,即允许越大的样本离散度,反之则越严格。

自适应双向均方差阈值算法原理:首先对原始数据进行排序;然后采用迭代(或递归)的方式,每次均以中点为界分别计算前后两段数据的均方差;最后判断并提出均方差大于阈值且较大一端端点的数据点,在前后两段的均方差均小于阈值或样本数量小于 3 时算法结束。算法的具体描述如下:

(1)将长度为 N 的数据点组成的样本数据从小到大进行排序;

(2)将样本数据以中心点为界进行分段,计算前段末位元素和后段首位元素位置,并分别用 m_1 和 m_2 表示[式(5-27))]。为使前后两段数据具有相关性,须在中点位置进行相互重叠处理。当 N 为奇数时,重叠一个数据点;当 N 为偶数时,重叠两个数据点,即 $m_1 \geqslant m_2$。

$$\begin{cases} m_1 = \mathrm{INT}\left(\dfrac{N}{2}\right) + 1 \\ m_2 = \mathrm{INT}\left(\dfrac{N}{2}\right) + K \end{cases} \tag{5-27}$$

式中,INT( ) 为取整函数;K 为奇偶因子(当 N 为奇数时,$K=1$;当 N 为偶数时,$K=0$)。

(3)采用贝塞尔公式[式(5-28)]分别计算前段数据[1, m_1]和后段数据[m_2, N]的均方差 σ_{front} 和 σ_{rear}。

$$\sigma = \sqrt{\dfrac{\displaystyle\sum_{i=1}^{N}(x_i - \bar{x})^2}{N-1}} \tag{5-28}$$

式中,x_i 为样本中第 i 个数据点的值;$\bar{x}$ 为样本的算术均值。其计算公式为:

$$\bar{x} = \dfrac{\displaystyle\sum_{i=1}^{N} x_i}{N} \tag{5-29}$$

(4)比较得到 $\sigma_{\mathrm{larger}} = \max(\sigma_{\mathrm{front}}, \sigma_{\mathrm{rear}})$,将 σ_{larger} 与均方差阈值 $\sigma_{\mathrm{threshold}}$ 进行比较。

(5)若 $\sigma_{\mathrm{larger}} \leqslant \sigma_{\mathrm{threshold}}$,则算法结束;否则转到步骤(6)。

(6)若 $\sigma_{\mathrm{larger}} = \sigma_{\mathrm{front}}$,则删除样本的第一个数据点 P_1,否则删除最后一个数据点 P_N;样本数量 $N=N-1$。

(7)若样本数量 $N<3$,则算法结束;否则转到步骤(2)。

5.2.2.2　方法特点与阈值选择

自适应均方差阈值去噪方法的特点主要有以下几点。

（1）方法具有自适应性。

算法在处理过程中每次迭代都只删除位于端点处的一个数据点，删除后样本数量减 1。在下一次迭代中，计算中点位置时将自动调整前后两段分界点。在循环迭代处理中，算法不断趋向样本数据中分布最集中的一部分（即最可信的部分）；样本数据的分布也不断趋向中心点对称形态，使算法具有自适应优化的特点。

（2）均方差阈值控制处理程度。

该方法在处理数据的过程中采用均方差阈值作为粗大误差的判别标准。此阈值是算法从外部接收的控制参数，用于控制判断粗大误差的处理程度。在实际应用中，可根据样本数据的分布特征选取合适的阈值进行数据处理，获得较好的处理效果。

（3）适用于小样本及误差占比较大的样本数据。

该算法是一种基于统计学原理的数据处理方法，理论上，样本数量越多，处理效果越好。在实际应用中，当实测样本数据较少或受噪声影响数据量占比较大时，该方法仍能有效地判别和剔除粗大误差数据。即使在仅有 3 个样本数据点的情况下，仍能利用前后两段数据计算均方差，并进行比较和剔除异常，理论上适用于小样本数据处理。

（4）算法实现简单，处理效率高。

算法采用贝塞尔公式计算均方差，每次迭代时只计算两个均方差值，计算代价小、效率高，且处理过程简单，容易实现，适合于各种计算能力一般的计算设备。

对于该方法来说，处理效果对于阈值的选取较敏感。均方差作为一个统计指标量，其大小表征了样本数据的离散度，值越大表明样本数据越分散，值越小表明样本数据越集中。对于测量数据而言，数据分布越集中说明质量相对越好。因此该方法将均方差阈值作为一个参数传递给算法，均方差阈值的选择决定了处理结果的好坏。电磁法实采有效信号的幅值往往在微伏级或毫伏级（蒋奇云，2010），在此范围之外的数值一般被认为是干扰信号。实际上，一个勘探测点的某一个频率点的测量样本数据值分布一般会比上述范围小。经过反复试验，采用 90、75、60、45、30、15、10、5 阈值逐步减小的方式可优选出适合电磁勘探数据预处理的均方差阈值。一般情况下，阈值在 30~90 时可以满足处理要求。在实际应用时，选择阈值为 30 进行处理。若处理效果不理想，多数频率点的样本数据点剔除比例过大，则可通过反向逐步增大的方式放宽阈值进行试验。

5.2.2.3 应用效果分析

（1）自适应双向均方差阈值法与经典粗大误差处理方法对比。

图 5-19 所示为某一电磁勘探实测点 1 原始数据的频率曲线。此测点 0.03125 Hz 以上的频率曲线较为平滑，且相对均方误差小（多数在 5% 以下，部分在 10% 以下），表明此段数据质量较好；0.03125 Hz 及以下的频率曲线出现了明显的尖峰形态（尖峰出现在 0.0234375 Hz 频率点处），且各频点相对均方误差较大，数据质量较差。对 0.03125 Hz 及以下各频率点原始样本数据分布情况进行对比分析，如图 5-20 所示。图中左上部的直方图表示样本分布情况，当样本数量小于 5 时无分布直方图；各频率样本数量和样本数据值分布范围不同，为了完整显示所有样本数据，各频率样本坐标系中的 X 和 Y 轴坐标刻度单位和范围亦不相同。图中各频率点样本数据范围为 8~24 个。由图 5-20 可知，各频率点样本分布形态为非近似正态分布。

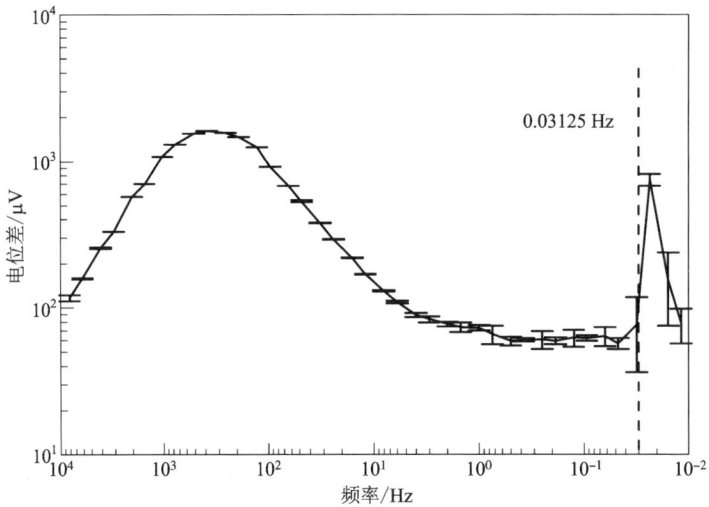

图 5-19 某实例点 1 原始数据频率曲线

对此测点的所有频点样本数据的处理结果分别用自适应双向均方差阈值法和三种经典的基于统计准则的粗差处理方法，即莱伊达准则、格拉布斯准则及狄克逊准则进行对比分析。其中莱伊达准则以测量样本数量充分多为前提（$N>>10$ 时适用），在样本较小时可靠性不高；样本数量较少时格拉布斯准则可靠性最高（当 $20<N<50$ 时判别效果较好），最适用于样本中仅混入一个异常值的情况；狄克逊准则适用于剔除多个异常值，对粗大误差的判别速度快（马宏和王金波，2009）。

这三种经典判别准则主要适用于传统精密测量数据处理,应用于电磁勘探数据时,限定条件较多。首先,电磁勘探数据的分布范围远远大于精密测量数据范围,若不加以控制,则大部分样本数据会被认为是粗大误差而剔除,处理结果仅能保留很少几个样本点;其次,电磁勘探数据从高频到低频,各个频率范围的数据样本数量多少不同,一般在高频区间样本数量可到 200 个,在最低频段,样本数量往往少于 10 个;然后,勘探数据中粗大误差样本比例无法估计,在无干扰或干扰较小的情况下,粗大误差样本比例较小,当干扰强度较大时,粗大误差样本比例相对较高;最后,电磁勘探数据因强干扰等产生的粗大误差数据可能非常大,正常信号值与误差值可能相差几个数量级。

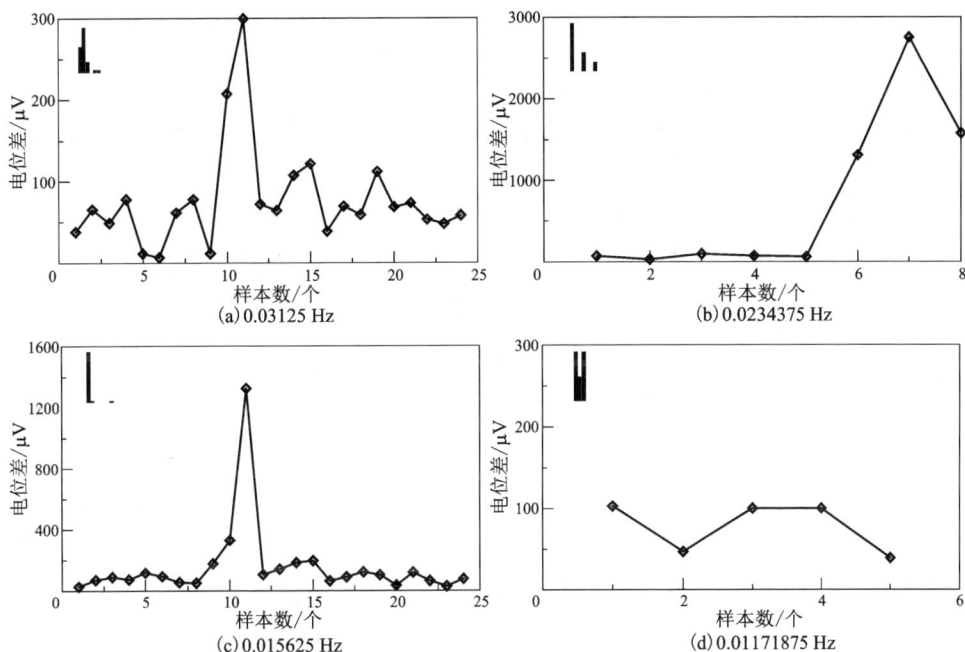

图 5-20 0.03125 Hz 及以下频率原始样本数据分布

利用阈值为 30 的自适应双向均方差阈值法与三种经典判别准则对实测数据点进行处理的结果对比如图 5-21 所示。这 4 种方法对 0.03125 Hz 以上数据质量较好部分的频率曲线形态基本没有影响;在 0.03125 Hz 以下的低频部分,自适应双向均方差阈值法明显消除了频率曲线的尖峰形态,使频率曲线呈平稳变化形态,同时明显降低了各频点的相对均方误差;莱伊达和狄克逊准则处理结果中,频率曲线尖峰异常几乎无变化,说明这两种方法对尖峰异常形态无效,且对相关频率点相对均方误差无改善。从频率曲线形态观察,格拉布斯准则有效地消除了尖峰, 同时所有频率的均方误差都得到了很好的改善, 但该方法对异常点剔除的比例较高, 如表 5-1 所示。利用格拉布斯准则处理后每个频率点均只保留了 2 个数据样本, 其他样本数据被判别为粗大误差而被剔除。在实际应用中并非如此, 实测电磁数据在 0.03125 Hz 以下频率范围每个频率点的有效样本均不止 2 个。因此格拉布斯准则的条件对于电磁法勘探数据来说过于严格, 导致样本数据被过度剔除。由此可知, 莱伊达、格拉布斯与狄克逊准则的适用条件、判别方法等不适用于电磁勘探数据。

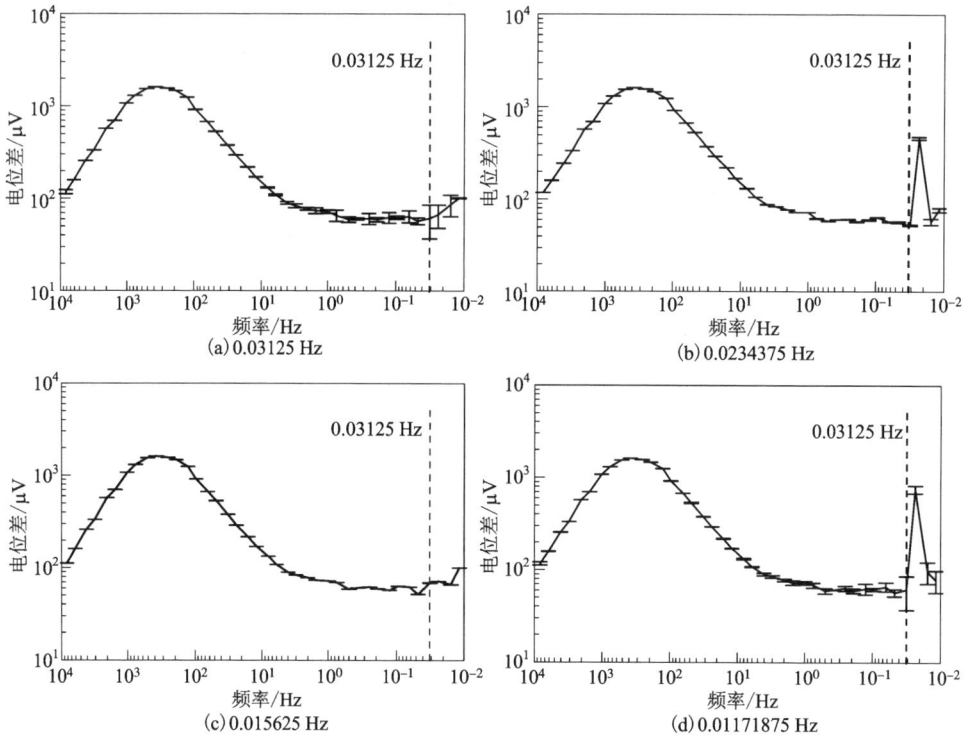

图 5-21   4 种方法对实测电磁数据的处理结果对比

表 5-1   0.03125 Hz 以下各频率点样本数量及剔除比例对比分析

频率/Hz	原始样本 /个	莱伊达准则		格拉布斯准则		狄克逊准则		自适应阈值法	
		剔除样本 数量/个	剔除 比例/%	剔除样本 数量/个	剔除 比例/%	剔除样本 数量/个	剔除 比例/%	剔除样本 数量/个	剔除 比例/%
0.03125	24	3	87.5	2	91.7	22	8.3	22	8.3

续表5-1

频率/Hz	原始样本/个	莱伊达准则		格拉布斯准则		狄克逊准则		自适应阈值法	
		剔除样本数量/个	剔除比例/%	剔除样本数量/个	剔除比例/%	剔除样本数量/个	剔除比例/%	剔除样本数量/个	剔除比例/%
0.023438	8	7	12.5	2	75.0	8	0.0	5	37.5
0.015625	24	3	87.5	2	91.7	22	8.3	22	8.3
0.0117	5	5	0.0	2	60.0	5	0.0	3	40.0

为了进一步分析自适应双向均方差阈值法处理后的 0.03125 Hz 以下频率点的数据样本,图 5-22 给出了剔除原始数据样本中粗大误差数据后的样本分布。由图可知,处理后原始数据中的离群点得到有效剔除,结果数据样本分布形态已近似为正态分布。

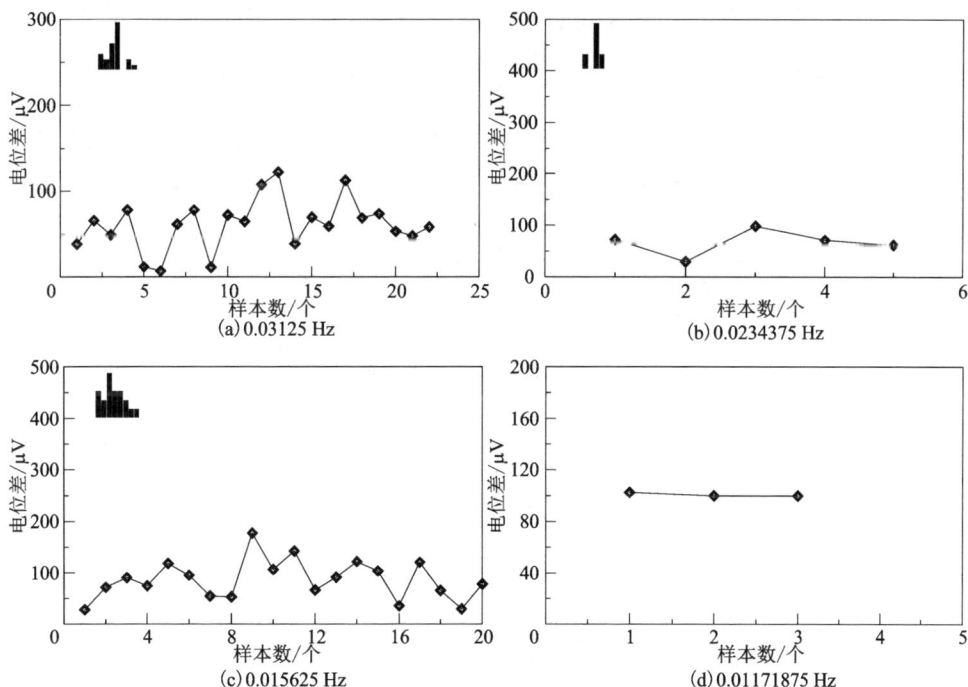

图 5-22　0.03125 Hz 以下的频率样本经自适应双向均方差阈值法处理后的样本分布

为了在各频点之间相对均方误差较低且频率曲线平滑的情况下,尽可能多地保留可信的样本数据,可选取不同的均方差阈值作进一步处理,并对结果进行比较和分析。

图 5-23 所示为均方差阈值分别为 90、60、30 和 15 时的处理结果对比。由图可知,随着阈值的减小,各频点之间的相对均方误差相应变小,频率曲线的整体平滑形态变化不大,因此选用阈值为 30 对实测点 1 的原始数据进行处理即可获得满意的效果,且能尽可能多地保留各频点的样本数据。

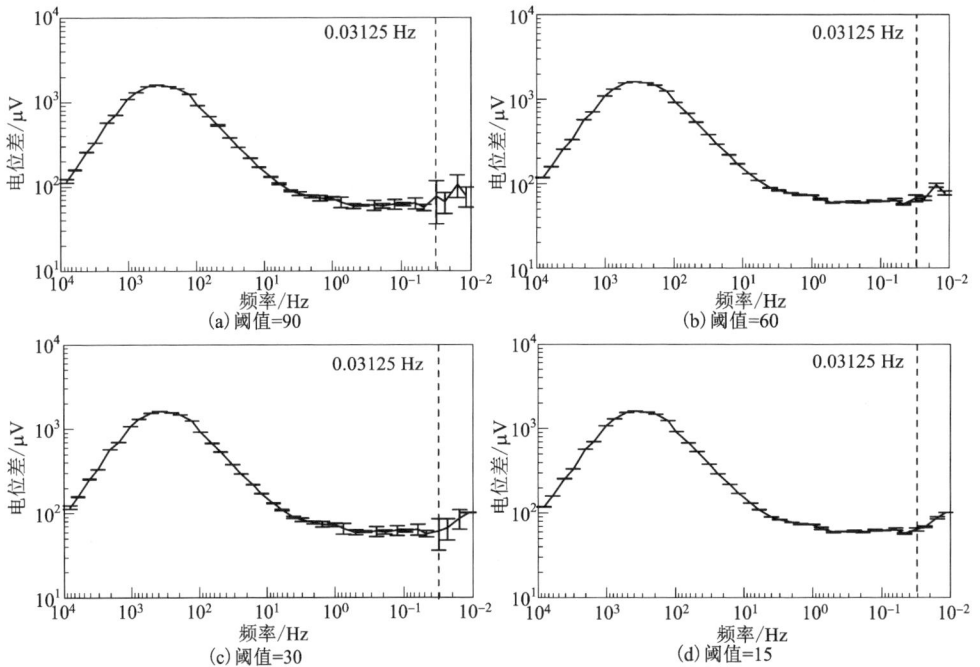

图 5-23　不同阈值处理后频率曲线对比

(2)自适应双向均方差阈值法与 Robust 估计方法对比。

以某一电磁法实测点 2 为例,对原始数据、Robust 估计及自适应双向均方差阈值法的处理结果进行对比分析。图 5-24(a)所示为该实测点原始数据采用算术平均计算的频率曲线,由图可见此测点采集的数据质量不佳,反映在频率曲线上,除 48 Hz 的工频干扰形成一个尖峰突起外,0.03125 Hz 以下频率由于干扰较大、样本数量小,频率曲线形态也呈现出明显的尖峰突起。图 5-24(b)所示为原始数据采用 Robust 估计后的曲线形态。与原始数据相比,其消除了 48 Hz 处由强工频干扰引起的尖峰异常。且 0.03125 Hz 以下频率的曲线形态较原始数据有明显的改善,但粗大误差的影响仍未完全消除,曲线仍存在较为明显的小尖峰,处理结果的相对均方误差也明显降低。图 5-24(c)所示为采用自适应双向均方差阈值法处理结果数据的频率曲线形态。除了完全消除 48 Hz 频率点处的尖峰外，0.03125 Hz 以下频段曲线形态也较 Robust 估计的结果好，完全消除了粗大误差造成的影响，曲线形态更加平滑，能够正确反映实际信号变化趋势，相对均方误差也明显降低。

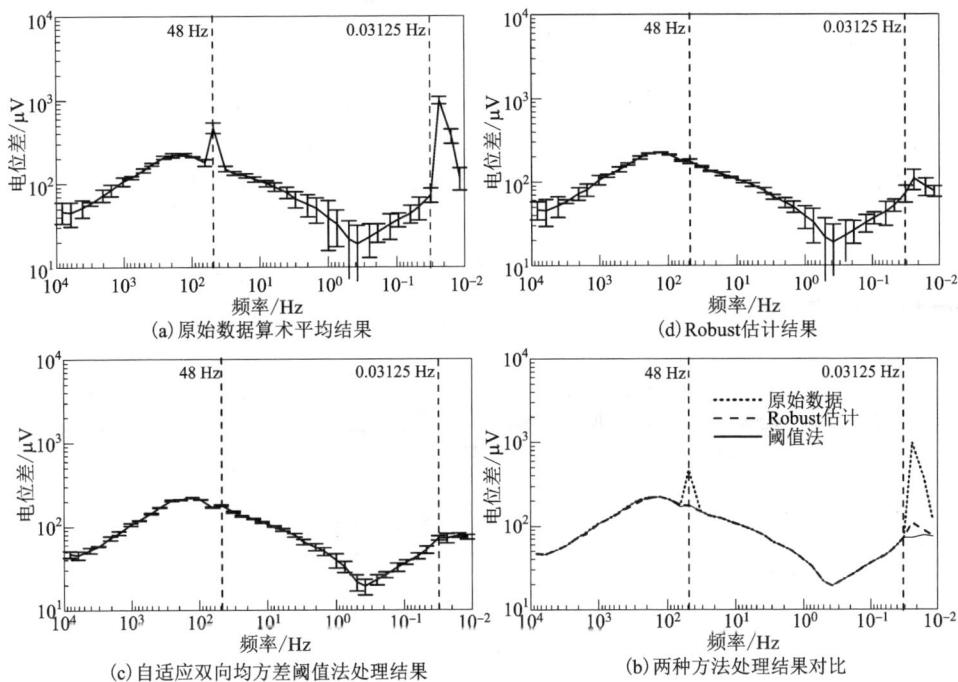

图 5-24　自适应双向均方差阈值法与 Robust 估计方法处理结果对比

表 5-2 中列出了部分频率处理前后的数据对比分析。图 5-25 和图 5-26 所示分别为处理前后部分频率的样本数据分布。根据样本规模，实测点 2 的样本数据可以分为两类：以 48 Hz 为代表的中频段，样本数量较多，一般超过 100 个；以 0.03125 Hz 以下频率为代表的低频段，样本数量偏少，一般不超过 20 个。从图 5-25 可知，处理前，样本数据受粗大误差影响，其分布不服从近似正态分布，且强干扰引起的异常值在正常数据值的数十倍以上。处理后，样本数据分布形态较原始形态更趋向于正态分布。根据表 5-2 分析，在样本数量较多的频率区间，两种方法处理结果比较接近，处理效果都比较好。在 0.03125 Hz 以下频率范围，样本数量较少，粗大误差影响数值较大时，自适应双向均方差阈值法的处理结果明显比 Robust 估计方法的效果更好。

表 5-2　部分频点数据对比分析

频率/Hz	原始样本/个	原始样本算术均值	Robust估计均值	自适应双向均方差阈值法		
				算术均值	剔除样本数量/个	剔除比例/%
48	120	466.2581	174.6878	176.4053	16	13.33
0.023438	12	982.8742	108.9494	72.1606	1	8.33
0.015625	10	369.7953	87.9021	77.7484	1	10.00
0.0117	10	117.1591	76.9813	74.6152	1	10.00

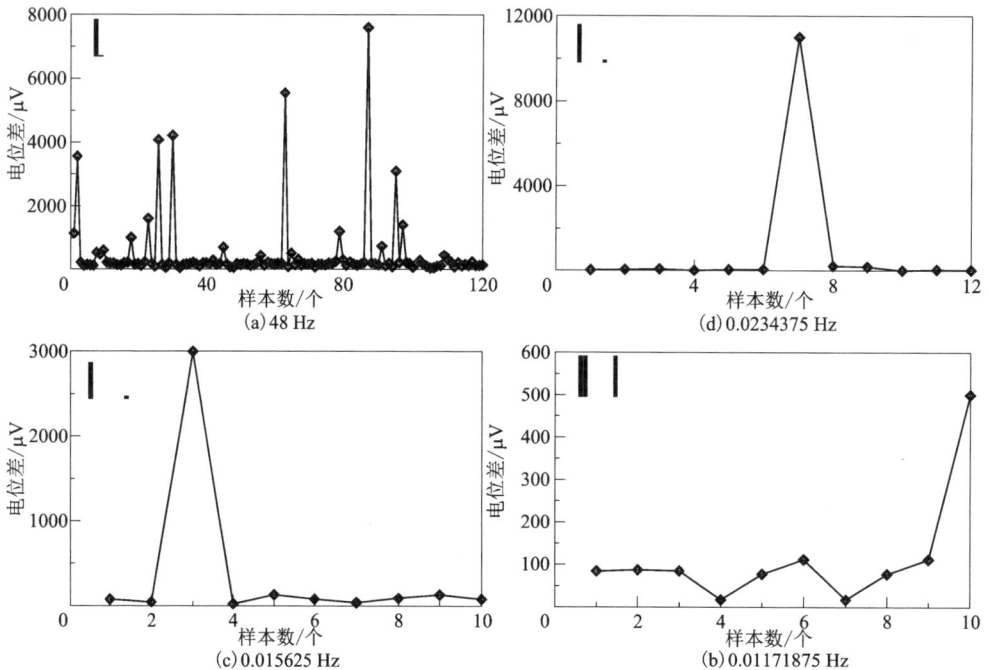

图 5-25　部分频率样本处理前数据分布

图 5-27 所示为实测点 1 采用 Robust 估计方法与自适应双向均方差阈值法处理结果对比。如图所示，0.023438 Hz 频率处的尖峰突起在 Robust 估计中无法有效消除，说明当样本数量较少(8 个)，且粗大误差比例较高、影响数值较大时，Robust 估计方法无效。

通过对实测数据的处理结果、自适应双向均方差阈值法处理结果，以及 Robust 估计方法处理结果进行对比分析可知，自适应双向均方差阈值法在数据样本数量较多、粗大误差影响较小的情况下，其处理效果与 Robust 估计方法的处理

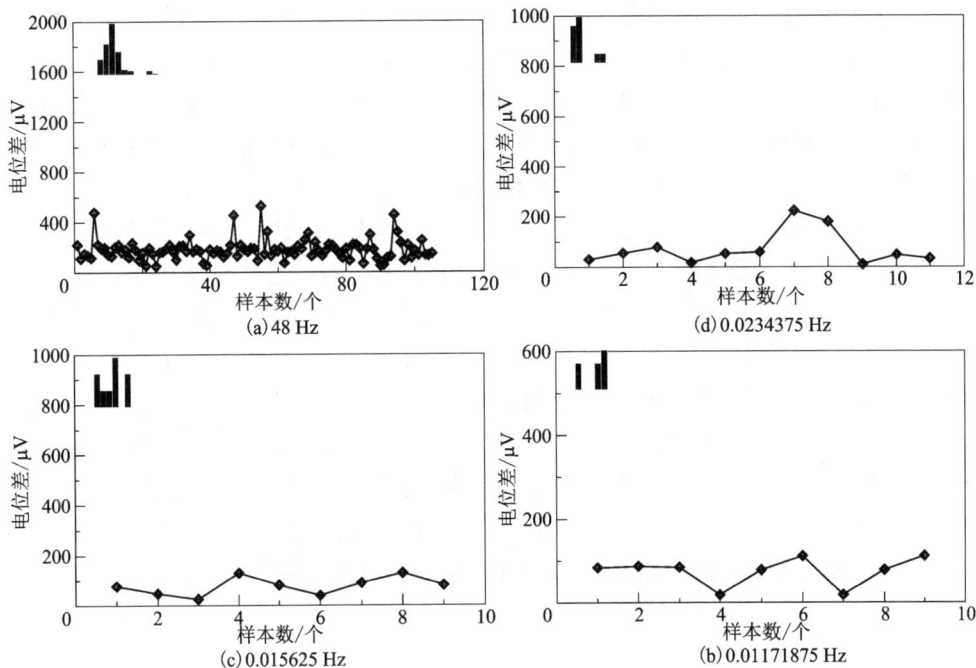

图 5-26　部分频率样本处理后数据分布

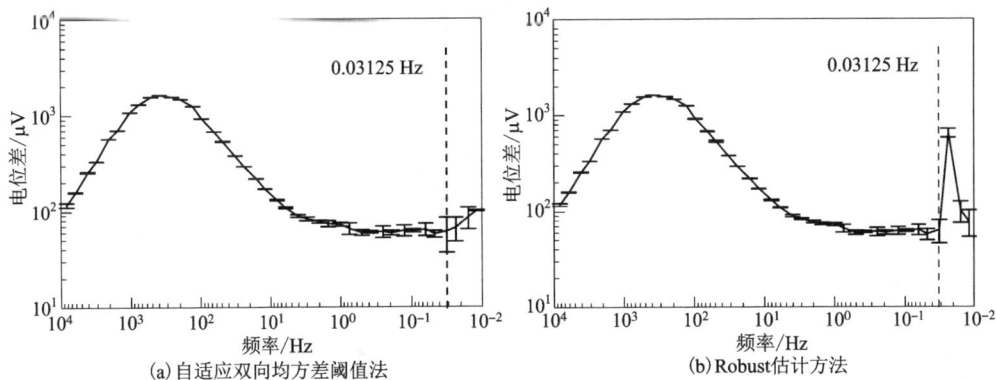

图 5-27　实测点 1 采用自适应双向均方差阈值法与 Robust 估计方法处理结果对比

效果均较好；在样本数量较少、粗大误差比例较高或者误差影响数值很大的情况下，Robust 估计方法往往无法消除粗大误差的影响，而自适应双向均方差阈值法仍能取得较好的处理效果，较 Robust 估计方法有更好的适应性。

（3）自适应双向均方差阈值法与中值滤波法对比。

中值滤波法是一种非线性的滤波方法，广泛应用于信号处理领域，是一种有效的经典滤波抑制噪声的方法。图5-28所示为实测点1采用不同滤波窗口的标准中值滤波（standard median filtering，SMF）法的处理结果，图中滤波窗口大小依次为3、5、7和9。结果表明，这4种不同大小的滤波窗口均不能消除0.03125 Hz以下频率段曲线的尖峰，对0.03125 Hz以上频率的正常曲线形态基本无影响。图5-29所示为0.03125 Hz以下频点采用不同滤波窗口的标准中值滤波法处理后的样本分布。与原始样本数据分布（图5-20）相比，对于位于样本中非端点位置出现的异常离群值，标准中值滤波法能够在不同大小窗口条件下对其进行有效抑制，如图5-29中的(e)、(g)、(i)、(k)、(m)、(o)所示，在滤波窗口大小为5、7、9时，其均能有效抑制0.03125 Hz和0.015625 Hz频率中的异常离群值。对于0.023438 Hz的样本，其中含有3个连续异常值位于样本末端，此时受到SMF方法自身的特性约束（刘道安，1987），即使改变滤波窗口大小也无法有效消除异常，如图5-29中的(b)、(f)、(j)、(n)所示。对于0.0117 Hz的样本，其中有一个异常值位于样本末端，在不同大小滤波窗口条件下也无法有效消除，如图5-29中的(d)、(h)、(l)、(p)所示。

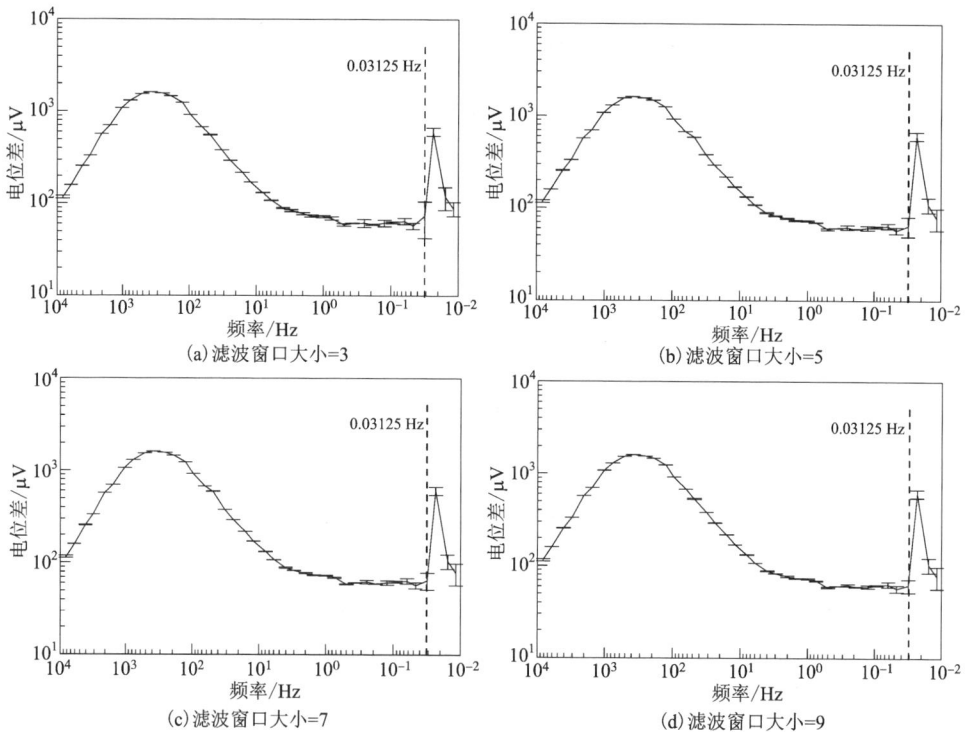

图5-28 不同滤波窗口的标准中值滤波法对实测点1的处理结果对比

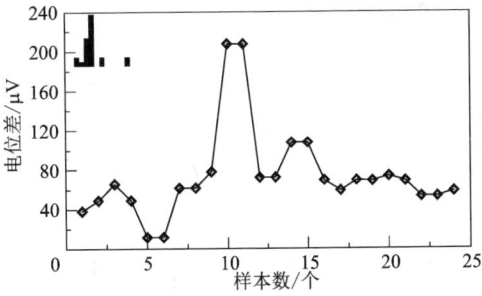

(a) 0.03125 Hz, 滤波窗口大小=3

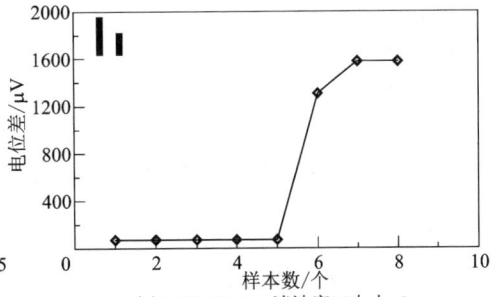

(b) 0.023438 Hz, 滤波窗口大小=3

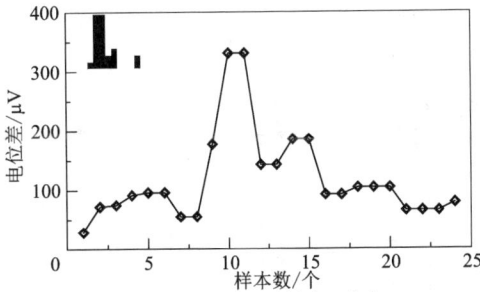

(c) 0.015625 Hz, 滤波窗口大小=3

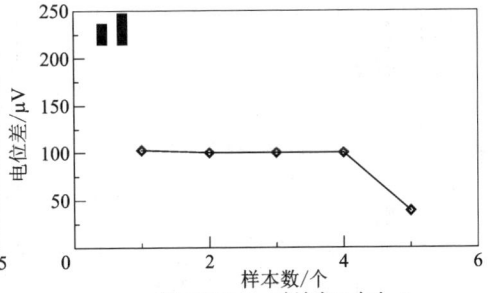

(d) 0.0117 Hz, 滤波窗口大小=3

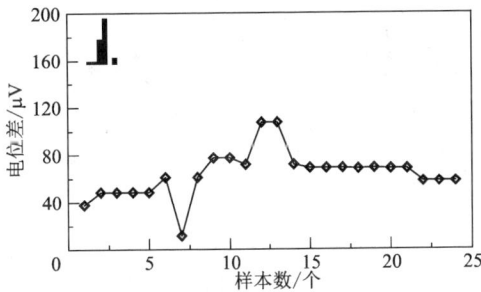

(e) 0.03125 Hz, 滤波窗口大小=5

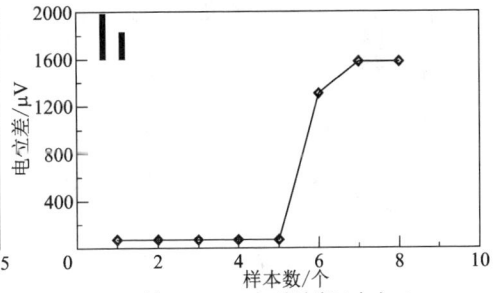

(f) 0.023438 Hz, 滤波窗口大小=5

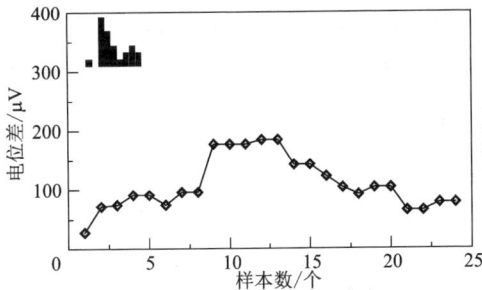

(g) 0.015625 Hz, 滤波窗口大小=5

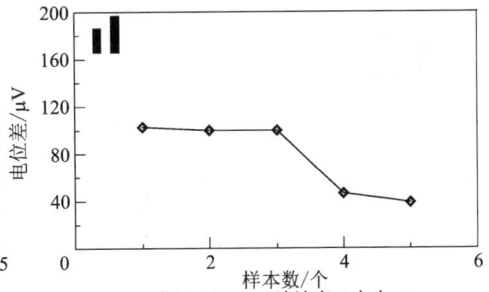

(h) 0.0117 Hz, 滤波窗口大小=5

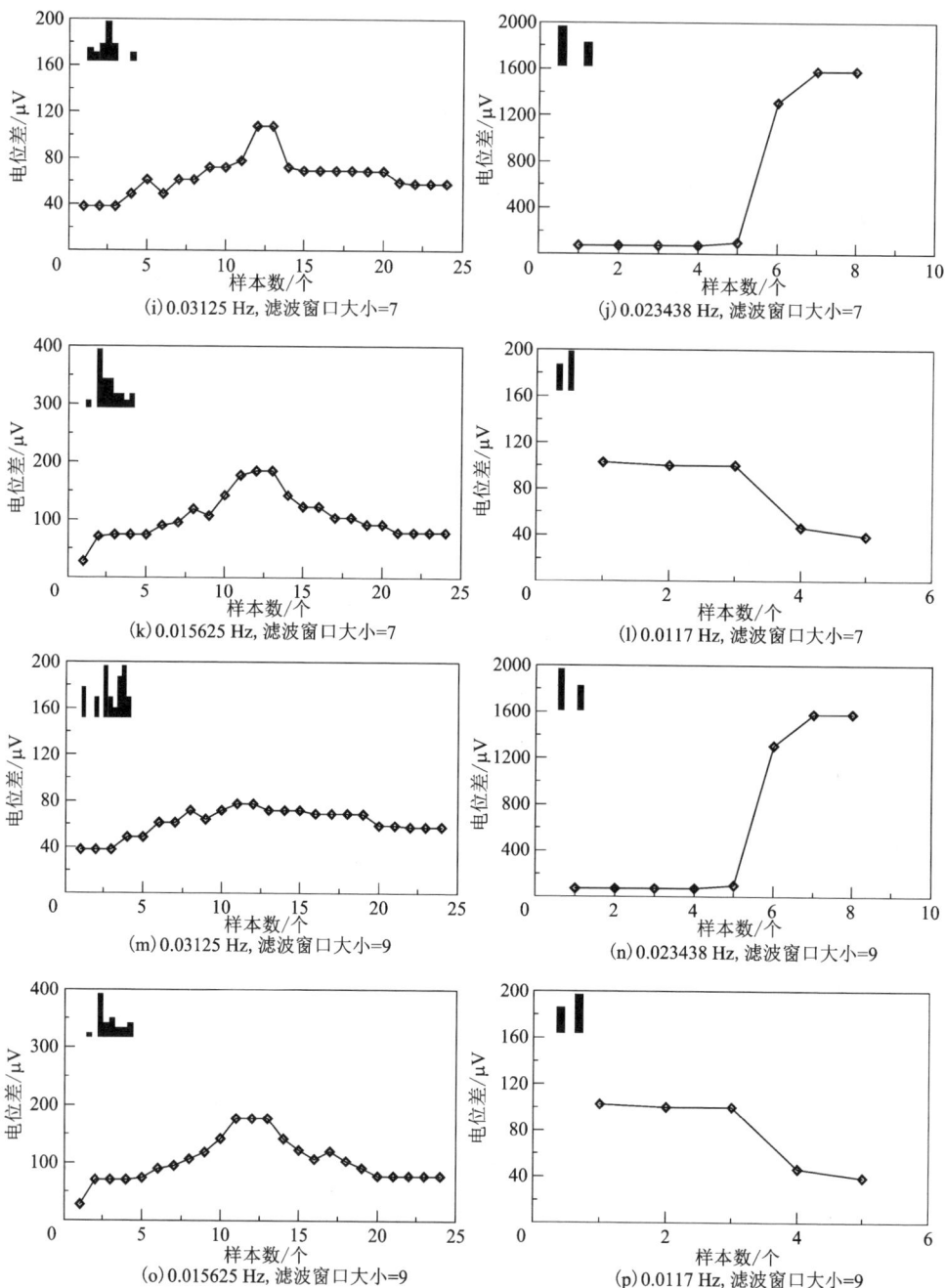

图 5-29　0.03125 Hz 以下频点经不同滤波窗口的标准中值滤波法处理后的样本数据分布

　　图 5-30 所示为采用不同窗口大小的标准中值滤波方法对实测点 2 进行处理后的结果。由图可知，位于 48 Hz 处的曲线尖峰形态被明显抑制，但尚未完全消除，且随着滤波窗口的加大曲线形态更加趋于平滑。另外，位于 0.03125 Hz 以下频率段的尖峰形态也得到了明显抑制，其中，0.023438 Hz 频率处的尖峰形态随着滤波窗口的变大而越来越小，而 0.0117 Hz 频率处的尖峰形态对窗口大小变化无明显改变，进而导致 0.023438 Hz 频率处的曲线尖峰形态随滤波窗口变大而逐渐向下突出。图 5-31 所示为不同滤波窗口的标准中值滤波方法处理后的实测点 2 的部分频率样本数据分布情况。与实测点 1 的处理结果类似，对于样本中非端点位置出现的异常离群值，标准中值滤波方法能够在不同大小的窗口条件下有效抑制；随着滤波窗口变大，可滤除的脉冲干扰宽度相应增大，但对位于样本两端的异常值，无法有效消除，如图 5-31 中的(d)、(h)、(l)、(p)所示。

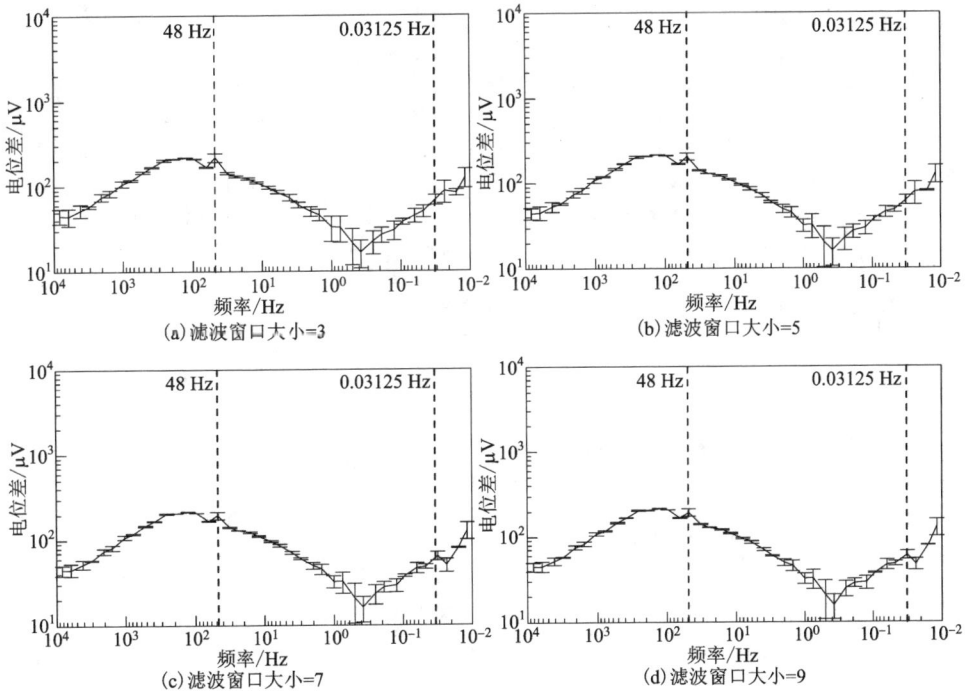

图 5-30　采用不同滤波窗口大小的 SMF 法对实测点 2 的处理结果对比

　　与中值滤波法相比，自适应双向均方差阈值法能够在不改变样本数值的情况下，有效判别并剔除离群异常值，保留分布最为集中的可信样本结果。

　　图 5-32 所示为实测点 1 和实测点 2 经标准中值滤波和自适应双向均方差阈值法处理后的频率曲线形态对比。由图 5-32 可以看出，自适应双向均方差阈值

法对实测点 1 和实测点 2 的处理结果比标准中值滤波方法更好。

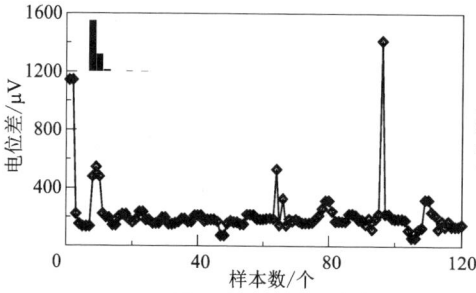

(a) 48 Hz, 滤波窗口大小=3

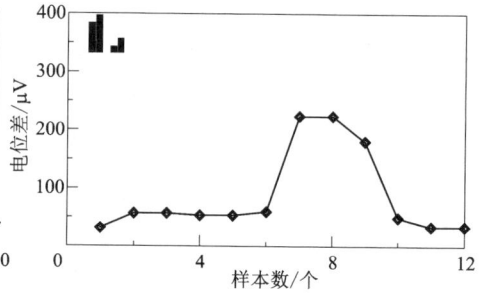

(b) 0.023438 Hz, 滤波窗口大小=3

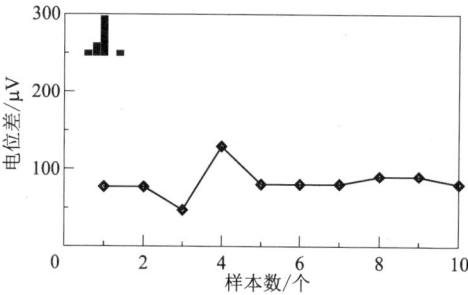

(c) 0.015625 Hz, 滤波窗口大小=3

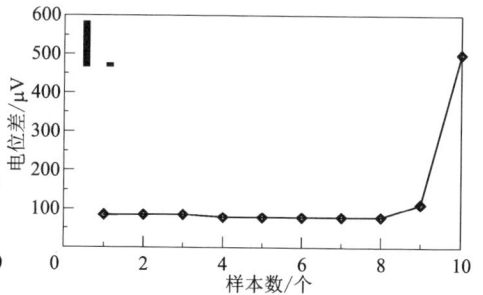

(d) 0.0117 Hz, 滤波窗口大小=3

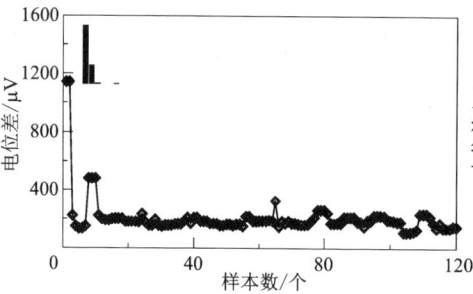

(e) 48 Hz, 滤波窗口大小=5

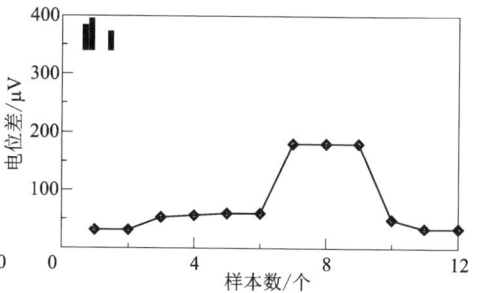

(f) 0.023438 Hz, 滤波窗口大小=5

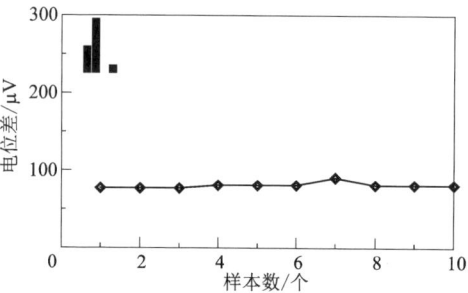

(g) 0.015625 Hz, 滤波窗口大小=5

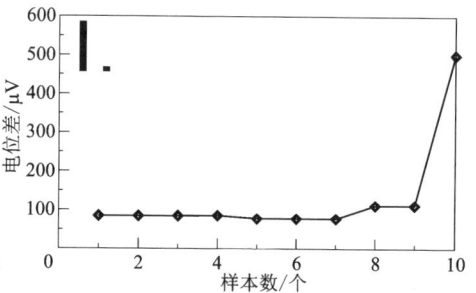

(h) 0.0117 Hz, 滤波窗口大小=5

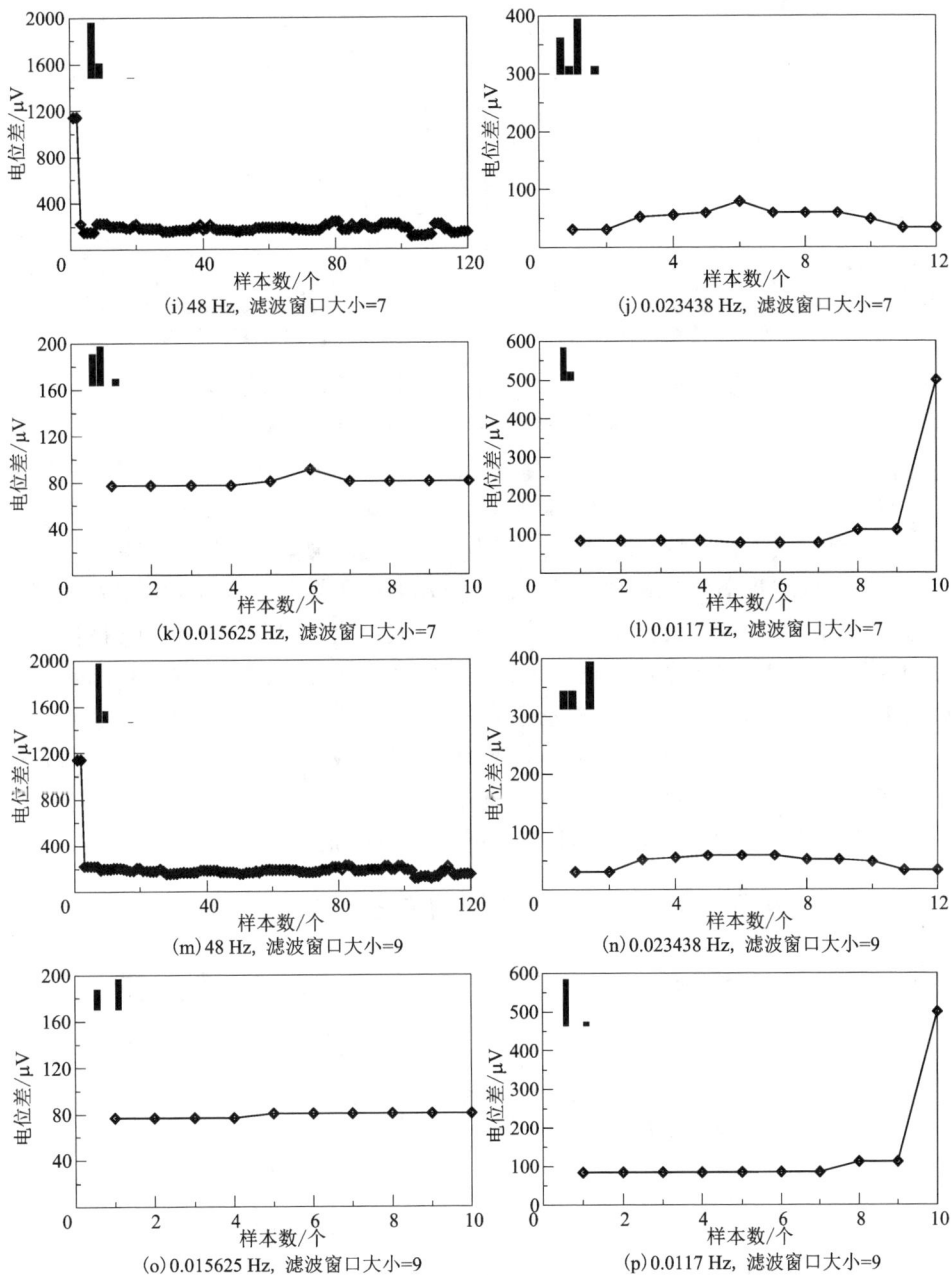

(i) 48 Hz, 滤波窗口大小=7

(j) 0.023438 Hz, 滤波窗口大小=7

(k) 0.015625 Hz, 滤波窗口大小=7

(l) 0.0117 Hz, 滤波窗口大小=7

(m) 48 Hz, 滤波窗口大小=9

(n) 0.023438 Hz, 滤波窗口大小=9

(o) 0.015625 Hz, 滤波窗口大小=9

(p) 0.0117 Hz, 滤波窗口大小=9

图 5-31　部分频率样本经标准中值滤波方法处理后的数据分布

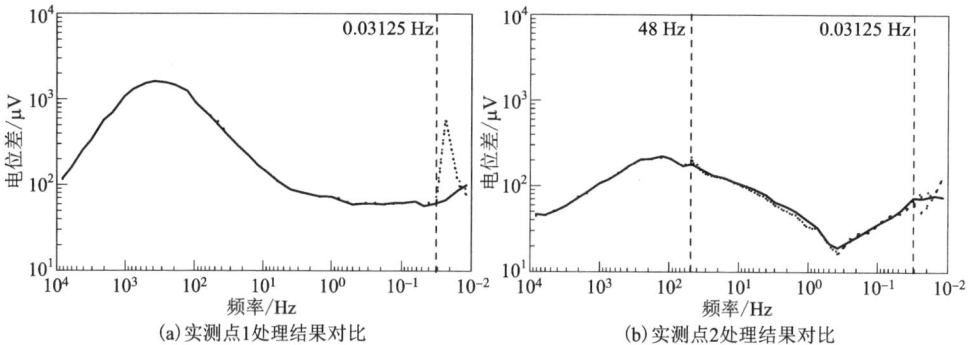

(a) 实测点1处理结果对比   (b) 实测点2处理结果对比

图5-32 实测点1与实测点2经不同方法处理后的频率曲线对比
(实线：自适应双向均方差阈值法；点线：标准中值滤波法)

自适应双向均方差阈值法是一种以统计学理论为基础提出的粗大误差处理方法，具有自适应优化、参数化控制、适应小样本及大误差比例数据的特点，算法实现简单，处理效率高。通过对实测数据的处理，以及与经典的粗大误差处理方法进行对比可知，该方法在经典的粗大误差判别准则，如莱伊达准则、格拉布斯准则和狄克逊准则等不适用的情况下，具有更好的适应性，并能取得较满意的处理效果。通过与Robust估计方法进行对比可知，当数据样本数量较多时，该方法与Robust估计方法的处理结果非常一致；样本数量较少时，该方法的处理结果更好。在应用领域的合理性、算法自身局限性，以及参数通用性等方面，该方法比中值滤波法更显合理，得到的处理结果更令人满意(张必明等，2015)。

5.2.3 基于灰色建模与稳健M估计的方法

5.2.3.1 方法基本原理

M估计(maximum likelihood type estimates)，亦称作广义最大似然估计，是一种有效的稳健估计方法(Huber，1964)，其数学原理如下。

经多次观测得到原始数据 $X = [x(i) \mid i = 1, 2, \cdots, n]$，$x(i) = \theta + \xi(i)$，$i = 1, 2, \cdots, n$。其中，$\xi(1)$，$\xi(2)$，$\cdots$，$\xi(n)$ 为误差，可由多次观测值 $x(1)$，$x(2)$，$\cdots$，$x(n)$ 来估计真实值 $\bar{\theta}$，其中，n 为测量数据的个数。根据极大似然估计原理，选用分段连续的可微凸函数 $\rho(z)$ 构造目标函数(Fisher，1950)：

$$\sum_{i=1}^{n} \rho\left(\frac{x_i - \theta}{\sigma}\right) = \min \tag{5-30}$$

式中，θ 为观测数据的估计结果；σ 为尺度参数。令函数：

$$\psi(r) = \frac{d\rho(r)}{dr} \tag{5-31}$$

可由式(5-32) 求得 θ 的估计值：

$$\sum_{i=1}^{n} \psi\left(\frac{x_i - \theta}{\sigma}\right) = 0 \tag{5-32}$$

利用改进权重法(Huber, 2011)求解式(5-32)。首先定义位置参数和尺度参数的初始值，随后定义迭代公式。通过有限次迭代，即可得到位置参数的 M 估计值 θ。

令观测序列的中位数为初始位置 θ_0：

$$\theta_0 = \text{median}\{x_i\} \tag{5-33}$$

中位数的绝对离差为初始尺度参数 σ_0：

$$\sigma_0 = \text{median}\{|x_i - \theta_0|\} \tag{5-34}$$

迭代公式定义为：

$$\theta_{k+1} = \frac{\sum_{i=1}^{n} \omega_i^k x_i}{\sum_{i=1}^{n} \omega_i^k} \tag{5-35}$$

式中，k 为迭代次数；ω_i^k 为权重函数。其表达式如下：

$$\omega_i^k = \frac{\psi\left(\dfrac{x_i - \theta_k}{\sigma_0}\right)}{\dfrac{x_i - \theta_k}{\sigma_0}} \tag{5-36}$$

式(5-36)中的函数 $\psi(r)$ 为影响函数，在 M 估计中，影响函数有多种类型。Mo 等(2017)选用 Welsch 函数(Holland 和 Welsh, 1977)并经过有限次迭代，得到观测数据的 M 估计值。

$$\psi(r) = r\left[e^{-\left(\frac{r}{W}\right)^2}\right] \tag{5-37}$$

式中，W 为调节常数，一般情况下，$W = 2.985$；r 为函数的自变量。

稳健 M 估计虽然能有效压制异常数据的影响，但估计结果依旧依赖于异常值在观测数据中的占比。当异常值占比超过数据体的一半时，稳健估计失效。为了降低异常值的影响，Mo 等提出了一种基于灰色系统理论的异常值判别方法。即利用灰色系统理论对数据分布类型及数量依赖程度低的特点，通过灰色建模求解测量数据的标准差，结合阈值法识别并剔除异常值。其数学原理如下。

（1）灰色生成。

灰色生成是灰色系统建模的根基。对杂乱无章的原始数据进行灰色生成可强化规律性，弱化数据的波动性和随机性，为建立灰色模型提供中间信息。

某测点某一频率的伪随机电磁频谱数据，可以表示为序列 $x = (x_i | i = 1, 2, \cdots, n)$。其中，$x_i$ 表示第 i 个频谱数据，n 表示该频点频谱数据的个数。当实测数据受到噪声干扰时，电磁频谱数据序列存在无规律的、随机的或明显的跳动。将序列从小到大排列成序列 $x^{(0)}$，有：

$$x^{(0)} = [x(1), x(2), \cdots, x(n)] \tag{5-38}$$

将排序后的电磁频谱数据序列 $x^{(0)}$ 经一次累加生成后，可以获得新序列 $x^{(1)}$：

$$x^{(1)} = [x(1), x(1)+x(2), \cdots, x(1)+x(2)+\cdots+x(n)] \tag{5-39}$$

没有规律的原始数据经一次累加生成后，得到一条单调递增的曲线，增加了原始数据列的规律性，弱化了受异常值影响产生的波动性。其平均累加序列可以表示为：

$$\overline{X} = \overline{x}i \tag{5-40}$$

为削弱异常值对判别结果的影响，采用稳健估计代替传统算术平均估算均值 $\overline{x}$。在无任何噪声干扰的情况下测得的理想值(实际生产工作中，常将测量数据的均值看作理想值)经过一次累加生成可得到理想累加序列。由于理想测量过程没有测量误差，故累加测量序列图为一条直线。可用理想累加序列和原始累加序列之间沿坐标轴的距离 $\Delta(i)$ 来表征数据样本的分散度：

$$\Delta(i) = \overline{x}i - x^{(1)}(i) \tag{5-41}$$

式中，$i = 1, 2, \cdots, n$，测量数据的标准差可表示为：

$$s = cD \tag{5-42}$$

$$D = \Delta_{max}/n \tag{5-43}$$

式中，$\Delta_{max} = \max[\Delta(i)]$，$i = 1, 2, \cdots, n$；$c$ 为灰色常系数；n 为测量数据个数。

(2) 灰色模型的建立。

灰色建模的思想是直接将原始数据序列转化为微分方程，从而建立抽象系统的发展变化动态模型(grey dynamic model，记为 GM 模型)。根据式(5-42)可知，标准差的求解在于灰色常系数 c 的计算。接下来通过建立灰色静态模型 GM(0, N) 来求解 c。

存在系统特征数据序列 $X_1^{(0)} = [x_1^{(0)}(1), x_1^{(0)}(2), \cdots, x_1^{(0)}(n)]$，相关因素序列 $X_j^{(0)}(j = 2, 3, \cdots, N)$，$X_j^{(1)}$ 为 $X_j^{(0)}$ 的 1-AGO 序列(一次累加生成序列)，其中 N 为模型的阶数，$B = (b_2, b_3, \cdots, b_N, a)$ 为参数序列。则称：

$$X_1^{(1)} = b_2 X_2^{(1)} + b_3 X_3^{(1)} + \cdots + b_N X_N^{(1)} + a \tag{5-44}$$

为 GM(0, N) 模型。为了计算灰色常系数 c，须建立式(5-42)所示的模型，令：

$$S = [x_1^{(1)}(1), x_1^{(1)}(2), \cdots, x_1^{(1)}(n)]^{\mathrm{T}} \tag{5-45}$$

$$D = \begin{bmatrix} x_2^{(1)}(1) \\ x_2^{(1)}(2) \\ \cdots \\ x_2^{(1)}(n) \end{bmatrix} \tag{5-46}$$

$$S = b_2 D \tag{5-47}$$

称该模型为 GM(0, 2)模型。此时, b_2 的最小二乘估计为：

$$b_2 = (D^{\mathrm{T}} D)^{-1} D^{\mathrm{T}} S \tag{5-48}$$

　　根据上述过程,给出灰色常系数的求解过程。

　　①取待处理数据中的前 $m(m<n)$ 个数,根据贝塞尔公式计算其标准差 $s^{(0)}(1)$,通过式(5-42)、式(5-43)计算 $d^{(0)}(1)$。

　　②取待处理数据中的前 $m+1$ 个数可得 $s^{(0)}(2)$、$d^{(0)}(2)$。每次数据长度增加 1,依此类推,直至取完所有 n 个数,得到标准差 $s^{(0)}(n-m+1)$, $d^{(0)}(n-m+1)$。

　　③根据式(5-42)分别得出两序列 $[s^{(0)}(1), s^{(0)}(2), \cdots, s^{(0)}(n-m+1]$ 和 $[d^{(0)}(1), d^{(0)}(2), \cdots, d^{(0)}(n-m+1)]$ 的一次累加序列,由式(5-48)可求出灰色常系数 c。

　　为验证灰色建模的正确性,表5-3给出了标准差为0.5的正态分布下,不同样本容量的计算结果,并与传统方法常用的贝塞尔公式进行了对比。由表5-3可知,即使样本容量比较小,通过建立灰色模型计算出的结果更接近理论值,这说明灰色建模对数据样本容量的要求较小。

表5-3　不同样本容量下两种方法的标准差

分布类型	σ	n	贝塞尔公式	灰色建模
			s	
正态分布	0.5	10	0.39	0.41
		50	0.45	0.47
		100	0.48	0.49
瑞利分布	1	10	0.80	0.83
		50	1.18	1.05
		100	1.08	1.02

5.2.3.2　方法处理流程及特点

　　稳健 M 估计方法的去噪流程如图5-33所示,具体处理流程如下。

(1)将采集的时域数据分成 n 段，计算每段主频率的幅值。根据可信数据选取一个合适标准差作为阈值 $\sigma_{\text{threahold}}$。

(2)将频谱数据进行排序，随后分成两段，前段末元素的位置为 $m_1 = \text{INT}(n/2)+1$，后段首元素位置为 $m_2 = \text{INT}(n/2)+K$，其中，$\text{INT}(\ )$ 为取整函数。当 n 为偶数时 $K=0$，n 为奇数时 $K=1$。

(3)计算前后段的稳健 M 估计值，利用灰色模型求出标准差 σ_1 和 σ_2。

(4)当 $\max(\sigma_1,\ \sigma_2) \leqslant \sigma_{\text{threahold}}$，或 $n \leqslant 3$ 时，计算保留频谱数据的 M 估计值并将其作为主频率的幅值，结束算法，反之，转到步骤(5)。

(5)若 $\sigma_1 \geqslant \sigma_2$，则剔除第一个数据，反之，删除最后一个数据。

(6)更新数据、权重，转到步骤(2)。

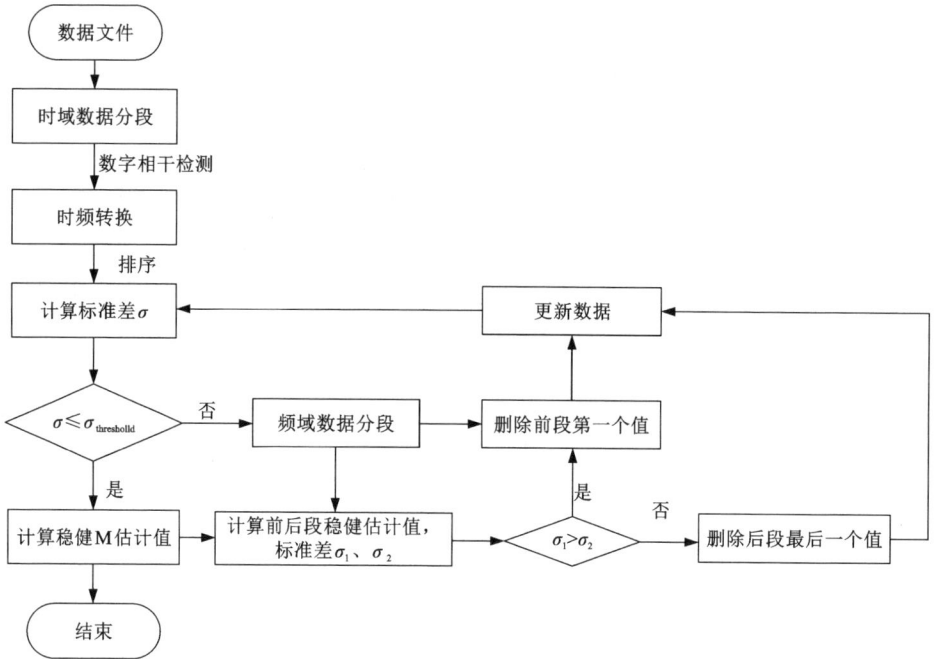

图 5-33 稳健 M 估计方法的去噪流程

利用灰色建模计算标准差，其受数据分布和数量的影响较小。采用分段的方式，在仅有 3 个数据的情况下，仍可分为两段，并通过计算标准差进行有效数据的比较和剔除。若待处理数据中出现极大的异常值，可通过稳健 M 估计法分配权重的方式来大幅削弱强干扰数据对估计结果的影响，减小甚至避免后续处理出现异常值误判或有效值误删的情况。理论上，该方法对于小样本数据也具有可行性。

5.2.3.3　仿真分析

（1）单频波仿真分析。

图 5-34（a）所示为一频率为 8 Hz、幅值为 5、采集时长为 10 s 的正弦波中加入随机噪声、方波噪声、衰减噪声，以及三角波噪声之后的时间域波形；图 5-34（b）所示为将噪声幅值增大 5 倍并与有效信号叠加后的时间域波形。图中红色为真实信号，黑色为噪声信号。可以看出，部分时域波形已经分辨不出真实信号的存在。

将时间序列进行等间距分段，分段的原则是，每一小段数据长度必须为有效频率的整数倍，以保证完整地提取每个频率信号的幅值和相位信息。分别将时间序列分成 10 段、20 段、40 段、80 段，利用相干检波法提取各分段数据的幅值，如图 5-35 所示，图中虚线代表单频波对应的真实幅值，幅值为 5。用本章所述稳健 M 估计方法分别对图 5-35 所示数据进行处理，将保留的频谱数据求平均，表 5-4 所示为处理前后不同分段数的相对误差。随着分段数的增多，异常值的幅度和占比增大，但由于对数据进行了叠加平均，且异常值幅度不是很大，处理前分成 20 段时的误差比分成 10 段时的误差小。随着分段数继续增多，误差也持续增大。经处理后，异常数据基本被剔除，且分段数为 20 时的处理效果最佳。

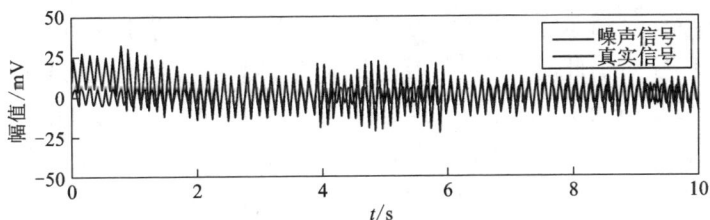

(a) 单频加噪信号

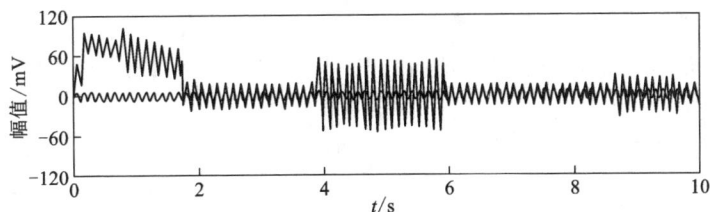

(b) 将噪声幅值增大5倍并与有效信号叠加后的单频波信号

图 5-34　单频波加噪前后时域波形

（扫本章二维码查看彩图）

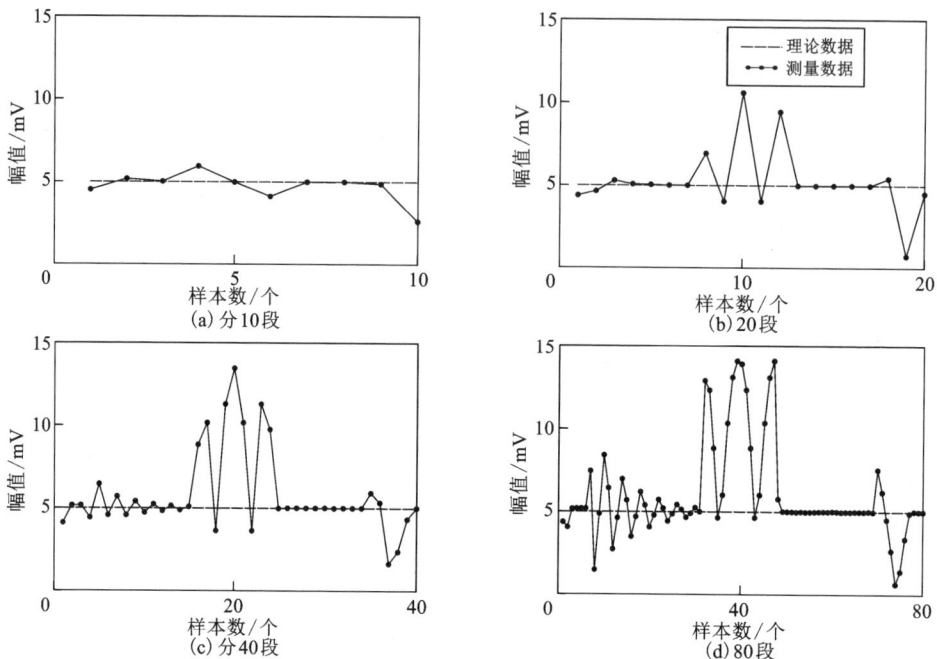

图 5-35　不同分段数据长度对应的数据样本幅值

将图 5-34(a)所示噪声幅值扩大 5 倍,并加到有效信号中,得到的时域波形如图 5-34(b)所示。此时,噪声的幅值最大为 100 mV,为真实信号的 20 倍。同样对该时域波形进行分段,提取每段数据的有效频率的幅值,如图 5-36 所示。增大噪声后,异常值的幅值及数量明显增多。图 5-36(a)中,仅有 5 个频谱在真实值附近。继续增大分段数可以发现,异常值的幅度也急速增大。到 80 段时,大部分异常值是真实值的 2~10 倍,相对误差可达 227.64%。对图 5-36 所示数据进行去噪处理,结果如表 5-5 所示。可以发现,将时域波形分成 10 段时的效果最差。原因是数据量较少,异常值占比和幅度较大,不足以通过平均压制残余随机噪声的影响。分段过多时,每段数据的周期数少,对干扰的抑制能力低。分段过程中会引入截断误差,因此在小样本数据处理过程中的分段不是越多越好。综合表 5-4 及表 5-5 所示结果可知,分成 20 段可以取得最佳效果,相对误差仅分别为 0.05% 和 0.04%。图 5-37 所示是处理前后的频谱数据分布。其中黑色实线为处理后的频谱数据,受噪声污染的异常值被剔除殆尽,保留的值在真实值上下浮动。

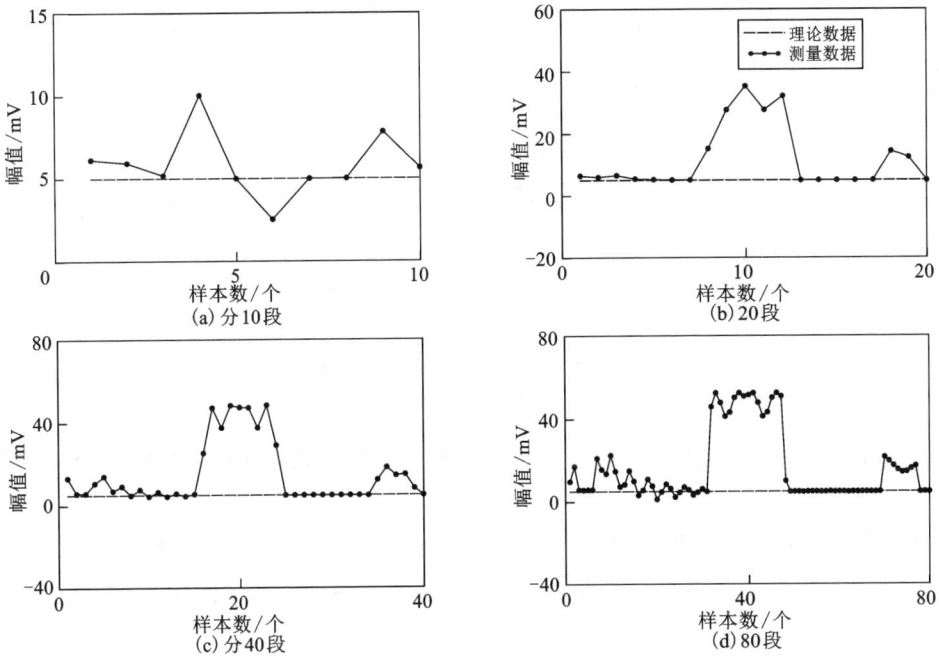

图 5-36　增大噪声后不同分段数据长度对应的数据样本幅值

表 5-4　对图 5-35 所示数据进行去噪处理前后不同分段数的相对误差

分段数/段	10	20	40	80
去噪前相对误差/%	5.36	5.23	16.27	20.00
去噪后相对误差/%	0.16	0.05	0.13	0.16

表 5-5　对图 5-36 所示数据进行去噪处理前后不同分段数的相对误差

分段数/段	10	20	40	80
去噪前相对误差/%	16.68	134.63	200.41	227.64
去噪后相对误差/%	0.97	0.04	0.16	0.47

(2)伪随机多频波仿真分析。

在实际勘探工作中,强干扰信号的幅值常比有效信号大几个数量级。为模拟野外实测数据分布情况,测试本章方法对于极大异常值的处理效果,模拟产生多个周期基频为 96 Hz、幅度为 1 的伪随机 7 频信号。图 5-38(a)所示为一段伪随

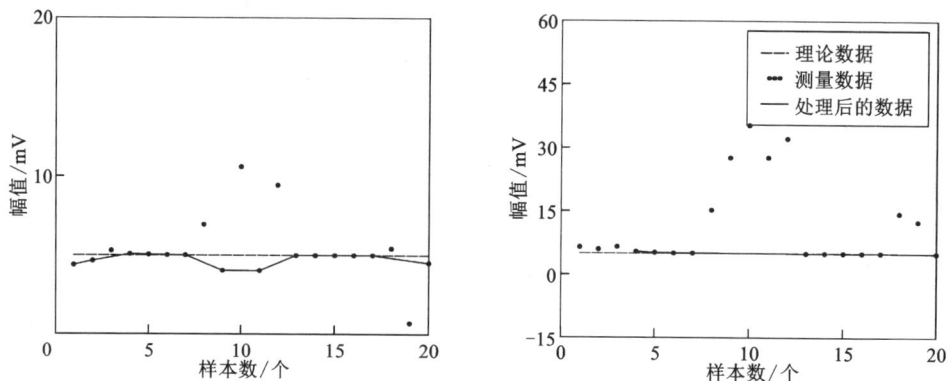

图5-37 处理前后的频域数据分布

机7频信号。加入几种主频率在有效信号的主频率附近且幅值为真实信号2~3个数量级的噪声,此时有效信号的幅值相对于噪声信号已非常小,在图中近似为一条直线,如图5-38(b)所示。

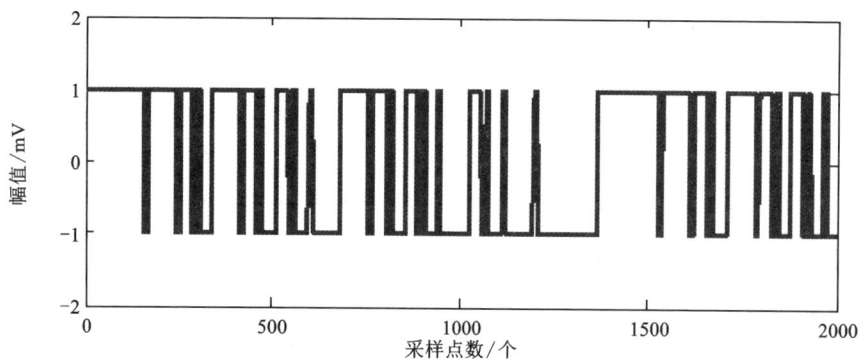

(a) 理论伪随机信号

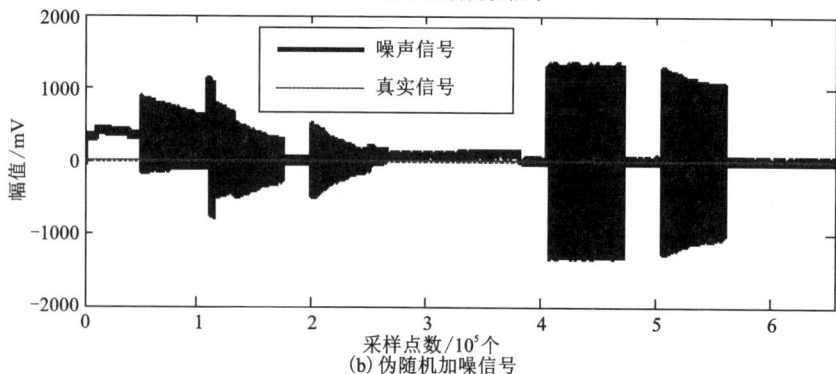

(b) 伪随机加噪信号

图5-38 伪随机7频波加噪前后时域波形

(扫本章二维码查看彩图)

　　将含噪的伪随机 7 频波时间序列分成 20 段，各主频率点的频谱数据个数为 20。各频点受到不同程度的干扰，特别是在 96 Hz、192 Hz、1536 Hz、6144 Hz 处的频谱数据中混有少量能量极强的异常值。图 5-39(a) 所示为处理前上述频点的频谱数据分布情况。在强干扰下，主频点的算术平均值已完全偏离理论值，可达理论值的 300 倍，稳健 M 估计值均偏大。采用灰色系统理论对异常值进行识别并剔除后，各频点的频谱数据分布在理论值附近，与理论值的偏差较小，如图 5-39(b) 所示。如表 5-6 所示，各频点的 M 估计值与理论值相差无几。其中，最大相对误差是 3.6676%，最小相对误差仅是 0.0251%，数据质量得到了很好的改善，这进一步说明了灰色系统理论与稳健 M 估计相结合能有效降低强干扰对有效频率信号的影响，提高数据质量。

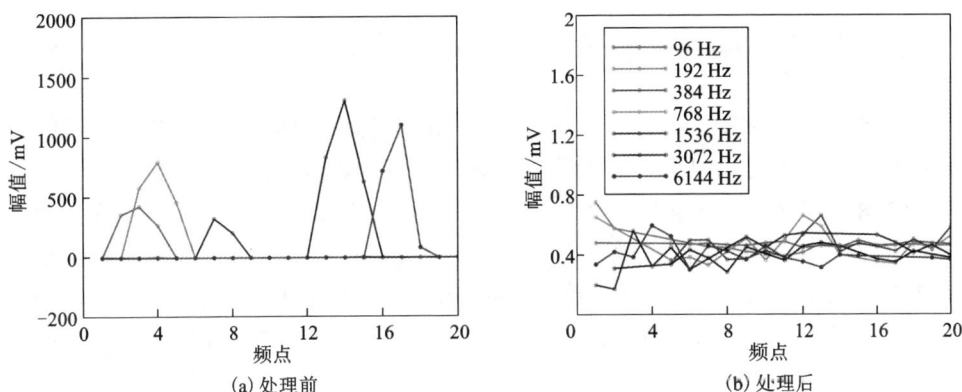

图 5-39　处理前后的频域数据分布
(扫本章二维码查看彩图)

表 5-6　伪随机 7 频波各频点的原始值及处理结果

主频率/Hz	理论值	算术平均值	原始 M 估计值	有效数据个数	处理值	相对误差/%
6144	0.3979	95.9326	0.4130	17	0.4098	2.9907
3072	0.3979	0.6245	0.4576	15	0.3978	0.0251
1536	0.4308	215.272	0.4577	15	0.4466	3.6676
768	0.4532	1.198	0.4893	15	0.4541	0.1986
384	0.4665	1.6849	0.4661	16	0.4669	0.0857
192	0.4738	107.726	0.4577	17	0.4785	0.9920
96	0.4776	68.5315	0.5133	17	0.4780	0.0838

5.2.3.4 实测资料分析

为进一步验证本章方法的有效性，将该方法应用于某工区的广域电磁法 E-E_x 数据处理。该工区是沉积盆地，构造稳定、产状缓、地层基本水平。部分地区靠近悬崖、公路、高压线等干扰源密集区域。从两侧均为优质数据，中间为强干扰数据的主测线中选择 4 个受到不同程度干扰的测点进行处理。E-E_x 观测方式是采用电流源发射，观测两个测量电极之间的电位差。利用测点之间的电位差、视电阻率及均方根误差（RMSE）等对处理结果进行评价，其中 RMSE 的计算公式为：

$$\text{RMSE} = \sqrt{\frac{(x_i - \overline{x})^2}{n}} \qquad (5\text{-}48)$$

式中，x_i 为测量数据；$\overline{x}$ 为数据均值；n 为数据个数。

（1）电位差频谱分析。

图 5-40(a) 和图 5-40(b) 所示分别为 101 测点和 118 测点实测时间域数据。从图中可知，两测点均受到了大量随机脉冲噪声的影响，101 测点受电磁干扰强度较 118 测点小。图 5-41(a) 和图(b) 所示分别为 101 测点和 118 测点部分频率不同时段对应的电场幅值分布。从图中可以看到，受噪声影响，部分频点数据畸变严重，如 48 Hz。图 5-42(a) 和图 5-42(b) 所示分别为 101 测点和 118 点处理前后的点位差和均方根误差（RMSE）曲线，其中黑色实线为处理后的曲线形态。

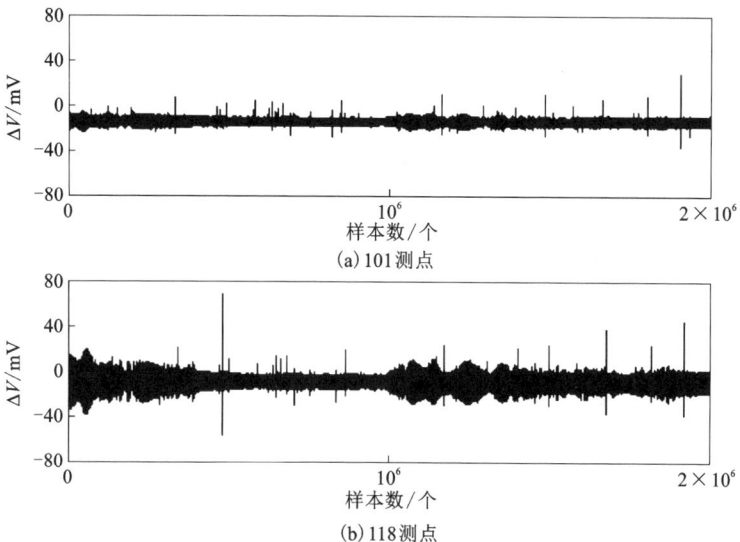

(a) 101测点

(b) 118测点

图 5-40　两测点时间域数据

处理前，高频信号强，两测点数据信噪比高，电位差频谱曲线光滑，均方根误差小。受工频干扰的影响，曲线在 48 Hz 处表现为明显的尖峰。由于采集到的原始数据规模小、低频干扰强和受近场源影响，故低频段数据质量下降。尤其是 118 测点，其低频电位差频谱曲线连续性差，且随着频率的降低，均方根误差曲线迅速抬升。经处理后，干扰信号被有效剔除，均方根误差大幅度下降，保留的频谱数据分布较为集中，电位差曲线趋于光滑，正确反映了实际信号的变化趋势。

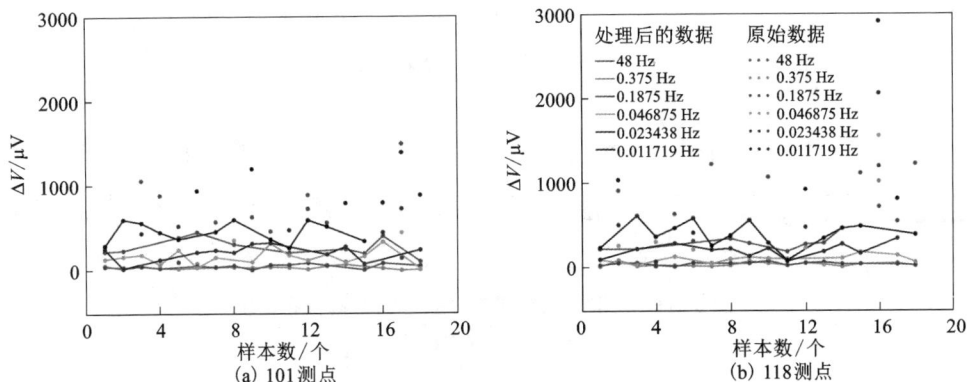

图 5-41 两测点部分频点的数据分布情况
(扫本章二维码查看彩图)

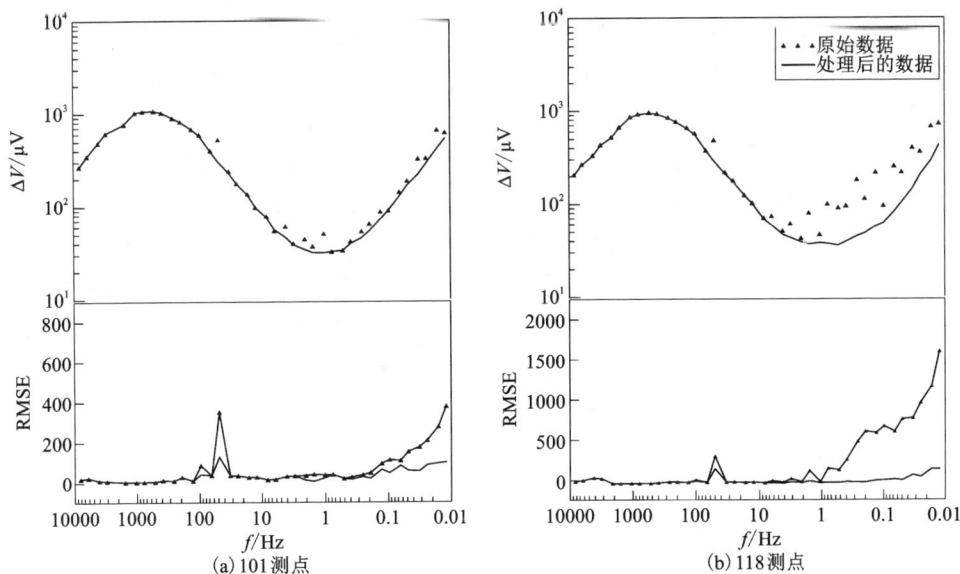

图 5-42 两测点处理前后的电场曲线对比

图 5-43(a)和图 5-43(b)所示分别为 126 测点和 132 测点低频段部分频点的数据分布情况。从图中可知，在部分时间段，测点受到了强电磁干扰的影响，造成幅值产生大尺度畸变。

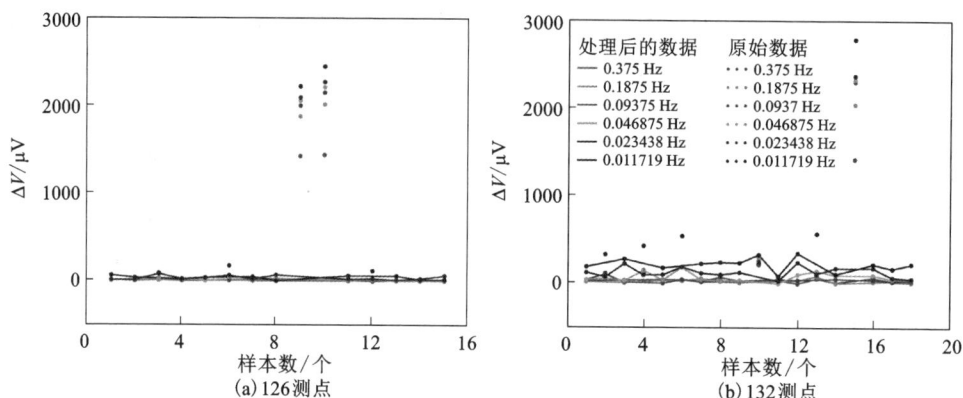

图 5-43　两测点低频段部分频点的数据分布情况

(扫本章二维码查看彩图)

图 5-44(a)和图 5-44(b)分别为 126 测点和 13 测点 2 电磁数据采用稳健估计、标准中值滤波法、自适应双向均方差阈值法和本章方法处理后的效果对比。由图 5-44 可知，两个测点的低频段受到严重干扰，126 测点电位差频谱曲线、均方根误差曲线在 0.011719~0.75 Hz 跳变剧烈，呈"锯齿"状；132 测点电位差频谱数据在 1 Hz、2 Hz 处出现较明显的突起，整个低频段被抬高，均方根误差大，数据质量差。稳健 M 估计、标准中值滤波法、自适应双向均方差阈值法均可以在一定程度上剔除干扰信号，保留有效信号，提高信噪比。对于低频数据部分频点处理效果有限，电位差频谱曲线连续性较差，存在明显小幅跳变。两测点经本章方法处理后，曲线光滑度及连续性显著提高，数值回归正常，强干扰造成的影响被极大削弱甚至消除，均方根误差显著下降，数据分布集中。部分频点数据分布采用本章方法处理前后的对比如图 5-44 所示，其中 126 测点低频段部分频点处理结果如表 5-7 所示。引起曲线突变的异常值已被剔除，每个频点保留了 12~13 个有效数据。

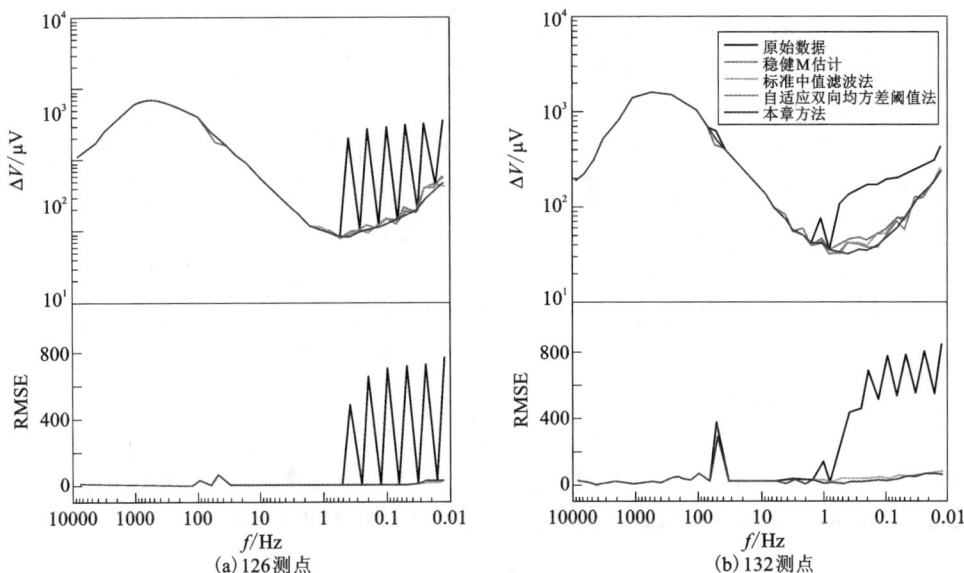

图 5-44　两测点经几种方法处理后的结果对比

(扫本章二维码查看彩图)

表 5-7　126 测点低频段部分频点处理结果

主频/Hz	原始数据个数	原始 RMSE	保留数据个数	处理后的 RMSE
0.375	15	484.2630	13	2.8425
0.1875	15	665.9014	13	7.1463
0.09375	15	699.8726	13	2.4163
0.046875	15	718.1594	12	10.8345
0.023438	15	718.0524	12	24.1826
0.011719	15	773.9897	12	30.5032

　　根据各种方法的理论基础和上述实验处理结果分析可知，在异常值比例高或数值很大等情况下，稳健 M 估计仅通过分配权重的方式无法充分压制异常值的影响，甚至其结果与真实结果相差甚远，即使在数据质量较好的情况下，异常值的存在也会给结果带来一定误差。中值滤波是种非线性低通滤波方法，其滤波窗口大小的选择须根据人工观测的数据来确定，以获取满意的处理结果。受算法局限性影响，当首、末任意一端出现一个(或多个)异常值时，即使改变滤波窗口大小也无法对其进行有效的处理。采用中值滤波法进行数据处理，在修改异常值的同时也修改了正常值，故其对干扰虽可起到一定的抑制作用，但不能消除干扰的

影响。自适应双向均方差阈值法基于统计理论，通过控制阈值对曲线有较明显的改善。但因各个频点受干扰程度不一，选用相同阈值对整个数据进行处理时，可能会出现过度剔除或不能有效剔除的情况。本章方法由标准差阈值控制数据的剔除，不受异常数据点位置的影响，对正常数据不做任何修改，一般用于随机变量数据中异常值的判别及剔除。基于非统计学的灰色系统理论，受数据分布规律影响小，并结合了稳健 M 估计的优点，处理后的结果曲线形态明确、光滑连续。综上所述，在干扰较小的情况下，稳健 M 估计结合灰色系统理论可在保持原始信号特征的情况下使其走势更加平稳；针对强干扰下的数据，仍可根据有效信息恢复其真实的曲线形态。

（2）视电阻率分析。

结合装置系数，可由图 5-42、图 5-44 所示测点的电位差信息得到各测点的电场，通过广域水平视电阻率计算式（5-50）求取视电阻率。图 5-45 所示为 101、118、126、132 测点采用本章方法处理前后的视电阻率对比。

$$\rho_a = K_{E-E_x} \frac{\Delta V_{MN}}{I} \frac{1}{F_{E-E_x}(\mathrm{i}kr)} \tag{5-50}$$

式中，

$$F_{E-E_x}(\mathrm{i}kr) = 1 - 3\sin^2\varphi + \mathrm{e}^{-\mathrm{i}kr}(1+\mathrm{i}kr) \tag{5-51}$$

$$\Delta V_{MN} = E_x \cdot MN \tag{5-52}$$

$$E_x = \frac{I\mathrm{d}l}{2\pi\sigma r^3}[1 - 3\sin^2\varphi + \mathrm{e}^{-\mathrm{i}kr}(1+\mathrm{i}kr)] \tag{5-53}$$

式中，I 为供电电流；$\mathrm{d}l$ 为电偶极源的长度；r 为收发距；φ 为方位角。

从图 5-45 中可以看出，使用本章方法进行去噪处理后，干扰基本被剔除，中低频数据质量得到了明显的提高，曲线变得光滑、连续。四个测点的曲线变化形态一致：频率大于 1 Hz 的频段，随着频率降低，视电阻率呈递减趋势；频率小于 1 Hz 的频段，随着频率降低，视电阻率值呈递增变化趋势。这表明采用稳健 M 估计结合灰色理论可以有效剔除人工源电磁勘探中的干扰。

通过以上论述可知，将灰色建模、稳健 M 估计和阈值法相结合，通过模拟数据选择最佳影响函数和分段数，结果表明，分段数过多或过少都会对处理效果产生影响。对模拟的野外实测频谱数据进行处理后，结果与理论值十分接近。处理野外实测数据时，选择畸变较严重的数据与几种常见的方法对比，结果表明，基于灰色建模和稳健 M 估计的方法较其他几种方法的处理结果，曲线更光滑、连续，数据整体质量较原始数据有所提高。算法的优势在于原理简单、运算速度快、不需要考虑噪声类型。选用稳健 M 估计可以很好地压制数值很大的异常对估计结果的影响，较传统的算术平均值，可以减少甚至避免出现异常值误判的情况，同时对异常数据进行剔除，突破了稳健 M 估计中异常值比例不高于 50% 的限制。

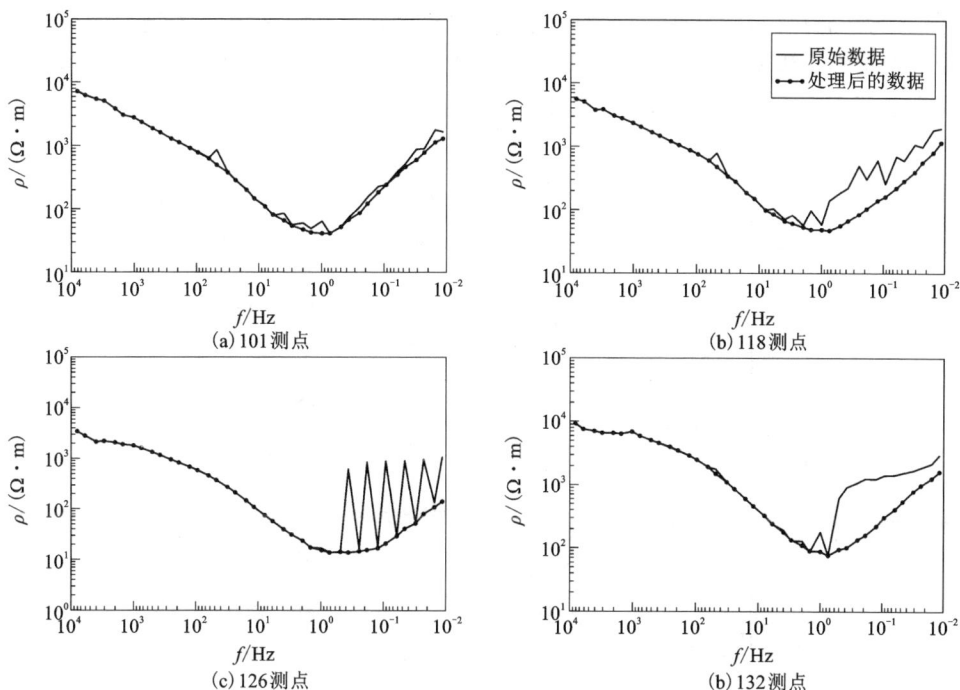

图 5-45　四测点经本章方法处理前后的视电阻率对比

5.3　基于聚类的频率域信噪分离方法

通过对电磁信号在复平面内分布特征的研究可知，实测 CSEM 信号未受噪声影响时，其服从高斯分布；受到强噪声影响时，其分布特征会发生变化，但主体部分依旧呈现近似高斯分布。针对这种数据结构，本书选择采用一种基于无监督学习的聚类方法进行处理。

聚类（clustering）是一种研究数据逻辑和物理方面相互关系的数据分析工具。该方法按照某一特定的判断标准将数据集分成不同的类或簇，使同一个类或簇所包含的数据对象具有尽可能大的相似性，且不同类或簇所包含的数据对象具有尽可能大的差异性。与分类不同的是，该方法不需要知道类是什么。换句话说，这些类不是事先给定的，而是根据数据的特征确定的。一般情况下不需要通过训练数据学习，因此是一种无监督学习的机器学习方法。该方法已被广泛应用于图像分割（Porter 和 Canagarajah，1996）、模式识别（Ferrari et al.，2003；Nakada et al.，2004；吕佳，2006）、数据挖掘（Huang，1998；赵军等，2015；赛斌等，2021）等领域。

聚类的算法有很多种, 广泛应用在数据挖掘领域的主要有基于划分聚类、基于层次聚类、基于密度聚类、基于模型聚类、基于网格聚类, 以及基于其他类聚类方法等六大类(王莉, 2004), 如图 5-46 所示。

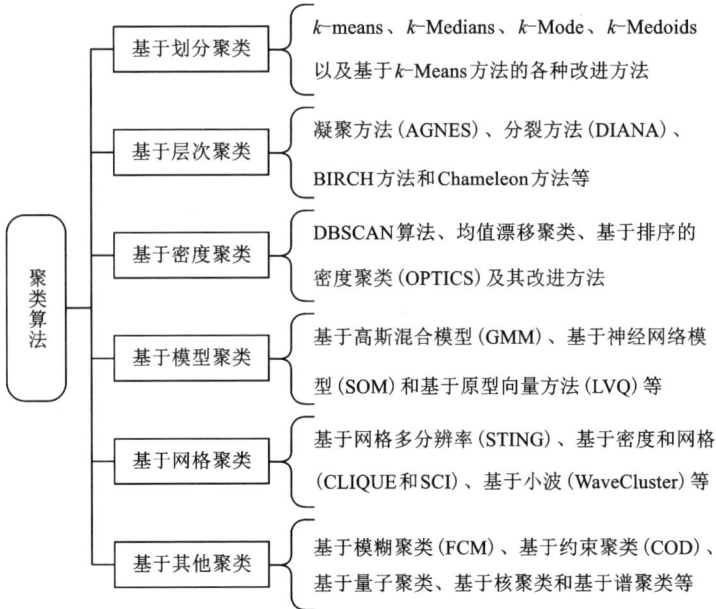

图 5-46 聚类算法分类

聚类的核心技术就是距离计算, 不同的聚类中样本的属性不同, 距离计算可分为以下几种。给定样本 $s_i = (s_{i1}, s_{i2}, \cdots, s_{in})$ 和 $s_j = (s_{j1}, s_{j2}, \cdots, s_{jn})$。

(1)闵可夫斯基距离(Minkowski distance)。

$$d_{mk}(\boldsymbol{s}_i, \boldsymbol{s}_j) = \left(\sum_{k=1}^{n} |s_{ik} - s_{jk}|^p \right)^{\frac{1}{p}} \tag{5-54}$$

当 $p=1$ 时, 闵可夫斯基距离又称为曼哈顿距离(manhattan distance):

$$d_{man}(\boldsymbol{s}_i, \boldsymbol{s}_j) = \| \boldsymbol{s}_i - \boldsymbol{s}_j \|_1 = \sum_{k=1}^{n} |s_{ik} - s_{jk}| \tag{5-55}$$

当 $p=2$ 时, 闵可夫斯基距离称为欧氏距离(Euclidean distance):

$$d_{ed}(\boldsymbol{s}_i, \boldsymbol{s}_j) = \| \boldsymbol{s}_i - \boldsymbol{s}_j \|_2 = \sqrt{\sum_{k=1}^{n} |s_{ik} - s_{jk}|^2} \tag{5-56}$$

当 $p \to \infty$ 时, 闵可夫斯基距离称为切比雪夫距离(Chebyshev distance):

$$d_{cb}(\boldsymbol{s}_i, \boldsymbol{s}_j) = \max_k (|s_{ik} - s_{jk}|) = \lim_{p \to \infty} \left(\sum_{k=1}^{n} |s_{ik} - s_{jk}|^p \right)^{\frac{1}{p}} \tag{5-57}$$

（2）马氏距离（Mahalanobis distance），又称协方差距离。

$$d_{\mathrm{mh}}(\boldsymbol{s}_i, \boldsymbol{s}_j) = \sqrt{(\boldsymbol{s}_i - \boldsymbol{s}_j)^{\mathrm{T}} \boldsymbol{S}^{-1}(\boldsymbol{s}_i - \boldsymbol{s}_j)} \tag{5-58}$$

式中，$\boldsymbol{S}$ 为协方差矩阵。当协方差矩阵 $\boldsymbol{S}$ 为单位矩阵时，马氏距离简化为欧氏距离。

（3）VDM 距离（value difference metric）

$$\mathrm{VDM}(u, v) = \sum_{k=1}^{n} \left| \frac{m_{q, u, k}}{m_{q, u}} - \frac{m_{q, v, k}}{m_{q, v}} \right|^p \tag{5-59}$$

式中，$m_{q, u}$ 表示在属性 q 上取值为 u 的样本数；$m_{q, u, k}$ 表示在第 k 个样本簇的属性 q 上取值为 u 的样本数；$m_{q, v}$ 表示在属性 q 上取值为 v 的样本数；$m_{q, v, k}$ 表示在第 k 个样本簇的属性 q 上取值为 v 的样本数；n 表示样本簇数；$\mathrm{VDM}(u, v)$ 表示属性 q 上两个离散值 u 和 v 之间的距离。

在距离计算中，样本的属性一般分为有序属性和无序属性，能直接在属性值上计算距离的称为有序属性，不能直接在属性值上计算距离的称为无序属性。马氏距离可用于有序属性的距离计算，而 VDM 距离可用于无序属性的距离计算（周志华，2016）。本书基于复平面内的数据进行分析，即采用二维数据体，因此采用欧氏距离。

5.3.1　几种常用的聚类算法

本书选取了四种常见的聚类算法作简单介绍，并在后面的研究中采用同一数据体对这四种算法进行对比分析，优选适合的聚类方法进行后续的数据处理。

5.3.1.1　k-means 聚类

k-means 是一种基于划分类的聚类算法。该算法须预先设定簇的个数，是一种可扩展性很强的聚类算法，同时也是一种被广泛应用的聚类算法。k-means 算法实现过程如下：

（1）给定一个样本数据集 $S = \{s_1, s_2, \cdots, s_n\}$，预先设定簇的个数 k，在数据集 S 中随机选取 k 个样本数据作为初始均值向量 $\boldsymbol{\mu} = \{\mu_1, \mu_2, \cdots, \mu_k\}$，同时初始化簇划分矩阵 $\boldsymbol{C} = \{C_1, C_2, \cdots, C_k\}$。

（2）计算样本 s_j 与每一个均值向量 μ_i 之间的距离 $\mathrm{dist}(s_j, \mu_i) = \| s_j - \mu_i \|_2$，然后计算最小距离 $\min[\mathrm{dist}(s_j, \mu_i)]$，将 s_j 划分到距离最近的那个簇 C_j，并计算新的均值向量。

（3）更新均值向量 μ_i，并重复步骤（2），直至均值向量不变或小于某一阈值。然后输出最终的簇划分矩阵 $\boldsymbol{C} = \{C_1, C_2, \cdots, C_k\}$。具体运算流程如图 5-47 所示。

k-means 聚类的优点是算法简单、计算速度快；缺点是需要预先设定聚类个数,且只适用于凸数据集,对于任意形状的数据体,聚类效果不好。

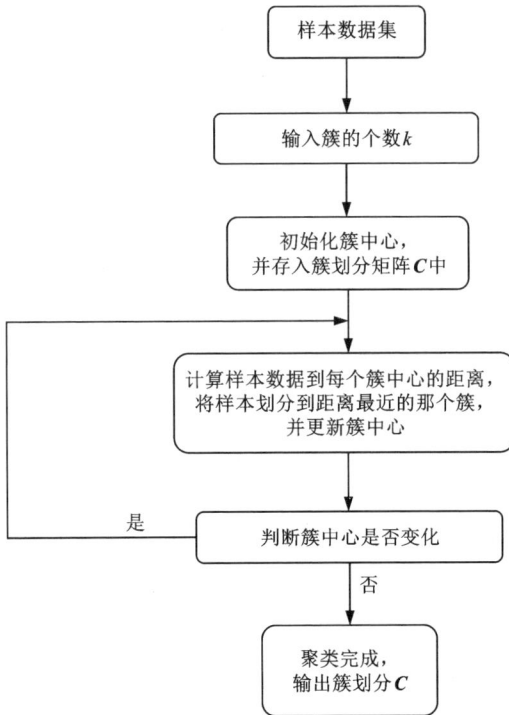

图 5-47 *k*-means 算法运行流程

5.3.1.2 DBSCAN 聚类方法

DBSCAN(density-based spatial clustering of applications with noise)是一种基于密度的聚类方法(density-based methods),其可以处理 k-means 解决不了的不规则形状的数据体,同时不需要预先设定簇的数量。DBSCAN 的其算法描述如下:

(1)同样给定样本数据集 $S=\{s_1,s_2,\cdots,s_n\}$,预设一个半径 R 及 R-邻域内的最少点个数 minpoints。对于任一样本数据 s_j,其半径为 R 的邻域内的数据点到样本 s_j 的距离小于 R,且其邻域内的样本点个数大于 minpoints。

(2)若 s_j 的 R-邻域内的样本点数大于 minpoints,则称 s_j 为核心点,此时若样本 s_i 在 s_j 的邻域内,则定义 s_i 可由 s_j 密度直达。若存在一样本 $\{s_1',s_2',\cdots,s_n'\}$,$s_1'=s_i$,$s_n'=s_j$,且 s_{i+1}' 可由 s_i' 密度直达,则定义 s_i 由 s_j 密度可达。简单来说,密度可达具有传递性,若存在 s_k 使得 s_i 和 s_j 均可由 s_k 密度可达,则定义 s_i 和 s_j 密度相连。若样本 s_j 的 R-邻域内的样本点数小于 minpoints,则称 s_j 为边界点,既不满足核心点条件，也不满足边界点条件的样本点称为异常点。

（3）按照（2）的判断标准将所有样本点进行分类，并存入簇划分矩阵 C 中输出。具体运算流程如图 5-48。

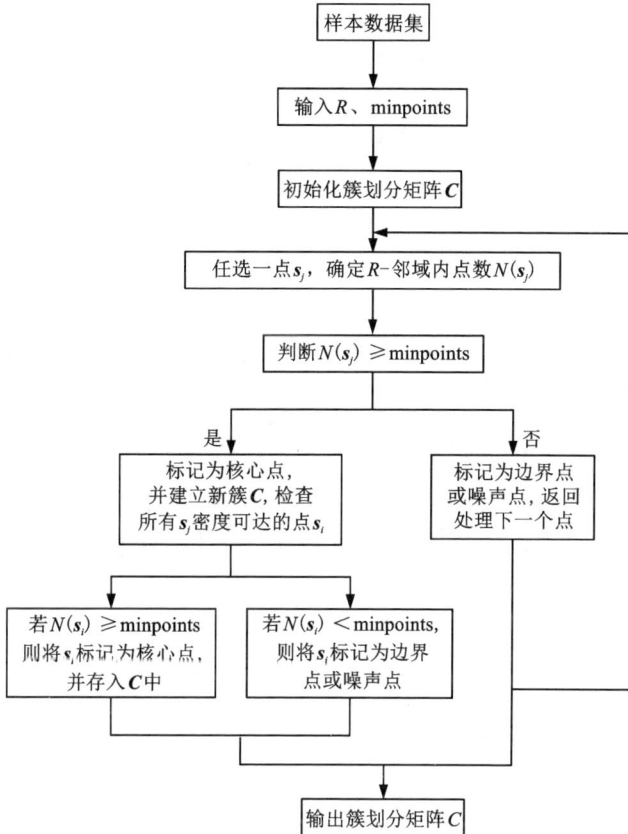

图 5-48　DBSCAN 算法运行流程

DBSCAN 聚类方法的优点是可以对任意形状的数据集进行聚类，在聚类过程中可以标记异常点，对数据集中的离群点不敏感；缺点是需要预先设定两个参数，即聚类半径（R）和以 R 为半径的圆形区域内的最少数据点（minpoints），且其聚类结果对于参数的选择很敏感，如果 minpoints 不变，半径 R 过大，会导致大多数点聚到同一个簇中，R 过小，会导致一个簇分裂，如果 R 不变，minpoints 过大，会导致同一个簇中的点被标记为噪声点，minpoints 过小，会导致发现大量聚类中心点。

5.3.1.3 GMM 聚类方法

高斯混合模型(guassian mixture model，GMM)聚类是一种基于概率密度模型表示聚类原型的聚类方法，与 k-means 相似。但 GMM 聚类学习的是概率密度函数，而 k-means 聚类是基于原型向量刻画不同聚类结构；GMM 聚类可以看作 k-means 聚类的优化算法，而 k-means 聚类的本质是基于聚类中心画圆，将训练数据集进行硬性分割，对于非圆训练数据集，其聚类结果与实际数据分布差距较大；聚类输出结果是定性的，只有是或否，稳定性差，而 GMM 聚类输出结果是每个数据点属于某一簇的概率。

给定样本数据集 $S=\{s_1, s_2, \cdots, s_n\}$，若 S 服从高斯分布，则其概率密度函数定义如下。

$$p(S\mid\boldsymbol{\mu}, \boldsymbol{\Sigma}) = \frac{1}{(2\pi)^{\frac{n}{2}}|\boldsymbol{\Sigma}|^{\frac{1}{2}}}e^{-\frac{1}{2}(S-\boldsymbol{\mu})^{\mathrm{T}}\boldsymbol{\Sigma}^{-1}(S-\boldsymbol{\mu})} \tag{5-60}$$

式中，$\boldsymbol{\Sigma}$ 为 $n\times n$ 的协方差矩阵；$\boldsymbol{\mu}$ 为 n 维均值向量。定义 GMM 的高斯混合分布如下：

$$p_{\mathrm{M}}(S) = \sum_{i=1}^{k}\alpha_i p(S\mid\boldsymbol{\mu}_i, \boldsymbol{\Sigma}_i) \tag{5-61}$$

高斯混合分布由 k 个混合成分组成，每一个成分对应一个高斯分布 $p(S\mid\boldsymbol{\mu}_i, \boldsymbol{\Sigma}_i)$，$\alpha_i$ 表示第 i 个混合成分对应的混合系数。将任一数据 s_j 由第 i 个混合成分生成的后验概率记为 γ_{ji}，则：

$$\gamma_{ji} = \frac{\alpha_i \cdot p(s_j\mid\boldsymbol{\mu}_i, \boldsymbol{\Sigma}_i)}{\sum\limits_{l=1}^{k}\alpha_l \cdot p(s_j\mid\boldsymbol{\mu}_l, \boldsymbol{\Sigma}_l)} \tag{5-62}$$

当给定高斯混合分布时，样本集 $S=\{s_1, s_2, \cdots, s_n\}$ 将被分成 k 个不同的簇，记为 $C=\{C_1, C_2, \cdots, C_k\}$，$\lambda_j = \underset{i\in\{1, 2, \cdots, k\}}{\mathrm{argmax}}\ \gamma_{ji}$ 代表样本 s_j 簇标记。

采用极大似然估计对模型参数 $\{(\alpha_i, \boldsymbol{\mu}_i, \boldsymbol{\Sigma}_i)\mid 1\leqslant i\leqslant k\}$ 进行计算，得到 $\boldsymbol{\Sigma}_i$，$\boldsymbol{\mu}_i$，$\boldsymbol{\alpha}_i$ 如下：

$$\begin{cases} \boldsymbol{\Sigma}_i = \dfrac{\sum\limits_{j=1}^{n}\gamma_{ji}(s_j-\boldsymbol{\mu}_i)(s_j-\boldsymbol{\mu}_i)^{\mathrm{T}}}{\sum\limits_{j=1}^{n}\gamma_{ji}}, \\[4mm] \boldsymbol{\mu}_i = \dfrac{\sum\limits_{j=1}^{n}\gamma_{ji}s_j}{\sum\limits_{j=1}^{n}\gamma_{ji}}, \\[4mm] \alpha_i = \dfrac{1}{n}\sum\limits_{j=1}^{n}\gamma_{ji} \end{cases} \tag{5-63}$$

GMM 聚类方法的优点是可以对不同形状的数据集进行聚类,且允许样本属于多个簇。因为 GMM 聚类结果不仅给出了样本数据属于哪一簇,还给出了属于该簇的概率。

5.3.1.4 MSC 聚类方法

均值漂移聚类(mean-shift clustering,MSC)是一种基于质心的聚类算法,即通过迭代的方式沿着密度更高的方向寻找聚类点的一种密度聚类方法。算法运行过程如下。

(1)计算偏移均值向量。

给定样本数据集 $S = \{s_1, s_2, \cdots, s_n\}$,选取任意点 s_j,计算其偏移均值向量:

$$M(s_j) = \frac{1}{m} \sum_{s_i \in S_r} (s_i - s_j) \tag{5-64}$$

式中,S_r 为以 s_j 为圆心,以 r 为半径的球形数据区域;m 为区域内样本点的个数;$M(s_j)$ 为以样本点 s_j 为起点到其数据空间 S_r 内所有点的向量均值,称为偏移均值向量。S_r 中的数据满足 s' 以下条件:

$$S_r(s') = \{s' \mid (s'-s_j)^{\mathrm{T}} (s'-s_j) < r^2\} \tag{5-65}$$

(2)更新中心点。

以 $M(s_j)$ 向量的终点为新的圆心,重新构建数据空间并计算新的均值向量。此时的圆心由第 j 次的圆心 s_j 移动到第 j 次的均值向量的终点位置,移动距离为偏移向量的模,即

$$s_{j+1} = M(s_j) + s_j \tag{5-66}$$

(3)重复步骤(1)和(2),直到偏移均值向量的模满足设定的阈值或者不变。

(4)样本点分类:根据每个划分类对每个样本点的访问次数对样本点进行分类,最终输出划分簇 $C = \{C_1, C_2, \cdots, C_k\}$。需要注意的是,此时的 k 值是在聚类过程中根据样本数据的分布情况,以及所选定的带宽确定的,并不是事先预设的。

5.3.2 聚类算法的评价标准

评价聚类算法的核心思想是簇内要高度相似,簇间尽可能不相似。如果考虑两个极端情况,以"0"代表不相似,以"1"代表高度相似或者相同,则簇内越接近"1"说明相似度越高,簇间越接近"0"说明相似度越低。评价标准主要分为内部指标和外部指标。内部指标只评价聚类结果的好坏,不采用任何模型做参考;外部指标需要引入一个参考模型与其结果进行对比。训练样本不同,评价标准也有所不同。比如对于存在理论模型的数据而言,外部指标和内部指标均可作为评价指标;对于不存在真值的训练样本,其聚类结果的评价只能使用内部指标作为方法有效性的评价标准。

5.3.2.1　外部指标

外部指标(external index)是基于某个预先设定的模型进行聚类结果评价的指标。将聚类结果与参考模型进行对比,评价其优劣,最常用的外部指标有以下几种。

给定样本集 $S=\{s_1, s_2, \cdots, s_n\}$,对于每一个样本对$(s_i, s_j)$,$i<j$ 只能出现一次。因此对于 n 个对象的聚类任务,可以组成 C_n^2 即 $n(n-1)/2$ 个样本对。假设给定的参考簇划分为 $C'=\{C_1, C_2, \cdots, C_{k'}\}$,而实际聚类给出的簇划分为 $C=\{C_1, C_2, \cdots, C_k\}$,$\lambda'$ 和 λ 分别为对应簇划分的标签。定义:

$$\begin{aligned}
a=\mathrm{TP}&=\{(s_i, s_j)\mid \lambda_i=\lambda_j,\ \lambda'_i=\lambda'_j,\ (i<j)\}\\
b=\mathrm{FP}&=\{(s_i, s_j)\mid \lambda_i\neq\lambda_j,\ \lambda'_i=\lambda'_j,\ (i<j)\}\\
c=\mathrm{FN}&=\{(s_i, s_j)\mid \lambda_i=\lambda_j,\ \lambda'_i\neq\lambda'_j,\ (i<j)\}\\
d=\mathrm{TN}&=\{(s_i, s_j)\mid \lambda_i\neq\lambda_j,\ \lambda'_i\neq\lambda'_j,\ (i<j)\}
\end{aligned} \tag{5-67}$$

式中,TP 为真正例(true positive),即在聚类结果和参考簇划分中属于同一类的样本对个数;FP(false positive)为假正例,即在参考簇划分中属于同一个簇,但在聚类结果簇划分中不属于同一个簇的样本对个数;FN(false negative)为假负例,即在参考簇划分中不属于同一个簇,但在聚类结果簇划分中属于同一个簇的样本对个数;TN(ture negative)为真负例,即聚类结果簇划分不同且参考簇划分也不相同的样本对个数。这四种样本的总个数为 $n(n-1)/2$。

(1)FM 指数(fowlkes and mallows index, FMI)

$$\mathrm{FMI}=\sqrt{\frac{a}{a+b}\cdot\frac{a}{a+c}}=\sqrt{\frac{\mathrm{TP}}{\mathrm{TP+FP}}\cdot\frac{\mathrm{TP}}{\mathrm{TP+FN}}}=\frac{\mathrm{TP}}{\sqrt{(\mathrm{TP+FP})(\mathrm{TP+FN})}} \tag{5-68}$$

式中,TP/(TP+FP)代表准确率,表示参考簇划分中属于同一个簇的样本对中,聚类结果簇划分属于同一个簇的样本对比例,衡量的是聚类结果的准确性;TP/(TP+FN)代表召回率,表示聚类结果簇划分中属于同一个簇的样本对中,参考簇划分中属于同一个簇的样本对的比例,表征的是聚类结果的正确性。

FMI 就是样本对准确性和正确性的几何平均。其取值区间为[0, 1],FMI 越接近于 0,表示两个样本的划分越独立,而 FMI 越接近于 1,表示样本的划分越一致。FMI 可以对任意存在真值的聚类样本进行评价,不受样本数据集结构的限制。

(2)兰德指数(Rand index, RI)

$$\mathrm{RI}=\frac{2(a+d)}{n(n-1)} \tag{5-69}$$

式中,a 为聚类结果和参考模型中均属于同一个簇的样本对数;d 为聚类结果和参考模型中均不属于同一个簇的样本对数;RI 为衡量预测值与真值之间相似度的函数，与聚类精确度(accuracy)不同的是，RI 指数不受数据排列顺序的影响。但对于随机标签，兰德指数不能确保其值接近于 0。调整后的兰德指数(ARI)会根据预测的可能性进行修正，并给出一个基线。对于独立的标签，ARI 会为负值或接近于 0，RI 会比较低，但是不会为 0。对于随机标签，ARI 引入了一个期望值，当结果随机产生时，ARI 接近于 0。

$$ARI = \frac{RI - E(RI)}{\max(RI) - E(RI)} \tag{5-70}$$

RI 的取值范围是[0, 1]，值越大说明聚类结果越好；ARI 的取值范围是[-1, 1]，取值小于 0 说明聚类结果不好，值越接近于 1 说明聚类结果越好。

(3) V 度量。

V 度量是基于簇划分的均匀性和完备性提出的一种加权平均参数。聚类结果的均匀性(homogeneity，用 Hom 表示)是指每个簇中只包含单一类别的样本。如果一个簇中的样本类别只有 1 种，则均匀性为 Hom = 1；如果一个簇中包含多个类别，通过不同类别的簇的条件信息熵 $H(C|K)$ 定义 Hom。

$$Hom = \begin{cases} 1, & H(C) = 0 \\ 1 - \dfrac{H(C|K)}{H(C)}, & H(C) \neq 0 \end{cases} \tag{5-71}$$

式中，$H(C)$ 为变量 C 的信息熵；$H(C|K)$ 为在条件 K(簇)下 C(类别)的条件熵。条件熵越大，对应的均匀性越小。

聚类结果的完备性(completeness，用 Com 表示)是指相同类型的样本被划分到同一个簇中。如果所有同类型样本被划分到同一个簇中，则完备性为 1；如果同类型样本被分到不同的簇中，则同样利用条件信息熵 $H(K|C)$ 定义 Com。

$$Com = \begin{cases} 1, & H(K) = 0 \\ 1 - \dfrac{H(K|C)}{H(K)}, & H(K) \neq 0 \end{cases} \tag{5-72}$$

单一考虑聚类结果均匀性或者完备性太过片面，所以引入了 V 度量(用 V 表示)。

$$V = \frac{(1+\beta) \cdot Hom \cdot Com}{\beta \cdot Hom + Com} \tag{5-73}$$

式中，β 为权重系数，当 $\beta > 1$ 时，更注重聚类结果的完备性；当 $\beta < 1$ 时，更注重结果的均匀性；当 $\beta = 1$ 时，表示完备性和均匀性的调和平均。

(4) 标准化互信息(NMI)和调整互信息(AMI)。

互信息是衡量两个分类之间的一致性的参数，同样需要在参考模型存在的情况下进行预测结果的评价。互信息的概念需要结合变量的熵、条件熵和联合熵。图 5-49 所示为各个熵与互信息之间的关系。

假设两个具有相同样本个数的分类 U 和 V，它们的熵表示这两个分类集合的

不确定性, 即

$$H(U) = \sum_{i=1}^{|U|} p(i) \lg \frac{1}{p(i)}$$

$$(5-74)$$

式中, $p(i)$ 表示在集合 U 中随机抽取一个元素 i 属于分类 U_i 的概率。同样地:

$$H(V) = \sum_{j=1}^{|V|} p'(j) \lg \frac{1}{p'(j)}$$

$$(5-74)$$

式中, $p'(j)$ 表示在集合 V 中随机抽取一个元素 j 属于分类 V_j 的概率。互信息 MI 定义如下:

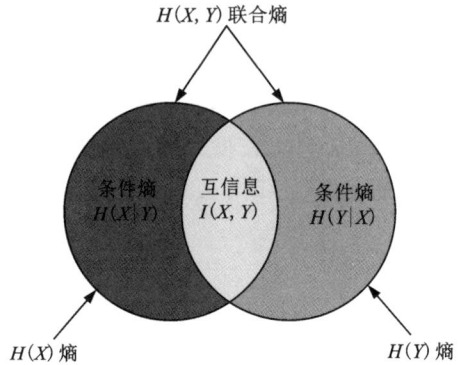

图 5-49 互信息与熵之间的关系

$$\mathrm{MI}(U, V) = \sum_{i=1}^{|U|} \sum_{j=1}^{|V|} p(i, j) \lg \left[\frac{p(i, j)}{p(i) p'(j)} \right] \qquad (5-77)$$

式中, $p(i, j)$ 表示随机抽取的元素同时属于分类 U_i 和 V_j 的概率。标准化互信息 NMI 定义为:

$$\mathrm{NMI}(U, V) = \frac{\mathrm{MI}(U, V)}{\mathrm{mean}[H(U), H(V)]} \qquad (5-78)$$

调整后的互信息 AMI 定义为:

$$\mathrm{AMI}(U, V) = \frac{\mathrm{MI}(U, V) - E[\mathrm{MI}(U, V)]}{\mathrm{mean}[H(U), H(V)] - E[\mathrm{MI}(U, V)]} \qquad (5-79)$$

MI、NMI 以及 AMI 是对称的, 交换参数 U 和 V 的顺序不会影响结果。NMI 和 AMI 可以理解为聚类结果的广义均值。其取值范围为 $[0, 1]$, 值越接近于 0, 说明 U 和 V 越相对独立, 值越接近于 1 说明 U 和 V 越一致, 对于任意的分类个数及分类中的元素个数, 随机标签的 AMI 得分均接近于 0, 特殊情况, 当 AMI=1 时, 说明 U 和 V 相等。

5.3.2.2 内部指标

内部指标(internal index)是针对没有参考模型的结果进行评价。当没有真实标签存在时, 聚类结果的指标只能基于预测模型本身, 此时用到的评价参数多基于簇间和簇内的距离。假设聚类结果的簇划分为 $C = \{C_1, C_2, \cdots, C_k\}$, 则定义:

$$\mathrm{mean}(C) = \frac{2}{|C|(|C|-1)} \sum_{1 \leq i \leq j \leq |C|} \mathrm{distance}(s_i, s_j) \qquad (5-79)$$

$$d_{\max}(C) = \max_{1 \leq i \leq j \leq |C|} \mathrm{distance}(s_i, s_j) \qquad (5-80)$$

$$d_{\min}(C_i, C_j) = \min_{s_i \in C_i, s_j \in C_j} \mathrm{distance}(s_i, s_j) \qquad (5-81)$$

$$d_{\text{center}}(\boldsymbol{C}_i, \boldsymbol{C}_j) = \text{distance}(\boldsymbol{\mu}_i, \boldsymbol{\mu}_j) \tag{5-82}$$

式(5-79)~式(5-82)中，mean($\boldsymbol{C}$)为簇 $\boldsymbol{C}$ 内样本对的距离平均值；$d_{\max}(\boldsymbol{C})$ 为簇 $\boldsymbol{C}$ 中样本对之间距离的最大值；$d_{\min}(\boldsymbol{C}_i, \boldsymbol{C}_j)$ 为不同簇 $\boldsymbol{C}_i$ 和簇 $\boldsymbol{C}_j$ 之间样本的最小距离；$d_{\text{center}}(\boldsymbol{C}_i, \boldsymbol{C}_j)$ 为簇 $\boldsymbol{C}_i$ 和簇 $\boldsymbol{C}_j$ 中心点之间的距离。

（1）轮廓系数（silhouette coefficient，SC）

轮廓系数是在没有参考模型存在的情况下，评价预测模型好坏的一个参数。

$$SC = \frac{b-a}{\max(a, b)} \tag{5-83}$$

SC 是基于单一样本定义的。式中 a 为簇内不相似度，表示同一个簇中的某个样本到其他所有样本之间距离的平均值；b 为簇间不相似度，表示该样本与其他簇内所有样本之间距离的平均值，而一个样本集的轮廓系数是所有单个样本轮廓系数的平均值。$SC \in [-1, 1]$，-1 表示错误的簇，1 表示高度密集的簇，0 表示簇之间相互重叠。对于凸集样本数据而言，SC 的值比较高。

（2）Calinski-Harabasz 指数（CH）

CH 指标为聚类结果给出的所有簇的簇间离散度与簇内离散度的比值。假设样本集 $\boldsymbol{S} = \{s_1, s_2, \cdots, s_n\}$，$n$ 为样本个数，其簇划分 $\boldsymbol{C} = \{\boldsymbol{C}_1, \boldsymbol{C}_2, \cdots, \boldsymbol{C}_k\}$，$k$ 为聚类个数，则 CH 定义如下：

$$CH = \frac{\text{tr}(\boldsymbol{B}_k)}{\text{tr}(\boldsymbol{W}_k)} \frac{n-k}{k-1} \tag{5-84}$$

式中，$\text{tr}(\boldsymbol{B}_k)$ 为簇间离散度矩阵 $\boldsymbol{B}_k$ 的迹，$\text{tr}(\boldsymbol{W}_k)$ 为簇内离散度矩阵 $\boldsymbol{W}_k$ 的迹。其定义如下：

$$\boldsymbol{B}_k = \sum_{i=1}^{k} n_i (\boldsymbol{\mu}_i - \boldsymbol{\mu})(\boldsymbol{\mu}_i - \boldsymbol{\mu})^{\text{T}} \tag{5-85}$$

$$\boldsymbol{W}_k = \sum_{i=1}^{k} \sum_{s_j \in C_i} (s_j - \boldsymbol{\mu}_i)(s_j - \boldsymbol{\mu}_i)^{\text{T}} \tag{5-86}$$

式中，n_i 为第 i 个簇的样本个数；$\boldsymbol{\mu}_i$ 为第 i 个簇的中心点；$\boldsymbol{\mu}$ 为样本集 $\boldsymbol{S}$ 的中心点；s_j 为第 i 个簇中的样本。CH 也被称为方差比准则，在没有真值存在的情况下，CH 得分可以用来评价模型的好坏。较高的 CH 得分往往对应相对较好的聚类模型。

5.3.3　几种算法的对比

针对以上四种聚类方法，结合本书中需要处理的数据类型，建立以下三种不同的数据集合，以对比几种聚类方法的处理效果，选择适合本书数据结构的聚类方法。

5.3.3.1 高斯分布数据体结构

本书研究的数据主要为广域电磁法接收端数据。受各种噪声的影响,在复平面内,数据呈现近似的高斯分布特征。因此本小节模拟一组高斯分布的数据来比较四种聚类方法的效果。模拟数据采样率为 4096 Hz,样本个数为 2000 个,样本中心点分别为 $(0,0)$ 和 $(0.3,0.3)$。图 5-50 所示为 k-means 算法中不同 K 值情况下的聚类结果。

图 5-50(a)所示为模拟的两簇高斯分布数据,图 5-50(b)~图 5-50(i)所示为不同 k 值情况下的聚类结果。定性分析聚类结果可以看出, $k=2$ 时的聚类效果最好,换言之,对于这种已知参考模型的凸集数据, k-means 的聚类结果可以与参考模型高度相似。同时,当 k 值和参考模型的数据簇数相同时,聚类效果最好;否则,不同的 k 值对应不同的聚类效果。

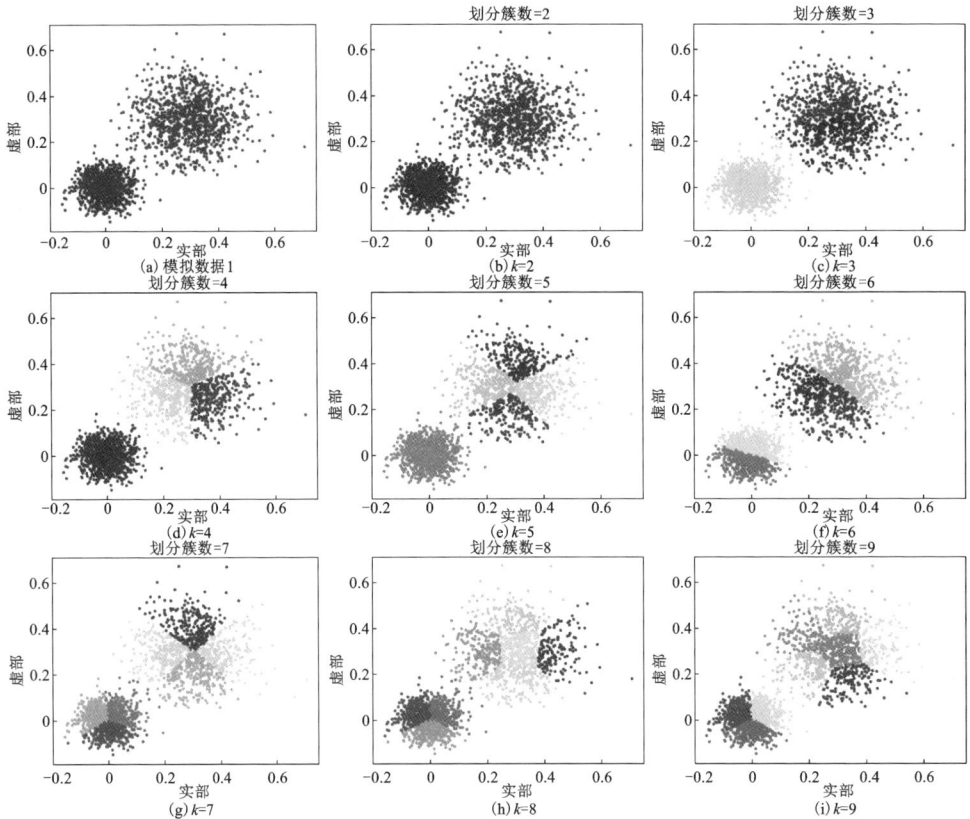

图 5-50 k-means 算法不同 k 值对应的聚类结果

(扫本章二维码查看彩图)

图 5-51 所示为 k-means 算法下不同 k 值对应的聚类结果评价得分,其中图 5-51(a)所示为外部指标。横坐标为聚类个数,纵坐标为评价标准得分,其中包括精确度(AC)、FM 指数(FMI)、调整兰德指数(ARI)、V 度量(VM)、标准化互信息(NMI)和调整互信息(AMI)。结合图 5-51 定量评价聚类结果的好坏,随着聚类个数 k 值的增大,聚类结果的评分均呈下降趋势,其中在 $k=2$ 时各个指标的得分最高,说明对于模拟数据 1 而言,k-means 算法分 2 类时的聚类结果是最好的,图中的 AC 指标在 $k=4$ 时出现了一个峰值,其主要原因是 AC 指标在计算时会受到预测标签顺序的影响;VM、NMI 和 AMI 这三种指标的计算均基于条件信息熵,因此得分相等。图 5-51(b)所示为 k-means 算法聚类结果的内部评价得分,其中包括轮廓系数(SC)和 Calinski-Harabasz 得分(CH)。同样,在 $k=2$ 时,SC 和 CH 指标均达到最高得分;CH 得分在 $k=2$ 时接近 7500,轮廓系数也接近于 0.7。综合外部指标和内部指标,对于模拟数据 1,k-means 算法在 $k=2$ 时的聚类结果最好。

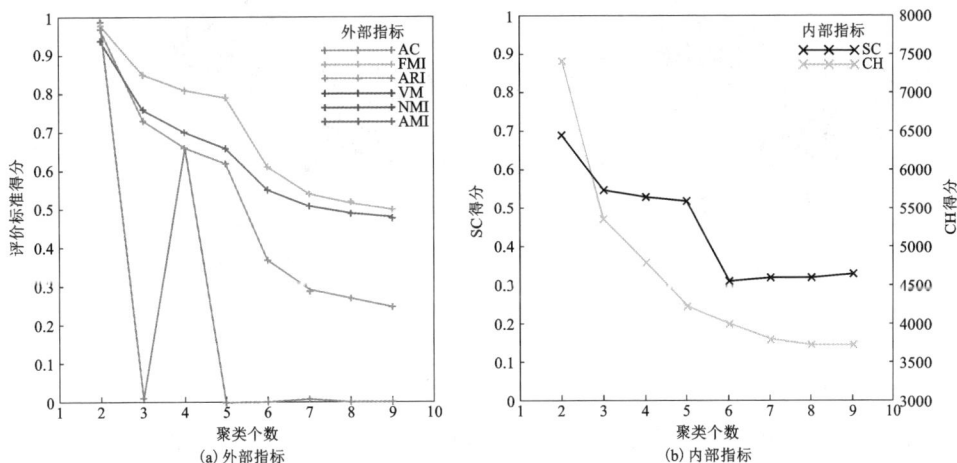

图 5-51　k-means 算法不同 k 值对应的聚类结果评价得分
(扫本章二维码查看彩图)

GMM 混合模型的主要的预设参数有 2 个,即混合成分个数 k 及协方差矩阵 $\boldsymbol{\Sigma}$。本书基于模拟数据 1 对几种协方差矩阵进行比较,选取最适合模拟数据 1 的协方差类型进行 GMM 算法聚类结果分析。图 5-52 所示为 $k=2$ 时不同协方差矩阵类型的聚类结果。其中"full"类型代表每个混合成分采用独立的协方差矩阵;"tied"代表所有混合成分共用一个协方差矩阵;"diagonal"表示每个混合成分采用独立的对角协方差矩阵;"spherical"表示每个成分采用单一方差。通过对比,所有混合成分共享一个协方差矩阵的效果最差,其他三种类型的结果针对模拟数据 1

的效果较好。因此本书采用"full"类型的协方差进行高斯混合模型聚类。

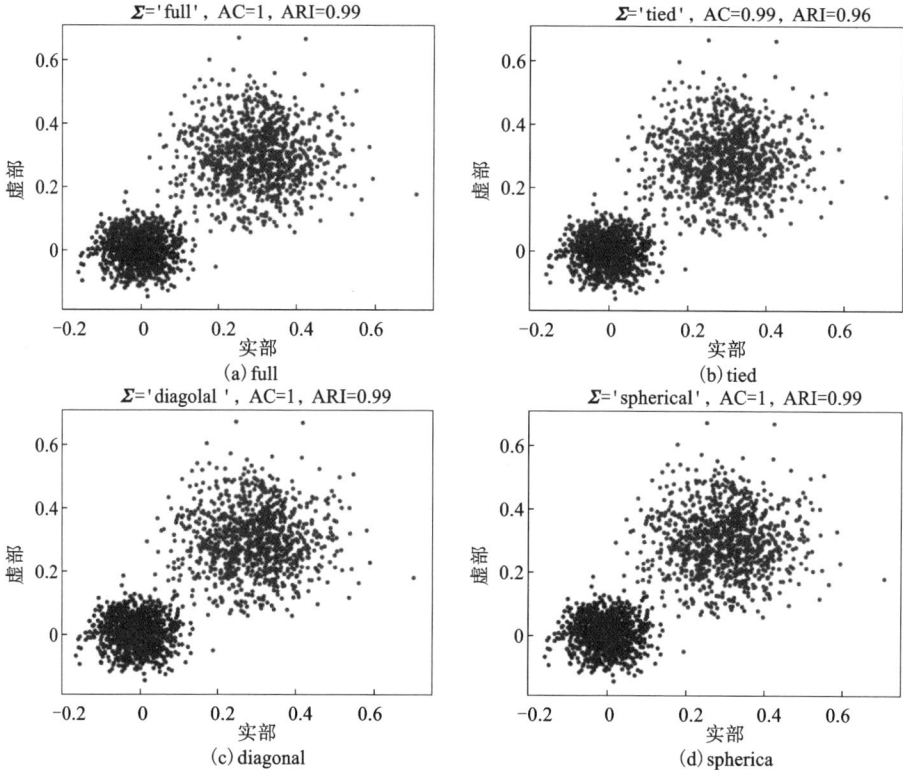

图 5-52　不同的协方差矩阵的聚类结果

图 5-53 所示为 GMM 算法在不同混合成分个数 k 的情况下的聚类结果。与 k-means 算法共用同一组模拟数据，混合成分的个数对应聚类结果的划分簇数。定性分析：针对同一组参考模型，不同个数的混合成分对应的聚类结果不同；当 $k=2$ 时，即采用 2 个混合成分的高斯混合模型算法对应的聚类结果与参考模型一致性最好。

k-means 实际上是 GMM 的特殊形式。不同的是，高斯混合模型算法考虑了样本属于不同簇的概率。在高斯混合模型算法中，同一个样本可以属于不同的簇，最终通过属于不同簇的概率大小进行簇的划分。因此 k-means 方法和 GMM 算法具有很多相似之处。比如针对模拟数据 1，两种方法的聚类效果在 $k=2$ 时最接近参考模型。但是在边界划分方面，GMM 的效果要比 k-means 好。

图 5-54 所示为 GMM 算法在不同混合成分个数 k 的情况下的聚类结果的评价得分。其中横坐标为混合成分个数，纵坐标为评价参数得分，评价参数类型与

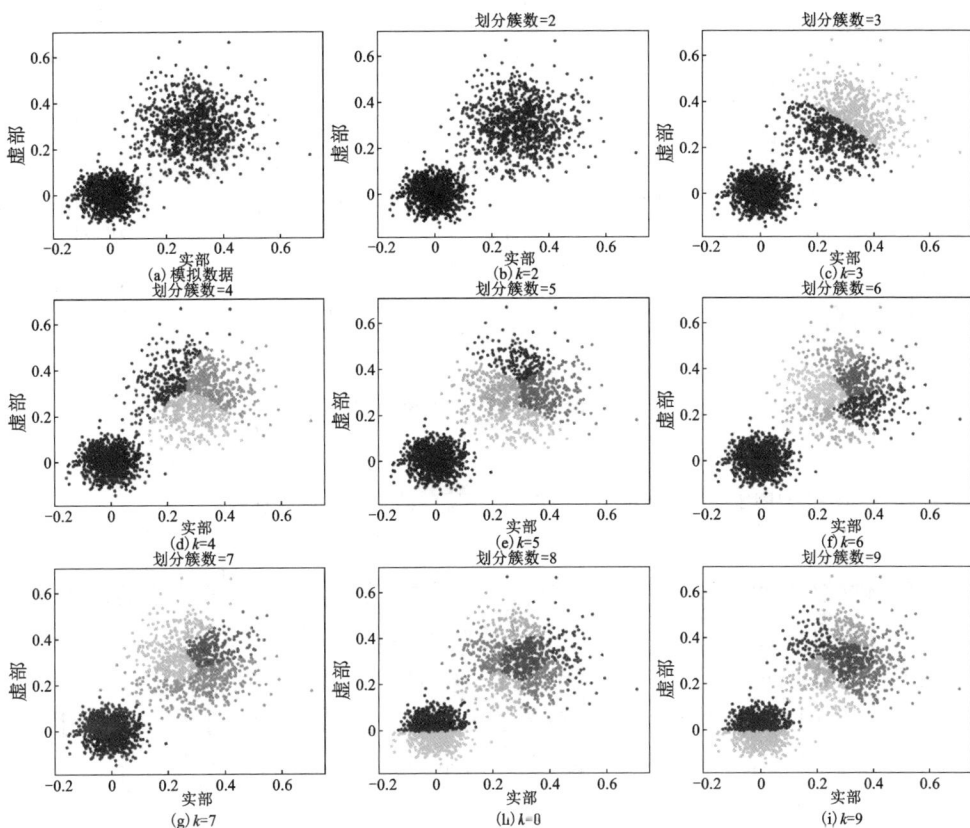

图 5-53　GMM 算法在不同混合成分个数 k 的情况下对应的聚类结果

k-means 相同。与 k-means 相比，外部指标得分整体都有提高。尤其是 FM 指数与 AC 指标在 2 个混合成分的情况下均达到了 1，说明针对模拟数据 1，GMM 聚类结果在 2 个混合成分的情况下，效果最好。但其内部指标中的 CH 得分比 k-means 有所下降，但仍然在 $k=2$ 的情况下得分最高。因此综合外部和内部指标，GMM 算法在 2 个混合成分的情况下的聚类效果与参考模型更一致。

　　DBSCAN 算法的预设参数有 2 个，一个是聚类圆半径 eps，另一个是对应半径中所包含的最少点数 minpoints。图 5-55 所示为 DBSCAN 算法在 minpoints=5 时不同聚类半径下的聚类结果。当聚类半径 eps=0.01 时，聚类结果划分为 44 个簇，且标注出的噪声点比较多，明显聚类效果不佳；当 eps=0.02 时，聚类结果划分出 9 个簇，其中左下角的数据除了个别噪声点，基本均划分在 1 个簇中，右上角的数据簇，聚类结果分类比较多，效果也不是很好；当 eps=0.03 时，聚类结果划分为 3 个簇，聚类结果接近参考模型；当 eps=0.04 时，聚类结果划分为 2 个

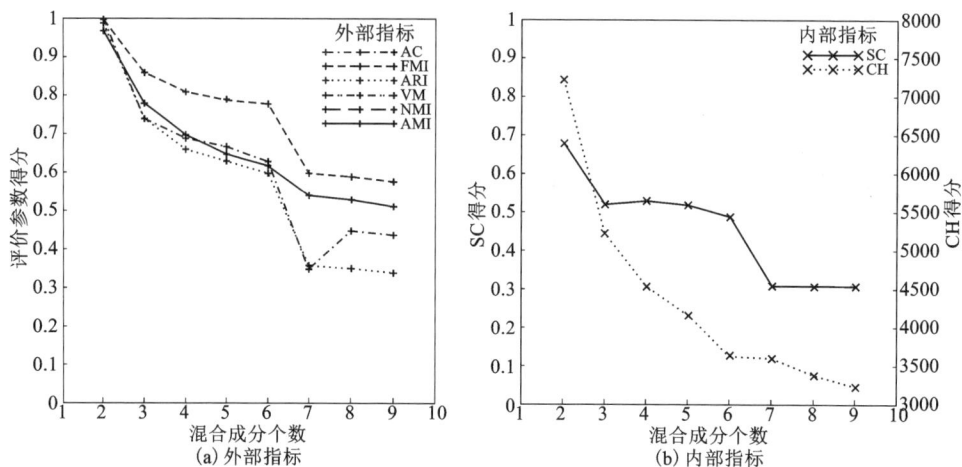

图 5-54　GMM 算法在 k 值不同时的聚类结果评价得分

簇,但将这 2 个数据簇划分为 1 类时,出现了错误的聚类结果;此时若再增大 eps 的值,其结果只会在 1 个簇和噪声点之间的比例上有所改变,结果和参考模型的一致性均较差,这说明针对模拟数据 1,eps 应该设置在 0.03 左右,不能超过 0.04。针对不同的数据集合,eps 设置的不同对聚类结果的影响会比较大,说明此参数对于聚类结果比较敏感。图 5-56 所示为 minpoints=5 时不同的 eps 对应的聚类结果评价得分。其外部指标在 eps=0.03 时得分均最高,这与聚类结果对应一致,其内部指标也在 eps=0.03 时得分最高。在 eps=0.01 时,其轮廓系数出现负值,说明此时的聚类结果出现了错误。eps 大于 0.04 时,聚类结果为 1 个划分簇,此时不存在轮廓系数和 CH 得分,这两个参数需要至少存在 2 个划分簇时才能参与评价。

　　为了对比不同参数对聚类结果的影响,结合上述 minpoints 固定时最优的 eps 为 0.03,采用不同的 minpoints 进行聚类,其结果如图 5-57 所示。在聚类半径固定的情况下,不同的 minpoints 会产生不同的聚类个数,同时对于噪声点的标注也不同。对照图 5-58 聚类结果的评价得分可以看出,在最优的 eps 不变的情况下,不同的 minpoints 对应的外部指标得分均在 0.8 以上,说明此时的聚类结果与参考模型的一致性较好。当 minpoints=4 时,所有外部指标均大于 0.9,其轮廓系数和 CH 得分也在 minpoints=4 处最高,说明此时的参数对应最优的聚类结果。随着 minpoints 增大,其聚类结果变化不大,但是标记的异常点个数越来越多。

　　对于 DBSCAN 算法,2 个预设参数的选择均比较敏感。当 eps 较小时,同一类数据会被分成不同的类;当 eps 较大时,不同的类会被划分为同一类。当

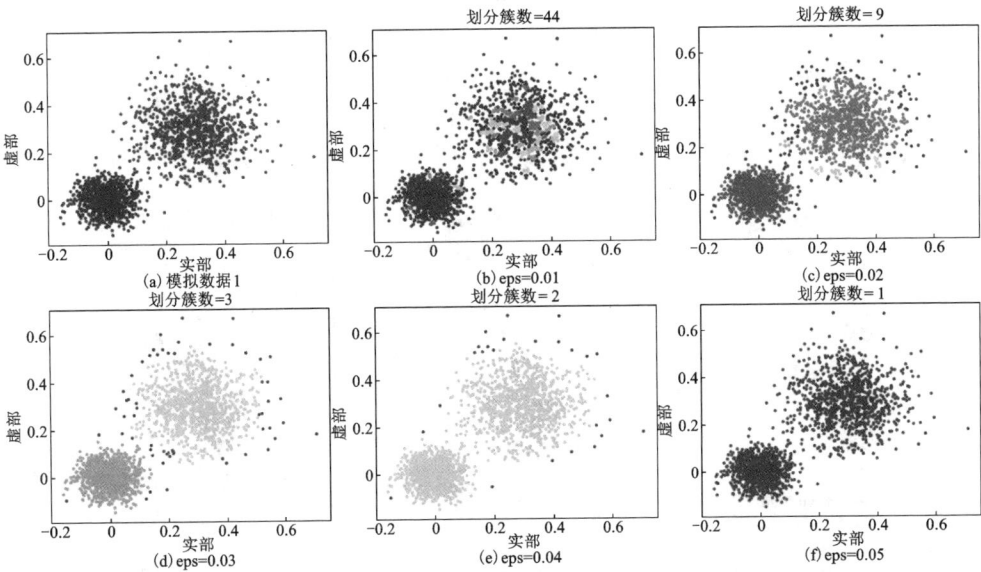

图 5-55　DBSCAN 算法在 minpoints=5 时不同聚类半径对应的聚类结果

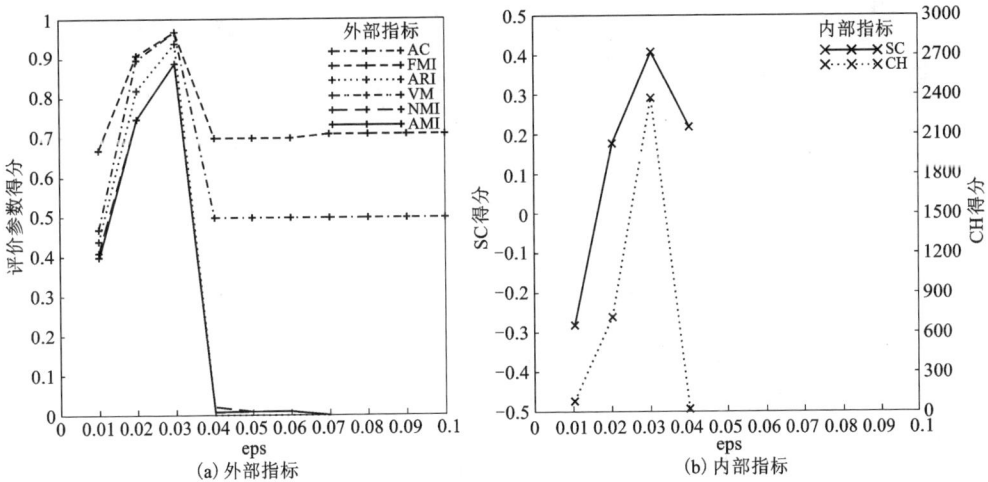

图 5-56　DBSCAN 算法 minpoints=5 时不同半径对应的聚类结果评价得分

minpoints 过小时，同样会出现过多的划分簇，极端情况为每个样本划分为 1 个簇，当 minpoints 过大时，会出现大量的异常点。结合上述聚类结果分析：对于模拟数据 1，DBSCAN 算法的预设参数 eps=0.03、minpoints=4 时聚类结果最佳。

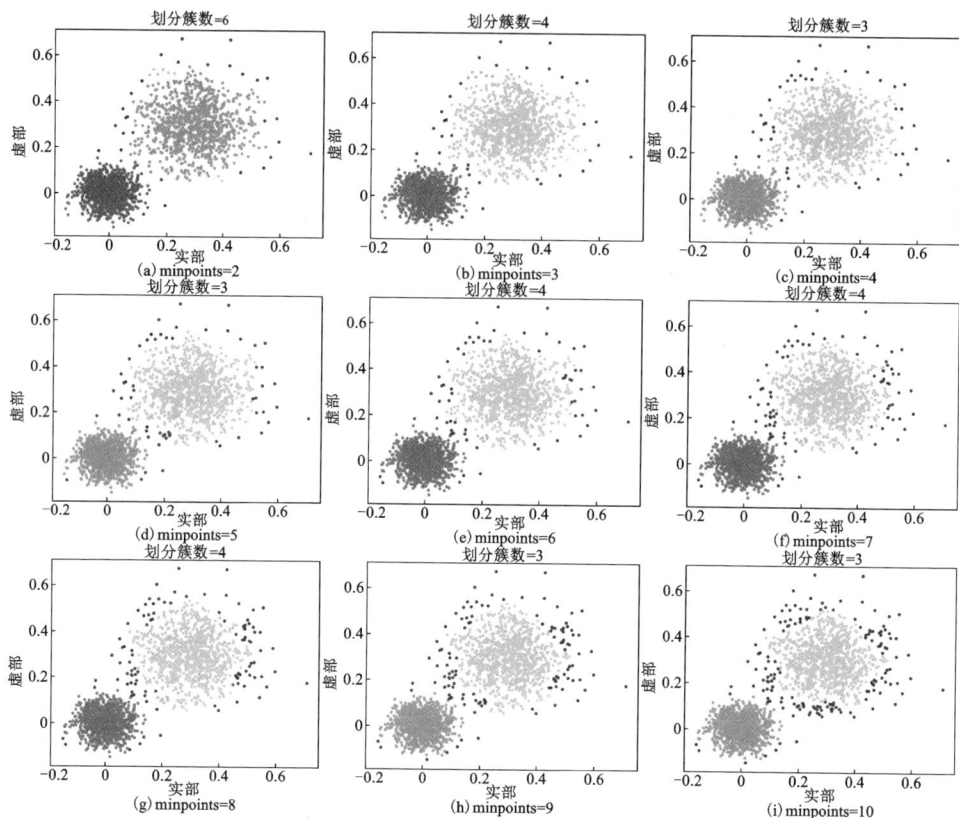

图 5-57　DBSCAN 算法在 eps = 0.03 时不同 minpoints 对应的聚类结果

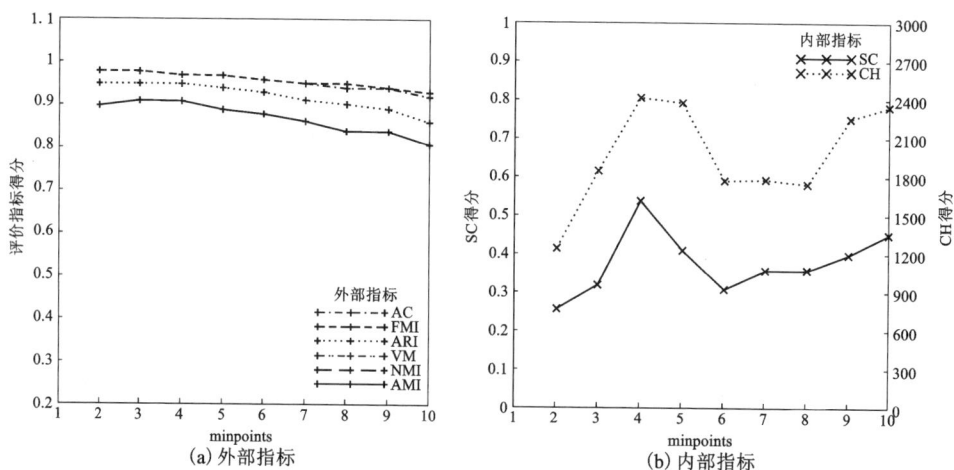

图 5-58　DBSCAN 算法在 eps = 0.03 时不同 minpoints 对应的聚类结果评价得分

　　图 5-59 所示为 MSC 算法在不同带宽(bandwidth)时对应的聚类结果。当带宽 = 0.01 时,划分簇数为 527 个。不断增大带宽,划分簇数迅速减少。对于模拟数据 1 的样本分布,MSC 算法收敛速度很快。当带宽 = 0.15 时,聚类结果与参考模型接近一致,当带宽 = 0.34 时,所有样本被划分为 1 个簇,此时再增加带宽,聚类结果不会再变化。结合图 5-60 MSC 算法在不同带宽对应的聚类结果评价得分可知,当带宽在 0.05~0.32 时,其外部指标得分均在 0.8 以上;带宽在 0.15~0.26 时,聚类结果几乎没有变化,其对应的指标得分也基本没有变化,且均大于 0.9,说明此时的聚类结果与参考模型的一致性很好,其对应的内部指标得分也比较高,轮廓系数得分在 0.7 附近,CH 得分在 7500 左右。

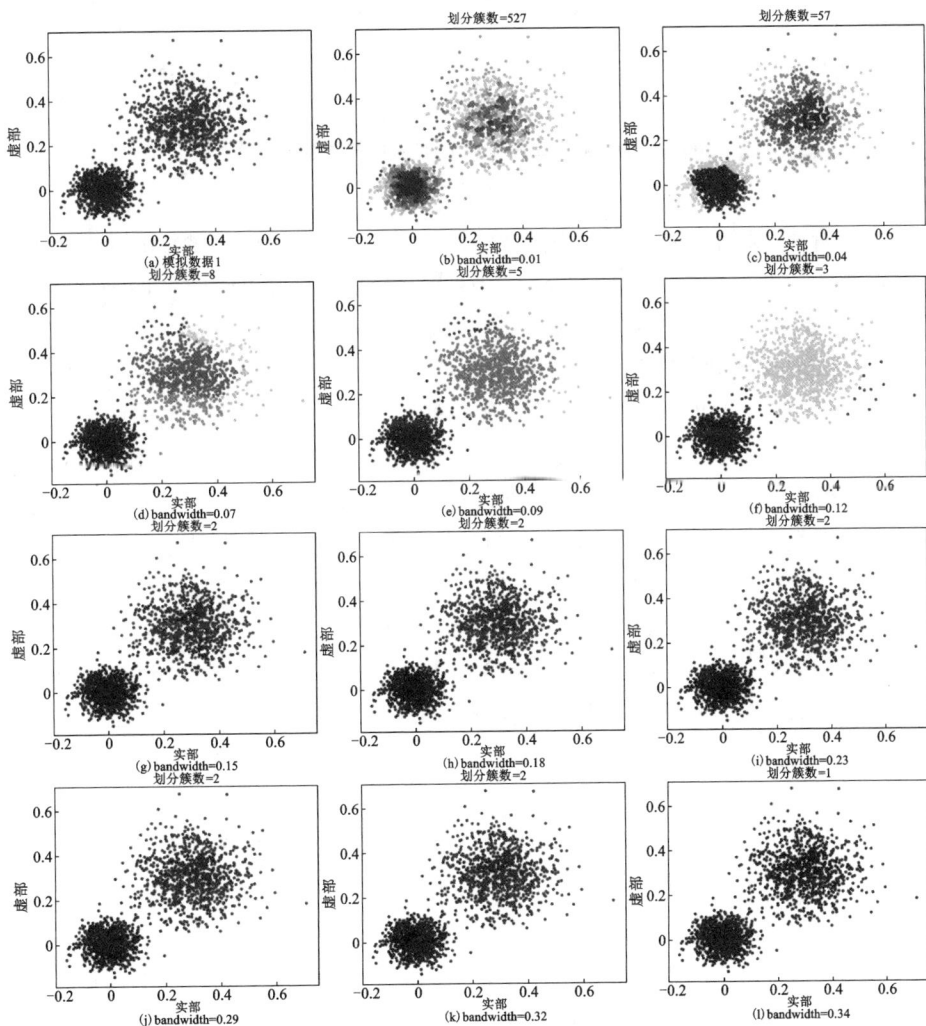

图 5-59　MSC 算法在不同带宽时对应的聚类结果

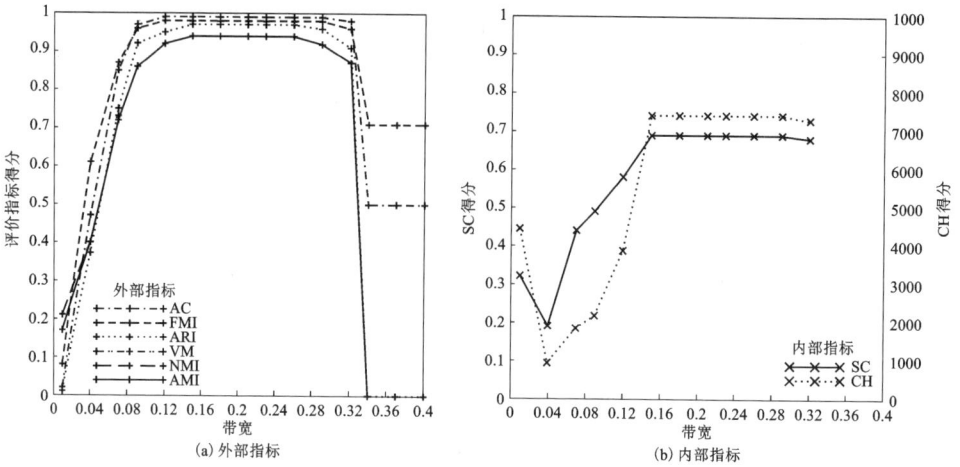

图 5-60   MSC 算法在不同带宽对应的聚类结果评价指标

综上所述，对于模拟数据 1 这种数据类型，k-means 算法、GMM 算法及 MSC 算法聚类效果都比较好。相比之下，DBSCAN 算法聚类效果较差。DBSCAN 算法的聚类结果对两个预设参数的选择比较敏感，尤其是对聚类半径 eps 的选择。本书对 eps 的选择也没有达到最优，只是选择了一个相对较优的参数进行了分析。同时 MSC 算法的参数选择也未达到最优，对于 k-means 算法与 GMM 算法这些需要预设聚类个数的算法而言，当数据的分布比较明显时，这两种算法的预设参数可以根据数据分布进行选择；但当数据的分布不是很明显时，这两种算法就会出现错误的聚类结果。比如对于本书中的接收端数据而言，其数据分布在没有受到同频周期干扰的情况下几乎全为 1 个簇，此时基于预先设定聚类簇数的算法效果就会比较差。MSC 算法相比于 k-means 和 GMM 算法，不需要预设聚类个数，唯一的预设参数就是聚类半径(bandwidth)，且参数的选择对数据分布特征不敏感。根据上述实验结果，对于这种凸集数据体，MSC 算法的聚类效果比较好。

5.3.3.2   非凸数据体结构

为了对比上述几种算法对于非凸数据体，即任意形状的数据体的聚类效果，本书仿真了一组非凸形状的数据集。即模拟数据 2，样本集由两部分组成，样本总数为 2000 个。利用模拟数据 2 对 k-means、GMM、DBSCAN，以及 MSC 算法的聚类结果进行分析。

图 5-61 所示为 k-means 算法在不同 k 值对模拟数据 2 的聚类结果。参考模型由 2 个不同的数据环构成。定性分析聚类结果可知，对这种非凸集的数据体，k

-means 的聚类效果不好。当聚类簇数从 1 逐渐增大时, 聚类结果与参考模型的差距也越来越大。因为 k-means 是在预设划分簇数的同时, 基于欧式距离进行样本点的划分。图 5-62 所示为不同 k 值对应的聚类结果评价得分。无论是外部指标还是内部指标, 评价得分均比较低; 在 $k=1$ 和 $k=2$ 时精确度和 FM 指标相对较高, 主要是因为这两种情况下有一半的数据的簇划分正确。内部指标变化比较平缓, 说明这些聚类效果差别不大, 但是得分比较低, 说明聚类效果均比较差。

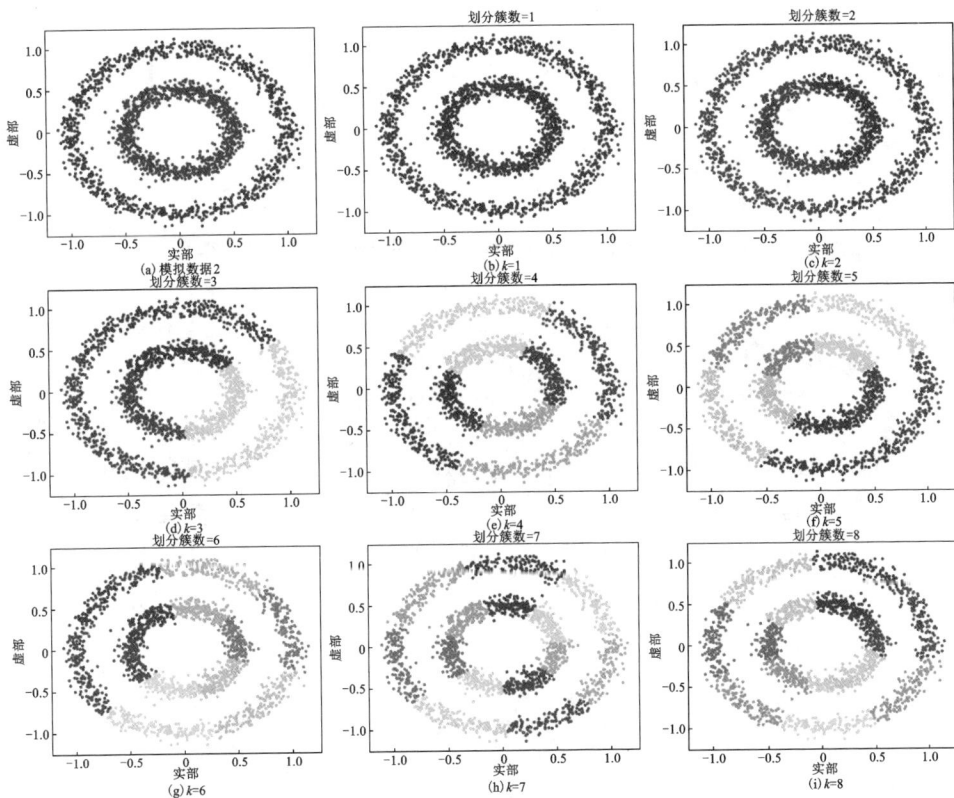

图 5-61 k-means 算法在不同 k 值对应的聚类结果

图 5-63 所示为 GMM 算法在不同混合成分个数对模拟数据 2 的聚类结果。与 k-means 聚类结果相似, GMM 算法虽然在 k-means 算法上进行了改进, 在处理一些服从高斯分布的数据集方面, 效果要比 k-means 算法好, 但是对于这种任意形状数据的聚类效果也是不尽如人意。图 5-64 所示为 GMM 算法在不同 k 值对应的聚类结果评价得分。与 k-means 的得分比较相似, 外部指标得分均不高, 内部指标得分不高且变化缓慢, 这说明针对这种特殊形状的数据体 GMM 算法聚类效果不好。

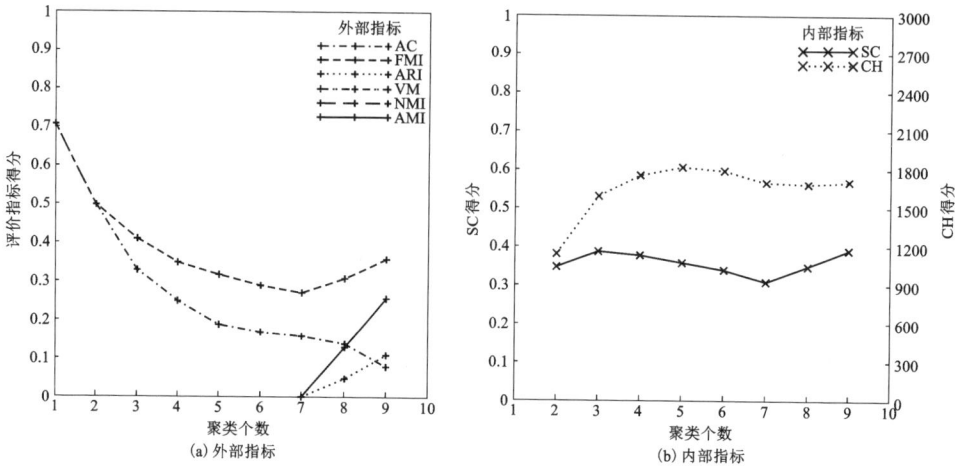

图 5-62   **k-means** 算法在不同 *k* 值对应的聚类结果评价得分

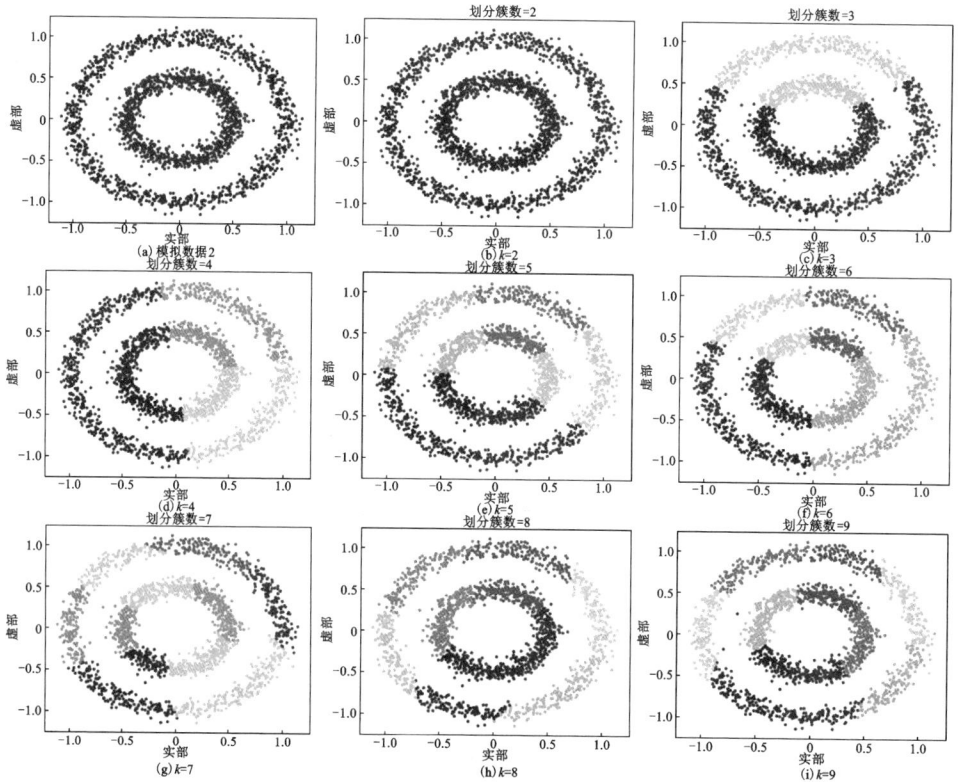

图 5-63   **GMM** 算法在不同混合成分个数对应的聚类结果

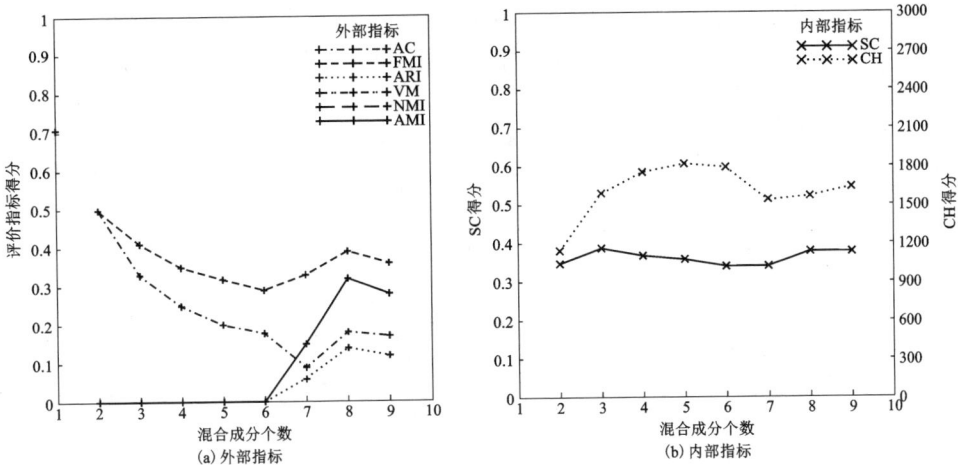

图 5-64　GMM 算法在不同 k 值对应的聚类结果评价得分

图 5-65 所示为 DBSCAN 算法在不同 eps 时对模拟数据 2 的聚类结果，结合图 5-66 所示评价得分可知：eps = 0.02 和 eps = 0.04 时，聚类簇数分别为 60 和 51，此时的外部指标得分均很低，轮廓系数小于 0，说明此时的聚类结果错误；eps = 0.06 时，聚类簇数为 2，但出现大量的异常点；随着 eps 的增大，异常点的个数越来越少；eps = 0.12 时，聚类结果与参考模型高度一致，此时的精确度、FM 指数、兰德系数等外部指标均达到了 1，但是对应的内部指标得分均比较低，因为非凸集数据样本的轮廓系数和 CH 得分比凸集数据的低，这也是这两个内部指标的缺点；eps = 0.16 时，聚类簇数为 1，此时的 AC 指数为 0.5，说明有一半数据的标签与参考模型对应。相比于 k-means 和 GMM 算法，DBSCAN 算法的聚类效果明显较好，说明针对特殊形状的数据体，DBSCAN 算法比较适合。

图 5-67 所示为 MSC 算法在不同带宽时的聚类结果。MSC 算法是一种基于质心的算法，中心点的移动是由以带宽为半径的圆内的向量和决定的，对于这种数据分布比较均匀的特殊形状数据体，聚类效果不是很好。结合图 5-68 所示不同带宽对应的聚类结果评分可知，在带宽 = 0.34 时，外部指标出现了拐点，此时除了相似系数，其他外部指标均处于局部极值位置，轮廓系数也处于局部极值点，但是聚类结果划分簇为 16 个，明显与参考模型的差别比较大。当带宽大于 0.59 时，聚类结果变成一个簇，此时的 AC 得分为 0.5，说明有一半数据的标签与已知参考模型一致，这是符合真实数据分布的。CH 得分和轮廓系数相比于模拟数据 1 比较低，原因主要是这两个内部指标的评价虽然不需要真实值，但是对于非凸集数据，其得分要比凸集数据的得分低。

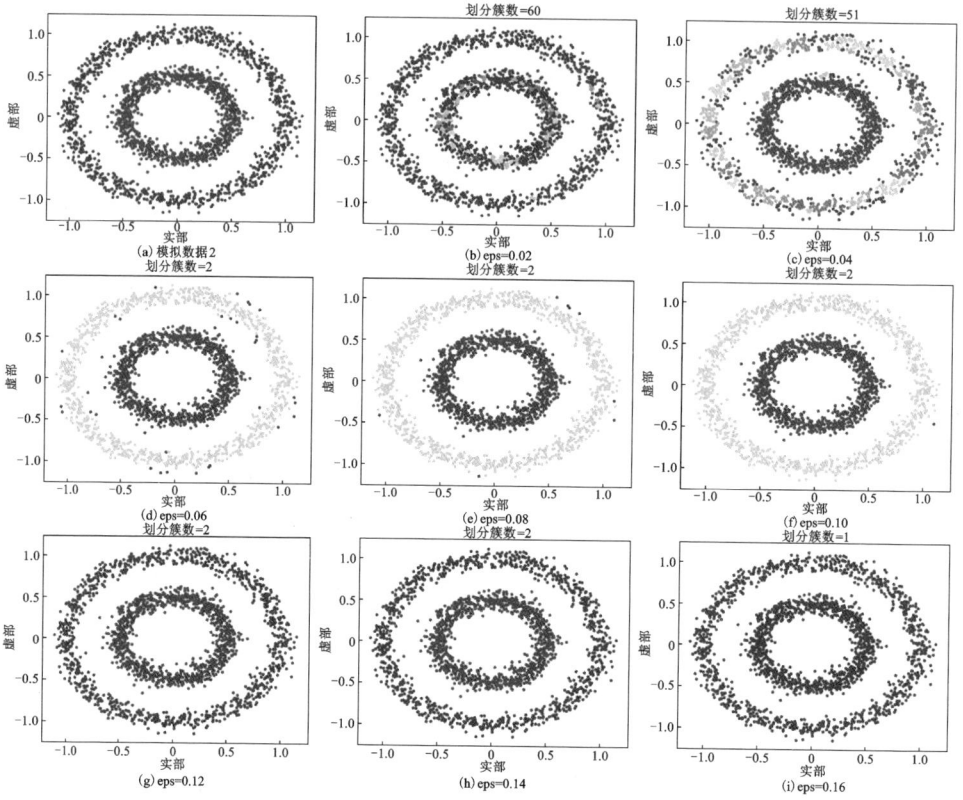

图 5-65 DBSCAN 算法在不同半径 eps 对应的聚类结果

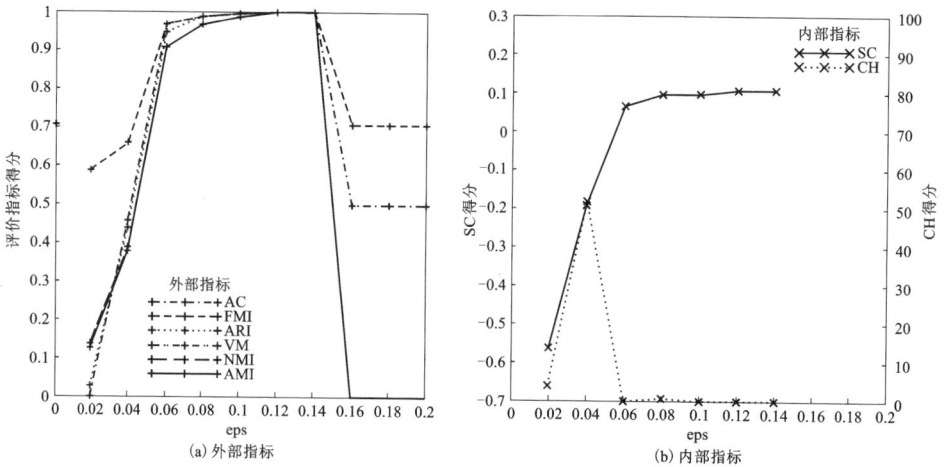

图 5-66 DBSCAN 算法在不同半径对应的聚类结果评价得分

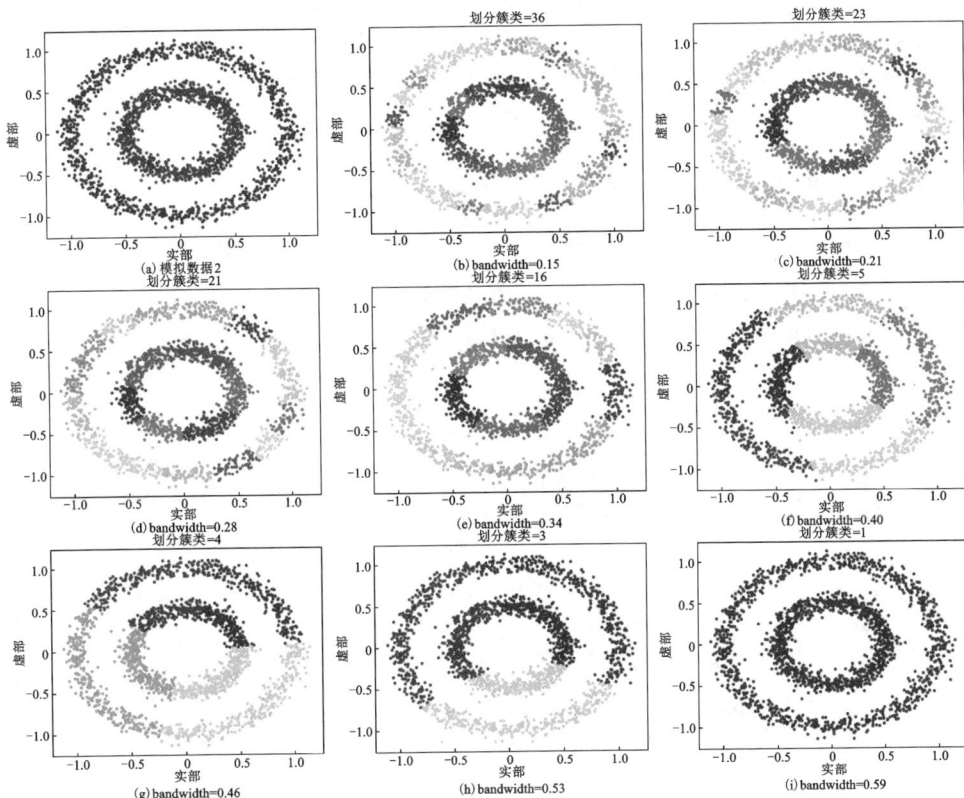

图 5-67　MSC 算法不同带宽时对应的聚类结果

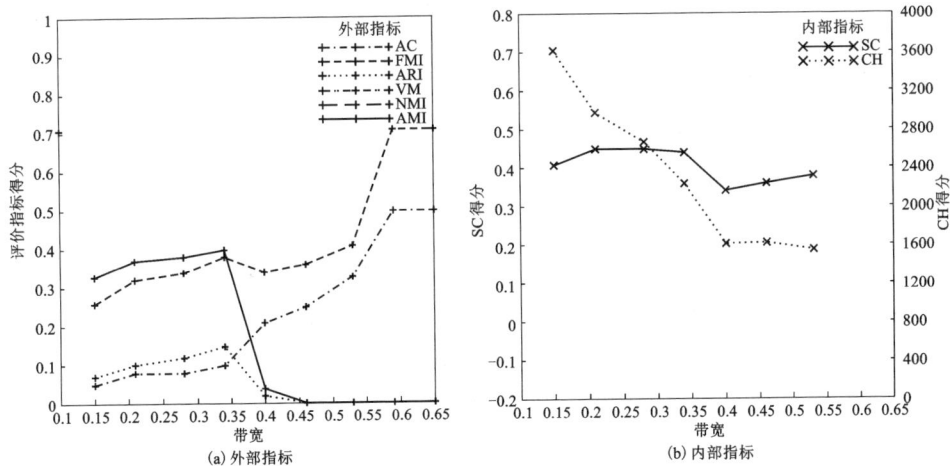

图 5-68　MSC 算法在不同带宽对应的聚类结果评价得分

综上所述，针对非凸集数据体结构，基于原型的聚类算法，如 k-means 算法和 GMM 算法聚类效果都不是很好，基于密度的 DBSCAN 算法聚类效果比较好，MSC 算法对于这种特殊形状的数据体结构的聚类结果也不好，因此在处理不同的数据体结构时，采用不同的聚类算法很有必要。

5.3.4 几种聚类方法处理结果对比

为了对比几种聚类方法对人工源信号的处理效果，本节采用四种不同的聚类方法（k-means、DBSCAN、GMM、MSC）对仿真数据与实测数据进行了处理。图 5-69 所示为仿真数据采用不同的聚类方法处理后的结果对比。

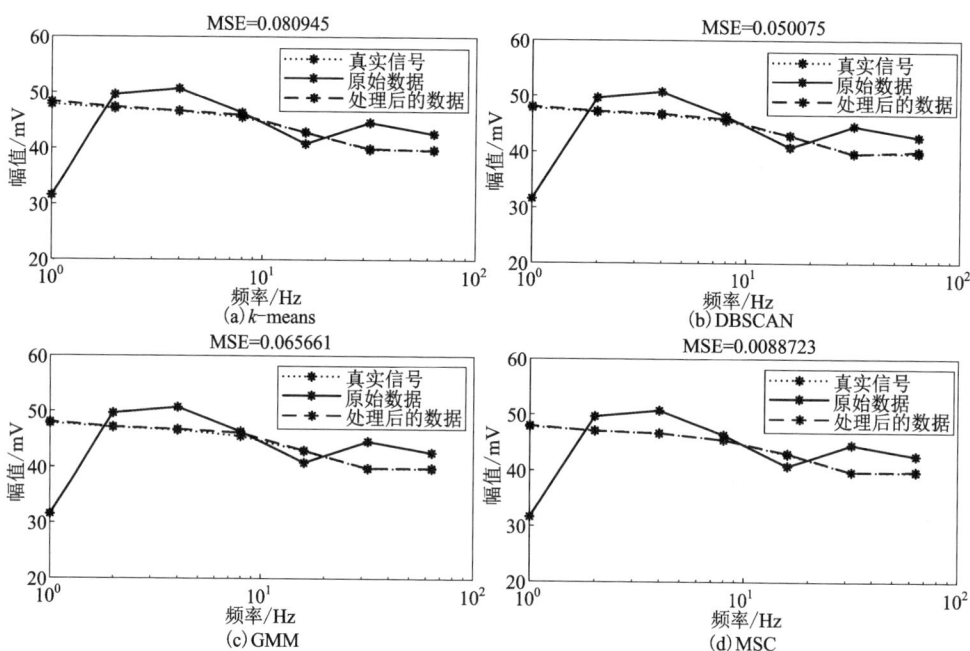

图 5-69　采用不同聚类方法对仿真数据处理后的结果对比

由图 5-69 可以看出，这四种方法处理后的 MSE 均小于 10%，在参数的选择上均有所不同，且处理结果对预设参数的敏感性较高。从以上四种方法对仿真数据的处理结果来看，MSC 比其他三种方法效果更好，均方误差小于 1%。MSC 方法对带宽选择的敏感度高，获得最优的聚类带宽是 MSC 方法取得较好效果的关键。图 5-70 所示为采用不同聚类方法对实测数据的处理结果对比。经过处理，四种方法对实测数据均有改善。相比之下，k-means 方法的处理效果较差，GMM 方法对高频段的处理效果没有 DBSCAN 和 MSC 方法好，但 DBSCAN 方法预设参数较多。

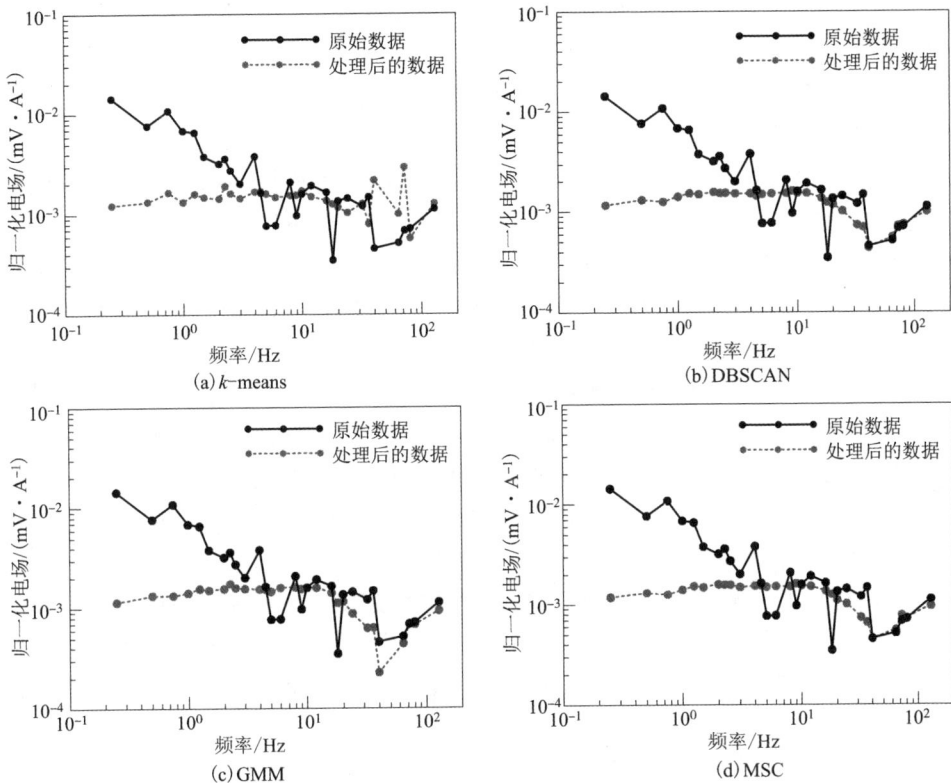

图 5-70　采用不同聚类方法对实测数据的处理结果对比

　　实际上如果能够选择合适的聚类参数,上述四种方法均能取得较好的处理结果。通过上述讨论可知,不同的聚类方法对于不同特征结构的数据处理效果不同,预设参数的数量也有所不同。因此选择合适的预设参数,对于 CSEM 数据,采用聚类方法可以达到一定的噪声压制效果。

5.4　本章小结

　　本章介绍了几种基于统计类的频率域数据处理方法,以及几种常见的聚类算法。首先介绍了 Robust 估计的算法原理、权重函数等,利用 Robust 估计方法对模拟数据进行了处理,分析了不同权函数对数据的处理效果;其次介绍了自适应双向均方差阈值法的算法原理、参数优化及处理流程等,并对实测数据进行了处理。通过与 Robust 估计方法进行对比可知,当数据样本数量较大时,该方法与 Robust 估计方法结果非常一致;但在样本数量较少时,该方法处理结果更好。接着，介绍了基于稳健 M 估计与灰色建模的数据处理方法，该方法原理简单、运算速度快、不需要考虑噪声类型，并可以很好地压制数值很大的异常对估计结果的影响，较传统的算术平均，可以减少甚至避免出现异常值误判的情况，并对异常数据进行剔除，突破了稳健 M 估计算法中异常值比例不高于 50%的限制；最后对聚类算法的分类、原理，以及几种常见的聚类算法进行了详细的介绍，并结合本书涉及的不同数据分布类型构建了 2 组模拟数据，对比了几种常见聚类算法对 2 组数据的聚类结果，并结合聚类结果的几种评价指标进行了分析。

（1）对于近似高斯分布的数据体，k-means、GMM 及 MSC 算法的聚类效果比 DBSCAN 算法的聚类效果好，对于非凸集的特殊数据分布，DBSCAN 算法的效果比其他三种算法效果好。

（2）k-means 算法的聚类结果对初始参数的选择比较敏感，不同的 k 值对应不同的结果。GMM 算法在 k-means 算法的基础上做了改进，虽然其在处理高斯分布数据时，效果确实有明显的提升，但是其预设参数的选择对聚类结果的影响同样比较敏感，且其预设参数不仅限于混合成分的个数。此外，不同的协方差类型对聚类结果的影响也不容忽视。

（3）相对前述两种算法，MSC 算法的预设参数比较少，且对高斯分布数据的聚类效果很好，适用于 WFEM 数据结构去噪处理。因此本书针对 WFEM 数据分布特征详细阐述了 MSC 算法的原理和运行过程，并对 MSC 算法进行了一些改善处理。

第6章 基于优化聚类的人工源电磁信噪分离方法

扫码查看本章彩图

衡量一种聚类算法的优劣除了考虑其适用条件以外，还要考虑输入数据的属性、预设条件、处理能力等。对比第 5 章四种聚类算法可知，k-means 算法对模拟数据 1 的聚类效果较好，但是 k-means 算法对于初始 k 值的选取比较敏感，不同的 k 值会产生不同的结果，尤其当初始值选择为噪声点或者异常点时，对聚类结果的影响比较大。GMM 算法是一种基于模型的算法，对于符合高斯分布的数据体的处理效果要比 k-means 算法好。但是 GMM 算法同样需要预设模型参数，且对不同的协方差矩阵类型处理的结果在精度上存在一定的差异，相比 k-means 算法和 GMM 算法，MSC 算法对于参数的选择更简单，只需要确定一个区域带宽，然后计算区域内样本点的偏移向量，相对于 k-means 算法，其参数选择的敏感度有所改善，但是当数据分布比较离散时，参数的选择对结果影响比较大，因此在传统算法的基础上引入了权重因子，使得样本空间中每个样本对偏移向量的贡献不同，从而降低了异常值的影响。胡艳芳等（2022）针对 CSEM 频率域数据信噪特征提出了一种加权自适应带宽均值漂移算法（weighted adaptive bandwidth mean-shift clustering，简称 WAB-MSC），这种算法在传统 MSC 算法的基础上，增加了权重因子，降低了聚类结果对于带宽选取的敏感度，消减了噪声点对聚类效果的影响。根据数据不同的分布类型选择不同的权重函数，并在此基础上增加自适应选取最优带宽算法，针对不同频点数据分布自适应择优选取不同带宽，降低了带宽的选取难度，在提升算法稳健性的基础上改善了聚类效果。

6.1 算法原理

均值漂移（mean-shift，MS）的概念在 1975 年由 Fukunaga 等（1975）提出之后，许多学者对该方法进行了改进并将其用于目标跟踪、图像平滑及分割等领域。MS 算法最初被用于密度估计，均值漂移聚类（mean-shift clustering，MSC）实际上也是一种基于概率密度的聚类方法，是一种通过计算偏移向量从低密度区域向高密度区域移动的滑动算法。

6.1.1 传统 MSC 偏移向量计算

给定一个 n 维的数据空间 $S=\{s_1, s_2, \cdots, s_n\}$，对于空间内的任意样本点 s_j，以 s_j 为圆心、带宽为半径的圆形区域称为样本点 s_j 的局部空间；样本点 s_j 对应的偏移向量等于以该样本点为起点，到其局部空间内所有样本点的向量的均值。即

$$M(s_j) = \frac{1}{m} \sum_{i=1}^{m} (s_i - s_j) \tag{6-1}$$

式中，$M(s_j)$ 为样本点 s_j 对应的局部空间的偏移向量；m 为 s_j 局部区域内的样本个数。局部样本空间向偏移向量所指的方向移动，移动量为偏移向量的模。而偏移向量的终点代表新的质心（即圆心）所在位置，如图 6-1 所示。当偏移向量的模达到一定的阈值或者等于 0，即质心的位置不再改变时，聚类结束。

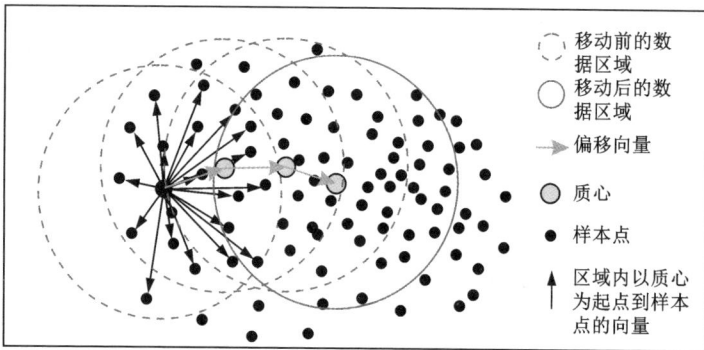

图 6-1 MSC 算法原理示意

6.1.2 核函数

传统 MSC 方法的核心算法就是计算偏移向量，局部空间内所有样本对偏移向量的贡献相同，即所有样本拥有相同的权重。实际上，由于受到噪声的干扰不同，每个样本点对真值的贡献也不同，距离真值越近，说明受噪声干扰越小，其对应的权重系数应该越高；相反，距离真值越远，说明受噪声干扰程度越大，其权重系数应该越低。这种权重因子的贡献可以通过核函数来衡量。因此本书在传统 MSC 方法中引入了核函数。

将一个低维度线性不可分的数据模型映射到高维度空间便有可能线性可分，如图 6-2 所示，但是这种低维度向高维度空间的直接映射可能会导致高维度特征

运算变得复杂,甚至出现"维数灾难"。核函数的作用就是将高维度数据空间的运算转化为低维度核函数的运算,在不增加数据空间维数的情况下,使数据线性可分。

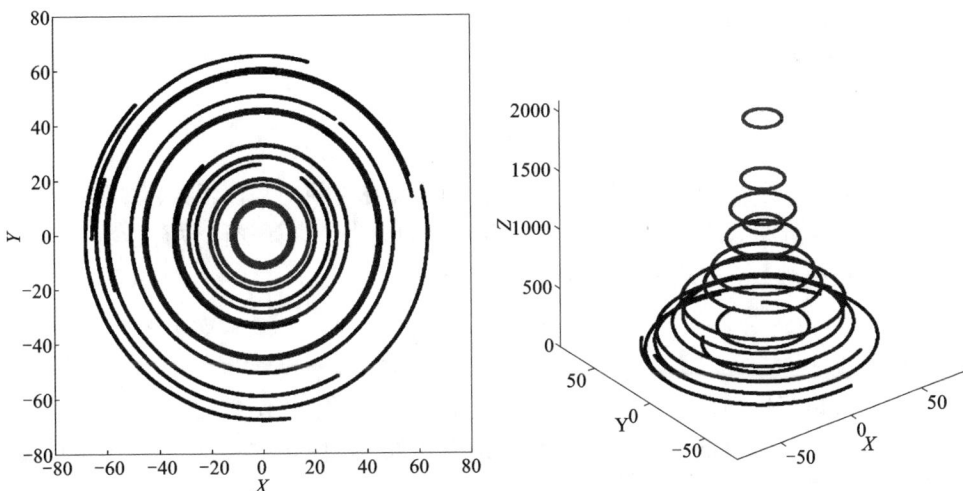

图 6-2　同一数据不同维度的分布

核函数(kernel function)的定义:令 R 为 n 维数据空间,核函数 κ 是定义在 $R \times R$ 上的对称函数。对于任意的数据空间 $S = \{s_1, s_2, \cdots, s_n\}$,核函数 κ 对应的核矩阵 K 总是半正定的。

$$K = \begin{bmatrix} \kappa(s_1, s_1) & \kappa(s_1, s_2) & \cdots & \kappa(s_1, s_n) \\ \kappa(s_2, s_1) & \kappa(s_2, s_2) & \cdots & \kappa(s_2, s_n) \\ \vdots & \vdots & \ddots & \vdots \\ \kappa(s_n, s_1) & \kappa(s_n, s_2) & \cdots & \kappa(s_n, s_n) \end{bmatrix} \tag{6-2}$$

换言之,只要一个对称函数所对应的核矩阵是半正定的,则该函数就能作为核函数。核函数的种类很多,常用的有线性核函数、多项式核函数、指数核函数、高斯核函数、拉普拉斯核函数等。核函数是一种局部作用的函数,超过了局部参数范围,核函数的作用就会减弱或者消失。本书列举了几种常见的核函数。

(1)均匀核函数(uniform kernel)。

$$\kappa(s_i, s_j) = \begin{cases} 0.5, & \| s_i - s_j \| \leqslant 1 \\ 0, & \| s_i - s_j \| > 1 \end{cases} \tag{6-3}$$

均匀核函数也可以认为是一种窗函数,在示值区间内是 0.5,区间外为 0。

(2)多项式核函数(polynomial kernel)。

$$\boldsymbol{\kappa}(\boldsymbol{s}_i,\ \boldsymbol{s}_j)=(\boldsymbol{s}_i^{\mathrm{T}}\boldsymbol{s}_j)^d \tag{6-4}$$

式中，d 为多项式的次数。当 $d=1$ 时，多项式核函数变为线性核函数。线性核函数是一种最简单的核函数，常见的线性核函数有 triangle 核函数。多项式核函数的稳定性比较好，但是参数比较多。常见的多项式核函数有 Epanechnikov 核函数、quartic 核函数和 triweight 核函数。

（3）高斯核函数（Gaussian kernel）。

$$\boldsymbol{\kappa}(\boldsymbol{s}_i,\ \boldsymbol{s}_j)=\exp\left(-\frac{\parallel \boldsymbol{s}_i-\boldsymbol{s}_j\parallel^2}{2h^2}\right) \tag{6-5}$$

式中，$h>0$，为高斯核函数的带宽。高斯核函数又称为径向基核函数，具有较强的干扰能力，但对参数的选择很敏感。比较常见的改进型高斯核函数有指数核函数和拉普拉斯核函数，如式（6-6）和式（6-7）所示。

$$\boldsymbol{\kappa}(\boldsymbol{s}_i,\ \boldsymbol{s}_j)=\exp\left(-\frac{\parallel \boldsymbol{s}_i-\boldsymbol{s}_j\parallel}{2h^2}\right) \tag{6-6}$$

上式为指数核函数（exponential kernel），其是对高斯核函数的一种改进形式。通过将距离的二次方改成距离一次方，降低了距离的敏感性，但是适用范围比较窄。

$$\boldsymbol{\kappa}(\boldsymbol{s}_i,\ \boldsymbol{s}_j)=\exp\left(-\frac{\parallel \boldsymbol{s}_i-\boldsymbol{s}_j\parallel}{h}\right) \tag{6-7}$$

上式为拉普拉斯核函数（Laplacian kernel），其在指数函数的基础上对参数的敏感度又进行了改进。

（4）三角波核函数（wave kernel）。

$$\boldsymbol{\kappa}(\boldsymbol{s}_i,\ \boldsymbol{s}_j)=\frac{\theta}{\parallel \boldsymbol{s}_i-\boldsymbol{s}_j\parallel}\sin\left(-\frac{\parallel \boldsymbol{s}_i-\boldsymbol{s}_j\parallel}{\theta}\right) \tag{6-8}$$

常见的三角波核函数有 Cosine 核函数。

图 6-3 所示为几种常见的核函数在示值区间内对应的曲线，其中高斯核函数的中心为 0，带宽 $h=1$。

对比这几种核函数可知，除了均匀核函数，其他核函数对于越接近中心点的样本赋予的权重越高。在带宽相同的情况下，样本越靠近中心点，triweight 核函数赋予样本的权重最高，其次是 triangle 核函数，Gaussian 核函数的权重值最小。在实际应用中，当实测 CSEM 受干扰影响较小或未受到干扰时，一般服从高斯分布，因此 Gaussian 核函数处理的结果会相对稳定；当实测数据受到少数大尺度噪声影响导致存在部分离群点时，靠近聚类中心点的样本所占权重更高，而离群点的样本所占权重更低，此时 triweight 和 triangle 核处理效果可能会更好。

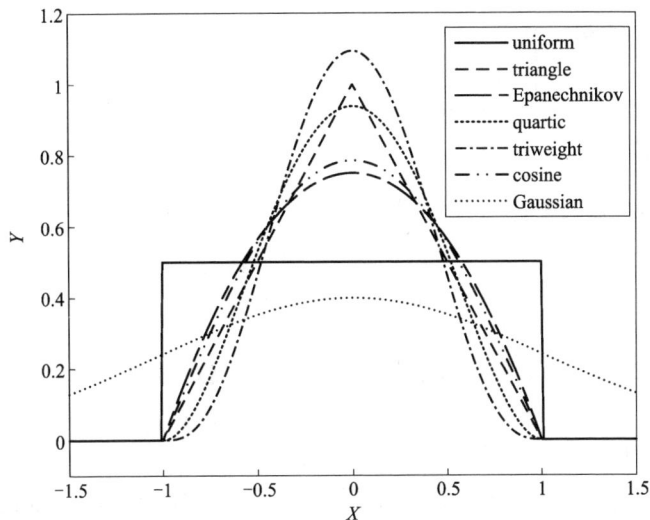

图 6-3　几种常见核函数曲线

6.1.3　加权偏移向量计算

MSC 算法中引入核函数的主要目的是使得局部空间内的样本点对偏移向量计算的权重不同。当存在噪声点时，核函数的引入可降低噪声点对偏移向量的影响。在式(5-1)中引入核函数，此时偏移向量的计算式为：

$$
\begin{aligned}
M(s_j) &= \frac{\kappa(s_1, s_j)(s_1 - s_j) + \kappa(s_2, s_j)(s_2 - s_j) + \cdots + \kappa(s_m, s_j)(s_m - s_j)}{\kappa(s_1, s_j) + \kappa(s_2, s_j) + \cdots + \kappa(s_m, s_j)} \\
&= \frac{\sum\limits_{i=1}^{m} \kappa(s_i, s_j)(s_i - s_j)}{\sum\limits_{i=1}^{m} \kappa(s_i, s_j)}
\end{aligned}
$$

(6-9)

以高斯核函数为例，对应的加权偏移向量如下：

$$
M(s_j) = \frac{\sum\limits_{i=1}^{m} G\left(\dfrac{s_i - s_j}{h}\right)(s_i - s_j)}{\sum\limits_{i=1}^{m} G\left(\dfrac{s_i - s_j}{h}\right)}
$$

(6-10)

式中，h 为带宽；m 为以样本点 s_j 为中心点，以 h 为半径的区域内的样本个数；$G[(s_i - s_j)/h]$ 为局部区域内样本点 s_i 对应的权重。

6.1.4 带宽估计

$$给定样本数据集 \boldsymbol{S}_{m \times n} = \begin{bmatrix} s_{11} & s_{12} & \cdots & s_{1i} & \cdots & s_{1n} \\ s_{21} & s_{22} & \cdots & s_{2i} & \cdots & s_{2n} \\ \vdots & \vdots & \ddots & \vdots & & \vdots \\ s_{j1} & s_{j2} & \cdots & s_{ji} & & s_{jn} \\ \vdots & \vdots & & \vdots & \ddots & \vdots \\ s_{m1} & s_{m2} & \cdots & s_{mi} & \cdots & s_{mn} \end{bmatrix}$$

式中，m 为频率个数，n 为周期样本分段个数，任意一行 $\boldsymbol{s}_j = (s_{j1}, s_{j2}, \cdots, s_{ji}, \cdots, s_{jn})$，代表某一频率的分段样本。本书采用样本之间的距离分布情况进行带宽估计，具体流程如下。

（1）计算该样本中任意一频率的所有样本点之间的距离 $\boldsymbol{d}_j$，得到该频率所有样本之间的距离矩阵如下：

$$\boldsymbol{d}_j = (d_{1,2}, d_{1,3}, d_{1,4}, \cdots, d_{1,n}, d_{2,3}, d_{2,4}, \cdots, d_{2,n}, \cdots, d_{i,i+1}, d_{i,i+2}, \cdots d_{i,j}, \cdots d_{i,n}, \cdots d_{n-1,n})$$

（2）将矩阵 $\boldsymbol{d}_j$ 中的元素按从小到大的顺序排列，得到新的矩阵 $\boldsymbol{d}_j'$。矩阵 $\boldsymbol{d}_j'$ 中的任意距离样本所在的位置用 Ratio 表示：

$$\mathrm{Ratio}(\boldsymbol{d}_i') = \frac{\mathrm{num}(\boldsymbol{d}_0', \boldsymbol{d}_i')}{\mathrm{num}(\boldsymbol{d}_j')} \tag{6-11}$$

式中，$\mathrm{num}(\boldsymbol{d}_0', \boldsymbol{d}_i')$ 为任意距离样本 $\boldsymbol{d}_i'$ 到最小距离样本 $\boldsymbol{d}_0'$ 之间的长度；$\mathrm{num}(\boldsymbol{d}_j')$ 为矩阵 $\boldsymbol{d}_j'$ 的长度。则样本数据集得到的所有频率的距离矩阵如下：

$$\boldsymbol{d} = (\boldsymbol{d}_1', \boldsymbol{d}_2', \cdots, \boldsymbol{d}_j', \cdots, \boldsymbol{d}_m')^{\mathrm{T}} \tag{6-12}$$

（3）将 $L = \max(\boldsymbol{d}_j') - \min(\boldsymbol{d}_j')$ 进行分段处理，计算每一小段对应的样本局部密度 δ_i，$i = 1, 2, \cdots, N$，其中 N 为分段个数。

$$\delta_i = \frac{\underset{l \in \Delta L_i}{\mathrm{num}}(d_{j,l}')}{\Delta L_i} \tag{6-13}$$

式中，$\underset{l \in \Delta L_i}{\mathrm{num}}(d_{j,l}')$ 为 ΔL_i 对应的样本个数。计算得到该频率对应的样本距离密度分布，如图 6-4 所示。

（4）对样本距离密度分布进行处理，计算局部密度随距离下降最快的位置。

首先对上述密度分布进行拟合，然后对拟合结果进行求导计算，得到 $\min(\mathrm{d}\delta_i)$。如图 6-5 所示。

（5）选择带宽。本书处理的实测数据在未受到电磁干扰或受到电磁干扰较小时，其在频率域呈现高斯分布特征；受到强电磁干扰时，其分布呈现出无规则性。

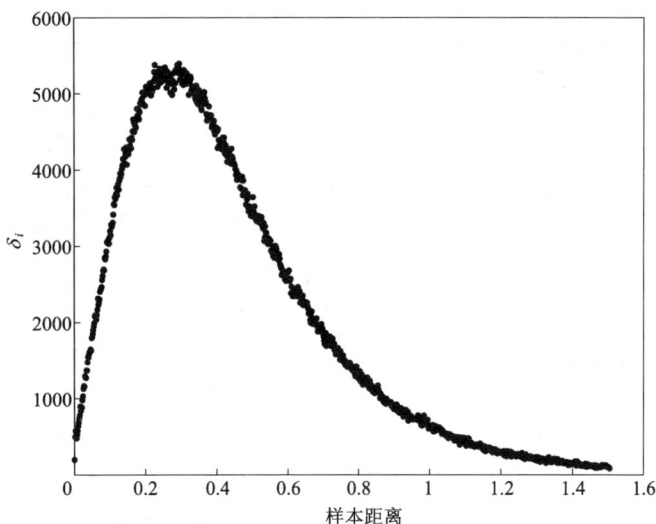

图 6-4　样本距离密度分布

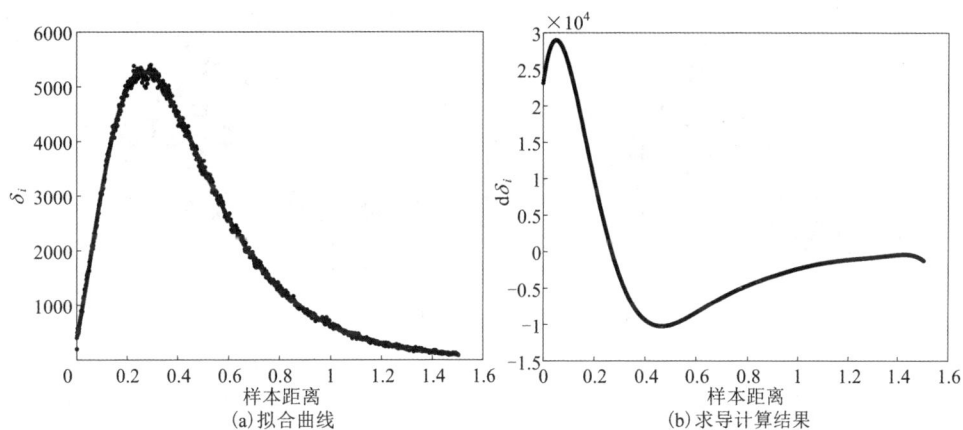

(a)拟合曲线　　　　　　　　　(b)求导计算结果

图 6-5　计算距离密度函数进行求导计算

因此带宽的选择应该以大多数数据分布范围为宜，即求取密度下降最快位置对应的距离作为聚类的带宽，如式(6-14)所示。

$$h = \mathrm{distance}\{\min(\mathrm{d}\delta_i)\} \qquad (6\text{-}14)$$

6.2　核函数算法验证

本节通过 5.3 节中生成的模拟数据 1 以及 5.2 节在伪随机 7 频波信号中加入噪声后的仿真信号，对改进后的算法进行验证。

6.2.1　模拟数据验证

由第 5 章中 MSC 算法对模拟数据 1 的聚类结果可知，当 $h=0.15$ 时，聚类结果与参考模型高度相似，且 h 在 $0.15\sim0.23$ 时，聚类结果几乎没有什么变化。因此本节算法验证选择的带宽 $h=0.15$。图 6-6 所示为 $h=0.15$ 时加入不同核函数后的聚类结果。从结果来看，triweight 核函数在带宽为 0.15 时聚类结果还未达到最优。当带宽确定时，triweight 核函数赋予中心点的权重最高，而 Gaussian 核函数对应的权重比较低。因此在模拟数据 1 中使用 Gaussian 核函数的效果不是很明显。另外，模拟数据 1 本身就是服从高斯分布的数据结构，因此引入高斯核函数对聚类结果的贡献不大，同样 triangle 核函数在聚类结果上的表现也不是很明显。图 6-7 所示为引入不同核函数时不同带宽对应的评价得分，可以看出，当引入triangle 核函数和 triweight 核函数时，聚类结果从 2 个类向 1 个类过渡的带宽增大；当未引入核函数和引入高斯核函数，且带宽 $h>0.32$ 时，聚类结果变成 1 个类；当引入 triangle 核函数，且 $h>0.37$ 时，聚类变成 1 个类；当引入 triweight 核函

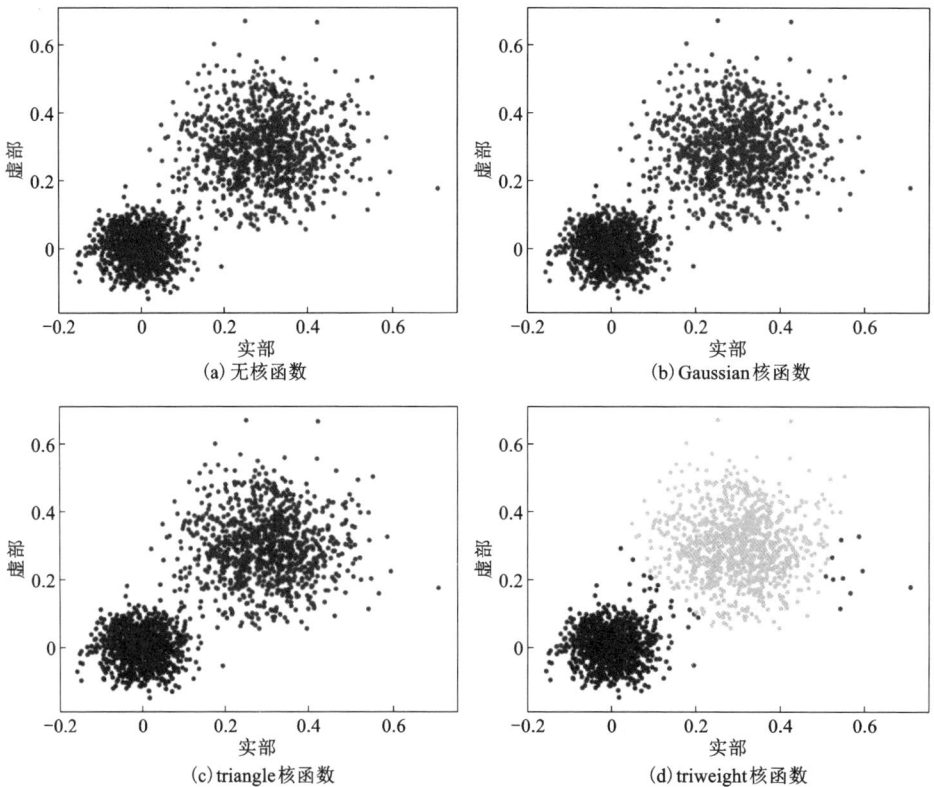

图 6-6　不同核函数在 $h=0.15$ 时对应的聚类结果

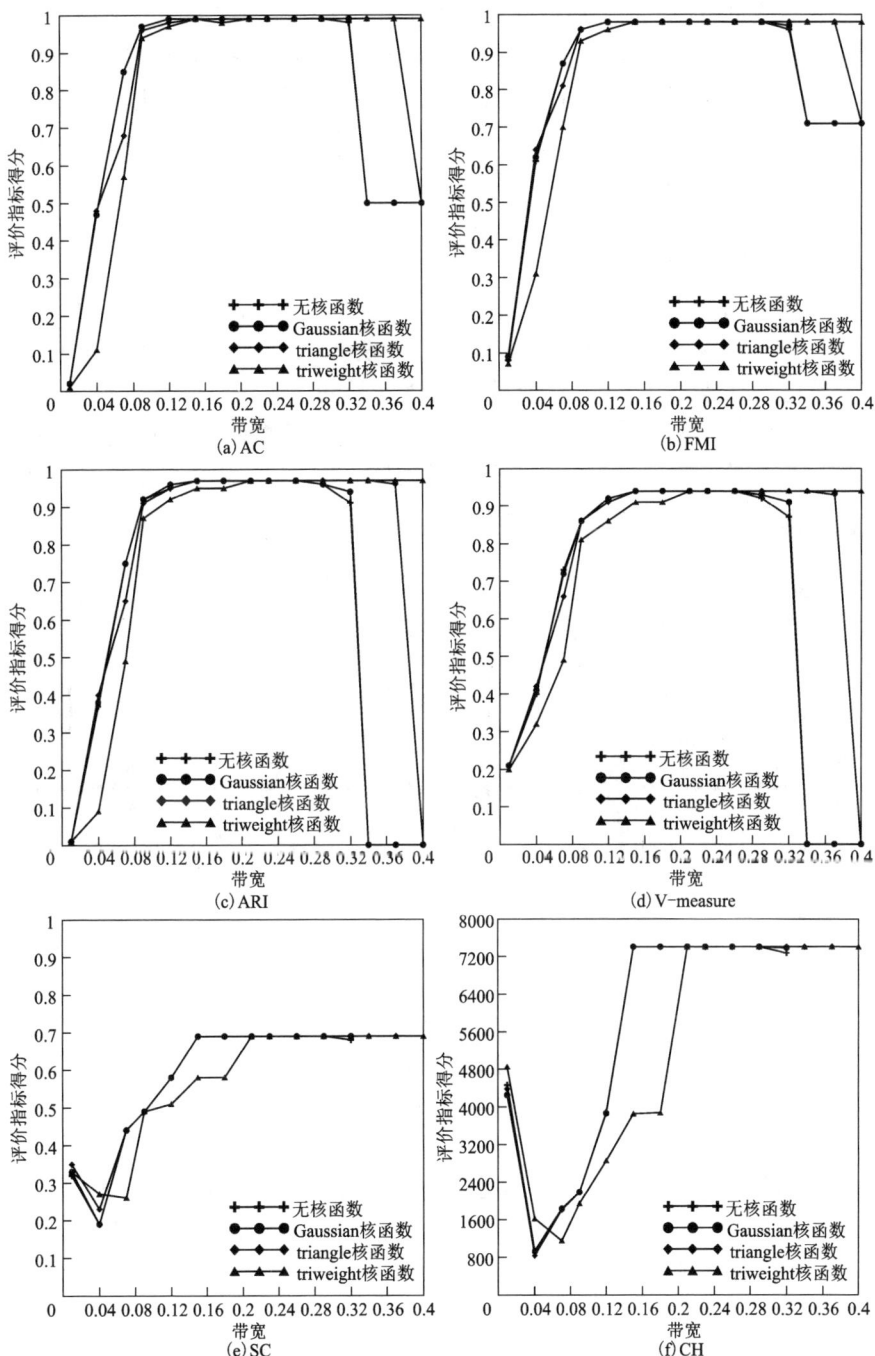

图 6-7　不同核函数的聚类结果评价得分

数,且聚类结果出现 1 个类时,带宽超过了 0.4。这说明引入核函数后,MSC 聚类对于选择带宽的敏感度有所改善,同时引入 triweight 核函数后聚类结果达到 2 个类时的带宽也超过了 0.15,说明 triweight 核函数的引入在一定程度上降低了算法的收敛速度,但是 triangle 核函数并未改变算法在低带宽时的收敛速度。对于模拟数据 1,triangle 核函数的聚类效果比较好。

6.2.2 仿真数据验证

本书研究的信号类型主要为伪随机信号,因此本节结合伪随机 7 频波信号和各种噪声信号仿真了一组伪随机含噪信号,如图 6-8 所示,蓝色为加噪前伪随机信号,黑色为加噪后的伪随机信号。有效信号包含 1 Hz、2 Hz、4 Hz、8 Hz、16 Hz、32 Hz 及 64 Hz 共计 7 个主要频率。仿真噪声类型有方波、脉冲、衰减及振荡衰减信号等。噪声信号的幅值是有效信号的几十倍,甚至有上百倍的脉冲信号。信号时长为 100 s,采样率为 4096 Hz。

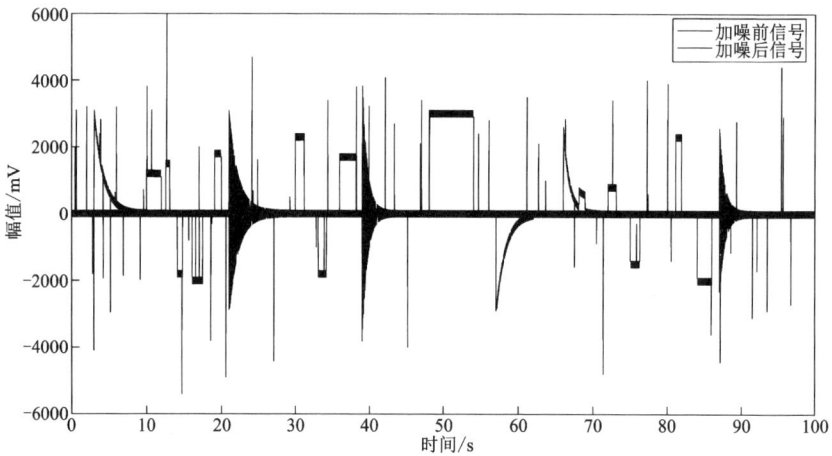

图 6-8 伪随机 7 频波加噪信号

(扫本章二维码查看彩图)

将加入噪声后的仿真信号整体进行傅里叶变换之后,对应的频率-幅值曲线如图 6-9 所示。其中点虚线为加噪前的信号,点实线为加噪后的信号。加入噪声后,每个频率均受到影响,尤其是 1 Hz 处的信号受干扰程度最严重。从图 6-8 的时间域波形可以看出,有部分未受到干扰的信号段及受干扰程度较小的数据段,如果能将这些时间段的信号分离出来,再进行重构,就能有效降低噪声信号的影响。根据噪声在时间域与频率域表现形式的差异,将去噪方法分为时间域去噪和频率域去噪。Zhang 等(2019,2021)提出了一种基于模糊 C 均值聚类的时间域信号识别的方法。根据噪声时间域特征识别噪声信号，然后进行重构。这种在时间域拾取信号特征进行去噪的方法对整个采样时间均受到强噪声干扰或者有效信号完全被噪声淹没的时间域信号的处理效果欠佳。张必明、Mo 等提出的基于阈值法的频率域筛选方法，只考虑了幅值受噪声的影响，而实际上相位对噪声的影响更敏感。比如相同尺度的方波噪声加入信号的时间不同，对幅值的影响不明显，但是对相位的影响很大。

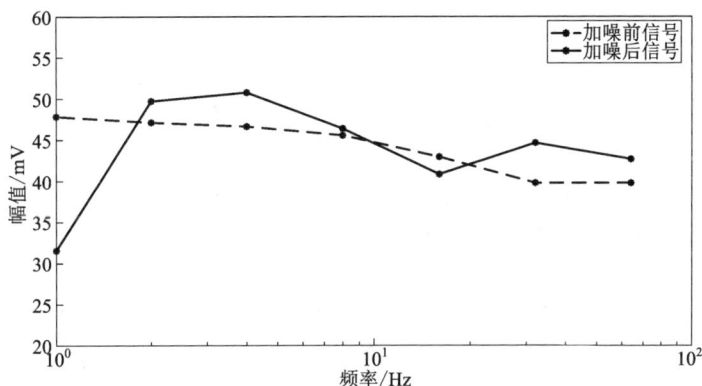

图 6-9　伪随机 7 频波加噪前后频率−幅值曲线

　　图 6-10 和图 6-11 所示分别为本书仿真信号在不同周期受到干扰影响后的幅值和相位变化曲线。从幅值和相位的分布来看，有多个周期的幅值和相位变化不大或没有受到干扰影响；受到干扰的数据段，幅值和相位的变化程度也有所不同。基于实数域的二维数据分布无法同时给出幅值和相位的分布情况；将数据转换到虚数域，即复平面内可以同时给出数据体幅值和相位的变化。图 6-12 所示为仿真信号在复平面内的分布情况，加噪后，有效信号各个主频在不同周期均受到了噪声的影响，尤其是 1 Hz 处幅值变化最大。由于仿真数据中并未涉及周期噪声，即使不同周期的数据幅值和相位均有不同程度的改变，数据体的中心也并未发生整体偏移，受干扰后的样本点分布是离散、随机的。本节将对仿真信号在复平面内的不同周期数据进行聚类分析，通过聚类将未受干扰或受干扰程度较小的数据与受干扰程度较大的数据进行分离。

　　（1）未加核函数时仿真信号的处理结果。

　　图 6-13 所示为未加核函数时，MSC 算法在不同 ratio 对仿真信号的处理结果。其中 ratio 代表选取带宽的位置。从图中可以看出，带宽不同时，对应的处理结果变化较大，当 ratio=0.8 时，处理之后的结果均方误差达到了 30.9922，说明仿真信号的样本分布比较离散，仿真信号占比为 80% 时的带宽太大。当 ratio=0.7 时，

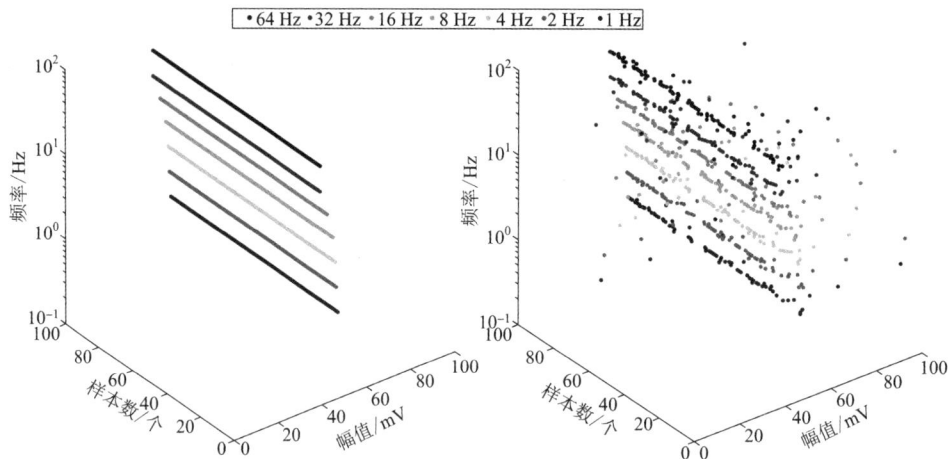

图 6-10　伪随机 7 频波加噪前后不同周期的幅值变化
（扫本章二维码查看彩图）

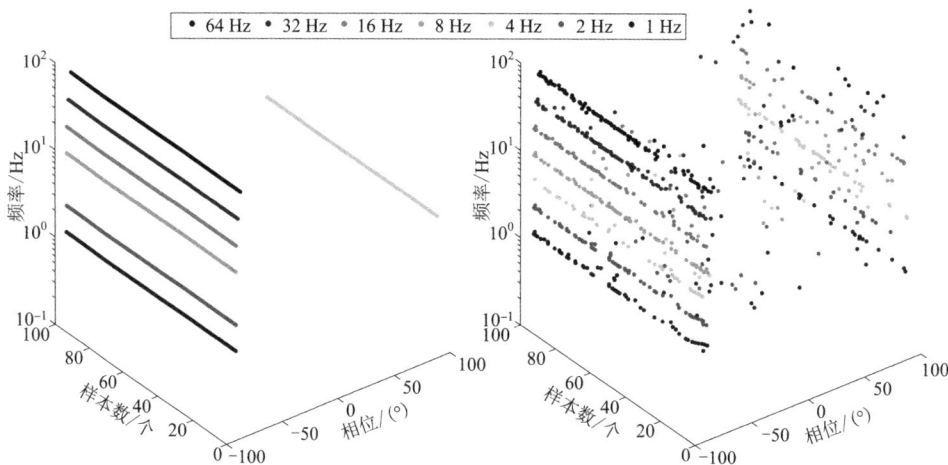

图 6-11　伪随机 7 频波加噪前后不同周期的相位变化
（扫本章二维码查看彩图）

MSE = 6.7782，相比于 ratio 为 0.8 时，处理结果有所改善，但依旧没有达到预期
要求（<5%）。当 ratio = 0.4 时，MSE 达到了 2.5485%，说明此时已经聚类的结果
符合误差要求的精度范围。当 ratio = 0.3 时，处理结果有所改善，但改善效果不
明显，说明对上述仿真数据而言，数据分布集中在 30% 的占比附近。理论上，当
数据受到噪声影响较小时，数据应服从高斯分布，所以越靠近峰值点，数据越集
中。而在强电磁干扰的情况下，数据分布会发生改变，需要根据实际情况确定
ratio 的取值。

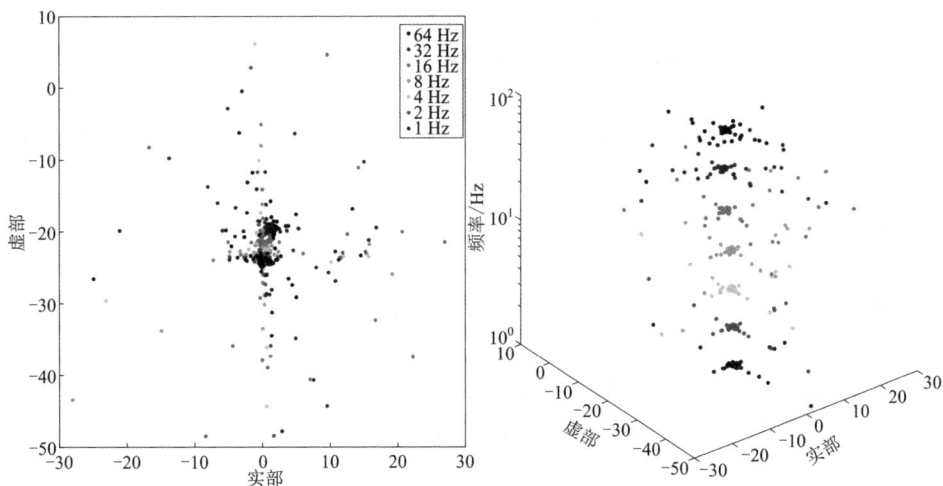

图 6-12　仿真信号在复平面内的分布情况

（扫本章二维码查看彩图）

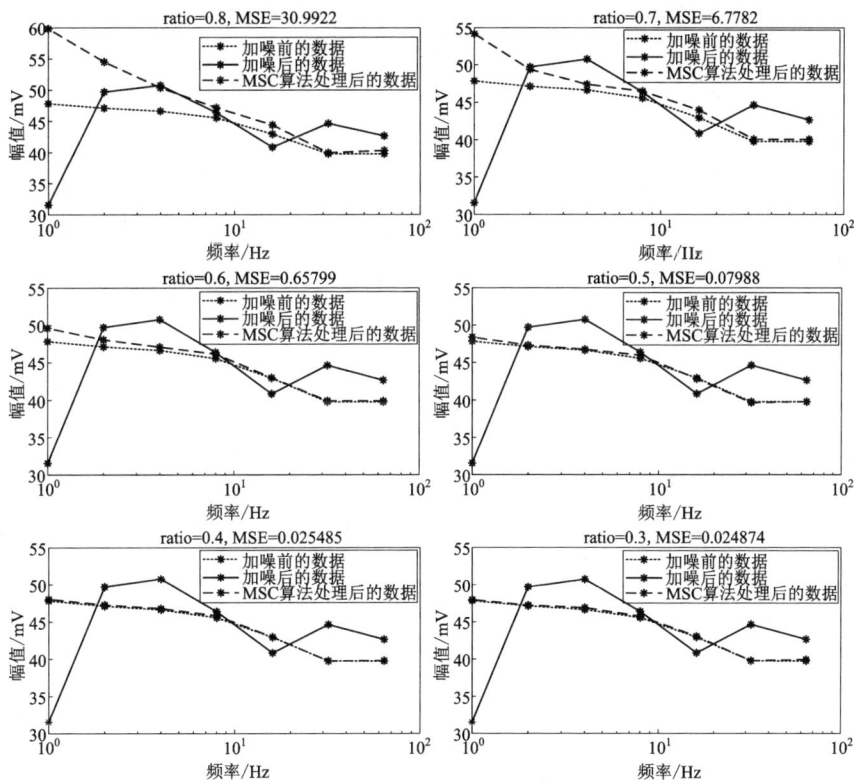

图 6-13　未加核函数时 MSC 算法在不同 ratio 对仿真信号的处理结果

（2）加入不同核函数时仿真信号的处理结果。

图 6-14~图 6-16 所示分别为 ratio = 0.7、0.5 及 0.3 时不同核函数对伪真数据的处理结果。加入核函数之后，仿真信号的处理结果得到了改善，尤其是当带宽选择偏大时，核函数的作用更加明显，当加入不同的核函数时，处理结果均有所改善。针对该仿真数据，triweight 核函数的处理效果最好。当 ratio = 0.5 时，未加核函数时，其处理结果的均方误差约为 7.99%，加入 Gaussian 核函数后，均方误差约为 6.64%；加入 triangle 核函数后，均方误差约为 3.67%；加入 triweight 核函数对应的均方误差约为 1.44%。当 ratio = 0.3，未加核函数时的均方误差约为 2.49%，说明加入核函数后，能够降低带宽选择对处理结果的敏感度。表 6-1 所示为不同 ratio 时加入不同核函数的处理结果对应的均方误差。图 6-17 所示为不同 ration 情况下几种核函数对仿真数据的处理结果。从处理结果看，triweight 核函数的处理效果要优于 Gaussian 核函数和 triangle 核函数。三种核函数在 ratio = 0.5 时的处理结果满足误差精度要求；ratio = 0.4 时，未加核函数的处理结果也满足误差要求，这说明增加核函数能够降低带宽选择的敏感度，提高算法的稳健性。

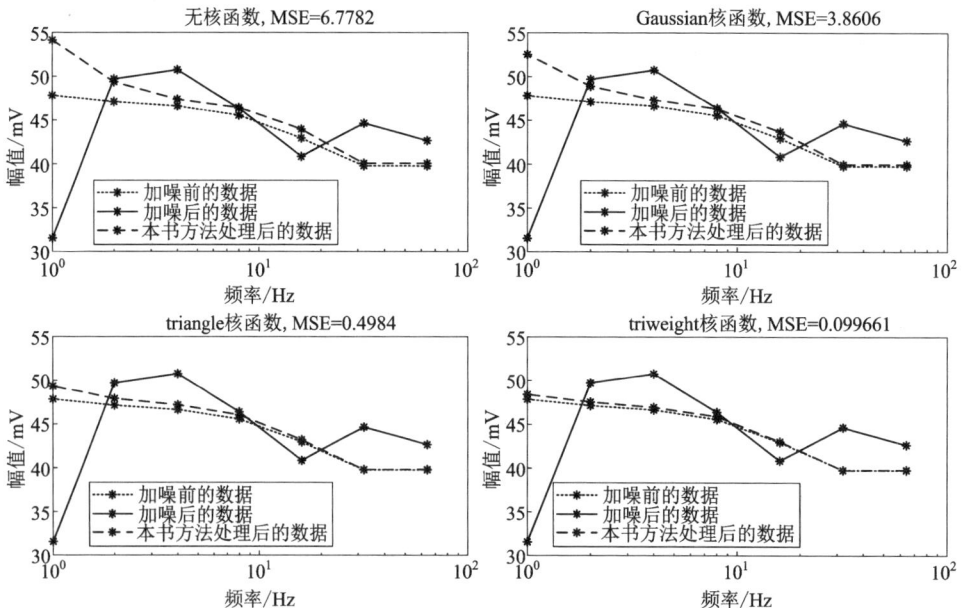

图 6-14　ratio = 0.7 时不同核函数对仿真数据的处理结果

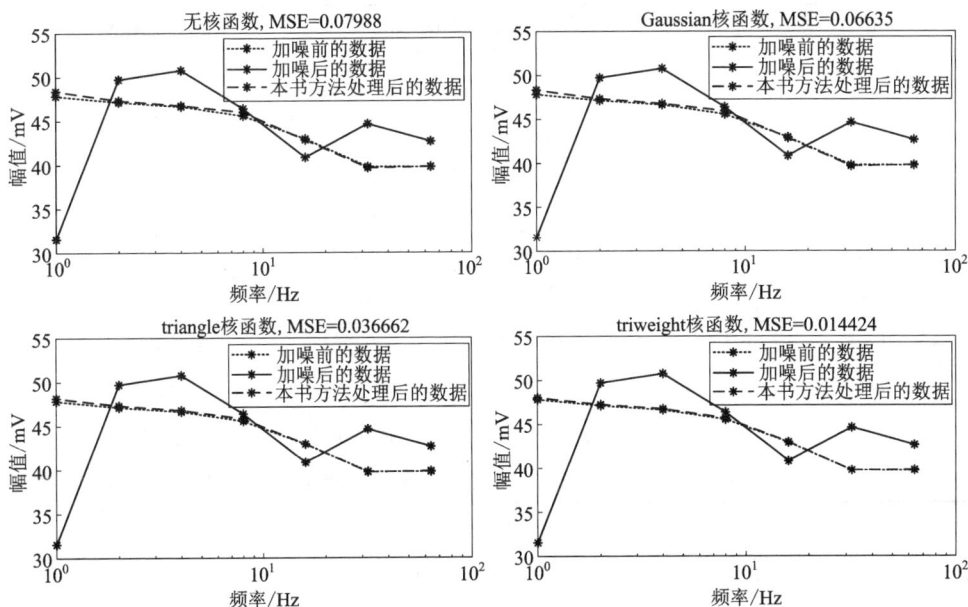

图 6-15 ratio＝0.5 时不同核函数对仿真数据的处理结果

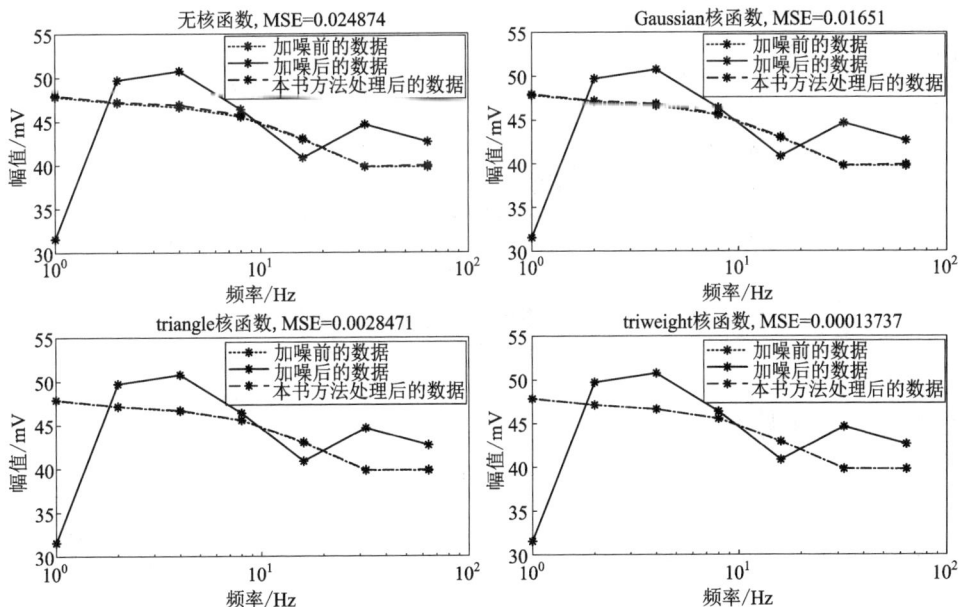

图 6-16 ratio＝0.3 时不同核函数对仿真数据的处理结果

表 6-1 不同 ratio 时加入不同核函数的处理结果对应的均方误差

ratio	无核函数	Gaussian 核函数	triangle 核函数	triweight 核函数
0.99	54.095	23.8751	6.4975	4.6045
0.9	20.5292	15.6691	8.6892	1.8272
0.8	30.9922	18.2128	2.7409	0.59503
0.7	6.7782	3.8606	0.4984	0.099661
0.6	0.65799	0.36116	0.06333	0.050484
0.5	0.07988	0.06635	0.036662	0.014424
0.4	0.025485	0.020795	0.0094295	0.0015758
0.3	0.024874	0.01651	0.0028471	0.00013737
0.2	0.001373	0.00093769	0.00012576	3.9104E-005
0.1	0.00030117	0.00035089	5.4272E-005	7.1259E-006

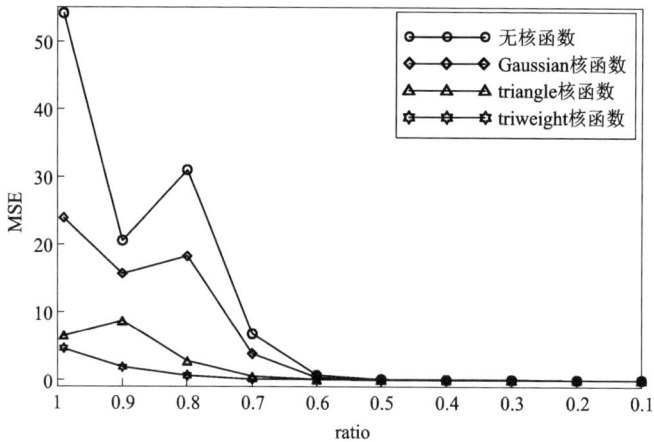

图 6-17 不同 ratio 时不同核函数对仿真数据的处理结果

6.2.3 实测数据验证

（1）未加核函数时干扰严重的实测数据处理结果。

本节采用部分实测的 WFEM 测点进行核函数算法的验证。图 6-18 所示为未加核函数时采用不同 ratio 的实测数据处理结果。不同的 ratio 代表不同的带宽，当 ratio=0.998 时，本书方法对低频段的处理有所改善，但效果并不是很好，说明此时带宽的选取过大；当 ratio=0.995 时，本书方法对低频段的改善效果明显，1 Hz 以下的几个频点的处理结果是所取带宽中最好的，但对于 1~30 Hz 的频段处理结果欠佳；当 ratio＝0.99 时，1~30 Hz 的处理结果相比 0.995 时有所改善；当 ratio＝0.9 时，30 Hz 以下的频率处理效果均比较理想，30 Hz 以上频率的处理效果比 0.99 时要差。主要原因是不同的频率对应的地电响应不同，受到干扰的影响程度不同，故其分布特点也不相同。采用同一个 ratio 进行带宽的选择，处理效果自然是不尽如人意，因此针对不同的频率自适应选择不同的 ratio 进行处理是本书方法改进的重点。

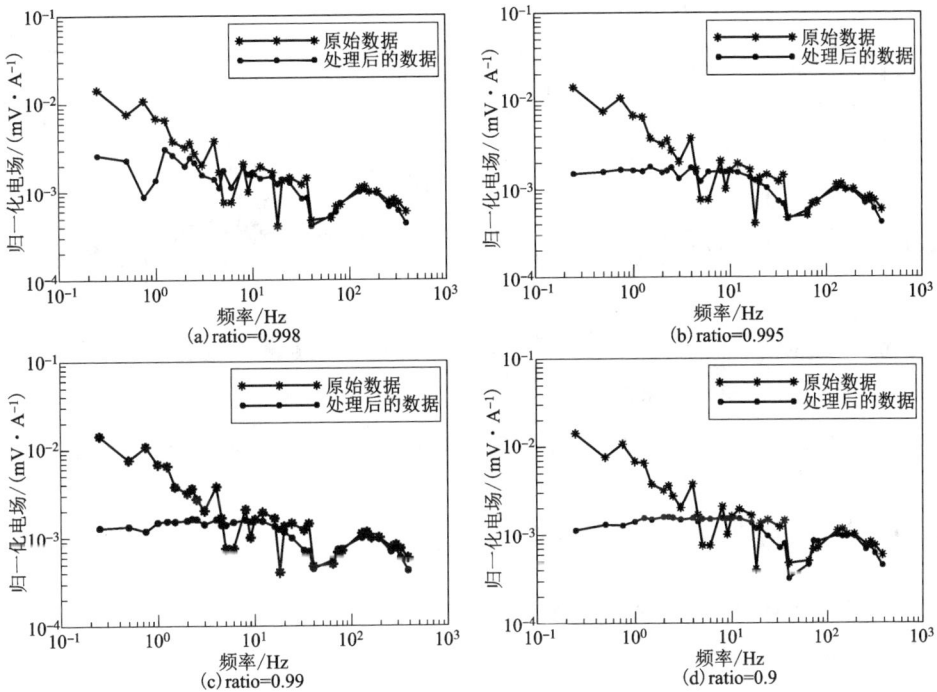

图 6-18　未加核函数时采用不同 ratio 的实测数据的处理结果

（2）不同核函数时干扰严重的实测数据处理结果。

图 6-19 所示为 ratio＝0.998 时 L1-1475 号测点采用不同核函数处理的结果。

未加核函数之前，算法处理效果相对较差；加入核函数之后，处理效果有了不同程度的改变。Gaussian 核函数的处理效果相比其他两种差，主要是数据分布比较集中，只有少数周期的数据受到较大的影响。此时采用高斯核函数给聚类中心附近的样本权重较小，因此改善不明显。triangle 核函数及 triweight 核函数给中心点的权重更高，处理效果更好。总之，核函数的加入有效改善了带宽选择不合理对处理结果的影响。不同的核函数对结果的改善不同，根据数据分布特征选择合适带宽可以有效改善处理效果。

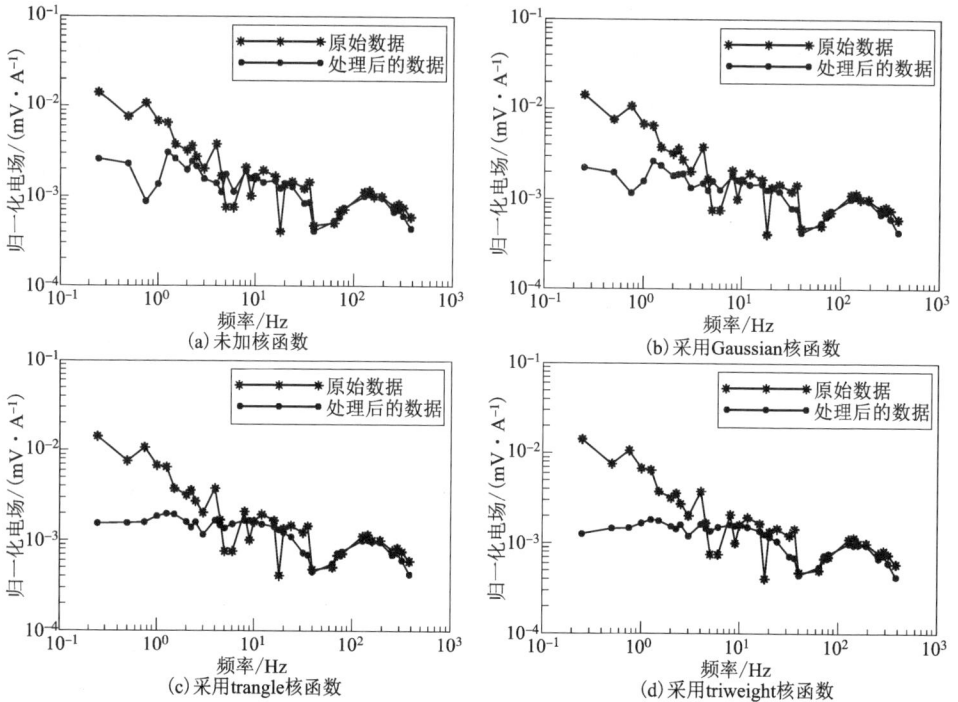

图 6-19　ratio=0.998 时 L1-1475 号测点采用不同核函数时的处理结果

6.3　自适应带宽算法验证

本节主要针对实测数据类型进行带宽估计自适应的研究，并针对部分实测数据进行自适应带宽算法的验证。

6.3.1　带宽估计

图 6-20 所示为一实测频率点的带宽估计过程，样本个数为 2048 个，其复平面内分布如图 6-20(a)所示。样本点分布相对均匀，近似呈高斯分布，多数样本分布在 $\{(x, y) \mid x \in [-0.02, 0.02], y \in [-0.02, 0.02]\}$ 范围内。根据本书中的带宽估计方法，首先求取样本两两之间的距离。图 6-20(b)所示为该频率所有样本点两两之间的距离分布情况，距离分布在 0~0.16，其中距离大于 0.12 的样本数直观上比较稀疏，主要是因为部分样本受干扰程度较大，导致样本间距离偏离中心点太远。为了减小受强干扰产生的畸变样本点对样本估计的影响，选择性地剔除部分距离较大的样本，得到大部分样本分布的有效距离，如图 6-20(c)所示，横轴为 80% 的样本对应的样本距离，对于该实测频率样本分布，80% 的数据分布集中，两两之间的距离在 0.03 以内。对这 80% 的样本进行分段，计算每一

小段距离对应的样本密度，得到样本对应的密度距离分布，如图 6-20(c)中的黑色点所示。对该样本分布进行多项式拟合处理，得到样本密度距离函数，如图 6-20(d)中的红色曲线所示；对该距离密度函数进行求导，求其密度变化最大的距离，图 6-20(e)所示为其一阶导函数曲线，最小值点对应的是理论密度变化最大的距离，以该距离作为 MSC 聚类带宽对数据进行聚类分析，得到的聚类结果如图 6-20(f)所示。该聚类结果根据样本间的分布稀疏程度，共分为 27 个类，最终的聚类结果为黑色圈中的优势聚类簇。对比图 6-20(a)原始样本分布和图 6-20(f)聚类样本结果可知，本书方法估计的带宽能有效地将样本分布密集区分离出来，说明本书提出的带宽估计方法对实测样本的处理结果有效，能将受到强电磁干扰影响较大的离散点与受干扰影响较小的样本数据进行有效的分离。

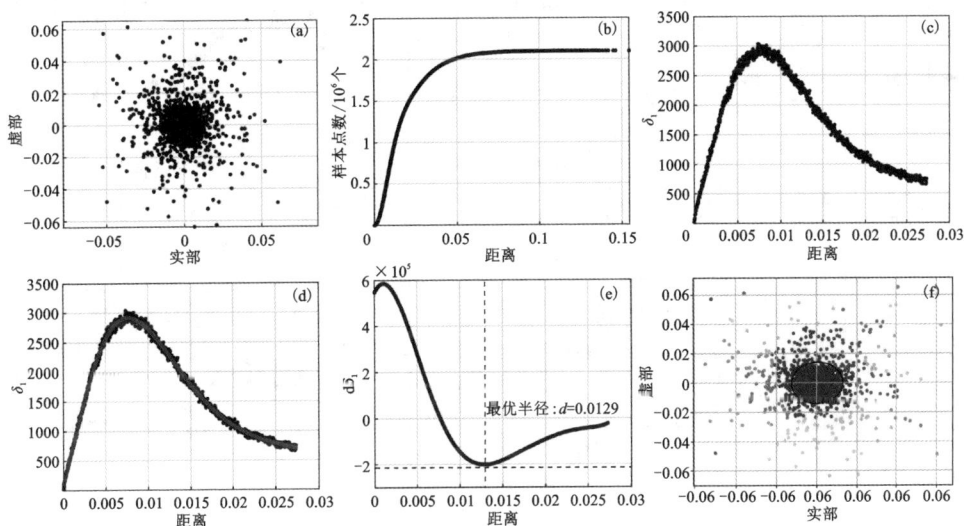

图 6-20　实测频率点带宽估计过程

(扫本章二维码查看彩图)

6.3.2　处理结果

图 6-21 所示为部分实测点处理前后的电场曲线对比。从处理结果可以看出，本书的带宽估计方法能有效改善数据质量，尤其是中低频(<128 Hz)数据处理效果明显，相比之下高频(>128 Hz)数据处理效果不是很明显。处理之后的归一化电场曲线平滑连续性得到了明显提升。尤其是 YFH1-1900 号测点受到强干扰的影响，曲线整体形态无法识别，经过处理之后，多数频点数据得到很好的改善，说明本书方法能有效地消减噪声影响，提高数据质量。

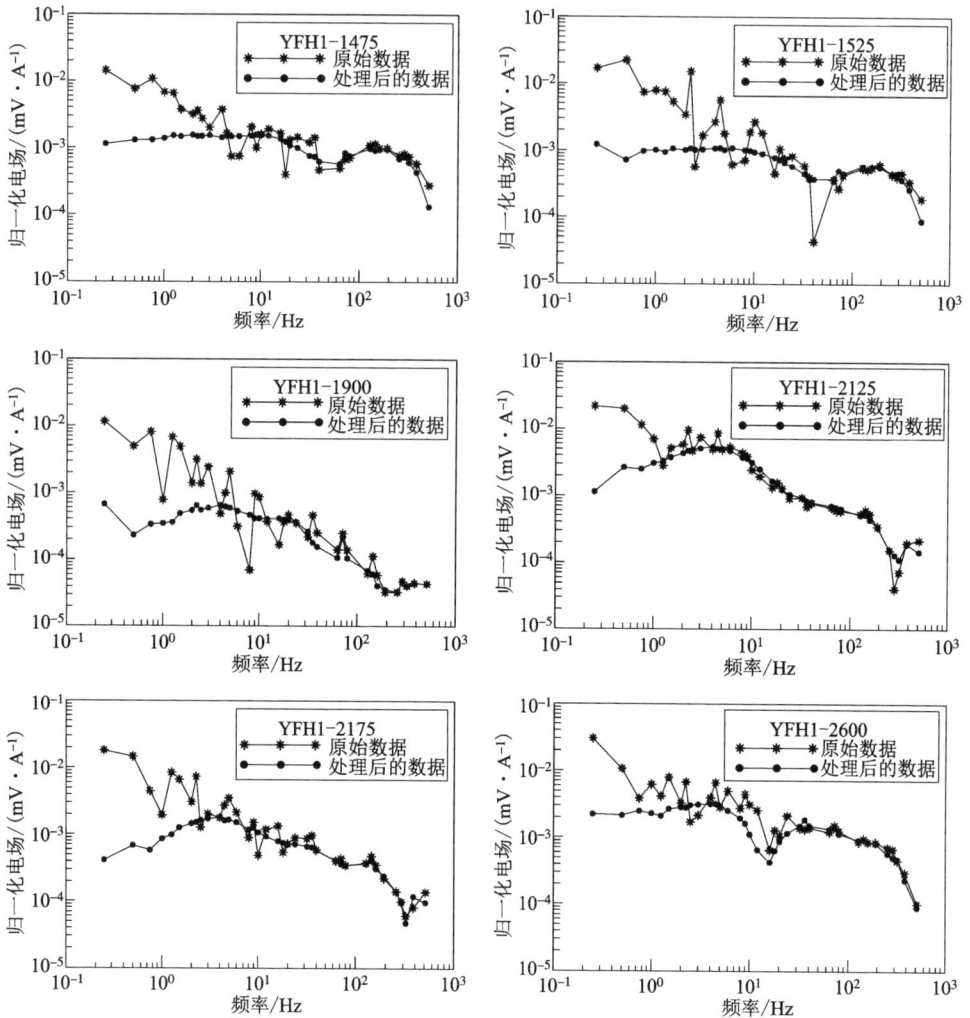

图 6-21 部分实测数据的处理结果

6.4 应用实例分析

通过前文的论述可知,本书提出的加权自适应均值漂移算法能有效地降低噪声对有效信号的影响,提高数据质量。本节将通过对强电磁干扰研究区实例数据的处理分析,进一步验证算法的有效性。

6.4.1 应用背景

研究区位于安徽省铜陵市狮子山矿区中部的冬瓜山铜矿床(图 6-22),矿区以低山丘陵地貌为主,山前分布有垄岗地,最高点为矿区西南部的老鸦岭,标高在250 m 左右,地形自西南向北东逐渐变低,矿区北部湖滨地段的标高最低为 10 m。区内地表除部分为第四系覆盖层外,还出露有三叠系中、下统,局部有三叠系上统零星分布,深部工程揭露的地层有二叠系、石炭系、泥盆系上统等。

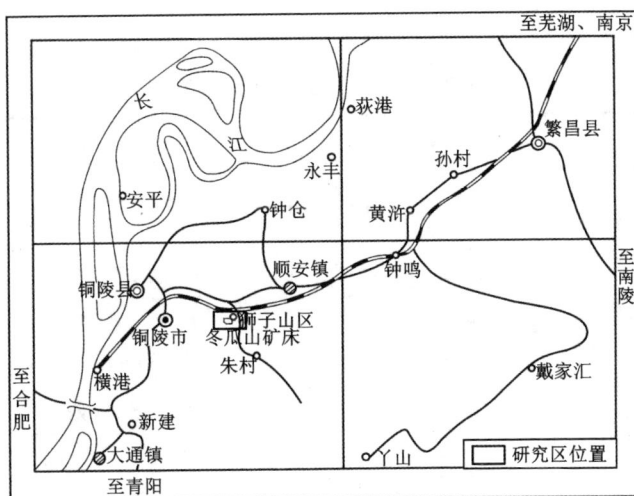

图 6-22 研究区地理位置

矿区内岩浆岩比较发育,以中酸性小型岩体及浅成岩脉为主。矿床的生成与岩浆岩活动紧密相关,在岩浆岩与钙质岩类接触部位往往出现矽卡岩化,矿体赋存在矽卡岩内。矿床主矿体严格受容矿层位岩性控制,属于层控矽卡岩型铜矿床(Woodward,1974;杨爽等,2012;LIU et al.,2016;Mao et al.,2017)。在矿床主矿体中,矿石类型复杂,其中脉石矿物主要有蛇纹石、滑石等蚀变矿物,以及石榴石、透辉石等矽卡岩型矿物;矿石矿物主要有磁黄铁矿、黄铁矿、黄铜矿和磁铁矿等。主矿体赋存于某背斜的轴部及两翼,严格受石炭系中、上统黄龙—船山组层位控制,形态简单,呈似层状,产状与控矿岩层几乎一致。矿体在空间上以背斜隆起部位的赋存标高最高,呈不完整的穹窿状,沿走向及倾角均显舒缓波状起伏。

6.4.2 地球物理特征

根据矿区测井资料(表 6-2),矿区除二叠系地层以外,其余地层均具有高阻、低极化的电性特征。电阻率平均值为 1000 $\Omega \cdot$ m,极化率为 2%~3%。二叠系大隆组和孤峰组电阻率为几十到几百欧姆·米,极化率大于40%。这两组地层可视为电磁法勘探的最大地质干扰层。侵入岩(闪长岩类)为中等电阻率,多为几百欧姆·米,极化率为2%~4%。矿体电性随矿化性质及矿化程度而异,主要表现为低阻高极化特征,电阻率一般小于100 Ω·m,极化率大于60%(蔡运胜,2011)。工区实地采集的电性资料结果显示,三叠系地层表现为高阻电性特征,以大理岩为主;二叠系地层整体电阻率偏低,其中上二叠统大隆组及下二叠统孤峰组表现为低电阻率特征;石炭系及泥盆系地层表现为高电阻率特征;矿体表现为明显的低电阻率特征。

表 6-2 矿区测井岩(矿)石物性参数

系	统	组	代号	$\rho/(\Omega \cdot m)$	$\eta/\%$
第四系	—	—	Q	—	—
三叠系	上统	黄马青组	T_3h	—	—
	中统	龙头山组	T_2l	高电阻率	2~3
		分水岭组	T_2f	高电阻率	2~3
		南陵湖组	T_2n	1300	2~3
	下统	塔山组	T_1t	600~1500(800)	2~3
		小凉亭组	T_1x	800~2300(1500)	2~3
二叠系	上统	大隆组	P_2d	10~350(>60)	>40
		龙潭组	P_1l	100~500(300)	
	下统	孤峰组	P_1g	10~300(250)	>50
		栖霞组	P_1q	10~2800(500)	2~3
石炭系	上中统	船山黄龙组	C_{2+3}	2000~3000(>2000)	
泥盆系	上统	五通组	D_2w	$4×10^4$	2~3
矿体				10~100(<100)	>60
闪长岩				100~1500(700)	2~4

6.4.3 · 野外工作参数

研究区采用高阶伪随机信号广域电磁法 E-E_x 观测方式进行野外数据采集,场源 AB 为 2.2 km,发送电流为 100 A,极距 MN 为 50 m,收发距为 12.7 km。line -1 线起始点 48 号到终点 174 号,共计 64 个测点,测线长度为 3.2 km。WFEM 观测装置分布如图 6-23 所示,发送信号频率为 0.125~1536 Hz,共计 39 个频率。

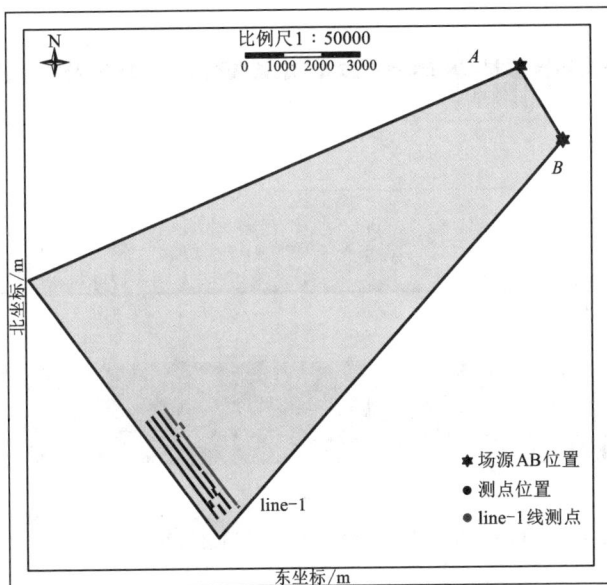

图 6-23　WFEM 观测装置分布
(扫本章二维码查看彩图)

6.4.4　原始数据处理

结合第 3 章矿集区电磁干扰分析结果,研究区的电磁干扰类型可分为周期噪声和非周期噪声。其中周期噪声除 50 Hz 及其谐波干扰外,还可能存在其他周期性方波噪声。而非周期噪声主要有大尺度脉冲噪声、衰减噪声,以及其他非周期噪声,主要影响低频段数据。

图 6-24 所示为 line-1 线 110 号测点原始数据。从其时间域数据可以看出,有大量尺度较大的脉冲干扰。结合频谱数据可以看出,低频段数据几乎完全被噪声淹没。时频谱数据中除 50 Hz 工频及其谐波位置能量较强外,低频段能量也相对较强,除此之外,横向脉冲所在位置的能量谱线也相对较强。图 6-25 所示为 0.125~1.5 Hz 原始数据的复平面分布。从图中可以看出,受非周期噪声的影响,部分时段的数据大尺度偏离数据体中心,尤其在 0.125 Hz 和 0.25 Hz,离群点距离大量数据的中心较远,说明此时的非周期噪声影响较大。除此之外,数据体呈现近似高斯分布特征,多数数据比较集中。图 6-26 所示为采用本书方法在复平面内的处理结果,不同频率的处理带宽根据实际数据分布进行估计,通过结果可以看出,异常点被有效地分离,聚类结果为数据体中心的大量数据汇集部分,通过对这部分数据进行重构,得到最终的处理结果。图 6-27 所示为处理前后采用电流归一化后的电场和视电阻率曲线对比。经过本书方法处理后的低频部分(0.125~1.5 Hz)曲线比原始数据更为连续光滑。

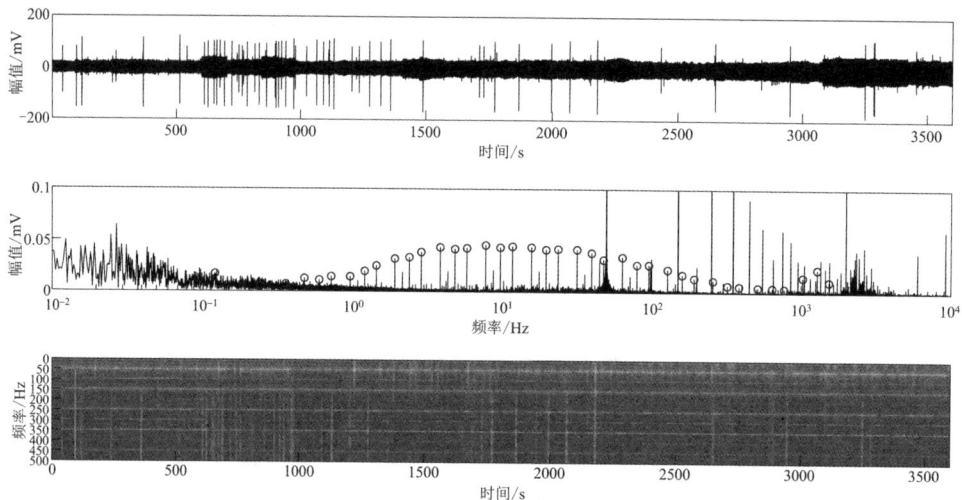

图 6-24　line-1 线 110 号测点原始数据（上：时间域波形；中：频谱；下：时频谱）

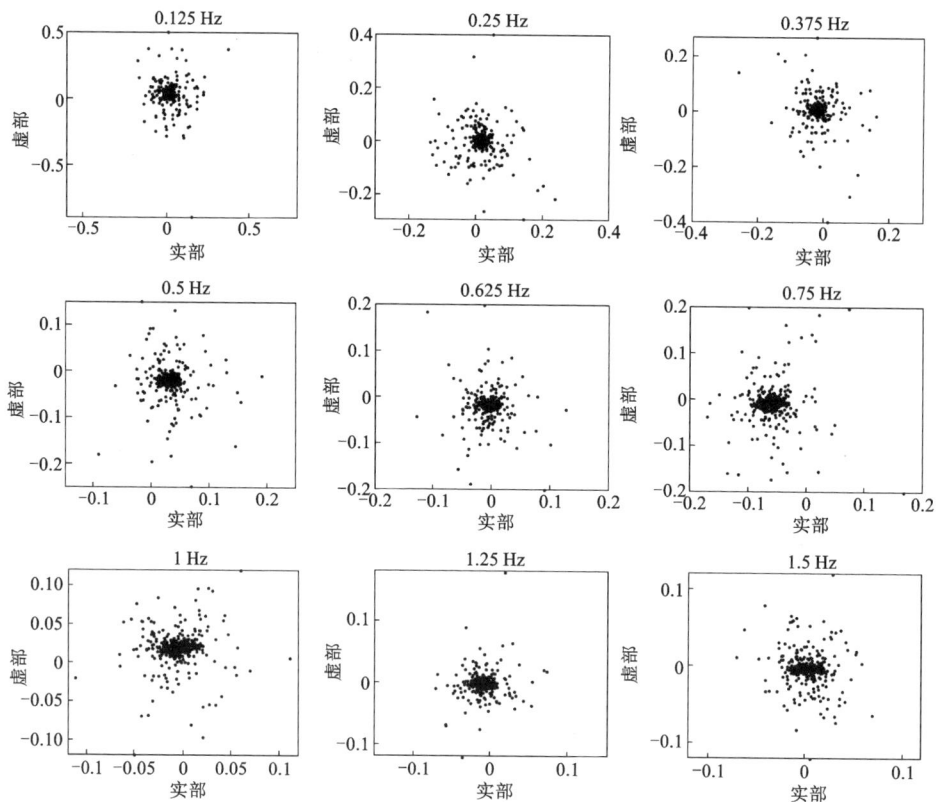

图 6-25　line-1 线 110 号测点信号部分频率的复平面分布

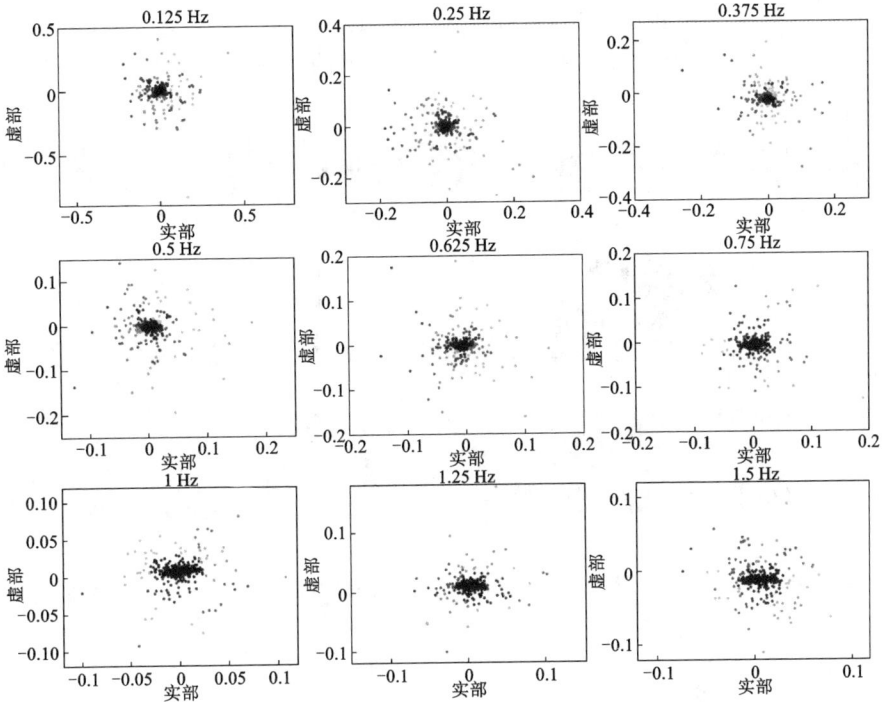

图 6-26　line-1 线 110 号测点处理结果的复平面分布

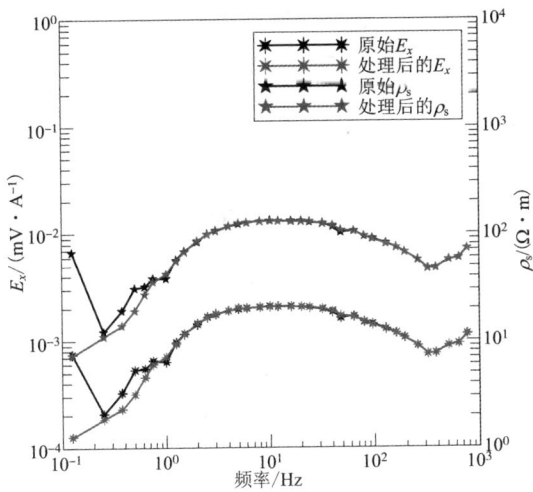

图 6-27　line-1 线 110 号测点处理前后结果对比

图 6-28 所示为 line-1 线 136 号测点原始数据，与 110 号测点相似，原始数据均受到了全时段不同尺度的脉冲干扰，10 Hz 以下噪声的影响越来越强。从频谱中看，

低频段有效信号几乎完全被淹没。在高频段，50 Hz 及其奇次谐波干扰相对 110 号测点更强。尤其 50 Hz 附近的频率受到了不同程度的影响。图 6-29 所示为 0.125~

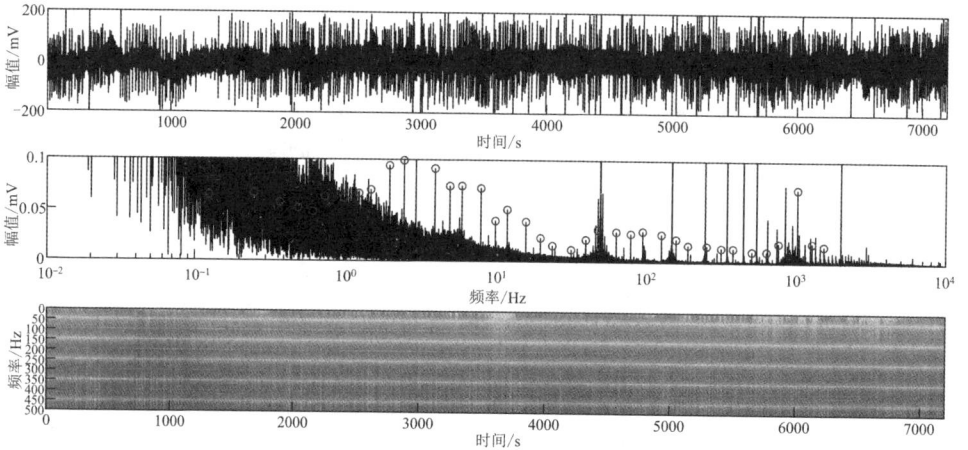

图 6-28　line-1 线 136 号测点原始数据(上：时间域波形；中：频谱；下：时频谱)

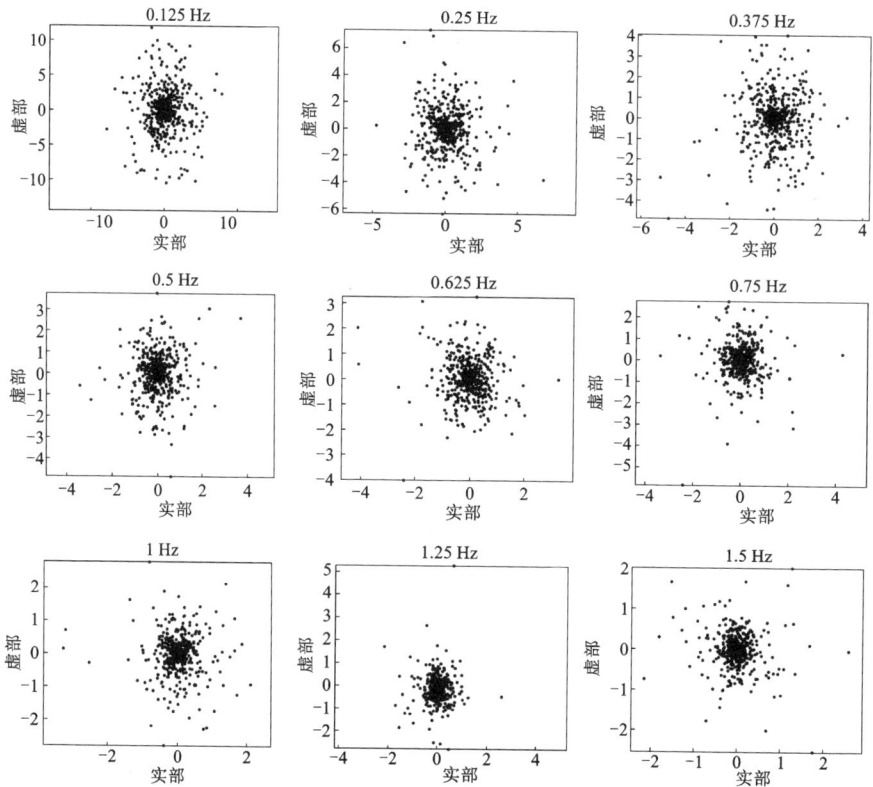

图 6-29　line-1 线 136 号测点原始数据的复平面分布

1.5 Hz 原始数据的复平面分布。从图中可以看出，受到噪声影响的时段较多，影响尺度较大。图 6-30 所示为复平面内的聚类结果。本书带宽估计方法对异常点的处理效果较好，分布离散的点均被标记为不同的簇，而最优簇的中心及边界为数据比较集中的部分，说明聚类的结果较好。图 6-31 所示为处理前后的电场与视电阻率曲线对比。经过本书方法处理之后，部分频点数据得到了改善，尤其是低频段，曲线整体更光滑连续。

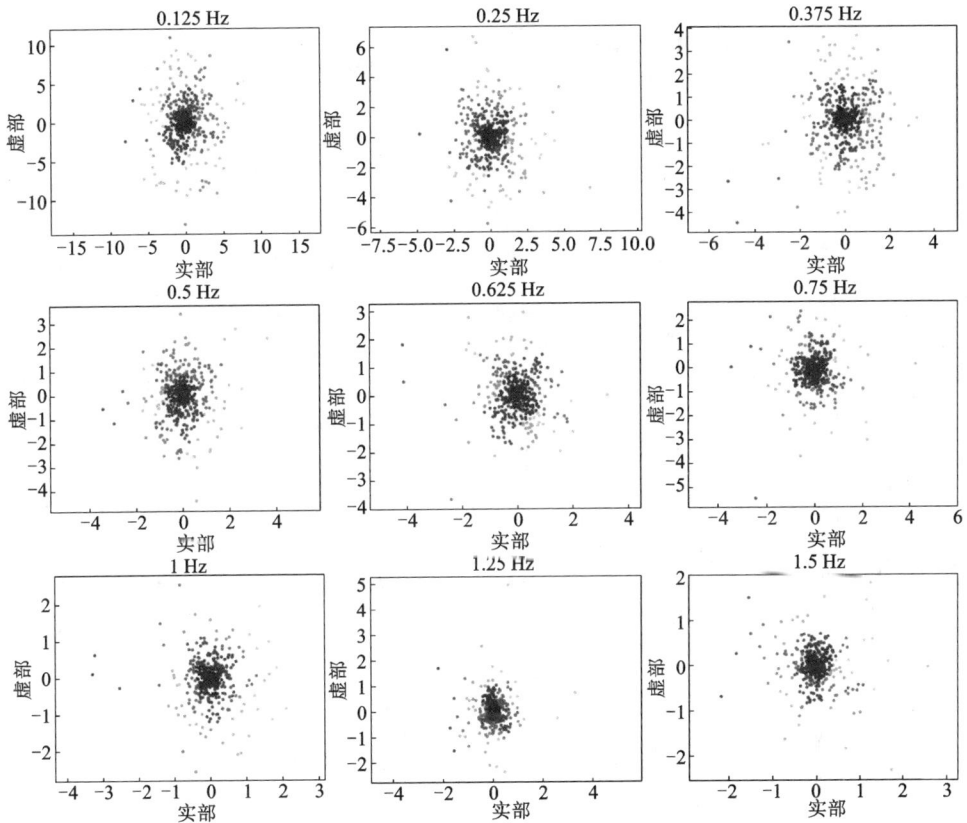

图 6-30　line-1 线 136 号测点处理结果的复平面分布

本书对 line-1 线 0.125～192 Hz 所有测点利用 WAB-MSC 方法进行了处理。图 6-32 所示为 line-1 线部分测点处理前后频率视电阻率曲线对比。对 line-1 线而言，噪声影响频率主要在低频段，通过本书方法处理后的低频段曲线更为稳定连续。

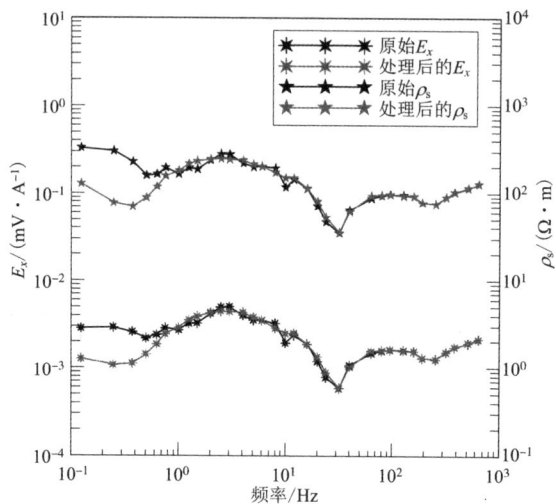

图 6-31　line-1 线 136 号测点处理前后结果对比

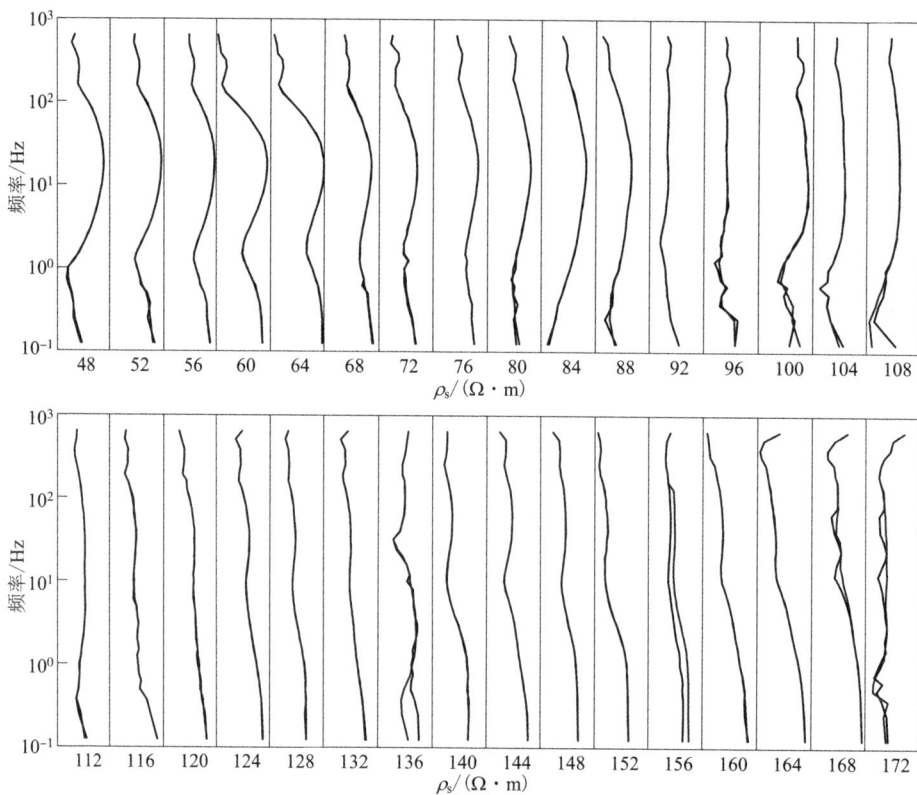

图 6-32　line-1 线部分测点处理前后频率-视电阻率曲线（黑色：原始数据，红色：处理后）

（扫本章二维码查看彩图）

6.5　本章小结

本章详细介绍了 WAB-MSC 算法原理及自适应带宽估计方法，并通过模拟数据、仿真数据，以及实测数据对加权后的 MSC 算法进行了验证，结果表明，加入核函数后，可以有效降低 MSC 算法对带宽选择的敏感度，增加算法的稳健性；采用部分实测数据对自适应带宽估计算法进行了验证，结果表明，基于局部密度梯度的最优化带宽估计方法能有效确定合适的带宽，极大提高了 MSC 算法的易用性和实用性，处理后的电场曲线比原始数据更加平滑连续。

采用 WAB-MSC 方法对实测数据进行处理，根据处理结果可知，矿集区的电磁干扰主要为高频段的 50 Hz 及其谐波干扰，低频段以复杂非周期干扰为主，其中主要为全时段不同尺度的脉冲噪声，低频段数据质量较差；利用 WAB-MSC 方法处理之后，电场及视电阻率变化趋势稳定，频率-视电阻率曲线更为光滑、连续。对实测数据的处理进一步说明，基于 WAB-MSC 算法的 CSEM 频率域数据筛选方法能有效地剔除受电磁噪声影响较大的数据，保留受噪声影响较小或未受到噪声影响的数据，可以较大程度地提高数据信噪比，降低噪声对电磁法勘探初始资料的影响程度，获得更为真实的地电模型，从而为后续数据处理提供保障。

第7章 会泽铅锌矿 WFEM 探测

7.1 地质背景与物性特征

7.1.1 自然地理情况

会泽矿区位于云南省东北部,行政区划属曲靖市会泽县矿山镇和者海镇,在会泽县城 58°方向,水平距离 36 km。矿区交通运输方便,矿山至者海(原会泽铅锌矿所在地)有 12 km 公路相通。者海有四条公路与外部连接,者海距昆明 272 km,距宣威火车站 108 km,距昭通 134 km,距会泽 42 km,距东川 127 km,如图 7-1 所示。

(1)地形:工作区地处云贵高原乌蒙山脉中部牛栏江西岸,平距 3000 m 以上。牛栏江江面标高 1561 m,山顶标高 2668.9 m,相对高差 1000 m 以上。山脉呈北东走向,受牛栏江"V"字形深切峡谷影响,两岸地形陡峻、群山迭起、沟壑纵横,属高中山地形。工作区所在地属溶蚀及侵蚀缓坡中山地貌,相对高差不大,地形比较舒缓。

(2)水系:工作区主要河流为东侧的牛栏江,发源于嵩明县杨林镇;向北流经麒麟厂、银厂坡、乐马厂等地,至小牛栏流入金沙江,全长 350 km,河床宽 200~300 m,江面宽 30~150 m,江水最大流量为 829 m³/s,最小流量为 11.5 m³/s,洪水与枯水水位高差为 5.29 m。河道两侧季节性支流发育,仅有安东河为永久性支流。

(3)气候:工作区属亚热带高原型季风性气候,雨量充沛、气候良好、四季温差不大。最高气温 33.8℃,最低气温−12.2℃,年平均温度 12.6℃(不包括牛栏江边气温)。矿区年平均降雨量 858.4 mm,每年 11 月至次年 4 月为旱季,5 月至 10 月为雨季;雨季降水量占全年的 87.7%,最大降水量为 220.3 mm/d,年平均蒸发量 1100.4 mm,年最大蒸发量 1235.8 mm,年最小蒸发量 993.6 mm,年平均有霜日 36 d,主导风向为东南风,最大风速 19 m/s,平均风速 2.6 m/s,年平均相对湿度 71%。

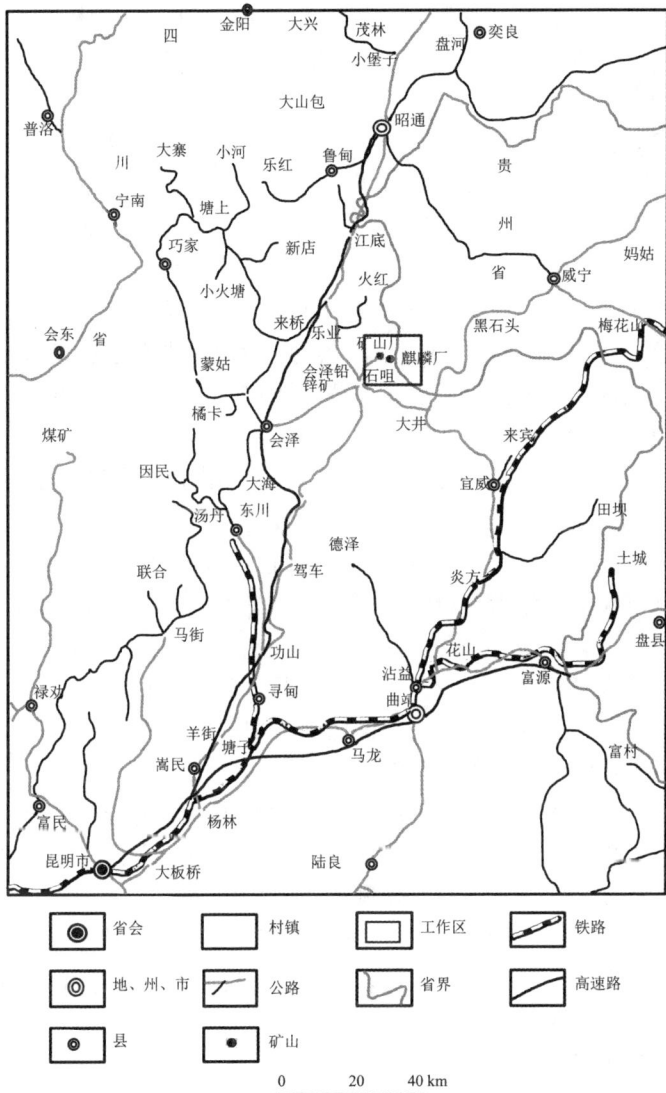

图 7-1　会泽矿区交通位置

7.1.2　地质概况

　　会泽矿区包括矿山厂和麒麟厂两个主要矿场。矿山厂矿区范围西起新平坑,东至小菜园,北起新平坑、小菜园一线以北 1.2 km,南至新平坑、小菜园一线以南 1 km,面积约 5 km²。矿山厂矿床位于矿山厂—金牛厂背斜逆断层北东端,矿山厂逆断层的南东盘。麒麟厂矿区北起龙王庙,南至车家坪一线,西起麒麟厂逆断层，东至牛栏江、银厂坡逆断层一线，面积约 10 km²。麒麟厂矿床位于矿山厂—金牛厂背斜逆断层北东端的南东翼，麒麟厂逆断层的南东盘。

（1）矿区地层。

会泽铅锌矿区上古生界发育完整，下古生界缺失寒武系中上统，奥陶系、志留系及泥盆系下统。泥盆系中上统在龙王庙以南出露，上古生界石炭系、二叠系分布广泛。峨眉山玄武岩组沿麒麟厂逆断层在矿区南西部大面积出露，在中部有少量风化残积物。

泥盆系上统宰格组（D_3zg）：总厚度 200~310 m，根据岩性差异分为三段。

宰格组第一段（D_3zg_1）：为灰色、浅灰色、深灰色中至厚层状白云岩夹粉晶至细晶白云岩。颜色自下而上变浅，含方解石团块。上部夹黄绿色泥质页岩，角砾状灰岩。厚 100~160 m。

宰格组第二段（D_3zg_2）：为浅灰色、浅黄色厚层状至块状细至粉晶硅质白云岩。厚 60~90 m。

宰格组第三段（D_3zg_3）：为黄白色、肉红色厚层状粗晶白云岩夹灰色中层状泥晶灰岩。顶部夹燧石结核、珊瑚化石丰富。厚 40~60 m。在矿山厂矿区已发现有矿体存在。

石炭系下统大塘组（C_1d）：分为两段：即万寿山段和上司段。

万寿山段：为黄绿色、深灰色页岩夹铁质中细粒石英砂岩，紫红色泥岩。厚 0~5 m。与下伏宰格组第三段为假整合接触。

上司段：下部为灰色、浅灰色厚层状微晶瘤状泥质灰岩，有少量硅质结核。上部为灰色、灰黑色块状生物碎屑灰岩、隐晶至微晶灰岩，含硅质结核。其顶部为薄层灰岩与硅质条带互层，含贵州珊瑚。厚 21.8 m。

石炭系下统摆佐组（C_1b）：为矿区主要赋矿地层，与下伏大塘组整合接触，厚 35~71 m。下部为灰色中层状粉晶灰岩，中部为灰白色、白色、浅黄色、肉红色的中、粗晶白云岩夹浅灰色灰岩，上部为灰白色、肉红色中层至厚层状不等粒白云质灰岩、浅灰色灰岩。全组基本以白云岩为主。含矿层上部、下部泥晶灰岩增多并过渡为灰岩。本组上下界的划分：除岩性岩相的显著差异外，下界以贵州珊瑚黑石关种的绝灭和舟形贝的出现来判断。顶部为成层良好的浅色中晶白云岩时，化石稀少，以网状白云石脉出现为中石炭统威宁组。

石炭系中统威宁组（C_2w）：以浅灰色砂屑亮晶灰岩为主，下部夹鲕状灰岩，白云质灰岩。普遍有米黄色白云石细脉，呈乱网状。上部夹灰色、灰绿色泥质。全组厚 10~31.7 m，与下伏摆佐组整合接触。

石炭系上统马平组（C_3m）：下部为黄绿色、紫红色黏土胶结灰色角砾状灰岩夹同色泥质页岩两层，中部浅灰色中至厚层状骨屑灰岩；上部为灰色豆状灰岩。与石炭系中统连续沉积，厚度一般为 27~80 m。

二叠系下统梁山组(P_1l)：为灰黄色、黑褐色中厚层状石英砂岩夹薄层状页岩、碳质灰岩，上部夹 2~30 cm 煤线或煤层。厚度一般为 30~90 m，为海陆交互相沉积，与下伏石炭系上统假整合接触。

二叠系下统栖霞、茅口组(P_1q+m)：在矿区大面积分布。为浅海相碳酸盐岩，厚 450~600 m。与下伏梁山组地层整合接触。

栖霞组(P_1q)：为浅灰色中至厚层状粉晶骨屑灰岩，虎斑状白云质灰岩夹厚层状白云岩。厚约 120 m。

茅口组(P_1m)：为深灰色厚层状虎斑状白云质灰岩，骨屑灰岩夹白云岩。上部灰岩、白云质灰岩中常夹大量硅质结核或透镜体，顶部为灰黑色白云质生物屑灰岩。本组以色深、虎斑状白云质灰岩大套出现为特征，厚 380 m。

二叠系上统峨眉山玄武岩组($P_2\beta$)：主要为杏仁状、致密块状玄武岩，或两者互成韵律交替出现。顶部为一层黏土。厚 600~800 m，与下伏茅口组呈喷发不整合接触。矿区南西及矿区外围的矿山厂逆断层北西均有大面积分布。矿区出露地层总厚度为 1430~2185.61 m。

（2）矿区构造。

矿区构造以发育北东—南西向褶皱与断层组成破背斜为特征。北东—南西向断层是矿床重要的控矿构造，矿山厂、麒麟厂、银厂坡断层组成三重叠瓦状构造（图 7-2）。断层具有多期活动的特点，与成矿关系密切。分别控制矿山厂、麒麟厂、银厂坡三个矿床。

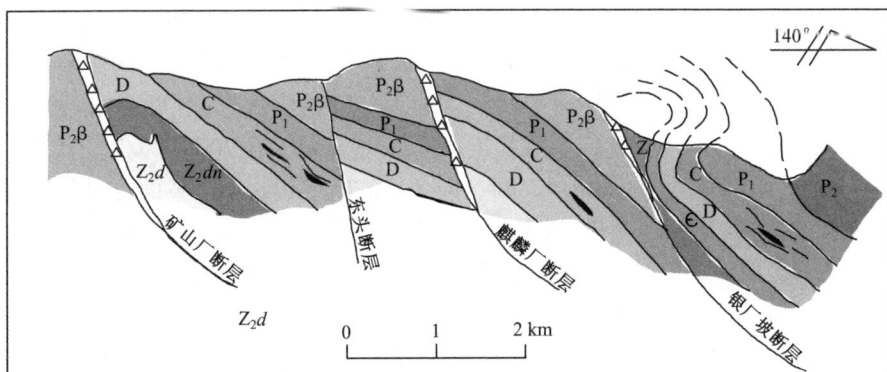

图 7-2 会泽铅锌矿区构造剖面

矿山厂背斜-逆断层：该层为矿区的一级构造。矿山厂逆断层是压扭应力作用的产物，是矿区的导矿构造。其在矿区内产状为倾向 130°~145°，倾角 35°~75°。破碎带宽度一般为 20~40 m，上、下常有两个界面，其中可分为片理化带、糜棱岩化带及透镜体化带,由玄武岩、灰岩、白云岩、黏土等压碎物质组成。见强烈的黄铁矿化(氧化后变成褐铁矿)、发育硅化、绿泥石化、绿帘石化和方解石化等热液蚀变,反映了该断层具有多期活动和成矿流体活动的特点,也表明了该断层的导矿性质。在矿山厂 F_5 以南分成两支向外延伸,其间夹有茅口组灰岩。据北部灯影组与玄武岩组第三段直接接触,断层垂直错距 1300~1700 m。

矿山厂背斜在 F_5 以东至 49#线间,长 1.4 km。背斜轴沿矿山厂逆断层上盘展布,地层走向为 50°~60°。轴部地层为宰格组第二、第三段,以及大塘组、摆佐组等;两翼地层为石炭系中上统及二叠系,北西翼陡峻,南东翼较平缓,倾角为 5°~60°。总体趋势轴部平缓,两翼逐渐变陡。据测定,矿山厂背斜轴部岩层的鞍状弯曲率半径约为 95 m。

东头断层:在矿区东部,断裂面产状为倾向 95°~100°,倾角大于 75°。西盘以二叠系下统茅口组、二叠系上统峨眉山玄武岩组第三段为主;东盘以二叠系下统茅口组、二叠系上统峨眉山玄武岩组第三段、第四段为主。地层界线与断层呈斜交关系,沿线见角砾岩、破碎带,近断层附近岩层倾角变陡,局部为 70°左右,显示一些压性的特征。该断层切割了矿山厂断层、麒麟厂断层,显示了西盘向北、东盘向南的右行扭动特征,在东盘中部车家坪有一个短轴状的不完整背斜,轴向南东。该背斜轴线与东头断层呈锐角相交,交角指向表明断层呈右行扭动特征。综上所述,东头断层为一条压扭性断层,是矿区内近南北向断层中较大的一条。其成矿关系目前尚未查明。

北西向断裂组:为矿区最发育的次级断裂,伴随矿山厂逆断层产生的北西向横断层组,走向为 300°~320°,接近垂直地层走向,多向北东陡倾。水平错距 3~80 m,破碎带宽度为 0.1~2 m,有黏土、白云岩及灰岩角砾填充。同一断裂的幅宽在白云岩中宽些,在灰岩中多紧闭。近地表部分风化强烈,常沿断裂方向形成溶沟,个别呈大溶洞。其走向一般长 1~3 km,垂直延深在 200 m 以上。其中主要有 F_1~F_{10} 等 10 条较大的横断层。断裂面多呈波状或锯齿状,裂面可见近于水平和向上斜冲的两组擦痕。裂带内主要为大小混杂堆积物组成,见构造透镜体化及泥化,显示多期活动的特征。从浅部到深部,该组断层分布密度逐渐减小,规模逐渐增大,与矿山厂导矿断层相联系,构造岩的热液蚀变、矿化特征明显。在 NW 向断裂和 NE 向断裂交叉部位,矿体局部膨大,或断裂直接控制矿体沿走向的延伸,反映了这类构造对成矿的控制作用,以及配矿构造的特征。北西向节理裂隙一般每 7~10 m 就有一组,张开或者紧闭。由于后期氧化淋滤作用,本组节理与氧化矿体相交时,对矿体形态有所影响。节理两侧氧化矿体有膨胀和收缩现象。

北东向断裂:属于矿山厂逆断层伴生的构造,矿区内较发育,具多期活动特点,在矿体中对矿体的控制作用比较明显。走向 N40°—E60°,倾向南东,倾角

50°~80°，断裂面呈舒缓波状，破碎带宽 10~50 cm，见片理化及构造透镜体化，构造岩内有重结晶的方解石及少量梳状方解石。该组构造多被北西向断层组切割，部分矿化，为成矿热液运移和贮矿场所。

层间断层：层间破碎带主要在本区含矿层摆佐组中发育。主要表现为层间似条带状多孔粗晶白云岩带，大致沿中粗晶白云岩的一定部位发展，断续出现或几十厘米内呈连续平行似条带状排列，中间被致密白云石条带隔开，很少形成破碎角砾状白云岩。其规模长数米到数十米，宽数厘米到数米。破碎带中晶粒直径为 0.5~4 mm，一般为 2 mm，自形晶体发育，孔隙度极高，据测定为 22%~34%。晶粒间往往见极细粒分散状褐铁矿染，强烈者晶孔皆被铁质充填，形成褐色条带或褐色斑点。由于层间破碎带中白云岩具上述独特物理特征，层间破碎带成为本区主要容矿构造。沿层透镜状矿体及大部分囊状矿体、浸染状矿体均产在层间破碎带中，形成沿层产出的铅锌矿体。

麒麟厂逆断层：该层为矿区的一级构造，走向 N20°—E30°，倾向南东，倾角 46°~73°，局部近于直立，在白泥井、龙王庙等局部向北西倾斜。断层上盘为宰格组、大塘组、摆佐组和石炭系中上统、二叠系，下盘为二叠系梁山组、栖霞茅口组。断层面呈缓波状，破碎带宽 0.4~30 m，其中可分为片理化带、糜棱岩化带及透镜体化带，由白云质灰岩、玄武岩、白云岩等压碎物质组成。见强烈的黄铁矿化（氧化后变成褐铁矿），发育硅化、黄铁矿化、绿泥石化、绿帘石化和方解石化等热液蚀变，反映了该断层具有多期活动和成矿流体活动的特点，也表明了该断层的导矿性质。

麒麟厂北西向断裂：为矿区最发育的次级断裂。伴随麒麟厂逆断层产生，有 21 条较大的羽状北西向横断层组，断裂活动具多期性。走向 N10°—W70°，倾向南西，倾角 50°~85°，分布密度 50~100 m，断裂面多呈波状或锯齿状，裂带内主要为大小混杂堆积物。同一条断层在地层内错距大，在矿体内的错距小。见构造透镜体化、片理化、强烈铁质浸染，显示了多期活动的特征。从浅部到深部，该组断裂分布密度逐渐减小，规模逐渐增大，与矿体共存和麒麟厂导矿断层相联系，构造岩的热液蚀变、矿化特征明显。在 NW 向断裂和 NE 向断裂交会部位，矿体局部膨大，反映了这类构造对成矿的控制作用，以及配矿构造特征。

（3）矿区岩浆活动。

海西-印支期（P2）形成大面积峨眉山玄武岩喷发，矿区玄武岩具有岛弧拉斑玄武岩特征，来源于地幔，为地幔部分熔融产物。经测定，主要岩石化学成分及微量元素如表 7-1 所示。

表 7-1　矿区玄武岩主要岩石化学成分及微量元素

矿物及元素	SiO_2	Al_2O_3	CaO	MgO	TiO_2	Fe	FeO	MnO
含量/%	45.83	16.18	6.02	3.31	3.91	19.36	6.29	0.18
矿物及元素	P_2O_5	V_2O_5	K_2O	Na_2O	Pb	Zn	Cu	Ce
含量/%	0.24	0.07	1.32	1.70	0.013	0.022	0.031	0.00004

其中，铅锌铜的含量比一般玄武岩高，分别是一般玄武岩的 16.25 倍、1.69 倍、2.38 倍；锗的含量低于一般玄武岩含量，是正常含量的 1/45。

7.1.3　物性特征

物性研究主要包括地层物性和岩石物性，是对其电阻率变化规律进行的总结研究。地层岩石的电性差异是引起电阻率异常的基本因素。因此，了解地层岩石的电阻率是做好广域电磁法资料解释工作的基础。地层岩性的电阻率主要由 4 个途径获得：一是电阻率测井资料分析；二是野外露头的小四极测试；三是在室内采用电阻率测试仪对野外采集的岩石标本进行测试；四是电磁法视电阻率首支曲线统计。

电阻率测井资料一般分为浅侧向和深侧向。浅侧向由于供电电极和测量电极的长度较小，一般只能反映井壁附近的电性特征，在电磁法数据处理中不具备广泛的参考价值。深侧向由于供电电极和测量电极的长度较大，较大程度地反映了地层的真实电性特征，在电磁法数据处理中具有重要的参考价值。

野外露头小四极测量是在野外露头上测定岩石、矿石电性的一种方法。测定时要选择新鲜岩(矿)石面，在范围大于 AB 极距 2～3 倍的平面上布置供电电极 AB 和测量电极 MN。它的优点是设备简单、操作方便，测定结果容易反映野外实际情况。

如果某个地层在地表出露，并且有一定的纵向和横向展布，广域电磁法的视电阻率首支曲线(也就是高频部分)由于趋肤深度很浅，其视电阻率可以比较准确地反映该地层实际的电阻率特征。一般在没有工区测井资料及物性测量的情况下，可采用首支统计的方法大致区分地层电阻率特性。

地下的电阻率不仅与岩石成分有关，更与地下的地质构造相关，并且岩石标本被采集后，压力、含水量、围岩条件均发生了巨大的变化，导致在室内进行岩石标本的电阻率测试结果与实际情况有很大区别，有时能达到一个数量级的差异。因此室内岩石标本电阻率测试数据只能作为参考。

会泽矿区近年来实测物性资料主要包括 2017 年在会泽铅锌矿实测的 102 块岩矿石标本物性参数，2021 年在会泽白矿山实测的 160 块岩矿石标本物性参数，以及其他收集资料。综合以上资料，对会泽地区的岩石地层、矿石物性作了系统的统计、分析、对比，对电性分层进行了归纳整理(图 7-3、表 7-2)。

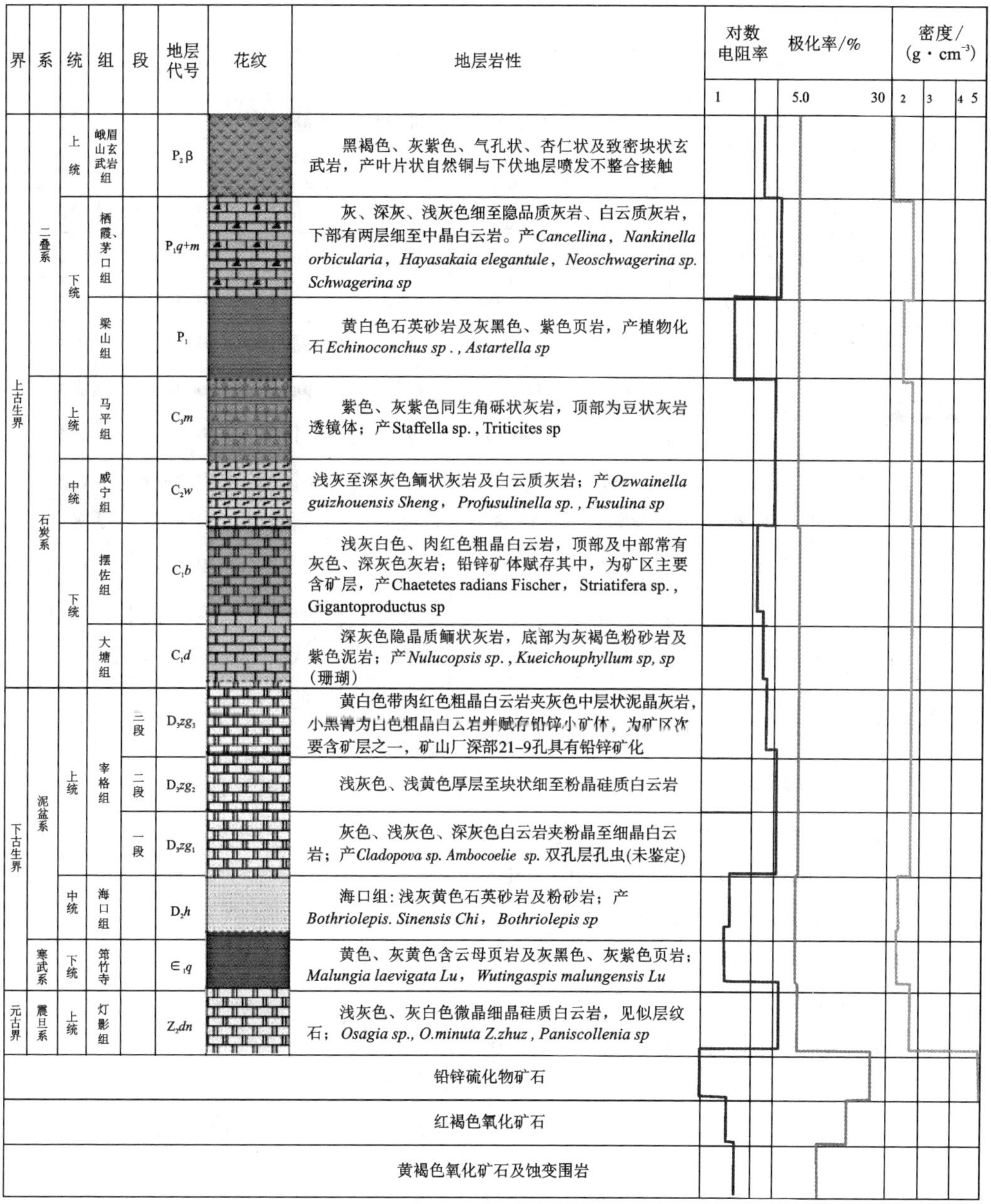

界	系	统	组	段	地层代号	花纹	地层岩性	对数电阻率	极化率/%	密度/(g·cm⁻³)
								1	5.0　　30	2　3　4　5
	二叠系	上统	峨眉山玄武岩组		$P_2\beta$		黑褐色、灰紫色、气孔状、杏仁状及致密块状玄武岩，产叶片状自然铜与下伏地层喷发不整合接触			
		下统	栖霞、茅口组		P_1q+m		灰、深灰、浅灰色细至隐晶质灰岩、白云质灰岩，下部有两层细至中晶白云岩。产 Cancellina, Nankinella orbicularia, Hayasakaia elegantule, Neoschwagerina sp. Schwagerina sp			
上古生界			梁山组		P_1		黄白色石英砂岩及灰黑色、紫色页岩，产植物化石 Echinoconchus sp., Astartella sp			
	石炭系	上统	马平组		C_3m		紫色、灰紫色同生角砾状灰岩，顶部为豆状灰岩透镜体；产 Staffella sp., Triticites sp			
		中统	威宁组		C_2w		浅灰至深灰色鲕状灰岩及白云质灰岩；产 Ozwainella guizhouensis Sheng, Profusulinella sp., Fusulina sp			
		下统	摆佐组		C_1b		浅灰白色、肉红色粗晶白云岩，顶部及中部常有灰色、深灰色灰岩；铅锌矿体赋存其中，为矿区主要含矿层，产 Chaetetes radians Fischer, Striatifera sp., Gigantoproductus sp			
			大塘组		C_1d		深灰色隐晶质鲕状灰岩，底部为灰褐色粉砂岩及紫色泥岩；产 Nulucopsis sp., Kueichouphyllum sp, sp (珊瑚)			
	泥盆系	上统	宰格组	三段	D_3zg_3		黄白色带肉红色粗晶白云岩夹灰色中层状泥晶灰岩，小黑青为白色粗晶白云岩并赋存铅锌小矿体，为矿区次要含矿层之一，矿山厂深部21-9孔具有铅锌矿化			
下古生界				二段	D_3zg_2		浅灰色、浅黄色厚层至块状细至粉晶硅质白云岩			
				一段	D_3zg_1		灰色、浅灰色、深灰色白云岩夹粉晶至细晶白云岩；产 Cladopova sp. Ambocoelie sp. 双孔层孔虫(未鉴定)			
		中统	海口组		D_2h		海口组：浅灰黄色石英砂岩及粉砂岩；产 Bothriolepis. Sinensis Chi, Bothriolepis sp			
	寒武系	下统	筇竹寺组		$\in_1q$		黄色、黄黄色含云母页岩及灰黑色、黄紫色页岩；Malungia laevigata Lu, Wutingaspis malungensis Lu			
元古界	震旦系	上统	灯影组		Z_2dn		浅灰色、灰白色微晶细晶硅质白云岩，见似层纹石；Osagia sp., O.minuta Z.zhuz, Paniscollenia sp			
							铅锌硫化物矿石			
							红褐色氧化矿石			
							黄褐色氧化矿石及蚀变围岩			

图 7-3　会泽铅锌矿区综合物性分层直方

表7-2 会泽铅锌矿区各类岩矿石标本电参数

系	统	组	地层代号	地层厚度/m	电阻率		极化率	
					平均值	分层	平均值	分层
二叠系	上统	峨眉山玄武岩组	$P_2\beta$	600~800	8965	高低变化	1.24	低极化
	下统	栖霞、茅口组	P_1q+m	450~600	4643	高阻	0.53	低极化
		梁山组	P_1l	20~60	629	低阻	0.89	低极化
石炭系	上统	马平组	C_3m	27~85	11653	高阻	0.81	低极化
	中统	威宁组	C_2w	10~20	14265	高阻	0.73	低极化
	下统	摆佐组	C_1b	40~60	9399	高阻	0.46	低极化
		大塘组	C_1d	5~25	10523	高阻	0.65	低极化
泥盆系	上统	宰格组	D_3zg	200~310	9771	高阻	0.44	低极化
	中统	海口组	D_2h	0~11	3751	中低阻	0.66	低极化
寒武系	下统	筇竹寺组	$\in_1q$	0~70	3366	中低阻	0.58	低极化
震旦系	上统	灯影组	Z_2dn	70~350	9864	高阻	0.46	低极化
		陡山沱组	Z_2d	>190	3294	中低阻	0.48	低极化
铅锌硫化物矿石					4	超低阻	25.13	超高极化
红褐色氧化矿石					542	低阻	17.21	超高极化
黄褐色氧化矿石及蚀变围岩					872	低阻	4.54	高极化

将会泽地区物性层分为：

①Z_2d(中低阻、低极化)，厚度>190 m；

②Z_2dn(高阻、低极化)，厚70~350 m；

③$\in_1q$-D_2h(中低阻、低极化)，厚0~81 m；

④D_3zg-C_3m(高阻、低极化)，厚282~500 m；

⑤P_1l(低阻、低极化)，厚20~60 m；

⑥P_1q+m(高阻、低极化)，厚450~600 m；

⑦$P_2\beta$(电阻率高低变化、低极化)，厚600~800 m。

地层方面，电阻率总体从老到新分为：低-高-低-高-低-高-高低变化，共7层。

将会泽地区矿石及蚀变围岩物性分为：

①铅锌硫化物矿石(超低阻、超高极化)；

②红褐色氧化矿石(低阻、超高极化)；

③黄褐色氧化矿石及蚀变围岩(低阻、高极化)。

7.2 数据采集与质量评价

7.2.1 数据采集

研究区共完成广域电磁法测线 3 条(图 7-4)。其中长测线 2 条,线号分别为 GY01、GY02;短测线 1 条,线号为 GY03,点距 40 m,合计完成广域物理点 392 个 (表 7-3)。数据采集采用广域电磁法经典观测装置,采集电场 E_x 分量(图 7-5)。

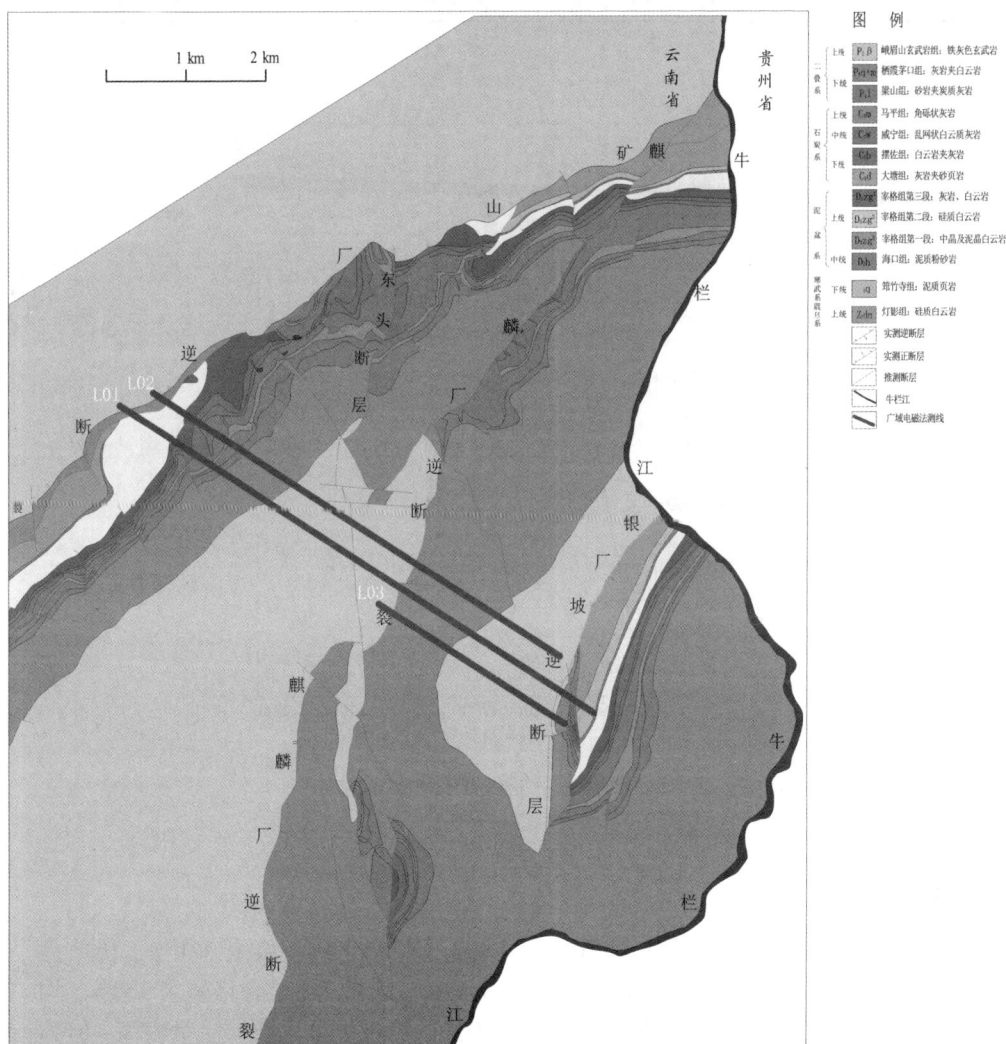

图 7-4　会泽铅锌矿区广域电磁法测点测线实际材料

(扫本章二维码查看彩图)

表 7-3　会泽矿区广域电磁法工作量

测线编号	设计工作量		实物工作量					
	测线长度/km	物理点/个	测线长度/km	物理点/个	点距/m	物理质检点/个	质检率/%	完成率/%
GY01	7	175	7	175	40	12	6.86	100.00
GY02	6	150	6	149	40	6	4.03	99.33
GY03	2	50	2.72	68	40	8	11.76	136.00
总计	15	375	15.72	392	40	26	6.63	104.53

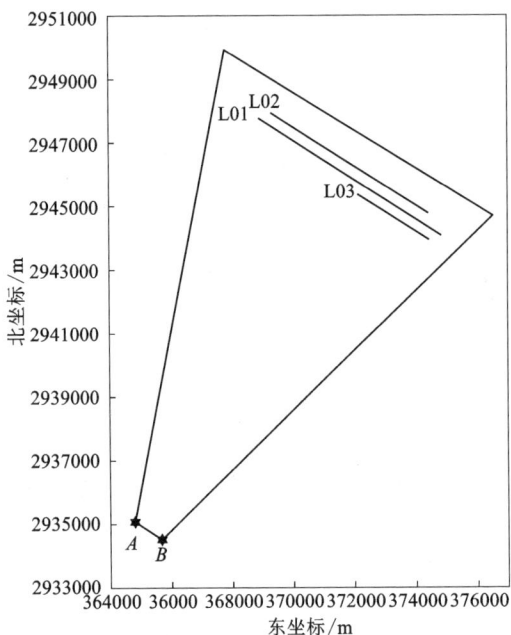

图 7-5　场源、测线布置

7.2.2　质量评价

对野外观测数据进行质量评价,其中 392 个物理点中 1 级点 361 个,优质品率为 91.83%;Ⅱ级点 31 个,占工作量的 8.17%;无Ⅲ级点,合格率为 100%,均优于设计的要求(表 7-4)。虽然会泽矿区采集的广域电磁法数据质量较高,但为了进一步提高数据质量,提升反演效果,须对部分Ⅱ级点进行处理。

表 7-4　广域电磁法数据评级

线号	点数/个	Ⅰ级点数/个	Ⅰ级点百分比/%	Ⅱ级点数/个	Ⅱ级点百分比/%
GY01	175	159	90.85	16	9.15
GY02	149	139	93.28	10	6.72
GY03	68	63	92.65	5	7.35
合计	392	361	91.83	31	8.17

7.3　数据处理

图 7-6 所示为实测信号的信噪辨识效果。由图可知，实测信号受到复杂噪声的影响，时间域序列中出现了不同类型的异常波形，导致伪随机有效信号幅值增大、波形失真。利用时域特征提取结合优化的 PNN 识别方法，能有效地识别和消除异常波形，完全消除重构信号中的异常波形和噪声，符合实测电磁数据的伪随机信号特征。

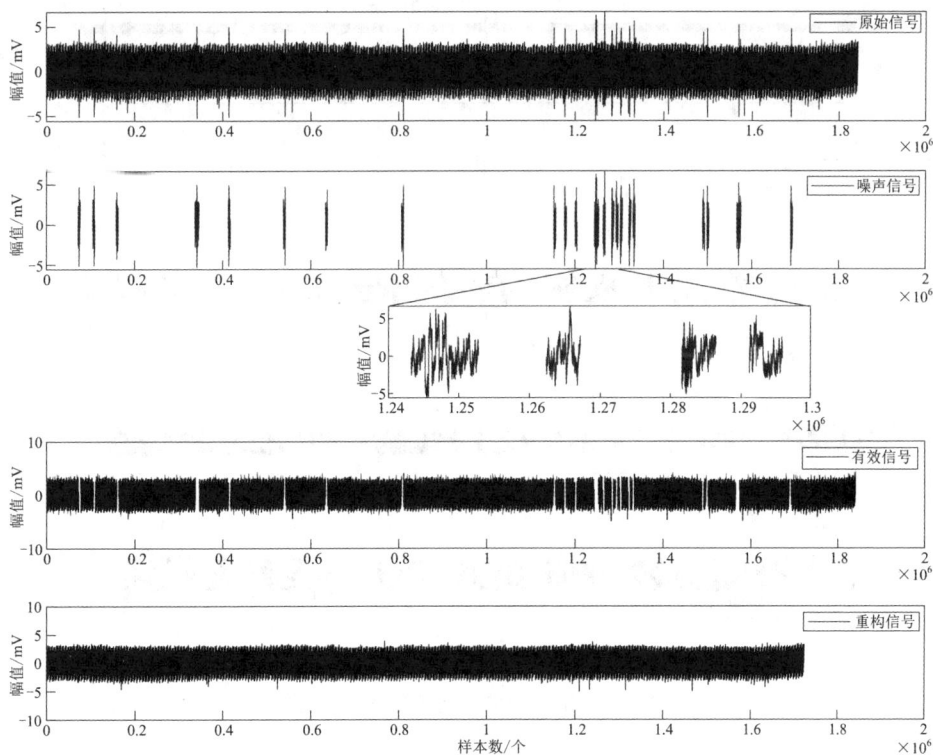

图 7-6　实测信号的信噪辨识效果

图 7-7 所示为实测信号的时间域去趋势噪声及处理效果。由图可知，趋势噪声和异常突变信号导致基线偏移和幅值不稳定。利用 DFA 和 IITD 方法相结合的手段可以有效地提取趋势噪声，并在去趋势化后重构原始数据，满足了实测信号依附于基线附近的要求。此外，通过进一步对比 PNN 和 AOA-PNN 方法的信噪识别效果，可知 AOA-PNN 可以有效地识别去趋势后数据中的异常波形及噪声，最终将识别为信号的部分根据原始采样率进行合并，得到重构数据，即为有效信号。

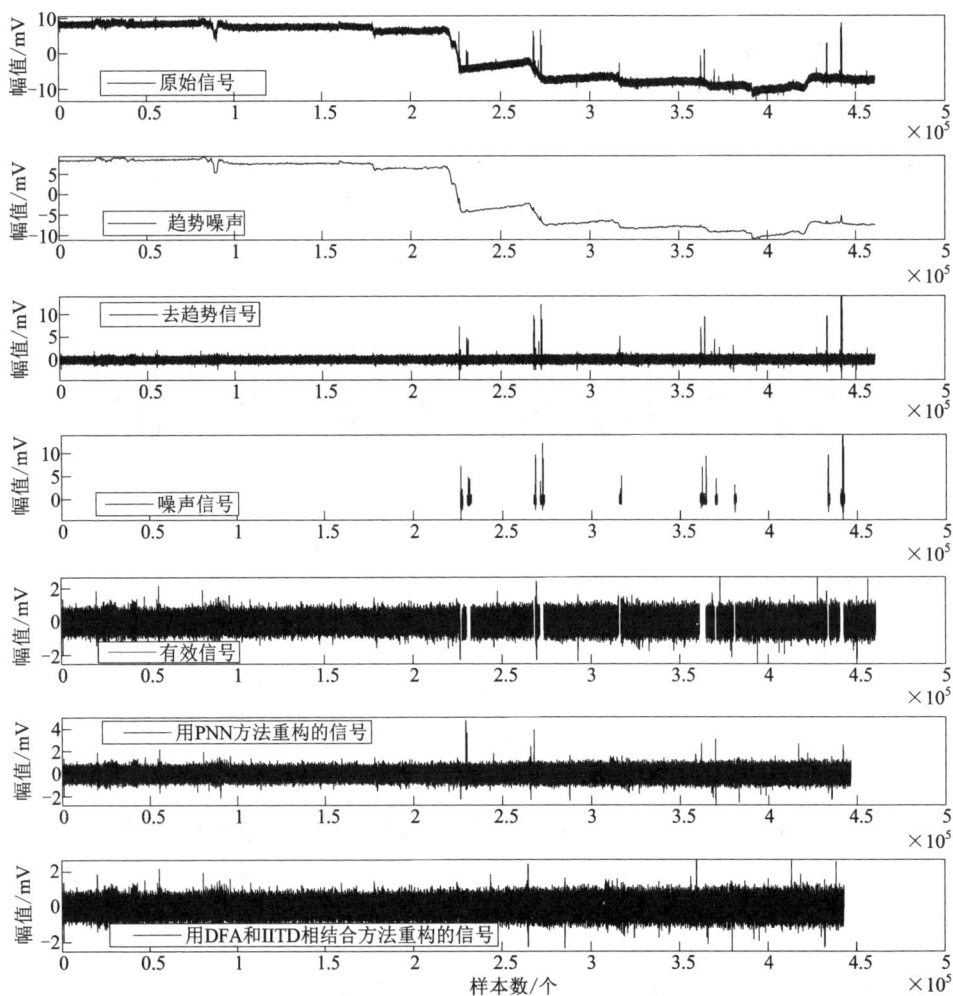

图 7-7　实测信号的去趋势噪声及处理效果

图 7-8 所示为部分Ⅱ级点处理前后的电场曲线对比图。由图可知，原始数据的电场曲线在中、低频段不同频点上出现了畸变。其原因是，其相应的原始时域序列中包含了典型噪声和异常波形，其中少数实测点仍存在趋势噪声，导致 0.5~2 Hz 的频谱幅值增加，降低了原始 WFEM 数据的质量，无法准确地反映地下介质的电性信息。经过所述方法处理后，电场曲线呈现出更为稳定的形状，且无异常跳变。

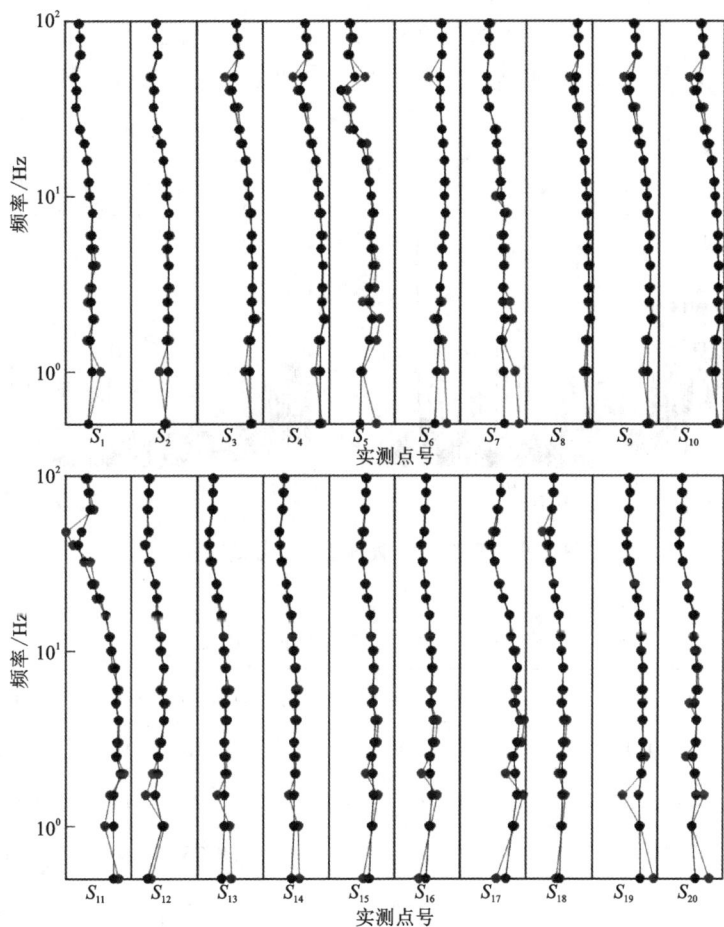

图 7-8　实测点电场曲线处理前后的对比图

(扫本章二维码查看彩图)

图 7-9 所示为实测点 S_5 处理前后的频谱对比效果。由图 7-9 可知，原始数据的频谱中部分有效频率信息被噪声淹没，相邻频率点(红色圆圈)之间的差异较大。尤其是原始数据时域序列中包含趋势噪声，导致低频段频谱呈上升趋势，相应的电场幅值增大。经过本章方法处理，有效频率信息得到较好的恢复，同时减

小了相邻频率点之间的电场差异。

进一步地利用图 7-8 中的实测点 S_5 和 S_7 处理结果进行定量分析，结果如表 7-5 所示。由表 7-5 可知，两个实测点的电场幅值在 2.5 Hz、1.5 Hz、1 Hz 和 0.5 Hz 四个频点处前后差异较大，导致电场曲线出现明显的波动，表明这些频率段的原始数据受到噪声的影响较大。处理后的 WFEM 数据明显地提高了电场幅值的稳定性，且不同频点间的差异或波动逐渐减小，验证了本章方法的有效性。

因此，从图 7-8、图 7-9 和表 7-5 可知，本章方法能有效地消除趋势噪声和异常波形，改善电磁法数据质量，为电磁法反演解释提供可靠的数据保障。

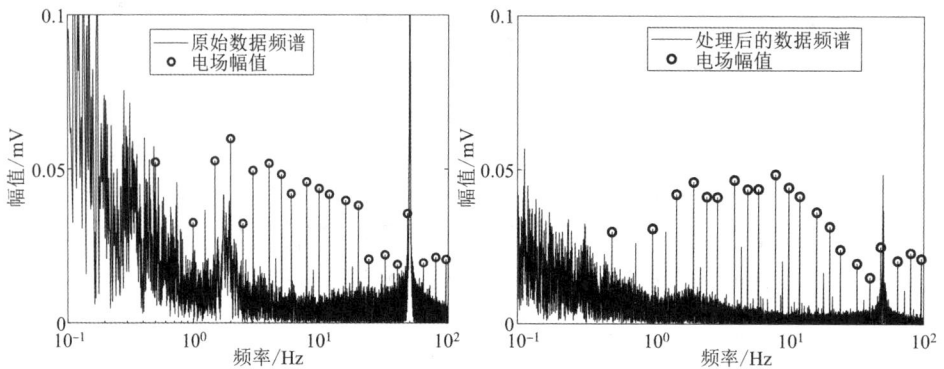

图 7-9　实测点 S_5 处理前后的频谱对比效果

表 7-5　实测点的电场值的对比效果

频率/Hz	S_5 原始幅值/mV	S_5 经处理后的幅值/mV	S_7 原始幅值/mV	S_7 经处理后的幅值/mV
96	0.0207	0.0211	0.0816	0.0731
80	0.0214	0.0229	0.0792	0.0760
64	0.0196	0.0204	0.0775	0.0726
48	0.0355	0.0250	0.0635	0.0648
40	0.0190	0.0150	0.0669	0.0628
32	0.0222	0.0195	0.0740	0.0789
24	0.0207	0.0242	0.1239	0.1127
20	0.0381	0.0316	0.1292	0.1257
16	0.0397	0.0363	0.1374	0.1573

续表7-5

频率/Hz	S_5 原始幅值/mV	S_5 经处理后的幅值/mV	S_7 原始幅值/mV	S_7 经处理后的幅值/mV
12	0.0417	0.0414	0.1591	0.1743
10	0.0436	0.0443	0.1179	0.1745
8	0.0457	0.0485	0.2607	0.2166
6	0.0419	0.0437	0.1747	0.2002
4	0.0518	0.0466	0.2199	0.2090
3	0.0495	0.0411	0.2070	0.1993
2.5	0.0323	0.0413	0.3202	0.1979
2	0.0597	0.0460	0.3815	0.2133
1.5	0.0526	0.0420	0.1991	0.1751
1	0.0325	0.0309	0.4605	0.2111
0.5	0.0521	0.0299	0.6077	0.2132

7.4　数据反演和地质解释

7.4.1　反演方法

一维反演采用 Occam 方法，反演地质结构轮廓信息，该方法假设大地电性结构为一维的，即地下介质的电性仅随深度发生变化，沿水平方向不变。一维反演可分为层状介质反演和连续介质反演，层状介质反演初始建立时需要处理人员掌握一定的先验资料，所以多应用在井旁大地电磁测深资料的反演过程中。在二维的剖面勘探中，一维反演仅仅作为一个中间环节，在对最终解释成果的定性评价及质量控制中发挥作用，为下一步的反演提供初始模型，所以一维反演应尽量避免人为因素的影响，客观尊重原始资料，因此采用一维连续介质反演方法时，假定地下介质沿深度(纵向)连续变化。为适应反演方法的要求，在纵向上须离散化，即用一系列薄层来描述介质的电性分布。一维连续介质反演就是通过最佳拟合大地电磁响应函数，求各个薄层的电阻率。

二维反演利用非线性共轭梯度反演方法，获取地下地质精细结构，该方法假定大地电性结构为二维的，即地下介质的电性在垂直于勘探剖面的方向上不变，而沿剖面方向和深度发生变化。与一维反演相比，二维反演的假设更接近真实的地电情况,所以二维反演为重点内容,最终的地质解释建立在该成果上进行。在对剖面电性单元的划分上,二维反演同样可分为连续介质反演和层状介质反演。二维连续介质反演是在不受任何先验知识的约束下,将剖面进行薄层单元分块划分,而后进行电性拟合,求得各单元的电阻率,在断面上呈现出电性分布的等值线图件,以此进行地质认识与解释。为适应反演方法的要求,可在纵向上对模型进行离散化,每个薄层用一个连续函数来描述其横向电阻率变化。因此,二维连续模型可以用一组连续函数集来描述。二维连续介质反演就是通过拟合一条剖面上的广域电磁法响应函数(视电阻率),求各个薄层的电阻率连续函数的具体形式。

7.4.2 反演结果分析

GY01 线总长 7 km,从小号点到大号点穿过的出露地层有二叠系峨眉山玄武岩组,栖霞、茅口组,梁山组;石炭系马平组、威宁组、摆佐组、大塘组;泥盆系宰格组、海口组;寒武系筇竹寺组;震旦系灯影组。如图 7-10 所示,GY01 线数据反演后形成电阻率剖面从小号点至大号点,即测线 NW→SE 向,数据明显横向分块,从左至右表现为高-低-高-低的电性特征,分别对应石炭系灰岩、峨眉山玄武岩组玄武岩、栖霞茅口组灰岩和峨眉山玄武岩组玄武岩,纵向上视电阻率可以分为低阻和高阻两层,应该是受标高 1500 m 潜水面的影响(牛栏江);GY02 线和 GY03 线也是类似的结构。

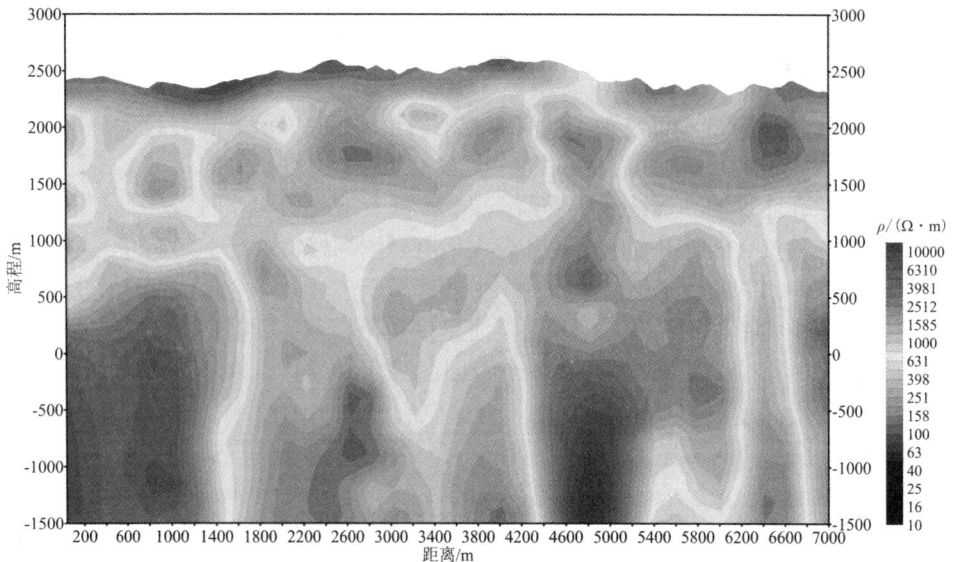

图 7-10 GY01 线反演结果

(扫本章二维码查看彩图)

GY02 线总长 6 km，从小号点到大号点穿过的出露地层有二叠系峨眉山玄武岩组，栖霞、茅口组，梁山组；石炭系马平组、威宁组、摆佐组、大塘组、泥盆系宰格组、海口组；寒武系筇竹寺组；震旦系灯影组。如图 7-11 所示，GY02 线视电阻率从小号点至大号点，即测线 NW→SE 向；数据明显横向分块，从左至右表现为高-低-高-低的电性特征，分别对应石炭系灰岩、峨眉山玄武岩组玄武岩、栖霞茅口组灰岩和峨眉山玄武岩组玄武岩，纵向上可以分为低阻和高阻两层，应该是受标高 1500 m 潜水面的影响(牛栏江)，与 GY01 线一致。

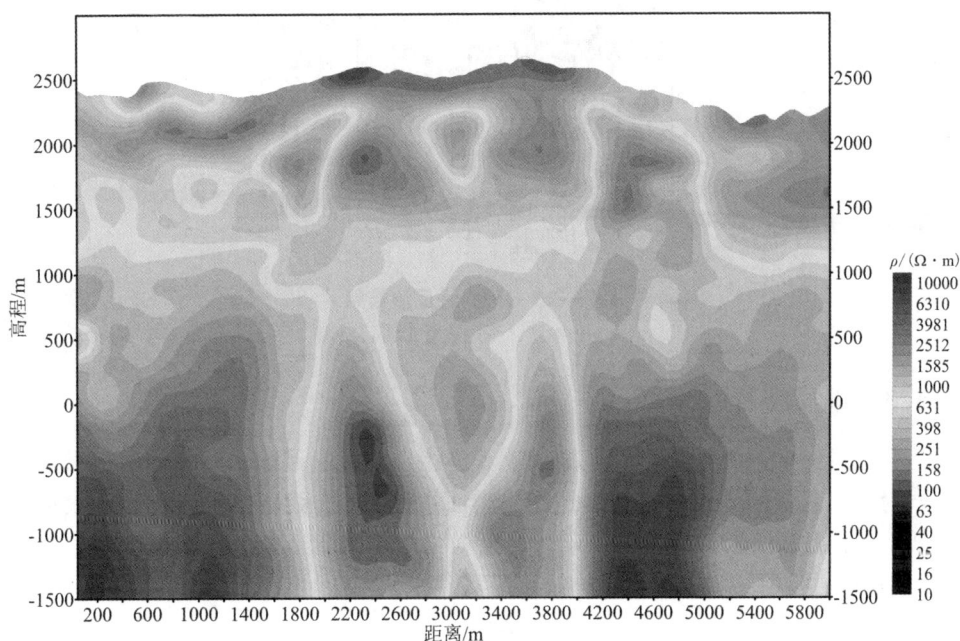

图 7-11　GY02 线反演结果

(扫本章二维码查看彩图)

GY03 线总长 2.72 km，从小号点到大号点穿过的出露地层有二叠系峨眉山玄武岩组，栖霞、茅口组。GY03 线数据反演后形成电阻率剖面从小号点至大号点(图 7-12)，即测线 NW→SE 向，数据明显横向分块，从左至右表现为低-高-低的电性特征，分别对应峨眉山玄武岩组玄武岩、栖霞茅口组灰岩和峨眉山玄武岩组玄武岩，纵向上可分为低阻和高阻两层，应该是受标高 1500 m 潜水面的影响(牛栏江)，与 GY01 线和 GY02 线大号点一致。

结合地层电阻率、岩石电阻率、地层出露情况等多种资料，并统计分析不同地层、不同岩性的电性信息，在电阻率剖面图上进行地层、断裂及岩性的识别划分。

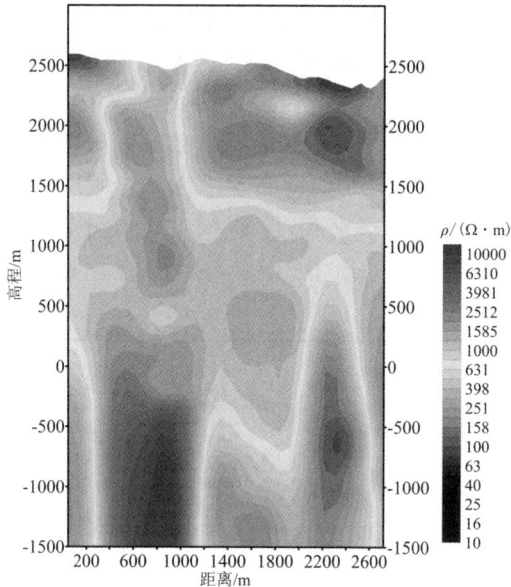

图 7-12　GY03 线反演结果

(扫本章二维码查看彩图)

7.4.3　地质解释

会泽铅锌矿区大面积出露峨眉山玄武岩组铁灰色玄武岩，其余地层都以碳酸盐岩为主。其中栖霞茅口组灰岩地层出露面积较大，玄武岩由于风化作用表现为中低阻，灰岩和白云岩表现为高阻。在反演结果中区别明显，可以辅助划分地层和识别断裂，如图 7-13 所示。

（1）地层。

会泽矿区主要的含矿地层为石炭系摆佐组，厚 40~60 m，岩性主要为浅灰白色、肉红色粗晶白云岩，部分位置存在灰色、深灰色灰岩。物性测试表明，摆佐组白云岩的电阻率平均值为 9000 Ω·m，属于高阻，内部铅锌硫化物矿体电阻率不超过 10 Ω·m，且矿体周围的蚀变围岩电阻率不超过 1000 Ω·m，相对于白云岩地层，电阻率均为低阻。因为矿体体积较小，岩体综合电阻率大于 10 Ω·m。因为没有其他低阻地质体的存在，矿体的低电阻率对整个石炭系的电阻率有一定的贡献，与更深部的石炭系相比，整体显示为中高阻。由于氧化矿石的电阻率达到 500 Ω·m，属于中高阻，所以难以从电阻率来精确区分矿体性质。

（2）断裂。

研究区内的四条主要断裂的形态都较为清晰，断裂之间的地层具有背斜性质。综合对每条测线的解释结果可以发现，三条测线反映的断裂无论位置、形状和深部延伸状态都比较相似，主要出露地层的反映也高度相似，这证明了数据的可靠性和去噪方法的有效性。

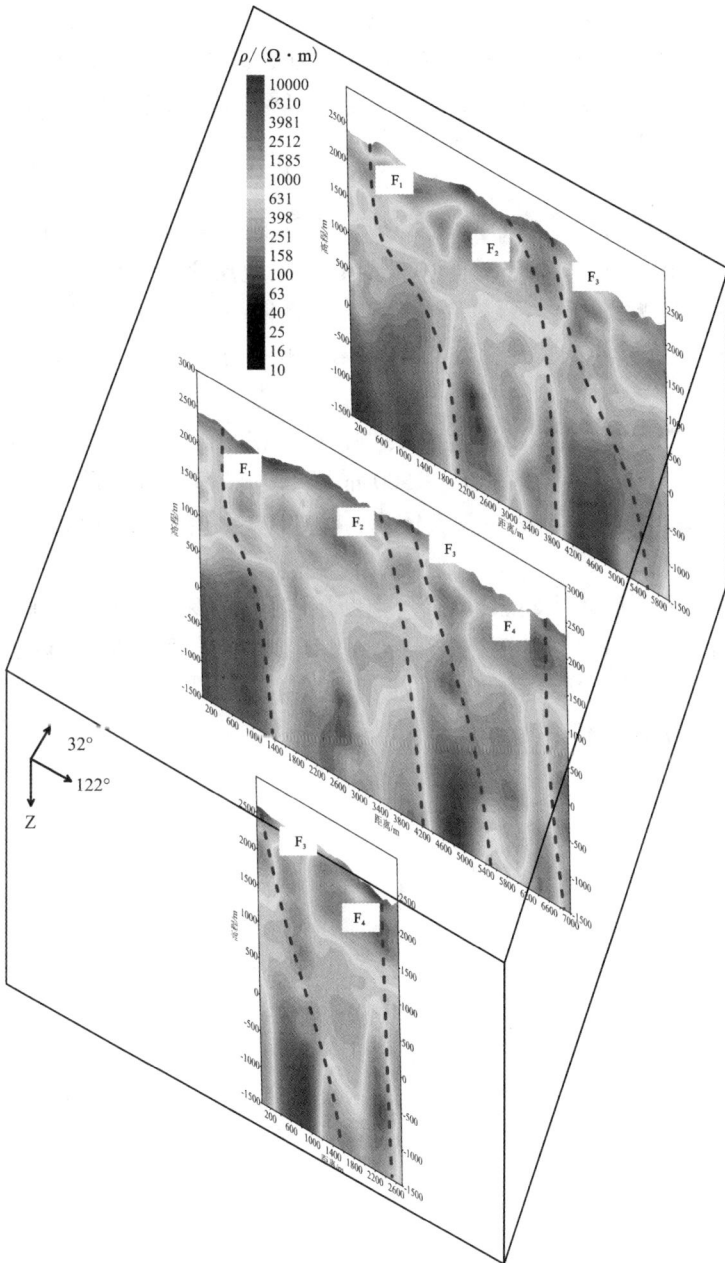

图 7-13　会泽矿区广域反演解释结果拟三维

(扫本章二维码查看彩图)

矿山厂逆断层(F_1)：以 GY01 线为例，断裂在地表上位于测线小号点(约 200 m 距离)，浅部表现为相对低阻，深部表现为高阻。断裂在标高-1500 m 的位置到达测线 1400 m 距离处。标高 1500 m 以上断裂角度为 60°~70°；标高 1500 m 以下断裂角度变大，达到 85°左右。F_1 在 GY02 线的位置、形态与 GY01 线高度相似。

东头断层(F_2)：以 GY01 线为例，断裂在地表上位于测线 3480 m 距离处，在标高-1500 m 的位置到达测线 4200 m 附近。断裂向深部延伸路径相对清晰，但角度随深度增加逐渐变大，为 60°~85°。F_2 在 GY02 线的位置、形态与 GY01 线高度相似。

麒麟厂逆断层(F_3)：以 GY01 线为例，断裂地表上位于测线 4160 m 距离左右，浅部断裂角度较大，由于处于中低阻和高阻地层之间，且向高阻地层延伸，深部延伸状态较为模糊，需要进一步研究。推测断裂在标高-1500 m 的深部到达地表测线 5400 m 附近。F_3 在 GY02 线和 GY03 线的位置、形态与 GY01 线高度相似。

银厂坡逆断层(F_4)：以 GY01 线为例，断裂在地表上位于测线 6480 m 距离处，标高 1500 m 以上电阻率较低，1500 m 以下电阻率较高。断层产状陡，约为 80°，延深较深。F_4 在 GY02 线没有体现，在 GY03 线的位置、形态与 GY01 线高度相似。

矿山厂逆断层和东头断层(麒麟厂逆断层)之间的深部(标高<500 m)存在大面积低电阻率的区域。这一现象在 GY01 线和 GY02 线都有体现，说明此低阻响应可靠性较高，推测主要是寒武系泥质页岩地层的响应，另外，矿山厂断层的导通作用造成的矿化区和蚀变也是产生低阻的原因。

参考文献

[1] ABRAMSON N, BRAVERMAN D J, SEBESTYEN G S. Pattern recognition and machine learning[J]. Publications of the American Statistical Association, 2006, 103(4): 886-887.

[2] ABUALIGAH L, DIABAT A, MIRJALILI S, et al. The arithmetic optimization algorithm[J]. Computer Methods in Applied Mechanics and Engineering, 2021, 376: 113609.

[3] AGARWAL A, CHANDRA A, SHALIVAHAN S, et al. Grey wolf optimizer: a new strategy to invert geophysical data sets[J]. Geophysical Prospecting, 2018, 66(6): 1215-1226.

[4] AZAMI H, ROSTAGHI M, ABASOLO D, et al. Refined composite multiscale dispersion entropy and its application to biomedical signals [J]. IEEE Transactions on Bio – Medical Engineering, 2017, 64(12): 2872-2879.

[5] BANDT C, POMPE B. Permutation entropy: a natural complexity measure for time series[J]. Physical Review Letters, 2002, 88(17): 174102.

[6] BEZDEK J C, EHRLICH R, FULL W. FCM: The fuzzy c-means clustering algorithm [J]. Computers and Geosciences, 1984, 10(2/3): 191-203.

[7] BÜCKER M, LOZANO GARCÍA S, ORTEGA GUERRERO B, et al. Geoelectrical and electromagnetic methods applied to paleolimnological studies: two examples from desiccated lakes in the basin of Mexico[J]. Boletín de La Sociedad Geológica Mexicana, 2017, 69(2): 279-298.

[8] BURRASCANO P. Learning vector quantization for the probabilistic neural network[J]. IEEE Transactions on Neural Networks, 1991, 2(4): 458-461.

[9] BUTLER K E, RUSSELL R D. Subtraction of powerline harmonics from geophysical records [J]. Geophysics, 1993, 58(6): 898-903.

[10] CAGNIARD L. Basic theory of the magneto-telluric method of geophysical prospecting[J]. Geophysics, 1953, 18(3): 605.

[11] CAI J H, CHEN Q Y. Spectrum analysis of magnetotelluric data series based on EMD-teager transform[J]. Pure and Applied Geophysics, 2015, 172(10): 2901-2915.

[12] CAI J H, TANG J T, HUA X R, et al. An analysis method for magnetotelluric data based on the Hilbert-Huang Transform[J]. Exploration Geophysics, 2009, 40(2): 197-205.

[13] CAMPANYA J, LEDO J, QUERALT P, MARCUELLO A, JONES A G. A new methodology to

estimate magnetotelluric (MT) tensor relationships: estimation of local transfer-functions by combining interstation transfer-functions (ELICIT) [J]. Geophysical Journal International, 2014, 198(1): 484-494.

[14] CHAVE A D, THOMSON D J, ANDER M E. On the robust estimation of power spectra, coherences, and transfer functions[J]. Journal of Geophysical Research: Solid Earth, 1987, 92(B1): 633-648.

[15] CHAVE A D, THOMSON D J. A bounded influence regression estimator based on the statistics of the hat matrix [J]. Journal of the Royal Statistical Society Series C: Applied Statistics, 2003, 52(3): 307-322.

[16] CHAVE A D, THOMSON D J. Bounded influence magnetotelluric response function estimation [J]. Geophysical Journal International, 2004, 157(3): 988-1006.

[17] CHEN H P, SHEN X J, LV Y D, et al. A novel automatic fuzzy clustering algorithm based on soft partition and membership information[J]. Neurocomputing, 2017, 236: 104-112.

[18] COHEN M B, SAID R K, INAN U S. Mitigation of 50-60 Hz power line interference in geophysical data[J]. Radio Science, 2010, 45, RS6002.

[19] COSTA M, GOLDBERGER A L, PENG C K. Multiscale entropy analysis of biological signals [J]. Physical Review E, 2005, 71: 021906.

[20] CUI L L, YAO T C, ZHANG Y, et al. Application of pattern recognition in gear faults based on the matching pursuit of a characteristic waveform[J]. Measurement, 2017, 104: 212-222.

[21] DENOEUX T. A k-nearest neighbor classification rule based on Dempster-Shafer theory[J]. IEEE Transactions on Systems, Man, and Cybernetics, 1995, 25(5): 804-813.

[22] DRAGOMIRETSKIY K, ZOSSO D. Variational mode decomposition[J]. IEEE Transactions on Signal Processing, 2014, 62(3): 531-544.

[23] EGBERT G D, BOOKER J R. Robust estimation of geomagnetic transfer functions [J]. Geophysical Journal International, 1986, 87(1): 173-194.

[24] EGBERT G D, LIVELYBROOKS D W. Single station magnetotelluric impedance estimation: coherence weighting and the regression *M-estimate*[J]. *Geophysics*, 1996, 61(4): 964-970.

[25] EGBERT G D. Robust multiple-station magnetotelluric data processing [J]. Geophysical Journal International, 1997, 130(2): 475-496.

[26] EISEL M, EGBERT G D. On the stability of magnetotelluric transfer function estimates and the reliability of their variances[J]. Geophysical Journal International, 2001, 144(1): 65-82.

[27] FISHER R A. On the mathematical foundations of theoretical static [M]. New York: Jone Wiley & Sons, 1950,

[28] FREI M G, OSORIO I. Intrinsic time-scale decomposition: time-frequency-energy analysis and real-time filtering of non-stationary signals [J]. Proceedings of the Royal Society of London Series A, 2007, 463(2078): 321-342.

[29] GAMBLE T D, GOUBAU W M, CLARKE J. Magnetotellurics with a remote magnetic reference [J]. Geophysics, 1979, 44(1): 53-68.

[30] GARCIA X, JONES A G. Robust processing of magnetotelluric data in the AMT dead band using the continuous wavelet transform[J]. Geophysics, 2008, 73(6): F223-F234.

[31] GOLDSTEIN M A. Audio-frequency magnetotellurics with a grounded electric dipole source [J]. Geophysics, 1975, 40(4): 669.

[32] GOODFELLOW I, BENGIO Y, COURVILLE A. Deep learning [M]. Cambridge: MIT press, 2016.

[33] HE Z Y, FU L, LIN S, et al. Fault detection and classification in EHV transmission line based on wavelet singular entropy[J]. IEEE Transactions on Power Delivery, 2010, 25(4): 2156-2163.

[34] HEARST M A, DUMAIS S T, OSUNA E, et al. Support vector machines[J]. IEEE Intelligent Systems and Their Applications, 1998, 13(4): 18-28.

[35] HEIDARI A A, ALI ABBASPOUR R, CHEN H L. Efficient boosted grey wolf optimizers for global search and kernel extreme learning machine training[J]. Applied Soft Computing, 2019, 81: 105521.

[36] HOLLAND P W, WELSCH R E. Robust regression using iteratively reweighted least-squares [J]. Communications in Statistics - Theory and Methods, 1977, 6(9): 813-827.

[37] HÖRDT A, SCHOLL C. The effect of local distortions on time-domain electromagnetic measurements[J]. Geophysics, 2004, 69(1): 87-96.

[38] HU M, TSANG E C C, GUO Y T, et al. Attribute reduction based on overlap degree and k-nearest-neighbor rough sets in decision information systems[J]. Information Sciences, 2022, 584: 301-324.

[39] HU Y F, LI D Q, YUAN B, et al. Application of pseudo-random frequency domain electromagnetic method in mining areas with strong interferences[J]. Transactions of Nonferrous Metals Society of China, 2020, 30(3): 774-788.

[40] HUANG H L, MAKUR A. Backtracking-based matching pursuit method for sparse signal reconstruction[J]. IEEE Signal Processing Letters, 2011, 18(7): 391-394.

[41] HUANG N E, SHEN Z, LONG S R, et al. The empirical mode decomposition and the Hilbert spectrum for nonlinear and non-stationary time series analysis[J]. Proceedings of the Royal Society of London Series A, 1998, 454(1971): 903-998.

[42] HUBER P J. Robust estimation of a location parameter[J]. The Annals of Mathematical Statistics, 1964, 35(1): 73-101.

[43] HUBER P J. Robust statistics[M]//International Encyclopedia of Statistical Science. Berlin, Heidelberg: Springer Berlin Heidelberg, 2011.

[44] JIN W, WANG L, ZENG X B, et al. Classification of clouds in satellite imagery using over-complete dictionary *via sparse representation*[J]. *Pattern Recognition Letters*, 2014, 49: 193-200.

[45] JONES A G, CHAVE A D, EGBERT G, et al. A comparison of techniques for magnetotelluric response function estimation[J]. Journal of Geophysical Research: Solid Earth, 1989, 94 (B10): 14201-14213.

[46] KAPPLER K N. A data variance technique for automated despiking of magnetotelluric data with a remote reference[J]. Geophysical Prospecting, 2012, 60(1): 179-191.

[47] KARABOGA D, BASTURK B. A powerful and efficient algorithm for numerical function optimization: artificial bee colony (ABC) algorithm[J]. Journal of Global Optimization, 2007, 39(3): 459-471.

[48] KAVEH A, TALATAHARI S. Optimum design of skeletal structures using imperialist competitive algorithm[J]. Computers & Structures, 2010, 88(21/22): 1220-1229.

[49] KENNEDY J, EBERHART R. Particle swarm optimization[C]//Proceedings of ICNN'95 - International Conference on Neural Networks. November 27 - December 1, 1995, Perth, WA, Australia. IEEE, 1995: 1942-1948.

[50] KIYOTAKA M, HIDETOMO I, KATSUHIRO H. Fuzzy C-Means Clustering[J]. Journal of Japan Society for Fuzzy Theory & Systems, 2001, 13(4): 406-417.

[51] KOHLI M, ARORA S. Chaotic grey wolf optimization algorithm for constrained optimization problems[J]. Journal of Computational Design and Engineering, 2018, 5(4): 458-472.

[52] KONG L, PAN H, LI X W, et al. An information entropy-based modeling method for the measurement system[J]. Entropy, 2019, 21(7): 691.

[53] LARSEN J C, MACKIE R L, MANZELLA A, et al. Robust smooth magnetotelluric transfer functions[J]. Geophysical Journal International, 1996, 124(3): 801-819.

[54] LEMPEL A, ZIV J. On the complexity of finite sequences[J]. IEEE Transactions on Information Theory, 1976, 22(1): 75-81.

[55] LEUNG-YAN-CHEONG S, COVER T. Some equivalences between Shannon entropy and Kolmogorov complexity[J]. IEEE Transactions on Information Theory, 1978, 24(3): 331-338.

[56] LI G, HE Z S, DENG J Z, et al. Robust CSEM data processing by unsupervised machine learning[J]. Journal of Applied Geophysics, 2021, 186: 104262.

[57] LI G, HE Z S, TANG J T, et al. Dictionary learning and shift-invariant sparse coding denoising for controlled-source electromagnetic data combined with complementary ensemble empirical mode decomposition[J]. Geophysics, 2021, 86(3): E185-E198.

[58] LI G, LIU X Q, TANG J T, et al. De-noising low-frequency magnetotelluric data using mathematical morphology filtering and sparse representation[J]. Journal of Applied Geophysics, 2020, 172: 103919.

[59] LI G, LIU X Q, TANG J T, et al. Improved shift-invariant sparse coding for noise attenuation of magnetotelluric data[J]. Earth, Planets and Space, 2020, 72(1): 45.

[60] LI G, XIAO X, TANG J T, et al. Near-source noise suppression of AMT by compressive sensing and mathematical morphology filtering[J]. Applied Geophysics, 2017, 14(4): 581-589.

[61] LI J, CAI J, TANG J T, et al. Magnetotelluric signal-noise separation method based on SVM-CEEMDWT[J]. Applied Geophysics, 2019, 16(2): 160-170.

[62] LI J, LIU S S, PENG Y Q, et al. A method for magnetotelluric data processing based on sparsity adaptive stage-wise orthogonal matching pursuit[J]. Journal of Applied Geophysics,

2022, 198: 104577.

[63] LI J, LIU X Q, LI G, et al. Magnetotelluric noise suppression based on impulsive atoms and NPSO-OMP algorithm[J]. Pure and Applied Geophysics, 2020, 177(11): 5275-5297.

[64] LI J, LIU Y C, TANG J T, et al. Magnetotelluric data denoising method combining two deep-learning-based models[J]. Geophysics, 2023, 88(1): E13-E28.

[65] LI J, MA F H, TANG J T, et al. Denoising application of magnetotelluric low-frequency signal processing[J]. IEEE Transactions on Geoscience and Remote Sensing, 2022, 60: 5920518.

[66] LI J, PENG Y Q, TANG J T, et al. Denoising of magnetotelluric data using K-SVD dictionary training[J]. Geophysical Prospecting, 2021, 69(2): 448-473.

[67] LI J, ZHANG X, GONG J Z, et al. Signal-noise identification of magnetotelluric signals using fractal-entropy and clustering algorithm for targeted de-noising[J]. Fractals 2018, 26(2): 1840011.

[68] LI J, ZHANG X, TANG J T, et al. Audio magnetotelluric signal-noise identification and separation based on multifractal spectrum and matching pursuit[J]. Fractals, 2019, 27(1): 1940007.

[69] LI J, ZHANG X, TANG J T. Noise suppression for magnetotelluric using variational mode decomposition and detrended fluctuation analysis[J]. Journal of Applied Geophysics, 2020, 180: 104127.

[70] LIANG H, BRESSLER S L, Desimone R, et al. Empirical mode decomposition [J]. Neurocomputing, 2005, 66(6): 801-807.

[71] LING F, YANG Y, LI G, et al. Extracting useful high-frequency information from wide-field electromagnetic data using time-domain signal reconstruction[J]. Journal of Central South University, 2022, 29(9): 2150-2163.

[72] LING Z B, WANG P Y, WAN Y X, et al. Effective denoising of magnetotelluric (MT) data using a combined wavelet method[J]. Acta Geophysica, 2019, 67: 813-824.

[73] LIU J, YAN J, HE J, et al. Robust estimation method of sea magnetotelluric impedance based on correlative coefficient[J]. Chinese Journal of Geophysics, 2003, 46(2): 334-340.

[74] LIU Y Y, YANG G L, LI M, et al. Variational mode decomposition denoising combined the detrended fluctuation analysis[J]. Signal Processing, 2016, 125: 349-364.

[75] MACGREGOR L M, CONSTABLE S, SINHA M C. The RAMESSES experiment—III. Controlled-source electromagnetic sounding of the Reykjanes Ridge at 57° 45' N [J]. Geophysical Journal International, 1998, 135(3): 773-789.

[76] MACGREGOR L, SINHA 1 M, CONSTABLE 1 S. Electrical resistivity structure of the Valu Fa Ridge, Lau Basin, from marine controlled-source electromagnetic sounding[J]. Geophysical Journal International, 2001, 146(1): 217-236.

[77] MALLAT S G, ZHANG Z F. Matching pursuits with time-frequency dictionaries[J]. IEEE Transactions on Signal Processing, 1993, 41(12): 3397-3415.

[78] MERT A, AKAN A. Detrended fluctuation analysis for empirical mode decomposition based

denoising[J]. Digital Signal Processing, 2014, 32(9): 48-65.

[79] MIHAILOVIĆ D, MIMIĆ G, DREŠKOVIĆ N, et al. Kolmogorov complexity based information measures applied to the analysis of different river flow regimes[J]. Entropy, 2015, 17(5): 2973-2987.

[80] MIRJALILI S, MIRJALILI S M, HATAMLOU A. Multi-Verse Optimizer: a nature-inspired algorithm for global optimization[J]. Neural Computing and Applications, 2016, 27(2): 495-513.

[81] MIRJALILI S, MIRJALILI S M, LEWIS A. Grey wolf optimizer[J]. Advances in Engineering Software, 2014, 69: 46-61.

[82] MIRJALILI S. Moth-flame optimization algorithm: A novel nature-inspired heuristic paradigm [J]. Knowledge-Based Systems, 2015, 89(11): 228-249.

[83] MIRJALILI S. SCA: A Sine Cosine Algorithm for Solving Optimization Problems [J]. Knowledge-Based Systems, 2016, 96(3): 120-133.

[84] MITICHE I, MORISON G, NESBITT A, et al. Classification of partial discharge signals by combining adaptive local iterative filtering and entropy features[J]. Sensors, 2018, 18(2): 406.

[85] MO D, JIANG Q Y, LI D Q, et al. Controlled-source electromagnetic data processing based on gray system theory and robust estimation[J]. Applied Geophysics, 2017, 14(4): 570-580.

[86] MUÑOZ G, RITTER O. Pseudo-remote reference processing of magnetotelluric data: a fast and efficient data acquisition scheme for local arrays[J]. Geophysical Prospecting, 2013, 61(s1): 300-316.

[87] MYER D, CONSTABLE S, KEY K. Broad-band waveforms and robust processing for marine CSEM surveys[J]. Geophysical Journal International, 2011, 184(2): 689-698.

[88] NADIMI-SHAHRAKI M H, TAGHIAN S, MIRJALILI S. An improved grey wolf optimizer for solving engineering problems[J]. Expert Systems with Applications, 2021, 166: 113917.

[89] IMAMURA N, GOTO T N, KASAYA T, et al. Robust data processing of noisy marine controlled-source electromagnetic data using independent component analysis[J]. Exploration Geophysics, 2018, 49(1): 21-29.

[90] NAWAB S H, QUATIERI T F. Short-time Fourier transform[C]. Advanced Topics in Signal Processing. Prentice-Hall, Inc, 1988.

[91] NAWAB S, QUATIERI T, LIM J. Signal reconstruction from short-time Fourier transform magnitude[J]. IEEE Transactions on Acoustics, Speech, and Signal Processing, 1983, 31(4): 986-998.

[92] NEUKIRCH M, GARCIA X. Nonstationary magnetotelluric data processing with instantaneous parameter[J]. Journal of Geophysical Research (Solid Earth), 2014, 119(3): 1634-1654.

[93] NIXON M S, AGUADO A S. Feature extraction by shape matching[M]//Feature Extraction and Image Processing. Amsterdam: Elsevier, 2002.

[94] OETTINGER G, HAAK V, LARSEN J C. Noise reduction in magnetotelluric time-series with a new signal-noise separation method and its application to a field experiment in the Saxonian

Granulite Massif[J]. Geophysical Journal International, 2001, 146(3): 659-669.

[95] PENG C K, BULDYREV S V, HAVLIN S, SIMONS M, STANLEY H E, GOLDBERGER A L. Mosaic organization of DNA nucleotides[J]. Polymers, 1994, 49(2): 1685-1689.

[96] RILLING G, FLANDRIN P, GONCALVES P. On empirical mode decomposition and its algorithms[C]//IEEE-EURASIP workshop on nonlinear signal and image processing. NSIP-03. 2003.

[97] RITTER O, JUNGE A, DAWES G. New equipment and processing for magnetotelluric remote reference observations[J]. Geophysical Journal International, 1998, 132(3): 535-548.

[98] ROSENBROCK H H. An automatic method for finding the greatest or least value of a function [J]. The Computer Journal, 1960, 3(3): 175-184.

[99] ROSTAGHI M, AZAMI H. Dispersion entropy: a measure for time-series analysis[J]. IEEE Signal Processing Letters, 2016, 23(5): 610-614.

[100] SIMS W E, BOSTICK F X Jr, SMITH H W. The estimation of magnetotelluric impedance tensor elements from measured data[J]. Geophysics, 1971, 36(5): 938-942.

[101] SIVAVARAPRASAD G, SREE PADMAJA R, VENKATA RATNAM D. Mitigation of ionospheric scintillation effects on GNSS signals using variational mode decomposition [J]. IEEE Geoscience and Remote Sensing Letters, 2017, 14(3): 389-393.

[102] SMIRNOV M Y. Magnetotelluric data processing with a robust statistical procedure having a high breakdown point[J]. Geophysical Journal International, 2003, 152(1): 1-7.

[103] STREICH R, BECKEN M, RITTER O. Robust processing of noisy land-based controlled-source electromagnetic data[J]. Geophysics, 2013, 78(5): E237-E247.

[104] TIKHONOv A N. On determining electrical characteristics of the deep layers of the Earth's crust[J]. Dokl. Akad. Nauk SSSR, 1950, 73(2): 295-297.

[105] TRAD D O, TRAVASSOS J M. Wavelet filtering of magnetotelluric data[J]. Geophysics, 2000, 65(2): 482-491.

[106] TROPP J A, GILBERT A C. Signal recovery from random measurements via orthogonal matching pursuit[J]. IEEE Transactions on Information Theory, 2007, 53(12): 4655-4666.

[107] TZANIS A, BEAMISH D. A high-resolution spectral study of audiomagnetotelluric data and noise interactions[J]. Geophysical Journal International, 1989, 97(3): 557-572.

[108] VARENTSOV I M, SOKOLOVA E Y, MARTANUS E R, et al. System of electromagnetic field transfer operators for the BEAR array of simultaneous soundings: Methods and results [J]. Izvestiya-Physics of the solid earth, 2003, 39: 118-148.

[109] VARENTSOV I M. Chapter 10 arrays of simultaneous electromagnetic soundings: design, data processing and analysis[M]/Methods in Geochemistry and Geophysics. Amsterdam: Elsevier, 2006: 259-273.

[110] WANG J B, WANG S X, YIN H J, et al. A self-adaption denoising method using orthogonal matching pursuit [C]//SEG Technical Program Expanded Abstracts 2013. Society of Exploration Geophysicists, 2013.

[111] WANG Y X, MARKERT R. Filter bank property of variational mode decomposition and its applications[J]. Signal Processing, 2016, 120: 509-521.

[112] WECKMANN U, MAGUNIA A, RITTER O. Effective noise separation for magnetotelluric single site data processing using a frequency domain selection scheme[J]. Geophysical Journal International, 2005, 161(3): 635-652.

[113] HARTIGAN J A, WONG M A. Algorithm AS 136: A K-Means Clustering Algorithm[J]. Journal of the Royal Statistical Society, 1979, 28(1): 100-108.

[114] YANG X S, DEB S. Cuckoo search: recent advances and applications[J]. Neural Computing and Applications, 2014, 24(1): 169-174.

[115] YANG Y, HE J S, LI D Q. Energy distribution and effective components analysis of 2n sequence pseudo-random signal[J]. Transactions of Nonferrous Metals Society of China, 2021, 31(7): 2102-2115.

[116] YANG Y, LI D Q, TONG T G, et al. Denoising CSEM data using least squares Inversion[J]. Geophysics, 2018, 83(4): E229-E244.

[117] LIU Y, ZHANG J H, BI F R, et al. A fault diagnosis approach for diesel engine valve train based on improved ITD and SDAG-RVM[J]. Measurement Science and Technology, 2015, 26(2): 025003.

[118] ZEPERNICK H J, FILGER A. 伪随机信号处理: 理论与应用[M]. 甘良才, 等译. 北京: 电子工业出版社, 2007.

[119] ZHANG X, LI D Q, LI J, et al. Grey wolf optimization-based variational mode decomposition for magnetotelluric data combined with detrended fluctuation analysis[J]. Acta Geophysica, 2022, 70(1): 111-120.

[120] ZHANG X, LI D Q, LI J, et al. Magnetotelluric signal-noise separation using IE-LZC and MP [J]. Entropy, 2019, 21(12): 1190.

[121] ZHANG X, LI D Q, LI J, et al. Signal-noise identification for wide field electromagnetic method data using multi-domain features and IGWO-SVM[J]. Fractal and Fractional, 2022, 6(2): 80.

[122] ZHANG X, LI J, LI D Q, et al. Separation of magnetotelluric signals based on refined composite multiscale dispersion entropy and orthogonal matching pursuit[J]. Earth, Planets and Space, 2021, 73(1): 76.

[123] 蔡剑华, 胡惟文, 覃业贵, 等. MT 信号处理中小波分析与 Hilbert-Huang 变换的比较[J]. 湖南文理学院学报(自然科学版), 2014, 26(2): 29-34.

[124] 蔡剑华, 汤井田. 基于 Hilbert-Huang 变换的大地电磁信号谱估计方法[J]. 石油地球物理勘探, 2010, 45(5): 762-767.

[125] 蔡剑华, 王先春, 胡惟文. 基于经验模态分解与小波阈值的 MT 信号去噪方法[J]. 石油地球物理勘探, 2013, 48(2): 303-307.

[126] 蔡剑华, 王先春. EMD 在大地电磁信号分析中的问题及解决方法[J]. 石油地球物理勘探, 2016, 51(1): 204-210.

[127] 蔡剑华, 肖晓. 基于组合滤波的矿集区大地电磁信号去噪[J]. 吉林大学学报(地球科学版), 2017, 47(3): 874-883.

[128] 蔡剑华, 肖永良. 基于广义 S 变换时频滤波的 MT 数据去噪[J]. 地质与勘探, 2021, 57(6): 1383-1390.

[129] 曹小玲, 陈清礼, 蒋涛. 基于单通道盲源分离的大地电磁工频干扰噪声压制方法[J]. 石油物探, 2021, 60(6): 1036-1047.

[130] 曹小玲, 刘开元, 严良俊. 大地电磁的小波变换——独立分量分析去噪[J]. 石油地球物理勘探, 2018, 53(1): 206-213.

[131] 陈冰梅, 樊晓平, 周志明, 李雪荣. 支持向量机原理及展望[J]. 制造业自动化, 2010, 32(14): 136-138.

[132] 陈超健, 蒋奇云, 莫丹, 等. 基于灰色判别准则和有理函数滤波的伪随机电磁数据去噪[J]. 地球物理学报, 2019, 62(10): 3854-3865.

[133] 陈海燕. 广义 S 变换及其在大地电磁测深数据处理中的应用[D]. 北京: 中国地质大学(北京), 2012.

[134] 陈乐寿, 王光锷. 大地电磁测深法[M]. 北京: 地质出版社, 1990.

[135] 陈清礼, 胡文宝, 苏朱刘, 等. 长距离远参考大地电磁测深试验研究[J]. 石油地球物理勘探, 2002, 37(6): 145-148.

[136] 陈勇雄, 徐志敏, 辛会翠. 强噪声的大地电磁远参考去噪研究[J]. 工程地球物理学报, 2015, 12(1): 59-67.

[137] 程德福, 王君, 李秀平, 等. 混场源电磁法仪器研制进展[J]. 地球物理学进展, 2004, 19(4): 778-781.

[138] 程军圣, 李海龙, 杨宇. 改进 ITD 和能量矩在齿轮故障诊断中的应用[J]. 振动.测试与诊断, 2013, 33(6): 954-959.

[139] 仇根根, 张小博, 白大为, 等. 大地电磁法远参考处理技术压制噪声干扰的应用效果分析[J]. 工程地球物理学报, 2014, 11(3): 305-310.

[140] 邓明, 魏文博. 海底天然大地电磁场的探测[J]. 测控技术, 2003, 22(1): 5-8.

[141] 底青云, 王若. 可控源音频大地电磁数据正反演及方法应用[M]. 北京: 科学出版社, 2008.

[142] 董和夫, 张晓虎, 乔超杰, 屈浩轩. 基于麻雀搜索算法优化概率神经网络的变压器故障诊断[J]. 电工技术, 2022(4): 104-107.

[143] 董树文, 李廷栋, 高锐, 等. 地球深部探测国际发展与我国现状综述[J]. 地质学报, 2010, 84(6): 743-770.

[144] 范翠松, 李桐林, 王大勇. 小波变换对 MT 数据中方波噪声的处理[J]. 吉林大学学报(地球科学版), 2008, 38(S1): 61-63.

[145] 耿启立. 国内外最新多功能电磁法仪器及其发展趋势[J]. 地质装备, 2016, 17(2): 26-29.

[146] 桂团福, 邓居智, 李广, 等. 数学形态学和 K-SVD 字典学习在大地电磁数据去噪中的应用[J]. 中国有色金属学报, 2021, 31(12): 3713-3729.

[147] 何继善, 佟铁钢, 柳建新. a^n 序列伪随机多频信号数学分析及实现[J]. 中南大学学报

（自然科学版），2009，40（6）：1666-1671.

［148］何继善. 2^n 系列伪随机信号及应用［J］. 中国地球物理学会. 中国地球物理年会年刊（1998），1998.

［149］何继善. 大深度高精度广域电磁勘探理论与技术［J］. 中国有色金属学报，2019，29（9）：1809-1816.

［150］何继善. 广域电磁测深法研究［J］. 中南大学学报（自然科学版），2010a，41（3）：1065-1072.

［151］何继善. 广域电磁法和伪随机信号电法［M］. 北京：高等教育出版社，2010.

［152］何继善. 可控源音频大地电磁法［M］. 长沙：中南工业大学出版社，1990.

［153］何继善. 频率域电法的新进展［J］. 地球物理学进展，2007，22（4）：1250-1254.

［154］何继善. 三元素集合中的自封闭加法与 2^n 系列伪随机信号编码［J］. 中南大学学报（自然科学版），2010，41（2）：632-637.

［155］何继善. 2^n 系列伪随机信号及应用［C］//1998 年中国地球物理学会第十四届学术年会论文集. 1998.

［156］贺岩松，黄毅，徐中明，等. 基于小波奇异熵与 SOFM 神经网络的电机轴承故障识别［J］. 振动与冲击，2017，36（10）：217-223.

［157］胡艳芳. 基于聚类方法的 CSEM 频率域信噪分离研究［D］. 长沙：中南大学，2022.

［158］胡艳芳，刘子杰，李帝铨，等. 基于优化聚类的人工源电磁法数据信噪分离方法［J］. 地球物理学报，2024，67（1）：394-408.

［159］黄逸伟，邓居智，陈辉，等. 基于 Robust 的 AMT 阻抗张量估计算法参数影响研究［J］. 东华理工大学学报（自然科学版），2017，40（1）：52-57.

［160］蒋奇云. 广域电磁测深仪关键技术研究［D］. 长沙：中南大学，2010.

［161］景建恩，魏文博，陈海燕，等. 基于广义 S 变换的大地电磁测深数据处理［J］. 地球物理学报，2012，55（12）：4015-4022.

［162］雷达，赵国泽，张忠杰，等. 强干扰地区 CSAMT 数据信息熵与有理函数滤波的处理方法［J］. 地球物理学进展，2010，25（6）：2015-2023.

［163］李白男. 伪随机信号及相关辨识［M］. 北京：科学出版社，1987.

［164］李帝铨，谢维，程党性. $E-E_x$ 广域电磁法三维数值模拟［J］. 中国有色金属学报，2013，23（9）：2459-2470.

［165］李帝铨. $E-E_x$ 和 $E-E_\varphi$ 广域电磁法测量范围［J］. 石油地球物理勘探，2017，52（6）：1315-1323.

［166］李广，丁迪，石福升，邓居智，肖晓，陈辉，何柱石，桂团福. 基于支持向量机的可控源电磁数据智能识别方法［J］. 吉林大学学报（地球科学版），2022，52（3）：725-736.

［167］李广. 基于稀疏表示的电磁法信噪分离［D］. 长沙：中南大学，2018.

［168］李晋，彭冲，汤井田，等. 域均值分解和小波阈值在大地电磁噪声压制中的应用［J］. 振动与冲击，2017，36（5）：134-141.

［169］李晋，汤井田，王玲，等. 基于信号子空间增强和端点检测的大地电磁噪声压制［J］. 物理学报，2014，63（1）：422-431.

［170］李晋，汤井田，徐志敏，等. 基于信噪辨识的矿集区大地电磁噪声压制［J］. 地球物理学

报, 2017, 60(2): 722-737.

[171] 李晋, 汤井田, 燕欢, 等. 基于递归分析和聚类的大地电磁信噪辨识及分离[J]. 地球物理学报, 2017, 60(5): 1918-1936.

[172] 李晋, 燕欢, 汤井田, 等. 基于匹配追踪和遗传算法的大地电磁噪声压制[J]. 地球物理学报, 2018, 61(7): 3086-3101.

[173] 李晋, 张贤, 蔡锦. 利用变分模态分解(VMD)和匹配追踪(MP)联合压制音频大地电磁(AMT)强干扰[J]. 地球物理学报, 2019, 62(10): 3866-3884.

[174] 李晋. 基于数学形态学的大地电磁强干扰分离及应用[D]. 长沙: 中南大学, 2012.

[175] 李蓉, 叶世伟, 史忠植. SVM-KNN分类器——一种提高SVM分类精度的新方法[J]. 电子学报, 2002(5): 745-748.

[176] 李予国, 段双敏. 海洋可控源电磁数据预处理方法研究[J]. 中国海洋大学学报(自然科学版), 2014, 44(10): 106-112.

[177] 李兆飞, 柴毅, 李华锋. 多重分形去趋势波动分析的振动信号故障诊断[J]. 华中科技大学学报(自然科学版), 2012, 40(12): 5-9.

[178] 林品荣, 赵子言. 分布式被动源电磁法系统及其应用[J]. 地震地质, 2001, 23(2): 138-142.

[179] 凌振宝, 王沛元, 万云霞, 等. 强人文干扰环境的电磁数据小波去噪方法研究[J]. 地球物理学报, 2016, 59(9): 3436-3447.

[180] 刘国栋. 频率域电磁法仪的最新进展[C]//第8届中国国际地球电磁学讨论会论文集, 2007.

[181] 刘宏, 何兰芳, 王绪本, 等. 小波分析在MT去噪处理中的适定性[J]. 石油地球物理勘探, 2004, 39(3): 338-341.

[182] 刘宁, 刘财, 刘洋. 基于时变双边滤波的海洋可控源电磁数据噪声压制方法研究[J]. 世界地质, 2015, 34(1): 232-239.

[183] 刘少光. 大地电磁法在深部地质构造探测中的应用研究[D]. 抚州: 东华理工大学, 2015.

[184] 刘卫强, 陈儒军. 稳健统计用于扩频激电数据预处理与脉冲噪声压制[J]. 地球物理学进展, 2016, 31(3): 1332-1341.

[185] 刘祥. 方波噪声对大地电磁远参考效果影响研究[D]. 长沙: 中南大学, 2014.

[186] 刘应东, 牛惠民. 基于k-最近邻图的小样本KNN分类算法[J]. 计算机工程, 2011, 37(9): 198-200.

[187] 刘长良, 武英杰, 甄成刚. 基于变分模态分解和模糊C均值聚类的滚动轴承故障诊断[J]. 中国电机工程学报, 2015, 35(13): 3358-3365.

[188] 刘振铎, 石维熊. 垂直磁偶极子电磁频率测深法[J]. 物探与化探, 1980, 4(5): 22-32.

[189] 柳建新, 严发宝, 苏艳蕊, 等. 便携式近地表频率域电磁法仪器研究现状与发展趋势[J]. 地球物理学报, 2017, 60(11): 4352-4363.

[190] 柳建新, 严家斌, 何继善, 等. 基于相关系数的海底大地电磁阻抗Robust估算方法[J]. 地球物理学报, 2003, 46(2): 241-245.

[191] 罗皓中, 王绪本, 张伟, 等. 基于经验模态分解法与小波变换的长周期大地电磁信号去

噪方法[J]. 物探与化探, 2012, 36(3): 452-456.

[192] 吕庆田, 董树文, 汤井田, 等. 多尺度综合地球物理探测: 揭示成矿系统、助力深部找矿——长江中下游深部探测(SinoProbe-03)进展[J]. 地球物理学报, 2015, 58(12): 4319-4343.

[193] 马宏, 王金波. 仪器精度理论[M]. 北京: 北京航空航天大学出版社, 2009.

[194] 纳比吉安. 勘查地球物理电磁法[M]. 赵经祥, 王艳君, 译. 北京: 地质出版社, 1992.

[195] 朴化荣. 电磁测深法原理[M]. 北京: 地质出版社, 1990.

[196] 宋守根, 汤井田, 何继善. 小波分析与电磁测深中静态效应的识别、分离与压制[J]. 地球物理学报, 1995, 38(1): 120-128.

[197] 孙洁, 晋光文, 白登海, 梁竟阁, 王立凤. 大地电磁测深资料的噪声干扰[J]. 物探与化探, 2000(2): 119-127.

[198] 孙志军, 薛磊, 许阳明, 王正. 深度学习研究综述[J]. 计算机应用研究, 2012, 29(8): 2806-2810.

[199] 索光运. $E-E_{MN}$ 广域电磁法一维正反演[D]. 长沙: 中南大学, 2018.

[200] 邰书坤, 李桐林, 朱威, 等. 大地电磁多站远参考在压制城市游散电流近场干扰中的应用[J]. 世界地质, 2021, 40(3): 644-654.

[201] 汤井田, 戴前伟, 柳建新, 等. 何继善教授从事地球物理工作60周年学术成就回顾[J]. 中国有色金属学报, 2013, 23(9): 2323-2339.

[202] 汤井田, 何继善. 可控源音频大地电磁法及其应用[M]. 长沙: 中南大学出版社, 2005.

[203] 汤井田, 何继善. 水平电偶源频率测深中全区视电阻率定义的新方法[J]. 地球物理学报, 1994, 37(4): 543-552.

[204] 汤井田, 化希瑞, 曹哲民, 等. Hilbert-Huang 变换与大地电磁噪声压制[J]. 地球物理学报, 2008, 51(2): 603-610.

[205] 汤井田, 李广, 周聪, 等. 基于字典学习的音频大地电磁数据处理[J]. 地球物理学报, 2018, 61(9): 3835-3850.

[206] 汤井田, 李晋, 肖晓, 等. 数学形态滤波与大地电磁噪声压制[J]. 地球物理学报, 2012, 55(05): 1784-1793.

[207] 汤井田, 刘祥, 周聪. 仿真方波的大地电磁远参考去噪研究[J]. 物探化探计算技术, 2014, 36(5): 513-520.

[208] 汤井田, 任政勇, 周聪, 等. 浅部频率域电磁勘探方法综述[J]. 地球物理学报, 2015, 58(8): 2681-2705.

[209] 汤井田, 徐志敏, 肖晓, 等. 庐枞矿集区大地电磁测深强噪声的影响规律[J]. 地球物理学报, 2012, 5(12): 4147-4159.

[210] 汤井田, 张弛, 肖晓, 等. 大地电磁阻抗估计方法对比[J]. 中国有色金属学报, 2013, 23(9): 2351-2358.

[211] 汤井田, 周聪. AMT"死频带"数据频域特征与 Rhoplus 校正[J]. 地质学报, 2013, 87(S1): 226-227.

[212] 唐贵基, 王晓龙. 参数优化变分模态分解方法在滚动轴承早期故障诊断中的应用[J]. 西

安交通大学学报, 2015, 49(5): 73-81.

[213] 王大勇, 朱威, 范翠松, 等. 矿集区大地电磁噪声处理方法及其应用[J]. 物探与化探, 2015, 39(4): 823-829.

[214] 王昊, 严加永, 付光明, 等. 深度学习在地球物理中的应用现状与前景[J]. 地球物理学进展, 2020, 35(2): 642-655.

[215] 王辉, 程久龙, 姚郁松, 等. 基于站间天然电磁场单位脉冲响应的大地电磁时间序列去噪方法[J]. 地球物理学报, 2019, 62(3): 1057-1070.

[216] 王辉, 魏文博, 金胜, 等. 基于同步大地电磁时间序列依赖关系的噪声处理[J]. 地球物理学报, 2014, 57(2): 531-545.

[217] 王辉, 许滔滔, 罗景程, 等. 基于地磁台网数据的长周期大地电磁数据远参考处理[J]. 地球物理学进展, 2018, 33(6): 2270-2277.

[218] 王书明, 王家映. 高阶统计量在大地电磁测深数据处理中的应用研究[J]. 地球物理学报, 2004, 47(5): 928-934.

[219] 王顺国, 熊彬. 广域视电阻率的数值计算方法[J]. 物探化探计算技术, 2012, 34(4): 380-383.

[220] 韦征, 叶继红, 沈世钊. 最大熵法可靠度理论在工程中的应用[J]. 振动与冲击, 2007(6): 146-148.

[221] 魏胜, 罗志琼, 王家映. Robust 估计在大地电磁资料处理中的应用[C]//1993年中国地球物理学会第九届学术年会论文集. 长沙, 1993: 210.

[222] 魏文博, 邓明, 谭捍东, 等. 我国海底大地电磁探测技术研究的进展[J]. 地震地质, 2001, 23(2): 131-137.

[223] 温广瑞, 陈征, 张志芬. 基于模糊C均值聚类和转子轴心轨迹特征的转子状态诊断[J]. 振动与冲击, 2019, 38(15): 27-35.

[224] 吴桐, 李帝铨, 索光运, 等. 广义S变换时频分析在广域电磁法数据处理中的应用[J]. 物探化探计算技术, 2019, 41(3): 379-385.

[225] 武英杰, 辛红伟, 王建国, 等. 基于VMD滤波和极值点包络阶次的滚动轴承故障诊断[J]. 振动与冲击, 2018, 37(14): 102-107.

[226] 席振铢, 龙霞, 董晨, 等. EH-4系统中工频干扰的处理与改进[J]. 地球物理学进展, 2010, 25(3): 1105-1109.

[227] 肖江, 张亚非. Boosting算法在文本自动分类中的应用[J]. 解放军理工大学学报(自然科学版), 2003(2): 25-28.

[228] 熊识仲. 远参考道大地电磁测深的实际应用[J]. 石油地球物理勘探, 1990, 25(5): 594-599.

[229] 徐志敏, 汤井田, 强建科. 矿集区大地电磁强干扰类型分析[J]. 物探与化探, 2012, 36(2): 214-219.

[230] 徐志敏, 辛会翠, 谭新平, 等. 强电磁干扰区大地电磁远参考技术试验效果分析[J]. 物探与化探, 2018, 42(3): 560-568.

[231] 徐志敏. 庐枞大地电磁干扰噪声研究[D]. 长沙: 中南大学, 2012.

[232]严家斌，刘贵忠. 基于各向异性扩散的 ROBUST 阻抗估计方法[J]. 地球物理学进展，2007，22(5)：1403-1407.

[233]严家斌. 大地电磁信号处理理论及方法研究[D]. 长沙：中南大学，2003.

[234]燕欢. 基于稀疏分解和压缩感知重构算法的大地电磁噪声压制[D]. 长沙：湖南师范大学，2018.

[235]杨本臣，裴欢菲. 灰狼优化支持向量机的推荐算法[J]. 辽宁工程技术大学学报(自然科学版)，2021，40(6)：552-557.

[236]杨本臣，裴欢菲. 灰狼优化支持向量机的推荐算法[J]. 辽宁工程技术大学学报(自然科学版)，2021，40(6)：552-557.

[237]杨册. 基于 MATLAB 的伪随机信号选频滤波器设计[J]. 内蒙古石油化工，2014，40(13)：72-75.

[238]杨儒贵. 电磁场与电磁波[M]. 北京：高等教育出版社，2003.

[239]杨生，鲍光淑，张全胜. 远参考大地电磁测深法应用研究[J]. 物探与化探，2002，26(1)：27-31.

[240]杨生. 大地电磁测深法环境噪声抑制研究及其应用[D]. 长沙：中南大学，2004.

[241]杨洋，何继善，李帝铨. 在频率域基于小波变换和 Hilbert 解析包络的 CSEM 噪声评价[J]. 地球物理学报，2018，61(1)：344-357.

[242]杨洋. 基于周期性特征提取有效信号的去噪方法研究[D]. 长沙：中南大学，2017.

[243]叶涛，陈小斌，黄清华，崔腾发. 2021 年 5 月 21 日云南漾濞地震(M_s6.4)震源区三维电性结构及发震机制讨论[J]. 地球物理学报，2021，64(7)：2267-2277.

[244]张必明，蒋奇云，莫丹，等. 电磁勘探数据粗大误差处理的一种新方法[J]. 地球物理学报，2015，58(6)：2087-2102.

[245]张弛. 大地电磁数据质量评价与阻抗估计[D]. 长沙：中南大学，2013.

[246]张丹，赵吉文，董菲，宋俊材，窦少昆，王辉，谢芳. 基于概率神经网络算法的永磁同步直线电机局部退磁故障诊断研究[J]. 中国电机工程学报，2019，39(1)：296-306.

[247]张刚，庹先国，王绪本，等. 不同参数条件下远参考大地电磁处理效果对比分析[J]. 地球物理学进展，2016，31(6)：2458-2466.

[248]张刚，庹先国，王绪本，等. 磁场相关性在远参考大地电磁数据处理中的应用[J]. 石油地球物理勘探，2017，52(6)：1333-1343.

[249]张刚，庹先国，王绪本，等. 级联分样与分频段功率谱计算的大地电磁张量阻抗估算对比[J]. 物探与化探，2018，42(1)：185-191.

[250]张加民. 基于群智能算法的纺织生产车间的调度优化问题研究[D]. 北京：北京邮电大学，2021.

[251]张全胜，杨生. 大地电磁测深资料去噪方法应用研究[J]. 石油物探，2002(4)：493-499.

[252]张贤，李帝铨，李晋，等. 基于特征提取与聚类识别的人工源电磁伪随机信号处理方法[J]. 石油地球物理勘探，2022，57(4)：973-981.

[253]张贤. 基于变分模态分解和分形的大地电磁信噪辨识及分离研究[D]. 长沙：湖南师范

大学, 2019.

[254] 张贤. 基于特征聚类与优化学习的电磁法信噪分离方法及应用[D]. 长沙: 中南大学, 2022.

[255] 张小青, 李艳红, 李雅静. GWO 算法收敛性证明与优化能力验证[J]. 咸阳师范学院学报, 2020, 35(6): 11-20.

[256] 张晓凤, 王秀英. 灰狼优化算法研究综述[J]. 计算机科学, 2019, 46(3): 30-38.

[257] 张自力. 海洋电磁场的理论及应用研究[D]. 北京: 中国地质大学(北京), 2009.

[258] 赵玄, 严家斌, 皇祥宇, 等. 基于 K 中心点聚类分析的大地电磁阻抗识别[J]. 地球科学与环境学报, 2018, 40(6): 779-786.

[259] 郑采君, 刘昕卓, 林品荣, 等. 分布式电磁法仪器系统设计及实现[J]. 地球物理学报, 2019, 62(10): 3772-3784.

[260] 郑婷婷, 刘升, 叶旭. 自适应 t 分布与动态边界策略改进的算术优化算法[J]. 计算机应用研究, 2022, 39(5): 1410-1414.

[261] 周聪, 汤井田, 任政勇, 等. 音频大地电磁法"死频带"畸变数据的 Rhoplus 校正[J]. 地球物理学报, 2015, 58(12): 4648-4660.

[262] 周聪, 汤井田, 原源, 等. 大地电磁多参考站阵列数据处理方法[J]. 石油地球物理勘探, 2020, 55(6): 1373-1382.

[263] 周聪, 汤井田, 原源, 等. 强干扰区含噪电磁场的时空分布特征[J]. 吉林大学学报(地球科学版), 2020, 50(6): 1870-1886.

[264] 周静, 吴效明. 睡眠呼吸暂停综合征患者脑电的去趋势波动分析[J]. 生物医学工程学杂志, 2016, 33(5): 842-846.

[265] 周永章, 王俊, 左仁广, 等. 地质领域机器学习、深度学习及实现语言[J]. 岩石学报, 2018, 34(11): 3173-3178.

[266] 朱会杰, 王新晴, 芮挺, 等. 改进的匹配追踪在方波信号滤波中的应用[J]. 解放军理工大学学报(自然科学版), 2015, 16(4): 305-309.

[267] 朱威, 范翠松, 姚大为, 等. 矿集区大地电磁噪声场源分析及噪声特点[J]. 物探与化探, 2011, 35(5): 658-662.

[267] 朱威, 范翠松, 姚大为, 王刚. 矿集区大地电磁噪声场源分析及噪声特点[J]. 物探与化探, 2011, 35(5): 658-662.

图书在版编目(CIP)数据

广域电磁法信噪分离技术与实践 / 李帝铨等著. —长沙：
中南大学出版社，2025.3
ISBN 978-7-5487-5778-8

Ⅰ. ①广… Ⅱ. ①李… Ⅲ. ①大地电磁法 Ⅳ. ①P631.3

中国国家版本馆 CIP 数据核字(2024)第 068178 号

广域电磁法信噪分离技术与实践
GUANGYU DIANCIFA XINZAO FENLI JISHU YU SHIJIAN

李帝铨　胡艳芳　张贤　朱云起　刘子杰　著

□ 出 版 人	林绵优	
□ 责任编辑	刘小沛	
□ 责任印制	李月腾	
□ 出版发行	中南大学出版社	
	社址：长沙市麓山南路	邮编：410083
	发行科电话：0731-88876770	传真：0731-88710482
□ 印　　装	长沙新湘诚印刷有限公司	

□ 开　　本	710 mm×1000 mm 1/16　□ 印张 19.5　□ 字数 398 千字　□ 插页 2	
□ 互联网+图书	二维码内容　图片 57 张	
□ 版　　次	2025 年 3 月第 1 版　　□ 印次 2025 年 3 月第 1 次印刷	
□ 书　　号	ISBN 978-7-5487-5778-8	
□ 定　　价	96.00 元	